专利审查研究系列丛书

（第七辑）

专利审查研究

国家知识产权局专利局专利审查协作北京中心 ◎ 组织编写

白光清 ◎ 主编

知识产权出版社
全国百佳图书出版单位

图书在版编目（CIP）数据

专利审查研究. 第7辑/白光清主编. —北京：知识产权出版社，2015.8
ISBN 978-7-5130-3717-4

Ⅰ.①专… Ⅱ.①白… Ⅲ.①专利—审查—研究—中国 Ⅳ.①G306.3

中国版本图书馆 CIP 数据核字（2015）第 191243 号

内容提要

本书系从 2014 年度国家知识产权局专利局专利审查协作北京中心审查员在国家知识产权局刊物《审查业务通讯》《专利文献研究》、中心学术刊物《审查动态》、中心"建设世界高级专利审查机构"征文以及根据 2014 年度课题所著文章中精选出的论文汇编，共收录 49 篇论文，内容涉及审查管理、审查实务、检索理论与应用、CPC 分类四个研究方面。本书对审查员进一步提高专利审查工作质量、帮助社会公众和申请人了解专利审查工作具有重要的促进作用。

责任编辑：王 欣 王祝兰			责任校对：董志英	
封面设计：王富强			责任出版：刘译文	

专利审查研究（第七辑）

国家知识产权局专利局专利审查协作北京中心　组织编写
白光清　主编

出版发行：知识产权出版社有限责任公司	网　　址：http://www.ipph.cn
社　　址：北京市海淀区马甸南村1号（邮编：100088）	天猫旗舰店：http://zscqcbs.tmall.com
责编电话：010-82000860 转 8555	责编邮箱：wzl@cnipr.com
发行电话：010-82000860 转 8101/8102	发行传真：010-82000893/82005070/82000270
印　　刷：北京科信印刷有限公司	经　　销：各大网上书店、新华书店及相关专业书店
开　　本：720mm×960mm　1/16	印　　张：25.25
版　　次：2015 年 8 月第 1 版	印　　次：2015 年 8 月第 1 次印刷
字　　数：470 千字	定　　价：78.00 元
ISBN 978-7-5130-3717-4	

出版权专有　侵权必究
如有印装质量问题，本社负责调换。

《专利审查研究(第七辑)》编委会

主　编　白光清
副主编　曲淑君　夏国红
编　委　(按姓名拼音排序)
　　　　　陈玉华　郭震宇　刘新民
　　　　　马秋娟　聂春艳　石贤敏
　　　　　田　虹　王晓峰　张　蔚
　　　　　仲惟兵　朱　骥　朱晓琳

《专利审查研究（第七辑）》编写组

组　　长　曲淑君
副组长　朱晓琳
审　　稿　（按姓名拼音排序）
　　　　　陈玉华　范成博　范崇飞　郭震宇
　　　　　刘新民　刘文霞　马秋娟　聂春艳
　　　　　石贤敏　田　虹　姚宏颖　张　蔚
　　　　　朱　骥　朱晓琳
编　　辑　邓学欣　简　斌　张　文　王　宏
　　　　　胡　妮

前　言

当前围绕国家经济社会发展需要，国家知识产权局正在深入实施知识产权战略，谋划知识产权强国建设。为了提升专利审查综合能力，国家知识产权局专利局专利审查协作北京中心（以下简称"北京中心"）持续加强业务能力建设，努力探索世界高级专利审查机构建设路线，并积极推进学术研究工作，取得了丰硕成果。

为了促进学术交流，推广学术研究成果，本书从 2014 年度北京中心审查员在国家知识产权局刊物《审查业务通讯》《专利文献研究》、北京中心学术刊物《审查动态》、北京中心"建设世界高级专利审查机构"征文及根据 2014 年度课题所著文章中精选出一批论文，结集出版。

本书收录的论文涉及审查管理、审查实务、检索理论与应用、CPC 分类四个研究方面。希望《专利审查研究（第七辑）》一书的出版能够为审查实践提供帮助，为知识产权运用提供借鉴和指导。

由于时间仓促，本书难免存在不足之处，欢迎批评指正。

本书编委会
2015 年 3 月

目 录

审查管理研究

专利审查质量评价标准及提升措施的学习、思考和借鉴
——《学术观察》第91期、第96期学习／曲淑君 朱晓琳
  张 蔚 等 ……………………………………………………（ 3 ）
北京中心建设世界高级专利审查机构的内涵研究／田 振 刘新民
  郭震宇 等 …………………………………………………（ 12 ）
建高级专利审查机构 创北京中心优质品牌／马紫光 刘 谦
  熊 瑜 等 …………………………………………………（ 21 ）
建设世界高级审查机构的挑战／尹 杰………………………（ 27 ）
北京中心建设世界高级专利审查机构方案初探／刘以成 陈冬冰
  王 汇 等 …………………………………………………（ 31 ）
学术研究对世界高级专利审查机构的促进作用初探／李 勇……（ 41 ）
不同视角下的世界高级专利审查机构建设／孙 洁 王 涛
  潘小丹 等 …………………………………………………（ 48 ）
以人为本，促进专利审查质量提升
——从人才培养浅析建设世界高级专利审查机构／马 骞
  张秀丽 李子东 ……………………………………………（ 53 ）
对专利审查质量管理工作的一点思考／涂海华 杨 倩 师晓荣 等 ……（ 60 ）
浅谈"建设世界高级专利审查机构"的相关因素／段丽斌 ………（ 68 ）
初探实质审查中审查智慧显性化及其信息服务／张成龙 冯婷霆
  于行洲 等 …………………………………………………（ 76 ）
从青年职业培训角度谈世界高级专利审查机构的建设／崔朝利 孙 敏 …（ 84 ）
浅谈国际型审查人才培养的几点建议／尹 玮………………（ 93 ）

审查实务研究

发明初审工作强化法律思维的思考／朱 骥 曲 燕 张清涛………… （101）
对发明申请初审阶段涉嫌侵犯肖像权的思考／肖彭娣 曲 燕 朱 骥… （107）
涉及计算机程序的实用新型保护客体审查实践研究／石贤敏 范 瑾… （116）
涉及材料改进的实用新型专利保护客体审查实践研究／杨 杰 石贤敏… （126）
试论包含否定式限定的权利要求的审查／郑泊芝…………………… （134）
外观设计对实用艺术品保护范围的探讨／黄 姗 陶海琴 孙晓璐… （140）
从司法判例看法律思维在客体审查中的运用／陈文静 张 巍
　　张嘉凯 等………………………………………………………… （148）
侵权中禁止反悔原则的适用若干问题研究／赖 异 宫 磊………… （157）
从无效和司法判例看法律思维的运用和提升／罗 啸 张嘉凯
　　杨继彬 等………………………………………………………… （165）
禁止反悔原则在授权程序中的适用／孙 洁 李 楠 王加新 等…… （173）
化学领域说明书公开充分对实验数据的考量
　　——基于伊莱利利案司法判例的分析／何梅孜 姚 云
　　李广科 等………………………………………………………… （182）
在专利审查实践中实现立法宗旨／赵 良 朱 宁 刘树柏 等……… （190）
专利审查中的平衡性思维／钟 辉 王大鹏 孙海燕……………… （198）
医药化学领域涉及实验数据专利申请的美国审查标准探讨／杨志培
　　沈小春 姚 云 等………………………………………………… （205）
创造性评判中技术领域对技术启示的影响／王晓东 王艳妮
　　刘莹 等…………………………………………………………… （213）
从一般案例看如何精简通知书撰写／仇 颖 张 旭 于丽娜………… （221）

检索理论与应用研究

外观设计检索策略研究／雷 怡 路 莉 蔺乙超 等………………… （231）
浅谈国外主要专利局在检索上对国家知识产权局的借鉴意义／段文婷
　　武文琛………………………………………………………………（241）
基于检索过程指令代码规范的检索能力的评估及提升／刘 彤
　　陈玉华 李 俊 等………………………………………………… （248）
生物领域容易忽略的检索技巧／李子东 苗 荻………………………（258）

基于知识管理的审查员检索能力提升研究
　　——从审查员自身检索实践出发／董　妍　蒋碧珠
　　　　陈敏泽　等 ……………………………………………………（264）
基于多层面需求的专利分析体系探讨／聂春艳　艾变开　蒋　涛………（274）
丰田汽车公司燃料电池专利技术布局分析／邹卫兵　张　攀　魏巧莲……（283）
检索云分享平台／高　峰　傅晓亮　孙瑞丰　等 …………………………（291）
分类号扩展在实用新型检索中的应用／李　翔 ……………………………（298）
浅谈暖通领域中细节特征的检索／王　迪　王扬平　樊云飞 ……………（304）
CPC 在真空镀膜领域检索的应用／王　姗　吴良策　傅晓亮 ……………（312）
基于 360°评估的检索能力评估模型／赵　楠　孙瑞丰　傅晓亮　等 …（321）

CPC 分类研究

数据处理领域 CPC 分类体系应用研究／魏　峰　王　伟　武文琛 ……（333）
CPC 分类思想和分类规则初探
　　——从数字信息的传输领域典型案例看 CPC 分类／刘　静 ………（344）
C07K 领域 CPC 分类体系特点／朱　宁　王　璟 …………………………（353）
C12Q 领域 CPC 分类特点简析／武雪梅　吴亚男　王　璟 ………………（361）
CPC 分类体系下的 C07C 领域分类特点介绍／陈　曦　秦　雪 …………（366）
基于专利审查实践的 CPC 分类体系应用研究／代玲莉　王　静
　　陈敏泽 ……………………………………………………………………（372）
CPC 在水泥、陶瓷领域的分类特点／师　蕙　张　伟　赵亚斌　等 …（383）
F24D 领域 CPC 分类特点／靳艳梅　张　旭　宋永杰　等 ………………（389）

审查管理研究

专利审查质量评价标准及提升措施的学习、思考和借鉴

——《学术观察》第91期、第96期学习

曲淑君　朱晓琳　张　蔚　沈嘉琦
范崇飞　杨　玲　孙海燕　王　静

摘　要：本文介绍了《美国专利商标局专利质量衡量标准》和《欧洲专利体系质量研究》的相关内容，总结归纳了美国专利商标局和欧洲专利局值得我们借鉴的质量评价思路和做法，并从拓宽专利质量的视角、丰富能力提升的手段、引导公众参与并推动审查工作三个角度对我们的质量评价体系提出了改进建议。

关键词：美国专利商标局　欧洲专利局　专利质量评价体系　专利质量衡量标准　专利体系质量

一、前　言

为提高干部的审查质量管理水平，国家知识产权局专利审查协作北京中心（以下简称"北京中心"）近期再次组织审查部主任业务学习会，重点学习《学术观察》第91期的《欧洲专利体系质量研究》和《学术观察》第96期的《美国专利商标局专利质量衡量标准》的有关内容。会上，部主任们交流了学习体会并探讨了专利审查质量提升的可借鉴之处。本文仅就学习会上与提升专利审查质量密切相关的讨论内容整理成文，以期开拓审查质量管理思路，进一步提升专利审查质量。

二、两局专利审查质量评价体系介绍

1. 美国专利商标局专利审查质量衡量标准

《美国专利商标局专利质量衡量标准》报告中系统地介绍了美国专利商标局为衡量专利审查质量所采取的新程序以及制定的新的综合质量标准。该报告提出七条质量指标，按照其影响及重要程度排序如下：（1）结案质量；（2）审查过程质量；（3）第一次审查意见通知书（以下简称"一通"）检索与最佳检索实践的相符程度；（4）一通内容与最佳实践的相符程度；（5）审查过程中与质量相关事件的统计指标；（6）专利申请人及代理人对审查员以及审查结果的评价；（7）审查员对审查过程的评价。基于以往的经验和社会各方面的调查反馈，对最佳一通检索实践进行了设定，即如果"一通检索检查"标准中各检索要素指标均达到优秀，即可称之为最佳一通检索实践。其中"一通检索检查"标准中各检索要素指标如下：（1）全面的检索资源；（2）适合的检索工具；（3）充分的发明人/申请人相关信息检索；（4）完整的检索记录；（5）有效的检索策略，包括恰当的检索式、全面的分类号以及丰富的关键词等；（6）权利要求保护范围确定恰当、准确；（7）充分参考本申请引证文件和同族引证文件；（8）充分借鉴其他审查员的检索策略。在"一通检索检查"的评分中，如果记录显示审查员对发明人名字进行了检索、使用了合适的分类号，并已经考虑了申请人提供的公开参考文件信息，那么该申请就会获得各相应的分值，将每个申请的这些评分相加即可得出该项总分值。第（3）（4）项标准中符合"最佳实践"的主观确定，是分别用来评价审查员做出的首次检索与美国专利商标局最佳实践之间的相符程度、一通与美国专利商标局最佳实践的相符程度，每件申请的审查过程会根据相符程度得到关于相符程度的评分。

另外，美国专利商标局制定了新快速审查的原则，包括：充分的首次检索；引用与权利要求保护范围以及发明点一致的最接近的现有技术；发出全面的一通，审查员对每个主要问题都明确表明意见；确定可获得授权主题，努力加快审查进度。新快速审查的重要性体现在以下几个方面：有利于发出一通、一通后放弃或进行实质修改以避免重新开始审查；能够减少每次结案所需的通知书次数，从而有利于缩短审查周期；有利于申请人更好地作出是否继续进行审查的决定，更快地解决授权或放弃的问题。

2. 欧洲专利局专利体系质量分析

欧洲专利局质量评价体系认为专利质量的概念可以从专利产生的技术-经济效果和专利稳定性两个主要维度来定义；也有观点提出，高质量的专利是在法律层面上经得起质疑的有效专利。因此，最合适的专利质量评价方式是判定专利符合法律规定的程度，比如可授权主题、实用性、新颖性、创造性、适当公开以及可实施性等。当诉诸法庭时，专利质量也可以从判定有效性和权利要求范围的确定性角度进行评价。

欧洲专利局质量评价体系的研究从两个方面对专利质量进行定义：授权专利本身的质量和专利体系的质量。欧洲专利局通过以下四个渠道对专利体系的质量进行分析，分别是专利体系用户问卷调查、面向欧洲国家专利局和欧洲专利局的问卷调查、针对欧洲专利局专利异议的分析和外部行为对专利质量影响的分析，调查问卷从单个专利的质量和系统性考量两个角度评价专利质量，收集来自欧盟20个成员国的公司和公共研究机构对欧洲专利体系质量水平的评价信息。

调查问卷中在关于专利质量的决定因素这一部分给出了三个不同的选项来评估专利质量，这三个选项是：保护范围和法律确定性的最佳平衡、公开充分、具备高度创造性。调查结果显示，绝大多数公司都认为相比于"具备高度创造性"，"保护范围和法律确定性的最佳平衡"及"公开充分"是更重要的质量衡量指标。相反，大学和公共研究机构则认为"具备高度创造性"最重要。

调查问卷在评估专利体系质量时给出了三个选项：法律确定性、成本效力和时间，大公司明确认为"法律确定性"是最重要的，而小微企业则更加看重"成本效力"，其次是"法律确定性"，而对"时间性"基本不关注。

调查问卷中还就在审查过程中专利质量的改善提出了建议，包括提高创造性的最低要求、允许和审查员直接沟通、允许延期审查等，其中改进和审查员的沟通方式获得近乎一致的认可，被调查者认为这一措施会显著地加快审查程序并提高授权专利的质量。

欧洲专利体系质量研究报告认为，可以从以下几个方面来有效地改善专利质量：审查过程、质量保证、第三方参与、审查机构之间的合作。

（1）审查过程的具体举措包括：增加每个审查单元的审查员人数；在审查质量亟须提高的领域，有针对性地增加审查员人数，给每个案子分配更多的时间；增强审查员之间的信息交流；在决定授权之前进行专利案件的再审；通过电子邮件和电话与申请人沟通；通过培训保持审查员的业务能力等。

（2）质量保证的具体举措包括：进行内部或外部监督，以提高专利质量；ISO管理和产品质量认证；随机选择专利申请进行检索质量检查；随机选择授权专利进行审查质量检查；检索实践标准化，制定工作手册；二次审查。

（3）第三方参与的具体举措包括：引入第三方以帮助审查或参与授权后的评议；为申请人创建能够应用的更强大的现有技术检索工具；就侵权或有效性

问题对权利要求范围发表行政意见；制定申请人和专利律师的实践和道德行为规范。

（4）审查机构之间的合作包括：将其他专利局对专利质量方面的做法标准化；NPO 和欧洲专利局审查员进行质检信息交流，与其他审查机构进行信息交流；共享/再利用其他审查机构的检索结果；与其他审查机构共享专利分类；使用准确的机器翻译文件。

三、两局质量评价体系的启示

美国专利商标局质量标准综合体现了美国专利商标局关于质量问题的均衡观点。其中，前四项标准是以特定申请审查过程的检查数据为基础，后三项则是以整体数据为基础。前四项标准由美国专利商标局专利质量保障办公室进行评估，第五项标准依赖于美国专利商标局的客观统计数据，最后两项标准则通过独立第三方的问卷调查形成。这些标准不仅评估驳回及授权的质量，还评估检索质量、限制权利要求保护范围以及会晤等指标。

在上述七项标准中，尤其值得关注的是第三项标准"一通检索检查"和第四项标准"一通全面性检查"。在美国专利商标局质量方案草案运作过程中收到的利益相关方的意见表明，首次检索的质量是评价审查质量最重要的指标，利益相关方和美国专利商标局一致认为高质量的一通会减少不必要的后续通知书，从而缩短审查周期。如果加强对一年内一通的关注度，把目标集中在审查过程中那些最重要的要素上，并进行逐年对比，则有利于美国专利商标局在应用该标准的过程中发现质量问题，并作出快速响应。

由上述质量评价标准可以看出，美国专利商标局专利审查质量评价注重以下几个方面：

（1）关注一通质量，尤其是一通检索质量。这主要体现在扩展质量标准，并计入了衡量首次检索质量的第七条标准。同时，在提出的新快速审查最佳实践中也强调了一通检索的全面性（即充分的首次检索）和一通检索的准确性（即引用与权利要求保护范围以及发明重要方面一致的最接近的现有技术）。

（2）全面评价。在上述七项标准中，既包括结案质量评价，又包括过程质量评价；既包括检索质量评价，又包括审查意见质量评价；既包括客观质量数据评价，又包括主观感受质量评价；既包括外部反馈质量评价，又包括内部反馈质量评价。

（3）综合评价。在综合质量标准下，将上述七项标准作为质量指标，按照其影响及重要程度，通过加权组合成为统一的质量指标。

美国专利商标局提出包括七项子标准在内的综合质量标准是为了更好地培

养审查员，并使其发现并遵循专利审查过程中的最佳实践。综合质量标准将结合内外部反馈进行定期改进，以便更好地改善专利质量。

美国专利商标局以检查通知书的方式对专利审查需要完善之处进行调查研究，检查所需的样本量并不是体现某个部门或某个审查员工作成果的有效统计数据的基础。改善质量可以通过审查员培训、审查程序修改和/或新快速审查最佳实践等手段得以实现，对于在结案检查和过程检查中发现的问题，要及时反馈给各专利审查部门，通过定期举办处级或者部级的专项培训来解决最常出现的明显缺陷问题，并在处级层面上使专利审查问题得到解决。

在《欧洲专利局专利体系质量研究》中，特别值得我们思考的内容包括：在质量保障方面，欧洲专利局经过调查认为，下述机制对提高专利质量具有积极影响：加强专利质量的内部监督、管理和产品质量认证（ISO等）、为保证资料而采用/利用实例规则、随机选择专利申请进行检索质量检查、随机选择授权专利进行审查质量检查、将检索实践标准化并将其制成工作手册。

四、对北京中心质量评价体系的建议

（一）拓宽专利质量的视角

视角决定思维，思维决定行为。只有以更高的视角去审视自己的工作，提出更高的要求，才能站在世界的舞台上。反观欧洲专利局改进专利质量的举措，其中不乏"专利质量的双重定义""推进IP5工作共享行动""改进审查质量的成本效益分析"等新概念和新举措，这些新的管理思路并不局限于审查本身，而是赋予了专利审查工作更为丰富的意义，体现了世界强局的实力，值得我们学习和借鉴。

1. 认识专利质量的多重特性

欧洲专利局认为专利质量有两方面的含义，即符合法定要求的质量和专利体系质量。也就是说，专利质量具有双重特性，一方面取决于个案审查质量的累加，另一方面取决于体系运作的效能。以往我们更多关注个案实审审查质量，而并没有将专利体系质量作为一项考虑指标。借鉴欧洲专利局的思路，我们不妨从专利体系的用户端考虑，将专利质量的概念扩展到包括授权成本、时间成本、专利管理的便易性等多个因素。在管理措施上，可以进一步拓展思路，例如：采用司法数据衡量审查质量；用经济杠杆制度调整审查结构，探索预缴费与延迟缴费制度；借助外力提高审查效能，构建技术专家库等。

2. 基于ISO 9001体系整合管理手段

根据ISO 9001的要求，过程管理不应是孤立的抓手，而应是一种以点带面的闭环式提升。借鉴美国专利商标局的新快速审查原则，其中对审查中的每一个步骤详细解释了应该做到什么，贯穿权利要求的理解、制定检索策略、整理审查意见通知书、处理申请人的意见陈述直到结案的全部内容，对审查员的审查操作有重要的指导意义。我们也应当将过程管理系统化，合理划分审查阶段，并对各个阶段提出明确的要求，找准每个环节的弱点和不足，开展有效的整改措施，促进螺旋上升的过程管理。对专利质量的评价应当以全面评价为目标，实现过程和结果、内部和外部、主观和客观的三结合。从关注个案扩展为注重专利申请以及审查的全过程，综合考量过程和结果、内部和外部评价。专利质量的评价不仅要有涉及特定申请即个案的检查数据，还应包括整体数据；整体数据不仅要包括客观质量统计数据，还应包括内部和外部的主观感受统计数据。

此外，经调研得知，各专利局纷纷引入了用于过程的质量管理体系，北京中心也于2012年通过了ISO 9001认证。按照标准建立质量管理体系是全面提升专利审查能力和审查质量的有力保障。

3. 重视专利审查高速路（PPH）

欧洲专利局的报告中还提到了对PPH的评价。欧洲专利局认为存在这样一种风险，即那些已知或被认为审查不太准确的审查机构可能成为不诚信申请人的首选，以希望在后续跨国申请中得到温和审查，因此，签署PPH的专利局保持高质量的审查非常重要。上述调查评价警示我们应提高PPH审查的质量，需要特别加强对PPH案件质量管理，可以考虑通过关注我方审查员所提出的审查意见是否有效等方面对PPH案件的实际质量予以更加深入的评价。

（二）丰富能力提升的手段

1. 以一通质量作为管理切入点

高质量的一通应该能够锁定准确的对比文件，为后续审查奠定良好的基础，缩短审查周期，确保结案质量。因此，一通审查阶段既是专利审查的源头，也是提高专利质量的黄金期，其理所应当地成为审查质量管理的切入点。

相比较于欧洲专利局和美国专利商标局，我们以往更偏重于结案质量，而对一通质量的评价有待加强，尤其缺乏对一通检索质量的系统评价，比如：（1）缺乏对检索过程的检查。由于没有检索过程记录单，在质量评价时无法检查审查员的检索思路。审查员对基本检索技能的运用、检索思路、对同族专利的关注等信息未有记录，评价检索能力没有基础。（2）缺乏对检索结果的综合评价。查看美国专利商标局、欧洲专利局同族专利的审查过程，均可以看到审查员在审查过程中尽可能多地向申请人提供了相关的现有技术，美国专利商标局的检索过程记录单可以在互联网上查阅，同时授权的文本所附带公开的相关文献多达几十篇甚至上百篇；欧洲专利局的检索报告非常详细，往往包括多篇

X/Y类文献；在大量对比文件的基础上，对检索结果的评价会更加客观和准确。而目前我们审查员在填写检索报告时，往往仅填写通知书中使用的对比文件，或者3~5篇相关的现有技术；根据这样的检索报告很难对检索的结果进行综合的评价。（3）缺乏对检索质量进行评价的客观细化标准。由于存在上述不足，针对检索质量的检查标准也相对简单，不能细致全面地评价审查员检索能力的高低。针对上述情况，对一通阶段的质量管理提出如下建议：

（1）审查员需做出检索过程记录单。类似于美国专利商标局或者PCT检索的做法，审查员可在E系统中上传检索过程记录单，作为检索报告的一部分。这可以规范审查员的检索过程，便于对检索过程进行客观、细致的评价；同时检索过程记录单也可以为申请人提供审查中检索的数据库范围、有关检索式、相关现有技术等信息，有助于申请人判断发明的创新高度。

（2）增加检索报告在质量评价中的比重。通过检索质量评价引导审查员在检索报告中尽可能多地向申请人提供对比文件，甚至可以由申请人根据相关对比文件作出判断，将申请人对检索报告的反馈意见作为检索质量评价的一个重要指标。

（3）构建具有领域特色的检索质评体系。检索工作与具体技术领域密不可分，一刀切的管理模式往往无法解决实际中面临的问题。因而，我们可探索分领域最基本检索标准，构建具有领域特色的标准化检索流程，并在部分领域和处室开展试点工作，调整和完善对检索过程和检索结果进行评价的指标和权重，逐步构建合理的检索质检评价体系。

2. 以技能培训促进能力再提升

一直以来，维持并提高审查员的审查技能被认为是提高专利审查质量的最有效机制之一。审查员在招聘后正式从事审查工作前和整个职业生涯都要进行全方位的培训。培训不仅应当包括实际学习审查工具、检索方法，以及法律和实际实践知识、多国语言技能、案例的实际审查等，还应当包括作为必修科目的法律培训、时间管理、平衡质量和工作量、处理冲突、改进沟通技巧等软培训。

培训工作中，应以指导和评价为主，进一步摸索培训工作的系统化评价方案，避免机械地按照培训人次评估，更多考虑课程设置的合理性、授课结果等综合因素，对各部门的培训工作给出事前、事后指导。

3. 调整审查机制和监督方式

近几年，我们一直致力缩短审查周期，除了目前采取的及时处理案件的方式外，还可以借鉴美国专利商标局的做法。美国专利商标局提倡第二次审查意见通知书常常是最后一次中间通知书，并要求督导级审查员能以结案为目的，亲自检查每件"三通"或"三通"以上的未决案件外，还要求审查员应始终尽力加快审查进度，并通过电话讨论解决遗留问题。在质量管理过程中，美国专利商标局对于在结案检查和过程检查中发现的问题，反馈给各专利审查处，通过定期举办处级或者部级的专项培训来解决最常出现的明显缺陷问题，并在整个专利审查处级的层面上使问题得到解决。

借鉴美国专利商标局的管理经验，我们也可以适当调整审查机制和监督方式：（1）在交流方式上，目前我们针对电话讨论的严格规定在一定程度上限制了审查效率的提升，因此，有必要逐步放开对电话讨论的限制，通过电话沟通来部分代替书面交流，提高信息传递的及时性和准确性；（2）在业务管理中，应将管理重心前移，科学定位不同级别管理的侧重点，部级质检重点关注审查思路和审查标准执行一致，将业务指导工作前移，把握好各级质量管理的重点。

（三）引导公众参与并推动审查工作

高质量的专利并不完全取决于审查员，还取决于创新的水平、申请文件的撰写水平以及社会公众对专利事业的推动。可以看到，欧洲专利局、美国专利商标局除努力提升自身能力外，还注重引入公众监督机制、开展同行评议、根据外部反馈确定质量评价体系等，其管理措施中能够听到申请人和社会公众的声音。鉴于此，我们在制定专利审查质量政策时可综合考虑多方意见，尤其尊重利益相关方的意见和建议，促进内部能力与外部助力相结合，提升专利审查质量，推动知识产权强局建设。

1. 促进申请人以及代理人的能力提升

高质量的专利对发明内容要有清楚的公开，这一点非常重要。一份撰写不清楚的申请文件在后续的审查中几乎无回天之力，所以要规范申请人和代理人的行为，不仅要求申请文件的说明书对现有技术、申请保护的发明所属领域、所解决的技术问题、采取的技术方案进行详细的描述，还要对申请中存在过于笼统的、或含糊描述的、或者通过选取非标准词汇再次申请发明的行为予以规范。提高申请人以及公众的参与程度也能够有效地提升专利审查质量，因此，可以考虑扩大申请人的义务，扩大义务方面可以包括：可要求申请人提供标准语义作为关键字、公开有助于权利要求解释和能使专利文件更翔实的信息，例如，可以要求申请文件中提供更完整的词汇以对关键词的隐含的特殊含义进行检索，提供参考文件来源列表以使第三方能够获得一般意义上的证据，这样可以使审查员更容易或者更准确地检索到对比文件。扩大义务之所以具有可行性，不仅仅因为美国专利法中已经明确要求坦诚义务，即违反坦诚义务会导致被判定为不公平行为，还因为申请人通常掌握他们在申请前搜集到的现有技术的信息，并能因此以很小的成本或者根本无需成本来公开这些信息，在公开这些信息的同时，申请人也将从更稳定的权利和更低的侵权诉讼机率中受益。

2. 完善外部反馈机制

目前我们在外部反馈方面已经做了很多工作，已经为申请人、代理人和社会公众提供反馈意见的平台，可以反映审查员的日常审查工作尚需改进的地方。外部质量反馈体系应采取多种方式、多种渠道来建立，保证其迅速、畅通地对质量问题进行反馈。我们还可以借助发放调查问卷的方式，主动地定期收集整理有意义的反馈信息，提高审查员的服务意识和从业人员的能力。对于侵权诉讼案件的终审判决以及无效宣告反映出的专利质量问题，还应建立相应的制度，保证对反馈回来的信息进行处理，最终落实到改进质量管理工作上来，保证质量反馈体系发挥最大的作用。

五、结束语

本文介绍了《欧洲专利体系质量研究》以及《美国专利商标局专利质量衡量标准》的相关内容，通过研究可以看到，美国和欧洲专利局现有的质量评价体系为构建适合我们的质量评价体系提供了很好的借鉴。通过各国专利局对专利质量管理工作的重视以及管理手段和机制的不断改进，可以看出提高专利审查质量是各国专利局的共识；同时，提高专利审查质量对于充分发挥专利制度作用、提高创新能力、促进社会经济发展有不可替代的作用。这就需要我们树立更高的目标，提出更为细化的要求；同时，专利审查的质量管理机制和评价体系也需要不断丰富和完善。本文从专利质量的评价标准出发，认真分析总结了两局改进专利质量的举措，并结合我们的实际情况，积极思考，提出可借鉴的一些建议，旨在进一步提升中国专利质量，维护中国专利品牌。

北京中心建设世界高级专利审查机构的内涵研究

田 振 刘新民 郭震宇 刘以成 魏保志[❶]

摘 要：经过十几年的发展，北京中心已经成为国家知识产权局专利审查工作的一支重要力量。而随着国内外专利审查形势的不断变化，北京中心的发展也面临着新的机遇与挑战。本文主要结合国外主要专利局对专利审查工作的关注点、我国对专利审查工作的要求以及北京中心的主要职能，提出北京中心建设世界高级专利审查机构的内涵：北京中心建设世界高级专利审查机构，就是要建设兼具"世界水平"的专利审查能力和"中国特色"的专利审查服务的机构；"世界水平"的专利审查能力，是指专利审查的质量和效率处于世界先进水平，能够得到社会高度认可；"中国特色"的专利审查服务，是指专利审查工作能够主动服务于我国社会经济发展，有助于创新型国家的建设。

关键词：专利审查 世界高级专利审查机构 世界水平 中国特色

引 言

"创新"逐渐成为世界未来发展的主旋律，而为创新提供制度支撑的知识产权制度也日益成为产业布局乃至国家布局的重要工具。发达经济体一直致力于推动知识产权制度的国际化，并通过制定知识产权战略来维护自身的国际竞

[❶] 本文源于北京中心2014年专项课题"世界高级专利审查机构建设研究"（课题编号：BJZX1401）。课题负责人：魏保志；课题组长：曲淑君；报告统稿人：朱晓琳、刘以成；主要执笔人：刘新民、郭震宇、于行洲、邓学欣、冯婷霆、田振、张成龙、陈冬冰、余雪、王汇。

争力。我国也已经明确要建设知识产权强国，通过加强知识产权运用与保护、健全技术创新机制，使科技发展成为经济社会发展的有力支撑。在这种形势下，世界专利审查环境与格局以及我国对于专利审查工作的要求均发生着变化。

作为目前我国发明专利审查的主要力量和体制改革的实验田，国家知识产权局专利局专利审查协作北京中心（以下简称"北京中心"）的发展也得到了高度重视。2011年底，国家知识产权局杨铁军副局长提出北京中心要"建设世界高级专利审查机构"，并在此后多次到北京中心调研，指导北京中心的各项工作。2014年3月，国家知识产权局申长雨局长到北京中心调研工作时，对于北京中心下一步的发展提出了五方面的要求：一是持续提高审查业务能力，努力跻身世界高水平审查机构行列；二是主动服务地方，发挥区位、人才、技术优势，增强"自我造血"功能；三是发挥示范带动引领作用，在业务指导、技术培训、人员支持上与京外中心协同发展；四是积极推进改革创新，作为国家知识产权局成功的体制改革实验田，特别要在管理体制和用人机制等方面继续不断探索，先行先试，积累可推广、可借鉴的经验；五是不断加强自身建设，大力提升思想政治工作、审查文化、领导班子以及党风廉政建设水平，保持风清气正的工作氛围。北京中心则需要在此基础上把建设世界高级专利审查机构作为战略目标和中心任务。因此明确北京中心建设世界高级专利审查机构的内涵就成为其中的首要问题。

一、"建设世界高级专利审查机构"内涵的探究

"建设世界高级专利审查机构"这一目标是基于北京中心承担的主要工作和面临的发展形势提出的，它包含两方面的内容。首先，它指出北京中心的工作核心是"专利审查"；其次，要将专利审查工作做到"世界高级"的水平。正如申长雨局长用"世界水平"和"中国特色"来解读"知识产权强国"一样[1]，北京中心若想建设成为世界高级专利审查机构也应当考虑以下两个方面：第一，在与世界其他主要专利审查机构的比较中处于前列；第二，要满足我国对专利审查工作的要求。下面，本文就围绕"专利审查"这一北京中心的主要职能，从多个角度对"建设世界高级专利审查机构"的含义进行探究，以期能较准确地阐释北京中心建设世界高级专利审查机构的内涵。

（一）国外主要专利局对专利审查工作的关注点

我国专利制度起步较晚且在专利事业发展的整体水平上与其他国家还存在一定的差距，因此，参考世界其他主要专利局的工作对于确定和理解建设世界高级专利审查机构的含义是十分必要的。

1. 欧洲专利局（EPO）

EPO 的研究认为，对于专利授权机构来说，专利质量的概念表现为三个维度指标的最佳平衡：（1）向客户提供的产品的品质；（2）产生的费用；（3）提供服务的时间。其中，第一点是法定的质量，而后两点则是从性价比和效率上来衡量专利授权机构所提供的专利审查服务。[2]对于专利审查质量而言，EPO 从产品衡量和过程衡量两个方面来评价。在产品衡量方面，主要涉及检索的及时性、完备性和可靠性，授权专利的专利性、充分公开以及权利清楚。对于过程衡量，EPO 认为，其不但是 ISO 9001：2008 对产品过程文件的要求，而且还能够通过过程衡量建立过程指标，是监控和提升过程质量所必需的。同时，产品衡量和过程衡量也是相互补充的。

EPO 极为重视对中小企业创新和竞争能力予以扶持。为此，EPO 开展了 ip4inno（Intellectual Property for Innovation，创新知识产权权利）项目。2008 年 3 月初，由 EPO 和 18 个项目合作人共同管理的 www.ip4inno.eu 网站正式开通。该网站主要面向中小型企业和知识产权培训人员，提供经筛选的欧洲国家的经济环境信息、培训人员检索数据库以及各国创新支持体系的相关资讯。EPO 项目负责人称，实施 ip4inno 项目表明 EPO 正在发挥业已在支持欧洲创新方面所起到的作用。[3]

2. 美国专利商标局（USPTO）

USPTO 2010~2015 年战略计划的目标之一就是"优化专利质量和及时性"，即把审查质量和周期两个方面作为具体的战略目标。同时，USPTO 指出，加快速度绝不能以牺牲质量为代价。确定专利质量的适当指标及其相关绩效目标所面临的挑战至关重要。为此，USPTO 承诺提高质量并重新设计专利质量评价和管理方案。USPTO 拟定了七条质量标准作为确定和衡量专利整体质量的指标：结案合格率、过程合格率、实质一通检索检查、实质一通全面性检查、质量指数报告、外部质量问卷调查、内部质量问卷调查。从中可以看出，USPTO 从结案质量、过程质量、检索质量、调查者的主观感受这些方面来综合评价专利审查质量。

在机构建设方面，根据 2011 年 9 月的《美国发明法案》，USPTO 会设立若干个卫星局。这些卫星局不仅能够减少专利申请和申诉的积压，而且这些卫星局会作为创新和创造中心，帮助培育和保护美国在全球市场的创新，减少企业不必要的行政手续，并且为当地增加新的经济机会。

USPTO 隶属于美国商务部，其非常重视将专利信息服务于企业。USPTO 的"专利技术监测部"负责向社会提供专利统计分析报告[4]。USPTO 还为美国知识产权咨询公司 CHI 公司的"专利记分牌"项目提供数据支持，该项目主要通过文献计量分析对专利指标进行研究。自 2000 年起,《企业技术评论》杂志根据 CHI 的数据库和研究成果,每年发布一次"专利记分牌"的统计结果,以此清晰地分析世界各大公司在美国知识产权市场的竞争态势。[5]

3. 日本特许厅(JPO)

日本的知识产权战略本部在 2004 年制定了"知识产权推进计划 2004",提出到 2013 财年一通待审周期(即自提实审请求日至发出一通的时间周期)缩短至 11 个月。也就是说,缩短审查周期在当时成为 JPO 最为重要的战略规划。但是,在之后的时间里,随着环境的不断变化,对于专利审查工作的要求也在变化。用户不仅要求加快审查,而且对于在国际上获得稳定权利的要求也越来越高。具体而言,其要求审查结果所授予的权利应当成为在国际上通用的稳定权利,这种权利不仅不存在无效理由,与其他权利的界限清晰,而且还要求未进行过度的限定。特别是近年来,随着专利审查速度加快,社会公众对于保持和提高专利审查质量的要求非常强烈。

除了专利审批工作之外,JPO 还特别注重从专利的信息中把握国内外的申请动向,以利于制定研发战略、产业战略和知识产权战略。JPO 会根据本国的科技发展规划,从各国专利局发行的公开公报中抽取特定技术领域的公开案件量以明确各国专利申请公开的动向。JPO 还会利用专利审查的人力资源向企业和高校提供援助措施,将中小企业和高校研究活动创造出的革新性成果作为知识产权进行战略性保护和运用,以实现日本产业的持续性发展。[6]

4. 韩国知识产权局(KIPO)

对于专利审查工作,KIPO 一直致力于为发明人提供快速、准确、世界级的审查和审判,从而确保客户的创新观点能够迅速地获取知识产权权利。KIPO 专利审查工作的重心也存在一个变化的过程。在 2008 年,KIPO 明确提出将专利审查工作由"高速度审查"向"高质量审查"转变。目前,KIPO 的观点是"及早获得知识产权权利与审查质量同等重要"。因此,KIPO 目前的审查工作不仅致力于提高审查质量,而且要同时缩短待审周期。在 2011～2013 年的年报中,KIPO 均将缩短待审周期、提高审查质量、为客户量身打造审查服务作为评价专利审查工作的三个方面。

自 2008 年起,KIPO 还实施了为用户量身打造的"三轨制"发明和实用新型的审查服务。用户可以根据其专利战略在加快审查、常规审查和延迟审查模式中选择最为合适的审查模式。

通过以上分析可以看出,国外主要专利局对专利审查工作的评价和要求虽然各有特点且在不断调整,但均将高质量和高效率作为专利审查工作的目标,并且把客户的反馈作为评价专利审查质量或者调整专利审查工作重心的重要参考。各国家和地区的专利局也根据专利事业和产业的发展状况采取各种措施提高专利服务能力，如专利相关培训和专利信息提供等。因此，从对国外主要专利局的分析来看，其均将提高专利审查能力和为本国的产业发展提供专利服务作为重点工作内容。

（二）我国对专利审查工作的要求

本节试图通过对《专利法》的立法宗旨、专利事业发展规划以及强局建设目标来分析我国对于专利审查工作的要求，并结合北京中心的主要职能进一步厘清强局建设与北京中心建设世界高级专利审查机构之间的关系。

1.《专利法》对专利审查工作的要求

为了体现《专利法》第1条"保护专利权人的合法权益，鼓励发明创造，推动发明创造的应用，提高创新能力，促进科学技术进步和经济社会发展"的立法宗旨，《专利法》第21条对专利审查工作提出了"客观、公正、准确、及时"的要求，以实现"优质高效"的审查工作目标。所谓"客观"就是指的实事求是，即重证据；"公正"则是对审查标准执行一致的要求，体现"法律面前人人平等"；"准确"是对专利审查质量的要求，即程序合规、结果正确、权利稳定、保护范围清晰；"及时"是对专利审查时效的要求，即要满足申请人及社会对审查周期多样性的需求。[7]

2. 专利事业发展的要求

《全国专利事业发展战略（2011—2020年）》对于我国2015年专利审批能力所要达到的目标提出了具体要求："专利审批能力进一步提升。不断提高审查效率，改进审查质量，发明专利申请的平均实审结案周期缩短到22个月左右，实用新型和外观设计专利申请的平均审查周期缩短到3个月左右，专利申请的复审请求案件和无效宣告请求案件的平均审理周期分别缩短到12个月和6个月左右，社会公众对审查质量的满意度稳步提升，专利授权质量和审查综合能力达到世界主要知识产权局的先进水平。"同时，还在"提升专利审查综合服务能力方面"明确指出，应当"统筹审查资源，配合国家重点产业发展政策，提供专利申请策略和专利分析指导等服务，积极引导市场主体重视专利价值挖掘"并"采取积极措施，为市场主体向国外申请专利提供相关服务和业务指导"。因此，对于专利审查工作来讲，除了做好"专利审批"这一基础工作之外，还应当基于审查资源，在专利价值利用和服务市场主体方面做好相关的工作。

在此基础上，《专利审查工作"十二五"规划（2011—2015年）》进一步细化了改进审查质量的要求：完善审查质量管理体系，持续改进实体质量，保证审查程序的公正性、审查结果的正确性和审查标准适用的一致性，稳步提升审查质量的社会满意度，使审查质量位于世界前列。同时，《专利审查工作"十二五"规划（2011—2015年）》还将"专利审查的社会服务功能有效发挥"作为主要目标任务，其内容包括了"加快专利审查服务能力建设，促使企事业单位专利管理能力及专利代理机构业务能力明显提升，专利分析得到推广应用，专利审查工作社会宣传的积极效应充分显现，有效引导创新主体的专利申请朝着质量高、结构优的方向发展"。

从中可以看出，在我国专利事业的发展规划中，对于专利审批的要求集中体现在审查效率、审查质量和社会满意度三个方面，并进一步提出了要将国家知识产权局专利审查质量提升至世界主要知识产权局的先进水平；对于专利审查工作服务于社会经济发展方面则主要聚焦于将审查资源进行充分利用以及引导创新主体做好专利申请工作。

3. 基于新形势下强局建设的发展目标

强局建设的核心是强专利局，强专利局的核心在于强的审查能力。[8]因此，可以说强局建设的核心在于"专利审查强局"的建设。随着世情、国情和局情的新变化，国家知识产权局对于专利审查强局也进行了新的解读与定义。目前，基于强局建设的专利审查工作目标是[9]：在国际专利审查格局中，在综合实力上拥有显著优势。综合实力包括但不限于：审查绩效的核心表征即审查质量和审查效率；作为支持资源的审查人才队伍、审查管理体系和自动化信息系统；以及促进国家创新和经济增长，引领国际专利审查未来发展方向的影响力。

4. 强局建设与北京中心建设世界高级专利审查机构的关系

为了满足我国知识产权事业发展的需要，国家知识产权局提出了建设"知识产权强局"的历史任务。因此，我们需要在建设强局的大环境下来探讨世界高级专利审查机构的含义。但鉴于北京中心所承担的主要工作任务和职能，在理解强局建设和世界高级专利审查机构的建设之间的关系时应当注意其不同的内涵。具体地，从职责上讲，国家知识产权局除了承担专利审查工作之外，还承担了组织协调全国保护知识产权工作、拟定知识产权涉外工作政策、拟定专利知识产权法律法规草案、拟定和实施专利管理工作的政策和制度等职能。而北京中心的主要职能在于专利审查，不承担以上所述的国家知识产权局所承担的其他职责。所以，在探讨世界高级专利审查机构的含义时，既不能脱离强局建设的大环境，也不能把强局建设的目标照搬过来作为建设世界高级专利审查机构的目标，而是应当找准工作定位，把建设世界高级专利审查机构的重心放在提高专利审查水平以及提升专利综合服务能力方面。

从强局建设的目标可以看出，强局建设本身就提出了将专利审查质量提升至世界主要知识产权局先进水平的要求。目前，世界主要知识产权局的专利审查质量主要体现在对发明专利的实质审查上，而北京中心则承担了国家知识产权局一半以上的实质审查任务。所以，北京中心专利审查工作的质量直接影响国家知识产权局专利审查工作的质量。从这个意义上讲，强局建设对于专利审查质量的要求也是对于北京中心审查质量的要求。更进一步地，北京中心作为我国发明专利实质审查的主要承担者，其专利审查工作的建设以及提供专利审查综合服务的能力应当走在强局建设的最前沿。

综合以上分析可知，我国对于专利审查工作的要求集中体现在专利审查能力和社会服务两个方面。专利审查能力主要涉及提高审查质量和审查效率，并且把社会满意度作为评价审查工作的重要指标；社会服务则主要体现在充分利用审查资源以及引导创新主体做好专利申请工作上。北京中心在建设世界高级专利审查机构时，除了要与世界其他主要专利局专利审查工作进行横向对比之外，还要充分考虑我国对于专利审查工作的要求，同时根据承担的主要职能找准自身在强局建设中的定位。

二、"建设世界高级专利审查机构"的含义与阐释

通过分析国外主要专利局对专利审查工作的关注点以及我国对专利审查工作的要求，可以看出，专利审查能力和社会服务水平是评价专利审查机构最为重要的两个方面。作为世界高级专利审查机构，其不仅应当具有较高的专利审查能力，同时还要能够有效服务于本国的经济和社会发展。

因此，可以认为：北京中心建设世界高级专利审查机构，就是要建设兼具"世界水平"的专利审查能力和"中国特色"的专利审查服务的机构；"世界水平"的专利审查能力，是指专利审查的质量和效率处于世界先进水平，能够得到社会高度认可；"中国特色"的专利审查服务，是指专利审查工作能够主动服务于我国社会经济发展，有助于创新型国家的建设。

（一）专利审查能力应具备"世界水平"

专利审查能力的"世界水平"具体可以从以下三个方面进行阐释：

（1）审查质量处于世界主要专利审查机构的前列。检索准确、过程合规、结果正确、权利稳定、范围清晰、标准一致是对专利审查质量的要求；北京中心应当积极采取措施提高审查质量，建设成为审查过程规范合理、审查结果值得信赖的专利审查机构。

（2）持续缩短审查周期，做到高效审查。持续缩短一通周期和结案周期，平均审查周期满足我国对专利审查工作的要求；完善管理机制，实现周期管理的预期可控；优化审查策略、探索审查模式，把单纯周期监控与审查实践有机

结合起来，做到真正的高效审查。

（3）专利审查工作具有较高的社会认可度。高水平的专利审查机构需要得到社会的认可，这种认可更多地体现了受访对象的主观感知。它不仅包括对审查质量和效率的评价，还包括对专利审查过程的感受，如沟通是否顺畅、对需求的响应是否及时、态度是否友好等。因此，这种社会认可度的评价体现了对专利审查机构更加全面的要求。

（二）专利审查服务要体现"中国特色"

专利审查服务的"中国特色"具体可以从以下两个方面进行阐释：

（1）能够积极推进基于审查资源的社会服务，助力技术创新和经济发展。把鼓励创新、增强专利审查工作对社会经济发展的促进作用作为专利审查工作的出发点和落脚点，充分发挥审查资源的优势，主动发布基于审查智慧的专利信息，促进创新体系的顺畅运转，有效服务于我国的产业发展。

（2）能够充分利用审查人力资源，增强创新主体运用专利制度的能力。根据我国的产业发展战略、行业特点以及企业的发展状况，利用人才优势为创新主体提供多样化服务，以提升创新主体的专利意识和专利管理利用水平，使专利制度成为技术创新和经济发展之间相互促进的桥梁。

小　结

经过十几年的发展，北京中心已经成为国家知识产权局专利审查工作的一支重要力量。而随着国内外专利审查形势的不断变化，北京中心的发展也面临着新的机遇与挑战。不断变化的专利审查环境对北京中心的发展提出了更高的要求。北京中心要在此基础上找准定位、明确思路、把握重点，把建设世界高级专利审查机构作为战略目标和中心任务，将北京中心建设成为兼具"世界水平"的专利审查能力和"中国特色"的专利审查服务的机构，为知识产权强国的建设贡献力量。

参考文献

[1] 人民日报专访申长雨：加快建设知识产权强国［N］.人民日报，2014-07-28.

[2] 欧洲专利体系质量研究［J］.学术观察，2014（1）.

[3] ［EB/OL］.［2014-08-28］.http：//www.sipo.gov.cn/dtxx/gw/2008/200804/t20080401_353867.html.

[4] 诸敏刚，等.基于审查资源的社会服务研究［R］.国家知识产权局专项课题研究（课题编号ZX200901），2010年4月，第19页.

[5] 杨起全，等.美国知识产权战略研究及其启示［J］.中国科技论坛，2004（2）.

［6］日本特许厅2012年年报［J］.学术观察，2013（10）.
［7］杨铁军.准确理解立法宗旨 培育专利审查文化［N］.知识产权报，2012-07-11.
［8］何越峰，等.外部环境与目标专题研究报告［R］.国家知识产权局专项课题研究——专利审查工作"十二五"规划基础研究项目（课题编号ZX200903），2010：10.
［9］葛树，等.基于强局建设的审查业务未来路线图研究［R］.国家知识产权局专项课题研究（课题编号ZX201201）.

建高级专利审查机构　创北京中心优质品牌

马紫光　刘　谦　熊　瑜　欧阳平

摘　要：建设世界高级专利审查机构是北京中心未来发展的目标。本文从创高级机构品牌效应的角度，提出以严格管理为品牌风帆，以审查高质量为品牌生命，以培养国际型人才为品牌关键，以改革创新为品牌灵魂的建议，以供中心政策制定参考。

关键词：品牌　世界高级专利审查机构　竞争

国家知识产权局专利局专利审查协作北京中心（以下简称"北京中心"）成立于2001年5月18日，时至今日，已经历经13年的发展历程。自北京中心成立以来，始终秉承"务实高效、求精进取"的工作作风，以开拓创新的进取精神出色地完成了上级主管部门交给的各项工作和任务，并取得了许多傲人的成绩。如今，在北京中心进入壮年之际，树立了建设成为世界高级专利审查机构的目标。这一目标对北京中心未来的发展意义重大，也必将成为北京中心全体员工未来共同努力的方向。

然而，什么是世界高级专利审查机构呢？笔者认为，建设世界高级专利审查机构就是北京中心要独具特色，在世界范围内具有广泛影响力。而特色的核心即是品牌。其中，品牌的"品"至少有四种含义，即产品、品质、人品和品位。第一是产品的"品"，即社会、市场、消费者需要的东西；第二是品质的"品"，即产品本身要有高品质；第三是人品的"品"，即从业人员必须具备高尚的品格和技能；第四是品位的"品"，即产品中应当体现北京中心企业文化的内涵。

基于此，在向世界高级专利审查机构迈进的过程中，从品牌效应的角度，笔者提出如下观点。

一、以严格管理为品牌风帆

管理的真谛是管人、理事。管理就是把复杂的事情简单化,把混乱的问题规范化。管理在某种意义上说是艺术,也是深刻的学问。

1. 准确的品牌定位,专业的品牌运营

2001年,国家知识产权局党组高瞻远瞩,成立了第一个审查协作中心,也就是今天的北京中心。经过13年的发展,北京中心已经成为一个具备制度相对完善、业务能力强、人员素质高、经验丰富等优势专业的专利审查机构。随着专利事业的不断发展,自2012年以来,国家知识产权局陆续成立了专利审查协作广东中心等6个京外中心。我国专利审查机构的格局已从原有的"一局一委一中心"变成"一局一委七中心"。同时,放眼国际,澳大利亚知识产权局于2009年4月2日在墨尔本设立专利审查中心,美国专利商标局在2011年7月13日在底特律设立了首个卫星局。中心如要保持优势,并在众多的专利审查机构中脱颖而出,就必须突破束缚,坚持创新,进行准确的品牌定位,并依托自身的优势和专长,进行差异化定位,突出其13年以来在各方面积聚的经验,继续加强和完善目前已经构建的系统完备、科学规范、适合自身发展的制度体系。

2. 建立科学的现代管理体系

品牌是管理智慧的凝结,先进的管理思想和管理手段,是促进品牌发展的重要动力之一。我们要在传承中心传统管理理念的基础上,积极吸收、借鉴、学习西方现代管理手段和管理方法,努力建设适合自身情况的、科学的管理体系,建立合理的奖罚制度,向管理要效率,才能为创建世界高级专利审查机构这一品牌打下扎实的组织、技术和方法基础,为我们专业的品牌运营提供强有力的管理支撑。

3. 加强审查业务的培训及管理

审查业务的培训及管理应遵从业务管理的一般规律,又应当有北京中心自身的业务特点。具体涉及不同层级、不同人员。应对根据不同的层级、不同人员灵活确定不同的培训方式、内容,并进行相应的管理。管理应先进、规范,指标科学,水平领先;同时,管理应当实用,源于实际,便于操作,易于普及,利于提高。

4. 加强审查质量管理

质量是"品牌"的基础,质量是"品牌"的生命,质量是一个企业成功与否的重要标志。北京中心长期以来一直视质量为中心的生命线,因此,在建设世界高级审查机构的过程中,我们必须以优异的审查质量为保障,必须不断健全质量管理体系，并有效地与国际接轨。日常的质量管理必须做到全面、全员、全过程、全要素、全方位、全领域、全天候，确保我们的审查质量万无一失，努力做到"零差错""零缺陷"。同时，审查过程中，应不断强化"三大支撑"的指引和规范，保障审查质量。

5. 加强人才的管理和优化

拥有一支政治过硬、业务精湛、敢于拼搏、勇于创新的出色的审查员队伍对于创建世界高级专利审查机构品牌来说是必备的基础条件。人才是北京中心成长发展的中流砥柱，要尊重人才、信赖人才，要进行管理科学性与艺术性相结合的人性化管理。同时，人才是"品牌"成功的关键，"骏马能历险，耕田不如牛；坚车能载重，渡河不如舟"，北京中心要不断优化人才队伍的构成，要保证"合适的人在合适的位置上"，要建立立体化、科学化的人才培养、管理体系，以人为本，加强对人才的选拔、培养、使用、考核和奖惩，做到优胜劣汰，努力建设一支结构合理、素质很高、业务过硬、作风优良的人才队伍。

二、以审查高质量为品牌生命

品牌是一个企业的脸面，而质量是品牌的基础，没有质量作保障，品牌则无从谈起。"德国制造"留给世界的印象是"经典"，日本制造是"精细"，"美国制造"是"时尚"，而中心留给世界的应当是"品质"。

保障审查质量，是将北京中心建设成世界高级专利审查机构的战略支点之一，也是将北京中心建成世界高级专利审查机构的必由之路。自北京中心成立以来，北京中心领导一直高度重视审查质量管理，审查质量建设一直是北京中心工作的重中之重。北京中心将质量保障同我国知识产权的创造、运用、保护、管理的发展要求结合起来，形成了"审查质量即生命线"的核心理念，通过改革质量保障制度，创新质量保障管理思路，不断提升中心审查质量。

ISO 9001 质量管理体系作为质量管理体系核心标准之一，其常被用于证实某一组织具有提供满足顾客要求和适用法规要求的产品的能力，目的在于增进顾客满意。作为专利审查机构，能否通过该体系的认证，很大程度上反映出该专利审查机构审查质量的优劣。在这方面，其他专利强国早已有所行动，例如，韩国专利情报研究院于 2004 年通过 ISO 9001 认证，欧洲专利局和美国专利商标局也分别于 2007 年和 2009 年引入 ISO 质量管理体系。在迈向世界高级专利审查机构的道路上，北京中心同样意识到引入 ISO 9001 质量管理体系对北京中心未来发展的重要性，并于 2012 年 12 月 21 日通过 ISO 9001 质量管理体系认证。北京中心通过贯彻 ISO 9001 标准，进一步提升质量意识、强化岗位责任、规范管理制度，持续改进审查质量，不断提高专利审查综合实力。可以说通过ISO 9001质量管理体系认证是对北京中心审查质量的一个认可。这是一个起点，但是这绝不是终点，我们应当积极与世界其他专利审查机构进行比较、学习，发现不足，减少差距，提质增速，使北京中心的审查质量可以得到世界同行的认可，而这是建设世界高级专利审查机构的关键一环。

三、以培养国际型人才为品牌关键

在知识经济时代，知识产权作为经济发展助推器的作用越发重要，其对产业升级起到的支撑作用也日益显著，对增强企业核心竞争力的作用也是有目共睹。因此，面对愈加激烈的国际竞争，加大国际化知识产权人才的培养和储备力度，是保证我们能够应对各种挑战、抓住各种机遇的重要保证。原国家知识产权局局长田力普曾指出："随着知识产权国际交流与合作的不断深化，加强国际合作人才队伍建设显得尤为重要。加快国际合作人才队伍建设，适应不断发展的国际交流与合作的新形势。中国将进一步加强干部人才队伍的能力建设，提高持续发展和科学发展的能力，培养和造就一批熟悉国际事务、善于运用国际规则、精通知识产权业务、具备学术研究能力的高素质国际合作人才队伍，有效应对中国知识产权国际交流与合作的快速发展对人才的需求。"

北京中心发展已有十余年的历史，人员拥有较高素质，业务涵盖了绝大多数的技术领域，培养了一批本领域的专家。在知识产权大发展、京外中心相继成立、国际合作越来越频繁的背景之下，北京中心一方面应当加大人才队伍建设，培养"深入业务精通审查，又能立足全局国际视野"的复合型人才，打造出一支结构合理、思想过硬、作风优良、业务精纯的人才队伍，另一方面应当加大人才的输出，通过人才输出，增强中心的影响力，提高社会的认知度，打造北京中心的品牌效应。因此，知识产权人才的培养，特别是国际化人才的培养就显得尤为重要，这样才能不断提升中心的发展优势，才能走在专利事业的前列，才能向世界高级审查机构迈进。

在《开拓创新　向世界高级专利审查机构迈进——专利审查协作北京中心成立12周年》中，时任中心主任魏保志指出："优秀的人才队伍是实现优质高效审查的基石，也是专利审查协作北京中心向世界高级专利审查机构迈进的根基。"为此，中心"依托国际交流项目"，"积极拓宽审查员的国际视野，有重点地培养熟悉国际审查规则、精通外局审查业务的核心力量"。但笔者认为，目前的培训学习主要以中、短期的形式为主，时间有限，审查员接触到、学习到的实质内容难免不够深入。

在此，笔者大胆设想，在人才培养方面，可以借鉴类似高校的交换生模式，如果能够派外语好、业务精的专家，以长期交流学习的形式常驻在外国专利审查机构或专利代理机构，一方面可以深入学习外国的专利制度、先进的审查机制和经验，了解社会需求，同时也传播北京中心的文化，或许不失为一种培养国际型人才、有效提升北京中心影响力的途径。

四、以改革创新为品牌灵魂

如果说管理是品牌的风帆，质量是品牌的生命，人才是品牌的关键，那么文化就是品牌的灵魂。一个企业，当其产品或者服务体现出其文化的品格，才标志着这个企业已然进入更高的发展阶段。

然而，作为一个世界高级专利审查机构应该具有什么样的文化，这种文化该如何培育呢？

文化本质上是"心"的升华，"情"的宣泄，"理"的辨析和"意"的弘扬，作为世界高级专利审查机构，其文化更应当富有深刻的思想内涵和丰富的精神内蕴，既要包含对北京中心历史的记忆与传承，更要体现北京中心对未来的选择和希望。

1. 要懂得记忆与传承

工作作风是文化的集中表现。在过去的13年，北京中心已经形成"务实高效、求精进取"的工作作风。北京中心只有继续秉承"务实高效、求精进取"的工作作风，才能不断创造佳绩；只有继续秉承"务实高效、求精进取"的工作作风，全体干部职工才能团结一致、拼搏奉献，以开拓创新的精神品质在各项工作中再创佳绩；只有继续秉承"务实高效、求精进取"的工作作风，才能向世界高级专利审查机构不断迈进。

2. 要坚持创新和与时俱进

企业文化是一种差异化文化，最突出、也最能起作用的是企业文化中个性的一面，而这种个性最集中的体现就是核心价值观，它传递着一种理念，当它一旦形成便无处不在，是偷不去、买不来、拆不开、带不走、流不掉的，但是，在这方面，最忌雷同和平庸，因此，我们必须坚持文化创新和与时俱进。正如我们所感受的一样，北京中心文化已经从过去的"学院派"逐渐向更加成熟、稳重、有内涵的方向转变。这必将有助于北京中心文化与国际接轨，更加符合作为世界高级专利审查机构的要求。

3. 要保证表现形式与内涵相一致

企业文化往往通过不同形式体现于日常工作的方方面面，例如，在审查员发出的各种审查意见通知中，在其与申请人、代理人的沟通交流中，在其为社会公众提供各种专利服务的过程中，北京中心的文化已然嵌入其中。因此，在培育中心文化时要保证文化的表现形式与文化内涵相一致。在笔者看来，在文化培育的过程中,有形式而不见形式,才是最好的表现形式;有内涵而不露锋芒,才是最好的企业文化。只有充实而先进的思想内涵与新颖而精致的表现形式的完美结合与高度统一,才是文化的上乘与至境。

结　语

品牌是北京中心迈向世界高级专利审查机构的"通行证",是北京中心的核心财富。成就品牌不仅仅需要管理制度的规范完善、审查质量的精益求精、人才队伍的国际化与专业化、核心文化的传承与创新,更需要北京中心全体员工对于中心品牌的认知、认同与维护。插上品牌之翼,北京中心在迈向世界高级专利审查机构的道路上将更加一帆风顺。

建设世界高级审查机构的挑战

尹 杰

摘 要：本文结合中心建设世界高级专利审查机构的发展目标，从审查质量与人才队伍两个方面论述了目前面临的挑战，提出了建立三层审查质量评价体系的建议，通过"查找差距引领大局""系统监控保障整体""关注个体促进进步"的方式提升中心审查质量的竞争力；同时，尝试为各类人才设计相应的培养目标，以精通审查业务为基础，不但关注法律研究能力的培养，更加注重国际事务的参与和主导，为世界高级专利审查机构的建设提供人才竞争力。

关键词：世界高级审查机构　审查质量评价　人才队伍培养

引 言

建设世界高级专利审查机构是国家知识产权局专利局专利审查协作北京中心（以下简称"中心"）的发展目标，那么怎样的专利审查机构才能称得上世界高级呢？从国际化发展角度看，规范有序的运行机制、和谐进取的工作环境、科学的审查质量控制体系、多样化分层级的人才队伍、增值服务的研发能力、以及国际声誉的建立等，都是我们应当考虑的因素。然而，笔者认为，在众多的因素中，审查质量和人才队伍是建设世界高级审查机构最重要的基础和最大的挑战，因此本文将针对这两个方面进行简要的论述，尝试提出符合实际的建议，为中心的发展出谋划策。

一、审查质量评价体系的建设

世界高级专利审查机构与一般专利审查机构的区别首先在于专利审查产品

的质量，提供国际一流水平的专利审查产品是建设世界高级专利审查机构首要目标，要实现这一目标离不开适合的审查质量评价体系，其是提升审查质量的有力保障。

目前中心的审查质量评价体系共包括两个层级，即中心和部级。中心质量评价的对象为每个审查部，综合考虑审查部各项质量统计数据、专项质检结果以及部门质量保障工作的执行情况等方面对审查部进行质量评价；审查部质量评价的对象为审查员，依据审查员的质量统计数据以及质检结果等各方面评价审查员的审查质量。总的来说，目前的审查质量评价方式更类似一种考核方式，其缺少对中心审查质量的客观评价，进而无法获悉相对于其他世界强局我们的审查质量在哪些方面需要进一步提升，哪些方面处于领先。

此外，作为世界高级专利审查机构，每一个审查产品都应当体现国际一流的审查水平，这对我们的审查工作提出了近乎苛刻的要求，要求每一位审查员都具有较高的审查质量。那么如何评价每一位审查员的审查质量呢？目前审查部采用的质量评价方式相对简单，很难客观地体现审查员的审查质量。

针对上述问题，结合建设世界高级专利审查机构的目标，笔者尝试提出一种三级审查质量评价体系，全面关注各层级的质量情况，明确各层级的质量提升方向。

1. 中心质量评价，查找与强局的差距

要提供质量一流的产品，首先要知道什么样的产品是一流的产品，我们产品的差距到底在哪里，进而指引全体人员朝着正确的方向去努力，这点非常重要。因此，中心可通过相关研究探索查找质量差距的方法，以各世界强局审查质量为评价基础，将质量评价的重点放在中心整体质量的国际差距上。

2. 审查部质量评价，系统监控、侧重领域

在中心质量评价指引大方向的基础上，各审查部的质量评价应当更加关注对各类审查业务的系统评价，包括对于长效质量监控机制和适应领域质量管理措施的评价，从而督促审查部建立系统的质量保障体系。

3. 审查室质量评价，客观全面、关注个人

室主任能够通过日常案件审核了解到审查员的审查质量，因此审查室应当依据中心质量提升方向以及部内质量监控重点制定个人审查质量评价方式，同时将日常审核案件的结果纳入到评价中，客观全面地体现审查员的审查质量。

三级审查质量评价体系从差距、系统、个体三个角度关注审查质量，旨在通过"查找差距引领大局""系统监控保障整体""关注个体促进进步"的方式提升中心审查质量的竞争力。

二、审查人才培养体系的建设

中心的发展离不开审查人才的支撑，可以说在一定程度上审查人才的能力水平决定了中心世界高级专利审查机构建设的步伐。目前，中心结合审查业务以及人才发展的需要，将审查人才划分为四个层级：基础人才、骨干人才、核心人才、专家人才。这种人才划分一方面有利于中心各项工作用人选人的合理性，保证工作的完成质量；另一方面能够促进审查员不断提升自身的各方面能力，寻求自身的进步和发展。

但是，目前这种人才划分还处于初级的划分评定阶段，对于相应人才的培养目标并不十分清晰。因此，笔者将从中心建设世界高级专利审查机构的目标出发，试图为各类人才设计相应的培养目标，使得各类人才能够在建设世界高级专利审查机构的过程中充分发挥自身的作用，实现中心与个人的共同发展。

1. 业务全能型的基础人才

目前中心的专利审查业务包括：发明实质审查、PCT 国际检索和初审、发明复审、发明初审、实用新型初审、实用新型复审、实用新型评价报告、外观设计初审、外观设计复审，多类型的审查业务为中心建设世界高级审查机构提供良好的基础。作为占全体审查人员近 70% 的基础人才，精通中国专利法、胜任全部的审查业务、具有各类业务的审查经验是基础人才的培养目标。培养这样一批业务全能型的基础人才，不但能够促进审查能力和审查质量的提升，而且为中心适应各种审查需求提供了良好的人才支撑。

2. 具有国际视野的骨干人才

骨干人才占中心全体审查员的 20%，其在业务全能的基础上应当体现出审查业务的国际视野，熟悉美、欧、日、韩等国家或地区的专利法及审查规则，擅于根据各国专利法发展历史及审查实践开展相关研究，具备为我国专利法规及相关审查规则修改提供建议的能力。

3. 具有国际交流能力的核心人才

作为世界高级专利审查机构，国际交流与协作将成为一项重要的工作，而占中心全体审查员 10% 的核心人才将成为完成此项工作的主力军。他们在具备国际视野的基础上，应当具有突出的国际交流能力，能够娴熟地运用英语进行审查业务主题发言及深入探讨。

4. 具有国际引领能力的专家人才

占全体审查人员 2% 的专家人才是世界高级专利审查机构的顶级人才，他们应当具备参与中国专利法规修改和国际合作协议谈判的能力，在国内能够引领中国专利审查发展方向，在国际能够为中国争取最大化的利益。

国际化分层级人才培养目标以精通审查业务为基础，不但关注法律研究能力的培养，更加注重国际事务的参与和主导，旨在为世界高级专利审查机构的建设提供人才竞争力。

三、总　结

本文从审查质量与人才队伍两个方面论述了中心目前面临的挑战，并结合世界高级专利审查机构的发展目标提出了建立三级审查质量评价体系的建议，从差距、系统、个体三个角度关注审查质量；同时，尝试为各类人才设计相应的培养目标，强调了国际化高级人才的培养，注重发挥国际事务参与和主导的作用。

建设世界高级专利审查机构是每个中心人的梦想，成立 13 年来中心本着务实高效、求精进取的理念一直稳步向前，相信在不久的将来，通过所有中心人坚持不懈的共同努力，建设世界高级审查机构这一梦想必将成真。

北京中心建设世界高级专利审查机构方案初探

刘以成　陈冬冰　王　汇　余　雪　曲淑君[1]

摘　要：北京中心要建设世界高级专利审查机构就是要建设兼具"世界水平"的专利审查能力和"中国特色"的专利审查服务的机构，本文从上述两个方面给出建设世界高级专利审查机构的思路和方案。探讨从打造高素质的专利审查队伍、建立并完善专利审查资源库、规范优化各层级管理制度、培育引领性专利审查文化四个方面建设具有"世界水平"的专利审查能力；从创建"审查智慧池"制度和推行"创新引领者"计划两方面创建具有"中国特色"的专利审查服务。

关键词：世界高级专利审查机构　世界水平　中国特色　建设方案

引　言

通过对世界高级专利审查机构内涵的深入研究表明，国家知识产权局专利局专利审查协作北京中心（以下简称"北京中心"）建设世界高级专利审查机构就是要建设兼具"世界水平"的专利审查能力和"中国特色"的专利审查服务的机构。"世界水平"的专利审查能力，是指专利审查的质量和效率处于世界先进水平，能够得到社会高度认可；"中国特色"的专利审查服务，是指专利审查工作能够主动服务于我国社会经济发展，有助于创新型国家的建设。本文基于以上对北京中心建设世界高级专利审查机构内涵的理解，提出了

---

[1] 本文源于北京中心2014年专项课题"世界高级专利审查机构建设研究"（课题编号：BJZX1401）。课题负责人：魏保志；课题组长：曲淑君；报告统稿人：朱晓琳、刘以成；主要执笔人：刘新民、郭震宇、于行洲、邓学欣、冯婷霆、田振、张成龙、陈冬冰、余雪、王汇。

北京中心建设"世界高级专利审查机构"的初步方案。

一、建设具有"世界水平"的专利审查能力

根据北京中心建设世界高级专利审查机构的含义,"世界水平"的专利审查机构应具备"审查质量优秀""审查效率高效""社会高度认可"的特点。目前,国内外专利审查机构通常采用定量和定性的表征指标来评价专利审查能力,但表征指标各不相同。本文认为,具有"世界水平"的专利审查能力的表征指标应具备重要性、准确性、可比性的特点,同时表征指标构成的体系还应当是全面、科学、独立。

(一)"世界水平"专利审查能力的表征

依据国内外通常采用的表征方法,本文提出对世界水平的专利审查能力从质量、效率和社会满意度三方面表征,具体表征方式如下。

对于质量和效率的表征,依据发明专利实质审查工作的审查顺序,可从检索、过程和结案这三个方面进行分段式全面表征;同时,对发明专利的实质审查应当对其是否对现有技术作出贡献作出"三性"方面的判断和评价。因此,在选取表征审查质量的指标时应围绕"三性评判"这条主线。

具体而言,对质量的表征,依据对检索准确、全面、稳定的要求,选取XY有效率、第一次审查意见通知书(以下简称"一通")漏检率、非专利XY率、XY文献量指数及检索稳定性作为表征指标;依据对审查过程的合规及一致性要求,选取过程通知书合格率及过程标准执行一致性作为表征指标;依据对结案正确及一致性的要求,选取复审请求率、无修改撤驳率、权利无效率、结案正确率、"三性"评判准确率及结案标准执行一致性作为表征指标。对效率的表征,选取证据一次提供率、一通周期、结案周期和第三次审查意见通知书(以下简称"三通")后结案率分别从检索效率、过程效率及结案效率三方面进行表征。

采用关于专利审查满意度的指标作为表征社会认可度的指标,并根据"社会公共服务产品"即"专利审查"的本质特点,从审查质量、审查效率和沟通等方面进行全面的表征。选择美国顾客满意度指数(ACSI)模型为基本模型,结合专利审查的特点确定感知质量的各指标以构建专利审查满意指数模型,具体如表1所示。

表 1 专利审查满意指数模型的三级表征体系

一级指标	二级指标	三级指标
专利审查满意度指数（ACSI）	感知质量	审查质量、审查效率、程序合法、沟通顺畅
	顾客期望	公众期望
	感知价值	价值质量（公众和申请人获得一定数量和质量的产品和服务及其他成果时所耗费的资源最少）
	顾客满意度	公众满意度
	顾客抱怨	公众抱怨
	顾客忠诚	公众信心

综上所述，评价专利审查机构是否具备世界水平的专利审查能力，可以采用图 1 所示的指标体系进行表征。

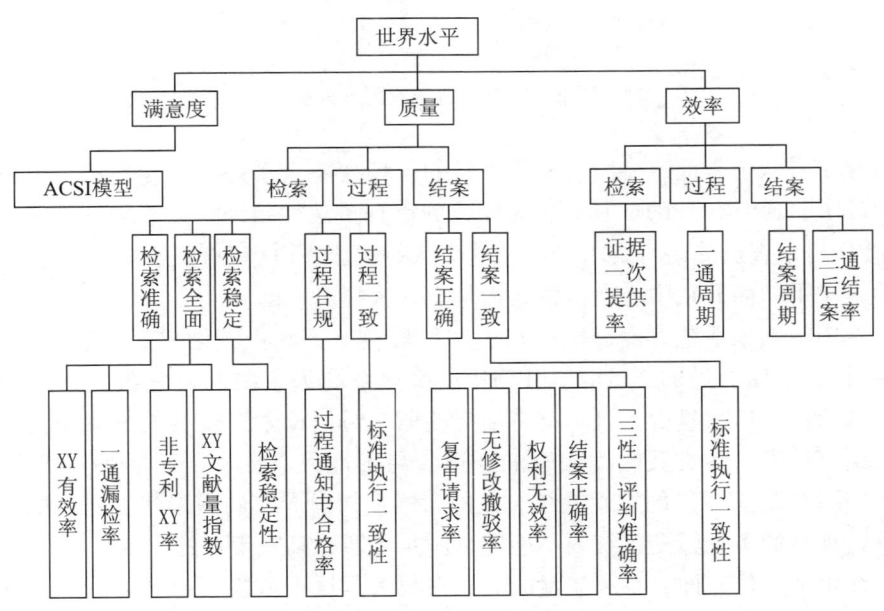

图 1 "世界水平"专利审查能力的表征

（二）北京中心专利审查能力现状与影响因素分析

基于审查质量的横向对比及问卷调查结果可知，国家知识产权局的审查质量在世界五大专利局中排名较为靠后。而对于审查效率，无论是国内外的问卷调查结果还是统计数据,都表明国家知识产权局的审查效率处于五大局的前列。北京中心作为国家知识产权局发明专利审查的主力军,其审查质量和审查效率在很大程度上代表了国家知识产权局的审查质量和效率,因此,提升审查质量成为北京中心建设世界高级专利审查机构的当务之急。

为有效提升审查质量,寻找导致专利审查质量差距的影响因素就显得非常重要。本文借鉴全面质量管理理论,从人、机、料、法、环五个方面来分析影响专利审查质量的因素,其分别涉及审查队伍、审查辅助系统、申请文件、管理制度、审查文化五个方面,如图2所示。

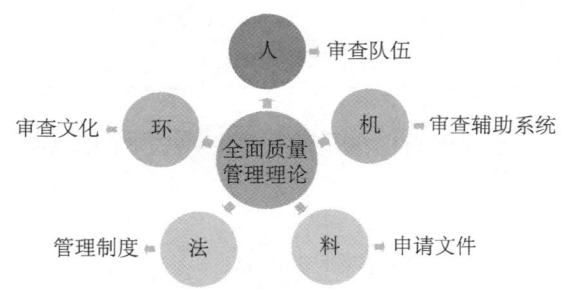

图 2　审查质量影响因素分析

在审查队伍方面,持续提高审查员的各种技能水平是提高专利审查质量的首要环节,EPO、USPTO 具有较为完善的审查员法律培训、在职培训体系,同时 EPO 对审查员的语言要求较高,这大大提高了 EPO 审查员在非母语检索时的检索水平,而北京中心在这两方面均有较大提升空间。

在审查辅助系统方面,国家知识产权局在 S 系统上线之前,一直以 20 世纪 90 年代中期引进的 EPO 的 EPOQUE 检索系统为主要的检索数据库进行检索,其检索入口数量少,且不支持语义检索、母语检索。现有的 S 系统提供了多种语言检索、多类数据库检索的通道,易用性大大提高。而 EPO、USPTO、JPO、KIPO 均有自己的检索系统。此外,国家知识产权局尚未建立自己的分类体系,现有的审查辅助系统尚不能完全满足优质、高效审查的需求。

在申请文件方面,专利质量的高低在很大程度上取决于申请人的创新水平与专利相关知识(或代理人对申请文件的撰写水平、答复水平)。与发达经济体相比,我国在这两方面都存在一定的差距。

管理制度主要包括质量保障制度及审查工作制度,世界各主要专利局在质量保障制度方面,均采取了抽检在审案件或结案案件的检索质量、结案质量的方式来保障专利审查工作的质量。而在审查工作制度方面,各主要专利局各不相同，USPTO 与 EPO 将工作重点放在首次检索的准确性与完整性、审查意见的全面性，而 JPO 与 KIPO 将检索外包以提高审查效率，JPO 的审查领域较为细化以保证审查质量。上述不同的审查方式对于北京中心提高审查效能具有较大的借鉴意义。

优秀的审查文化如优秀的企业文化一样，通过培养自觉的纪律意识，培育全体员工一致共同的价值观，将比外在的管理制度更容易凝聚员工，形成步调一致的行为规范，激发员工的主动性、积极性和创造性。北京中心成立十余年，已初步形成具有自身特色的审查文化，但仍不成熟，不能满足北京中心建设世界高级专利审查机构的需要。

(三)"世界水平"的专利审查能力建设方案

基于与机构建设相关的"人""机""法""环"这四个方面，本文有针对性地提出四个建设着力点，通过不同的维度提出具有"世界水平"的专利审查机构建设方案。对于"申请文件"这一影响因素，将在后续有关提升"专利审查服务"水平的内容中涉及。

第一，打造高素质的专利审查队伍。具有"世界水平"的专利审查机构是由"人才"构成的审查队伍实现的，因而优秀的审查队伍是北京中心建设高水平专利审查能力的根基。为满足机构建设对专利审查队伍的需求，具体可以通过提高个体审查效能、整体上优化人才结构、建立相应的人才梯队、重点培养国际型审查人才来开展工作。

第二，建立并完善专利审查资源库。发明专利审查工作需要审查员对每一件发明专利申请相对于现有技术的贡献作出判断，其中蕴含大量智力成果。如果将上述智力成果汇聚起来形成一个具有统计意义的审查智慧信息池，则对后续的审查工作能够提供有益的帮助。具体而言，可以从基于审查智慧信息实现非专利文献分类号的自动标引、创建细分领域数据库、关键词关联度排序以及公知常识辅助判断库四个方面来建立并完善专利审查资源库。

第三，规范优化各层级管理制度。优秀的管理理念、管理水平及科学的管理制度能够大大提高专利审查工作的效能。在研究了世界各主要专利局所采取的管理制度的基础上，认为可以从规范审查工作制度、完善质量保障工作、优化业务协调制度、提升业务反馈速度四个方面来规范和优化各层级管理制度。

第四，培育引领性专利审查文化。目前审查文化建设中存在的问题原因主要在于对审查文化的理解还不够。审查员的观念、意识、工作作风等综合素质，都会受到文化的影响和制约。审查文化建设必须从实际出发，科学把握审查文化的理念和审查文化建设工作的精髓，追求实效。具体地，可以将专利审查文化加以分解、细化，建设为严谨求实、积极进取的行为文化，敬畏法律、客观公正的法律文化，以人为本、勇于创新的制度文化和凝聚人心、保障有力的物质文化。

二、创建具有"中国特色"的专利审查服务

（一）我国产业发展的现状

为了确定建设"中国特色"专利审查服务的方向和内容，首先需要分析我国产业发展的现状，了解我国产业发展的优势和劣势。

随着传统产业的快速发展、科研成果的不断涌现以及新兴技术的迅速推出，战略性新兴产业应运而生。近年来，国家从战略高度加快培育和发展战略性新兴产业，涌现了一批具有一定国际影响力和竞争力的大企业。专利则对新兴产业的发展显示出举足轻重的作用：其既是保证战略性新兴产业市场份额的关键所在，也是战略性新兴产业发展的外部动力。伴随我国专利制度不断得到完善，其对新兴产业的支撑和引导作用持续显现，这些都是创建具有"中国特色"专利审查服务的重要支撑点。

但我国产业发展的劣势也是明显的：部分产业大而不强、大而不优，核心技术缺失，"引进来，走出去"的过程中时刻面临技术壁垒和知识产权纠纷，企业规模大、利润低，依靠低成本优势竞争、走粗放式发展道路等问题突出。专利制度对产业和企业的导向作用需进一步强化。这也成为创建具有"中国特色"专利审查服务的着眼点。

我国已在政府、行业、中介等层面开展了较为丰富的专利服务，但提供的专利服务主要集中在专利的运用、保护和管理上，对于专利创造方面提供的服务力度不足，同时缺乏深入挖掘专利信息、有效服务创新主体的能力，缺乏进行专利服务的复合高端人才。

（二）北京中心专利审查服务的优势

北京中心自2001年成立以来，经过十余年的发展，已经成为我国专利审查工作的主要承担者，2013年承担的发明专利实审工作占专利局实审工作量的65%以上，在专利审查等方面积累了丰富的经验，同时在人才储备、资源利用等方面也具有很大优势，为北京中心有效提供专利审查服务奠定了坚实基础。具体而言，北京中心专利审查服务的优势体现在以下几个方面。

第一，专利审查工作本身的优势。根据发明专利实质审查的特点，对于授权的专利申请，审查员深知该专利相对于现有技术的创新点所在；对于不能授权的专利申请，审查员同样也深知该专利申请的技术构思、技术改进之处。也就是说，在专利审查的过程中，审查员对每一件专利申请都进行了深入的分析，从而形成了智慧成果。这种智慧成果是专利审查模式独具的，是其他各个

层面的专利服务不具备的。

第二、专家人才基础性优势。优秀的专家人才,尤其是复合型高端人才是开展具有"中国特色"专利审查服务的基础性优势。这是其他各个服务层面最为缺乏的服务人才,也是我国市场主体和创新主体所稀缺的高端人才。北京中心目前在专家人才方面积累了明显的优势,具体体现在学历层次高、人才种类多、领域覆盖全、外语水平好等方面。

第三,信息资源保证性优势。丰富的信息资源是开展专利审查服务的保证性优势。北京中心拥有的与专利审批相关的信息资源,内容丰富,更新及时,成为开展"中国特色"的专利审查服务的有力保证。

总之,北京中心在提供专利审查服务方面,具有较大的优势和能力。如何利用自身的优势,主动为市场创新主体提供具有"中国特色"的多样化服务,达到提升创新主体的技术创新、专利运用、保护和管理的能力和水平,是建设世界高级专利审查机构的重要环节和特色工作。

(三)"中国特色"专利审查服务建设方案

基于我国产业发展的诉求、现有专利服务的不足以及北京中心自身优势之间良好的互补性,本文提出以下两个方面创建"中国特色"的专利审查服务:一是基于专利信息的深度挖掘能力,二是基于复合高端人才的服务能力,从而实现以审查带服务、以服务促审查的目的。

1. 创建"审查智慧池"制度

(1)制度设计的目的与意义

审查员在发明实质审查过程中,产生了大量的思维产物,其不仅包括授权、驳回等结论性意见,还包括未被固化、提取或传递给创新主体的思维信息。这些在审查过程中伴随产生的有价值的思维产物就是审查智慧。但是,在目前的机制中,审查员无法将上述审查智慧有效传递给创新主体。

"审查智慧池"制度的设计目标在于深度挖掘审查智慧,主动服务技术创新。在实现审查员个人对授权、驳回、视撤等各类案件的审查智慧进行收集、汇总、比对、分析的基础上,形成较大规模的专利信息储备,通过深度挖掘提取高附加值的专利信息,积极主动地服务于国内创新主体,通过情报的长期积累和发布,引导创新主体把握技术高点、认识技术价值、摸清技术发展方向,切实促进创新驱动发展战略的实施。同时,通过该制度的持续推行提高北京中心在创新主体中的社会影响力,使"审查智慧池"制度成为北京中心的服务品牌之一。

(2)运用示例

由于目前各国的各专利审查机构对审查智慧挖掘工作涉及较少,无太多经验可借鉴。本文综合考虑实施性、便利性和易推广性，基于对审查智慧的深度挖掘和加工，提出如下三项服务于技术创新的可行性方式。

第一，靶向技术高点，加速情报传播。可以通过在授权阶段设置"发明点记录"的环节，鼓励审查员记录每个授权案件的发明点所在，经过一定的周期积累和总结，形成分领域、分技术分支、分技术问题的技术高点汇总，以北京中心年度或季度专利技术情报发布的形式面向社会公开，加速技术情报的传播。

第二，评估技术价值，进行技术推荐。在专利审查过程中增加"专利技术价值评估"环节。从权利要求的类型、范围大小与智慧贡献的匹配度、专利申请的创新高度等不同的维度为专利技术价值进行评估，并以固定时间周期、特定形式进行汇总发布，例如，发布北京中心年度某领域专利技术"百强"等。

第三，确定帮扶对象，定制服务内容。在专利审查案件阶段增加"驳回、视撤案件分析"环节，通过审查员对此类专利申请进行标引，通过一定时间段的积累，以创新主体归类，对其专利申请数量和质量进行统计，与领域内平均水平进行比较。根据统计情况得出待帮扶的创新主体排序，并将上述分析结果进行告知，并相应提供创新方向指引或更为具体的服务内容。

2. 推行"创新引领者"计划

（1）计划设定的目标和意义

"创新引领者"计划，就是将集技术和法律于一身的高水平审查员，派遣到企业、科研机构、大专院校等创新主体的技术创新、生产实践第一线，利用审查员自身的综合能力，引领创新主体提高技术创新的水准，提升专利保护的水平和加强专利利用的能力。使得审查员除了做好专利审查工作之外，还能充分利用自身的优势和能力，成为我国创新主体的创新引领者，最终促进我国产业快速发展。在推行"创新引领者"计划的同时，也能实现审查员自身素质的进一步提升，能力的进一步加强，为专利审查工作提供强有力的支撑。

（2）运用示例

围绕引领创新主体从技术创新水平、指导创新主体在创新成果转化为专利两方面，推行"创新引领者"计划，以达到提升创新主体专利创造的能力和水平，本文提出四项服务于技术创新的可行性方式。

第一，引导技术创新，促自身技术水平提高。结合专利审查工作的信息、政策资源优势，为创新主体提供技术创新引领服务，尤其是对那些落后产业中的企业以及技术跟踪能力较弱的创新主体提供针对性的技术引领服务。在提供技术引领的同时，也能为审查员提供更多的实践机会直面技术创新的第一现场，有效实现技术更新，从整体上提升北京中心技术方面的实力。

第二，编制查新指南，促自身检索能力提升。为企业、科研院所等创新主体编制针对性的查新指南，提高其检索查新水平，使创新主体能紧跟创新前沿。与此同时，也能提供更多的贴近创新实践的机会，使得审查员对相关技术领域的检索更为全面、深入，从而提高北京中心整体专利检索水平。

第三，提供咨询服务，促自身能力建设深化。搭建咨询服务平台，为企业、科研院所，尤其是那些有技术创新需求但自身专利意识薄弱的创新主体，提供专利方面的咨询服务，帮助其树立专利保护的思想、强化专利财产的意识，提供合适的解决方案。同时，也能为审查员提升自身的能力和水平提供更为广阔的舞台和空间，从整体上提升北京中心专利审查服务的实力。

第四，助力海外布局，促自身国际影响提升。凭借技术和专利知识的优势，可为企业提供国外专利技术分析、产品侵权评估、专利规避设计、挖掘专利空白及市场空间等知识产权服务，引导企业在海外进行合理申请、有效保护。同时，通过长期对创新主体海外布局的支持，也能逐步拓展北京中心在国际层面的影响力。

小　结

本文从建设具有"世界水平"的专利审查能力和创建具有"中国特色"的专利审查服务两个方面给出北京中心建设世界高级专利审查机构的思路和方案。探讨从打造高素质的专利审查队伍、建立并完善专利审查资源库、规范优化各层级管理制度、培育引领性专利审查文化四个方面建设具有"世界水平"的专利审查能力；从创建"审查智慧池"制度和推行"创新引领者"计划两方面创建具有"中国特色"的专利审查服务。

北京中心要真正成为世界高级专利审查机构，除了按照"世界水平"的专利审查能力和"中国特色"的专利审查服务中所描绘的建设方案逐步推进外，还需要进一步提高影响和积淀底蕴，持续提高国内外影响力和全面培育北京中心服务品牌，使北京中心的品牌在国内外行业内具有较高辨识度，从而成为真正的"世界高级专利审查机构"。

参考文献

[1] 欧洲专利体系质量研究［J］.学术观察，第91期.

[2] 朱晓琳，等.基于构建世界高级专利审查机构的审查文化建设［R］国家知识产权局专利局专利审查协作北京中心2012年专项课题（课题编号：XZZX20120306），2012.

[3] 魏保志，等.专利审查工作支撑战略性新兴产业机制研究［R］.国家知识产权局学术委员会2012年度一般课题研究项目（课题编号：Y120509），2012.

［4］张鹏，等. 基于审查资源为战略性新兴产业培育提供的服务研究［R］."青春求索"青年研究专项（课题编号：QN2010027），2010.

［5］魏保志，等. 专利审查工作支撑战略性新兴产业机制研究［R］. 国家知识产权局学术委员会2012年度一般课题研究项目（课题编号：Y120509），2012.

［6］李永红，等. 实审部门社会服务研［R］. 国家知识产权局学术委员会2009年度专项课题研究报告（课题编号：ZX200905），2009.

学术研究对世界高级专利审查机构的促进作用初探

李 勇

摘 要：当前，世界五大专利局都同时加大了对专利制度、审查模式、检索系统等核心方面的学术研究。本文通过关注几大专利局在知识产权领域的主要学术研究结果，对其学术研究情况进行摸底，尝试从这一新的视角看主要专利局在近期的变革和建设历程，从而尝试探讨学术研究工作对世界高级专利审查机构建设的促进作用。

关键词：知识产权 专利 学术研究 专利审查

引 言

随着世界五大专利局在多个领域合作的增强，其竞争态势也随着合作的深入而愈发激烈，各大局都加快了改革步伐，同时加大了对专利制度、审查模式、检索系统等核心方面的深入研究。学术研究是制度改革的先声，通过关注几个专利局在知识产权学术领域的主要研究结果，就能预判短期和长期的未来改革方向。本文将通过主要专利局的学术研究情况摸底，尝试从这一新的视角看主要专利局在近期的变革和建设历程，从而尝试探讨学术研究工作对世界高级专利审查机构建设的促进作用。

一、主要专利局和知识产权组织开展学术研究的情况简介

（一）世界知识产权组织（WIPO）

WIPO是管理世界知识产权条约的最主要组织之一，肩负知识产权全球协调一致的重要使命，但同时，WIPO在各个国家又不具备实体上的管理和执法

权。在专利方面，目前 WIPO 已实现全球统一的申请和初步审查，但在更重要的实体审查方面却止步不前。为此，WIPO 一直致力于各大主要专利实体国之间的实体法研究，积极组织召开各方面的研究会议，发布了大量研究报告（后面将会讲到的其他专利局所从事的学术研究工作中，一般都有 WIPO 人员参与其中，或者就是组织者之一）。可以这么说，WIPO 每一部法律的出台都离不开大量的学术研究成果作为支撑。

WIPO 的研究报告既涉及知识产权国际法的立法研究，又涉及各主要成员国实体法的对比研究，甚至各国的培训、教学等方面。其研究内容多着眼于各国实体法的区别与协调一致的可行办法或建议，具有积极的参考价值。这些研究不但丰富了知识产权学术宝库，更提高了其作为国际组织在知识产权领域的权威性。

这些学术研究成果多以报告形式发布给各成员国作为参考，同时，部分供公众免费下载浏览。WIPO 组织出版的很多出版物都是以这些研究报告作为基础完成的。同时，WIPO 有自己公开的期刊，即 WIPO Magazine，为双月刊，使用多种语言在网站发布，公众可免费下载。期刊和学术研究二者能够互补，前者能够作为后者的载体，同时汇集后者的成果。

WIPO 还开设有自己的学院（WIPO Academy），可以实现面对面或者远程教学，既传播了知识产权知识，培养了人才，又成为开展学术研究的优秀平台。

（二）欧洲专利局（EPO）

与 WIPO 类似，EPO 也设有相应学院，公开出版大量知识产权相关书籍，以及设有多种期刊（部分与学术研究相关）。EPO 设立的学院叫欧洲专利学院（European Patent Academy），积极进行教育和学术研究工作，在欧洲的影响力很大，与知名大学多有合作。

EPO 不但自行开展大量研究工作，还积极参与国际合作，形成了大量对比研究报告，并在一定领域取得了非凡成就。已经获得通过的欧洲单一专利和统一专利法院制度都离不开大量且长期的对比研究报告，以及各种可能的协调一致的研究建议。而正逐步推进实施的联合专利分类体系（CPC）不但体现其合作精神，更是体现了 EPO 在专利前沿的研究精神。当 CPC 发布时，已经伴随有完整的可行性分析和科学的分类思想解读手册。正是大量的前期研究考证工作，才让 CPC 在推出后迅速取代原来的 ECLA，并获得多国专利局的采纳。

2011 年 7 月，EPO 在德国泰根塞（Tegernsee）邀集多国专利局局长及专家召开会议（即"泰根塞专家组"），就协调专利法的很多核心问题展开讨论，并形成大量学术报告。至此，泰根塞专家组已经召开三次会议，其议题均涉及专利制度的底层基本问题，即先申请原则（first-inventor-to-file）、宽限期（grace period）、先用权（prior user rights），以及18个月公开（18 months publication）等，其相应报告不但在世界知识产权学术领域产生了很大影响，也同时预示着国外几个主要专利局所关心的主要问题及未来统一和改革的努力方向。

对外界来说，给EPO的学术形象和研究精神增加光环的是2012年1月成立的经济与科学咨询委员会（Economic and Scientific Advisory Board, ESAB）。ESAB直接隶属于EPO的办公室，独立性十分强，有充足的资金支持。虽然其成立目的是致力于经济的核心问题（从其名称也能看出这一目的），不像一个学术研究机构，但其实际进行的工作却决定了它的确是一个不折不扣的知识产权学术研究机构，主要从事专利制度中的经济和社会问题研究。从成立到现在的两年多的时间里，已经出台了7份大型研究报告，主题分别涉及专利质量、专利收费、专利森林问题、专利制度的改进、单一专利和统一法院、专利聚集、宽限期（见表1）。上述每一份报告都可谓立足全球眼光，通过多方面对比和翔实数据以及着眼未来的思考，从而对指导政策制定等方面作出了巨大贡献，同时影响着相应领域的几乎所有相关研究。这些成绩的获得除得益于其研究人员的权威性外，应更得益于其管理上的独立性，从而保证有足够的投入时间，能够在很短的研究周期内深入问题核心，获得有价值的研究结果。

表1 EPO经济与科学咨询委员会（ESAB）的主要研究报告

序号	主题（英文）	主题（中文翻译）	日期	备注
1	Patent quality workshop	专利质量	2012.05.09	此报告被国家知识产权局多个部门（包括北京中心）参考
2	Fees workshop	专利收费	2012.05.09	从2012年开始，欧专局和美局多次针对专利收费体系和标准进行改革。美局新收费标准自2013年3月19日起生效
3	Patent thickets workshop	专利森林问题	2012.09.27	为抑制专利森林的负面影响，美国在2014年加大对专利投机公司的打击力度

续表

序号	主题（英文）	主题（中文翻译）	日期	备注
4	Recommendations for improving the patent system	专利制度的改进建议	2013.03.13	该报告涉及当前专利制度的多个基本问题
5	Unitary patent and Unified Court workshop	单一专利和统一法院	2013.12.03	此报告与欧洲单一专利和统一法院的改革几乎同步
6	Patent aggregation and its impact on competition and innovation policy	专利聚集及其对竞争和改革方针的影响	2014.11.25	—
7	The economic impact of introducing a grace period in Europe	在欧洲引入宽限期对经济的影响	2014.11.26	可能预示 EPO 未来的改革方向

（三）美国专利商标局（USPTO）

USPTO 也设有自己的学院，即全球知识产权学院（The Global Intellectual Property Academy），致力于知识产权方面的培训和教育，从而既培养了人才，也扩大了自身的影响力。

USPTO 并不存在对外的负责学术研究的相关机构，也没有相应的发布平台，因此难以直接从其官方途径获得其开展学术研究的具体情况，但从一些国际合作项目所发布的报告中都能看到 USPTO 的成果，例如 CPC 和泰根塞专家组等。USPTO 还设有政策和对外事务办公室（Office of Policy and External Affairs），其职能包括对内和对外所需要的技术分析和政策支撑，具有浓厚的研究色彩。

（四）日本特许厅（JPO）

通过 JPO 的日文官网能够查询到大量专题研究报告，涉及各个方面，尤其是与其他国家的对比研究。这些研究报告基本涉及了所有的知识产权领域的国际热点或难点问题，研究中尤其注意其他国家的观点、现实情况，并往往会旗帜鲜明地表明自己的现状和态度。这一特点还体现在 JPO 所参与的国际合作研究中，例如，在泰根塞专家组报告中，关于日本的部分往往都会十分详细，观点鲜明。从报告中可以看出，日本特别关注我国知识产权领域的方方面面，从培训到质量都有详尽的研究报告。这些报告还能从日本的知识产权期刊中看到，多已形成专门的版块定期发布相应研究结果。

日本专利申请的检索现状有相当大的部分由工业产权协作中心（Industrial Property Cooperation Center，IPCC）完成，但却看不到 IPCC 从事学术研究的相关信息。但能够猜测到，IPCC 内部必然会从事至少关于检索方面的深入研究，其独特的专利分类体系和独立的检索系统和数据库，应缺少不了 IPCC 的参与。

（五）其他非学术类知识产权实体

对于大的知识产权组织来说，从事一定的学术研究工作具有投入少、收效大的特点，但对于小的知识产权实体来说，仍难以大范围地进行学术研究，其主要考虑的问题仍是通过常规业务获得生存权。但当一个实体发展到一定规模，比如一些专利代理研究所，就会出现这种需求，学术研究工作会成为其核心工作的一部分。这既是为了提升自身实力和形象，也是为了更好地对外宣传。

在学术研究方面，有两个代理公司让人印象深刻，一是中国专利代理（香港）有限公司，其主办有公开出版物《中国专利与商标》期刊，除发表自己公司代理人的相关文章外，还接收外部投稿。而林达刘集团参与学术研究的形式则主要是组织召开主题研讨会，并将相应学术论文结集出版。

二、主要专利局和知识产权组织开展学术研究的共同特点和启示

从上面对主要专利局和知识产权组织开展学术研究的情况简介可以发现其中存在很多共同特点，这里有必要有针对性地作一汇总，并期望从中发掘出关于学术研究工作促进世界高级专利审查机构建设的一些启示。能够找到的共同特点主要如下。

（一）成立专门的学术研究管理机构

这一特点在 EPO 体现得最为明显，其独立性很强的 ESAB 从一建立就发挥了出乎想象的影响力。从 EPO 的成功经验可以看出，学术研究管理机构的专业性、独立性、灵活性对提升一个机构的影响力至关重要。

（二）培养专业的学术研究团队

无论是 WIPO 还是 EPO，很多高水平的研究报告都是由专业的研究人员完成的，这些人的名字经常出现在其宣传页面中。由此可见，他们在建立专门的学术研究管理机构的同时，还十分注意建立稳定的专业研究团队。专业团队中这些高素质研究人员在参与和攻克大型研究项目时，能够专心致志，精益求精。

（三）建立知识产权学院和专业期刊

WIPO、EPO、USPTO 都无一例外地建有自己的知识产权学院，同时，

WIPO 和 EPO 还有自己的免费专业期刊；前者是培养人才的基地，后者是学术成果的展示平台，在双向促进过程中无论对内还是对外都产生了巨大影响。虽然一般机构不具备建立学院的能力和资质，但与一些大学学院进行相应合作却是可行的，同时，也可尝试出版免费对外发行的专业期刊。

（四）积极参与高层次合作研究

泰根塞专家组是知识产权领域合作的典范，其研究报告对专利审查领域的影响也是巨大的。泰根塞专家组报告都是由各专利组织分别承担完成的，撰写者通过这些报告在获得话语权的同时，也将其观点充分展示给其他专利组织。

（五）针对基本问题开展深入研究

国外几大专利局产生影响的学术研究报告中，几乎都是针对知识产权领域的基本共性问题开展的深入研究，典型的是泰根塞专家组报告。EPO 的 ESAB 虽然也针对自身发展问题开展了部分研究，但大部分还是针对共性问题展开的。能够想象到，它们也必然存在大量针对专利审查具体问题开展的各类研究，但从外界来看，它们必然意识到了知识产权基本问题研究除了公益性外，同时能够阐述自己的观点，对他局产生影响。

三、学术研究对世界高级专利审查机构建设的促进作用

从上面的介绍能够发现，世界主要的专利局和一些大的知识产权组织都在学术研究上投入了较多人力物力，尤其是 EPO，其发布的多篇研究报告对世界专利制度改革产生了很大的影响。这些报告既是 EPO 改革的产物，同时其研究结果也促进了改革。考虑到这些专利局在国际合作中的巨大影响，以及国家知识产权局专利局专利审查协作北京中心（以下简称"北京中心"）正在为之努力的世界高级专利审查机构建设，下面就从这一视角对学术研究的隐形促进作用作一力所能及的探讨。

（一）决策参考

对于服务、执法或审查机构而言，决策领导层或决策部门经常需要作出方向性的决定、制定新的规章制度，在启动和实施这些内容的过程中往往需要参考大量的数据、背景资料、现实情况、预期方向等第一手材料，而这些材料尤其适合以学术研究的方式系统获得。因此，学术研究对于政策制定、立法参考或评估、制度建设等方面具有尤其重要的作用。

（二）指导实践

学术研究工作往往具有前瞻性，对常规业务中可能遇到的多种特殊情况进行假设性的研究，而这种前瞻性的研究正好可以在实践中用于突发情况的参考。

（三）人才培养

人才培养对于一个实体的长远发展至关重要，而通过所有员工在常规业务中的实践往往较难发现优秀人才，更难以实现人才的全面培养。通过参与一定的学术研究工作能够以低成本的方式发现和培养人才。

（四）提供数据支撑

无论是制订未来的全面规划，还是作出有针对性的临时决策，都需要翔实的数据来作为客观支撑。大批量的全面数据的获得、整理和分析都是常规业务无法办到的，这些数据虽然来源于常规业务，却需要专业研究后才能容易理解，而这正是学术研究的强项。

（五）学术研究的其他隐形作用

学术研究更多的作用都是隐形的，难以在短期内体现出来。学术研究的一份报告、一篇文章，可能在短期内不会引起注意，却往往能够在经过较长时间沉淀以后用在实际工作中。这一特点与科研工作十分类似。一项科研成果往往难以在短期内引起注意，但却有可能在某一天促进一个机构的发展，甚至影响整个社会。

四、结束语

综上可见，在创造一个机构的对外影响力上，学术研究成果往往比常规业务更有效果，即在学术研究上的小投入往往能够对外启动超出预期的宣传作用。当前，北京中心在学术研究上的投入正逐年增加，并在逐步产生一些有影响的研究报告，但在与世界主要知识产权组织的研究报告比起来，在对外影响力方面仍存在一定的差距。目前，北京中心正全力投入世界高级专利审查机构建设，这一建设过程本身将为树立学术研究对外影响力提供极佳时机，同时，学术研究产出也必然会对高级专利审查机构建设本身起到积极的促进作用。

不同视角下的世界高级专利审查机构建设

孙 洁　王 涛　潘小丹　柴 华

摘　要：北京中心建设世界高级专利审查机构的过程中需要所有审查员付出努力，不同的审查员对于如何建设世界高级专利审查机构都有自己的思考，本文简单梳理了室级管理者、资深的老审查员、刚入职的新审查员对于如何建设世界高级审查机构的若干问题的回答，为北京中心的建设发展提供有益的建议。

关键词：审查员　世界　高级　专利审查　建设

引　言

近年来，随着我国经济的快速发展以及科技水平的持续提高，我国知识产权事业发展迅猛，专利申请量、授权量以及保有量激增，就数量来说，我国现在是知识产权大国，但还不是知识产权强国，推动我国从知识产权大国向知识产权强国转变，这不仅需要数量，也要有质量，更需要有过硬的世界影响力。全面深化地实施国家知识产权战略，尽快实现知识产权强国的目标，为中华民族伟大复兴提供强有力支撑，是中国知识产权事业的"中国梦"，也是国家知识产权局专利局专利审查协作北京中心（以下简称"北京中心"）建设世界高级专利审查机构的最终目标，在这个过程中需要凝聚全社会的智慧和力量，更需要北京中心全体审查员付出努力和汗水。

对于北京中心所有审查员来说，建设世界高级专利审查机构是一项前无古人的工作，没有现成的经验可以借鉴，我们必须根据我国的国情和北京中心的现实情况摸索出一条具体可行的建设世界高级专利审查机构的道路，也为我国建设成为知识产权强国作出有益的探索。对于北京中心所有审查员来说，建设世界高级专利审查机构又是一项充满激情和希望的工作，每个人都可以发挥自己的特长和智慧，将自己的努力和汗水融入北京中心建设世界高级专利审查机构的过程中，让每个人的青春在中国专利的品牌上闪耀。

世界高级专利审查机构应该具备什么样的审查能力？世界高级专利审查机构应该具备什么样的国际影响力？世界高级专利审查机构应该具有什么样的审查文化？世界高级专利审查机构应该具备什么样的软硬件设施？世界高级专利审查机构应该具备什么样的人员素质？如何培养人才？这些都是北京中心在建设世界高级专利审查机构过程中需要解决的问题。对于这些问题，室级管理者、资深的老审查员、刚入职的新审查员都有不同的思考，让我们看一看审查员都有什么样的答案，又能给我们带来哪些启示。

问题一　世界高级专利审查机构应该具备什么样的审查能力？

室级管理者说：作为世界高级的专利审查机构，未来北京中心的审查能力应该以满足经济社会发展需求为导向，既满足创新主体对于审批效率和质量的双重需求，使专利审查的过程和结果真正成为创新主体、社会公众所尊重、信服和倚赖的权威信息，进而成为引导专利申请向质量高、结构优的方向发展的重要影响力；同时在专利业务和专利管理方面提供优质的社会服务，真正为产业与行业持续创新和优化提供驱动和保障。而作为专利审查工作的主体——专利审查员，应在精通所在领域专业知识、密切掌握行业发展概况和趋势的基础上，不断提升对行业和产业创新的服务能力上，让北京中心真正成为知识产权与实体经济之间必不可少的转化桥梁。

老审查员们说：首先，承担业务要多样化，如发明、实用新型、外观设计的初审，发明的实审和复审，PCT 的国际检索和初步审查，专利分析和导航等。其次，审查质量要过硬，如发明、实用新型、外观设计授权范围适当，且权利稳定；PCT 的国际检索和初步审查，评述客观充分；专利分析和导航，思路清晰且可以为产业提供引导。

新查员审们说：在审查质量方面，能真正地根据发明的实质去评价发明，切实贯彻专利审查初衷和立法宗旨，不因唯指标论等片面的认识对审查工作产生消极影响；在对本领域专业技术的掌握方面，应成为真正的本领域技术人员，特别在日新月异的技术领域；要有较高的审查效率和良好的审查服务意识。

问题二　世界高级专利审查机构应该具备什么样的国际影响力？

室级管理者说：应该以"两个重点"为抓手，一是审批能力和水平获得国内外创新主体和社会公众的广泛信任，获得国际同行的普遍尊重；二是应该积极参与国际知识产权合作，增强影响力和主导力，让世界知识产权界听到"中国好声音"。为达成以上目标，应积极拓展国际交流渠道，不断扩大交流的深度和广度。着力培养一批国际知识产权项目或组织的负责人，创造条件增加与其他国家审查机构人员的双向交流，更多参与国际知识产权相关合作事务，争取在国际上能够更多发声。

老审查员们说：首先，要有自己的分类体系，而且要根据我国发明专利的特点进行具体分类，同时，该分类体系也要得到其他国家的认可和使用；其次，要有自己的检索数据库，数据库主要以中文文献标引，同时，该数据库也要得到其他国家的广泛使用。这一方面有利于提高我国审查员的审查效率，另一方面也是成为世界高级专利审查机构的牢固基石。

新审查员们说：在专利审查水平方面应该体现为：建设高级审查机构应该体现在专利审查业务方面，在业界树立权威性，在审查标准上应该保持一致，避免对国外审查过程和结论的过分依赖。检索结果和审查结果具有权威性，审查质量过硬，授权专利稳定，申请人和社会公众对专利审查质量满意度高。要有全方位的检索数据库系统供审查员使用，并且数据库应及时更新。有较高的审查效率、审查质量，并且提高审查服务意识，以实现审查工作全面协调可持续发展。

问题三　世界高级专利审查机构应该具备什么样的审查文化？

室级管理者说：审查文化是我们的"软实力"，应该做好"一个核心，两个基本点"，营造以法律为准绳、以事实为依据、以经济社会需求为价值导向的核心理念；以审查员价值为核心，注重培养审查员对专利审查工作的成就感和归属感；以北京中心愿景为核心，强调服务意识和持续创新。

老审查员们说：审查文化要经过长时间的沉积，不能操之过急，也不能一年一变，要循序渐进地积累世界高级专利审查机构建设中的精髓，这样才能提炼出适合北京中心长期发展、经得住时间考验的审查文化。

新审查员们说：作为世界高级专利审查机构，审查文化是北京中心审查工作长期积淀的精华，是能够鼓舞人、激励人的精神品质，是北京中心一代代审查员坚持的敢为人先、敢打硬仗的精气神。审查文化要以贯彻立法宗旨为根本，以优质高效完成审查任务为核心，以"客观、公正、准确、及时"为总目标、总要求、总方向，始终坚持"以人为本，快乐审查"的理念，以品牌活动引导人，以正向机制激励人，努力营造关心人、理解人、尊重人、培养人的和谐工作氛围。

问题四　世界高级专利审查机构应该具备什么样的软硬件设施？

室级管理者说：软硬件设施水平是影响专利审查工作效率和质量的重要因素。世界高级专利审查机构的软硬件设施，应该能够解决一切审批工作的外围问题，如专利申请的背景技术分析、基本检索以及工作量、审查期限的计算与控制等工作均可通过系统整合完成，使审查员将尽可能多的精力投入到审批的核心环节；能够提供对各类优质资源高效利用，如完备先进的科技数据库和检索系统；能够畅通无阻地与技术专家和法律专家、创新主体、业界同行深入交流；能够为审查员身心健康提供保障，如舒适的办公环境和充足的减压设施，等等。

老审查员们说：就硬件设施来说，应该提高工作环境的舒适度，在舒适的环境下工作可以提高工作效率，另外，应该增加运动配套设施的建设，如网球场、羽毛球场、篮球场、游泳馆等，有了好的身体才能更好地建设中心；而对于软件设施，提高办公和审查系统的兼容性和处理速度，使系统更加友好和人性化，最大限度地减少审查员非审查时间的消耗。

新审查员们说：作为世界高级专利审查机构，硬件方面应该"达标"，专利审查系统和检索系统能够高效运行，自动化、现代化、智能化程度较高，检索、审查工具多样化、集成化。建设高效的审查系统和检索系统，使审查系统和检索系统能够提高审查效率。软件方面，应该重视审查员外语方面的学习，提供相应的学习途径和帮助，例如开设外语班、口语班等，使审查员可以阅读多国知识产权相关文献，具备多语言沟通能力；对于审查员福利待遇方面，应制定长期有效的绩效增长机制，例如每年单件绩效依据审查经验值、年度考核评价值等多项因素进行增长浮动等；审查手段应多样化，多利用电话沟通、见面会晤等手段，提高与申请人的沟通效率。

问题五　世界高级专利审查机构应该具备什么样的人员素质？如何培养人才？

室级管理者说：人员核心素质是"具备知识产权战略思维与专业技术背景的复合型专利人才"。作为专利审查工作的主体——专利审查员，首先应精通所在领域专业知识、密切掌握行业发展概况和趋势，同时应能对行业和产业专利情况有深刻的理解和判断，并且能够适应国家知识产权战略落地的具体要求。作为国际高级专利审查机构，人才是核心竞争力，人才培养应该建立长效稳定的机制。建立具有一定竞争力的用人机制和薪酬水平，通过帮助审查员制订个人长期职业成长规划,为各类有专长的人员提供发挥的平台,增强北京中心与各企事业单位、国内外相关机构的人才交流,在与产业互动中不断做好人才梯队的培养,加强北京中心的凝聚力。

老审查员们说:在世界高级专利审查机构中,审查员的工作应该充分与国际接轨,掌握多门外语,精通本领域的技术发展,拥有扎实和广阔的学术背景,这也需要北京中心继续为审查员提供全方位的培训,比如外语、法律、技术培训等,同时,审查员也要敢于走出去,到企业和科研机构中调研,也可以到其他国家和地区先进的审查机构中去学习,取长补短,快速提升自身的能力。

新审查员们说:作为世界高级专利审查机构,每个审查员不仅具有较高的法律素养和职业道德,而且还要具备较高的业务水平。其他国家的专利审查机构,审查员一般要求具有一定年限的工作经验,这是保证审查能力的重要因素;而在我国,审查员大多是刚从校园里走出的毕业生,缺少实际工作经验,很多技术内容都停留在对书本、纸面上的理解,在做出审查结论时容易产生脱离客观事实、带入主观因素等问题。因此,北京中心在人才培养方面,应更多注重专业技术的培养,特别是实践经验的培养,例如,可以将部分审查员借调到企业,建立与企业合作的联合培养方式,为企业提供专利服务的同时提高审查员的实践经验。继续利用现有的 SIPOONline 培训系统建立审查员自我技术培训的完整体系,随着科学技术的日新月异,特别是通信行业,技术升级更新速度极快,可以将目前最新的技术知识以及基础知识等相关内容放到在线培训体系中。审查员在遇到技术难题时,除了咨询技术专家以外,可以方便快捷地到在线培训体系中查找相关技术知识,提高审查和学习的效率。通过培训各主要知识产权大国的专利法及其与中国专利法的区别,以及普及全球范围内的知识产权重要案例,培养审查员的国际视野及全球意识等等。

结　语

不同的审查员对于北京中心如何建设世界高级专利审查机构有着自己的答案,这些答案中包含着审查员对于建成世界高级专利审查机构的期待和信心,更包含着对于北京中心建设世界高级专利审查机构的发展路径的思考。知识产权战略实施步伐坚定,世界高级专利审查机构建设任重道远。让我们坚守中国专利质量的关口,共同铸造诚信自律的中国专利品牌,在建设世界高级专利审查机构的道路上,让我们走在世界前列!唯有如此,我们才能为实现中华民族伟大复兴的"中国梦"作出更大的贡献,为实施创新驱动发展战略、建设知识产权强国书写更加精彩的篇章!

以人为本,促进专利审查质量提升

——从人才培养浅析建设世界高级专利审查机构

马 骞 张秀丽 李子东

摘 要:专利质量的提升,是我国知识产权事业发展的必然方向,这就对我们的专利审查能力提出了更高的要求。无论是国际和国内形势,还是自我发展需求,都要求我们建立世界高级审查机构,而培养出世界高级专利审查员是建设世界高级专利审查机构的基石。通过将系统的培训体系和合理的人才激励机制有机结合,才能合理构建优秀的人才培养模式,一步步地向世界高级审查机构迈进。

关键词:世界高级审查机构 人才培养 系统培训 人才激励

引 言

目前,在全球面临诸如经济衰退、能源危机、粮食危机等一系列挑战的情况下,知识产权的作用已经越来越受到各国的重视。谁拥有先进的技术,谁就可以在市场竞争中占据优势。无论是发达国家,还是新兴的发展中国家,都对知识产权工作十分重视,期望在国际知识产权竞争中占有优势地位。在这样的外部环境下,无论是国家、政府、公众还是创新主体,都对专利的审查提出了更高的要求。

一、为何要建设世界高级专利审查机构

(一)国际和国内的环境和需求促使我们建设世界高级审查机构

从国际环境来看,以美国为首的发达国家,一直以来致力于抢占科技和知识产权的制高点,强化知识产权的保护,以期保持其在世界经济中的领导地

位。一方面，美国和欧洲相继推出了持续提高审查质量的举措，强化专利审查质量在审查综合能力中的作用。美国专利商标局通过采用新的专利审查质量检查程序和"公众专利评审"试点项目，更全面、更综合地提高授权的专利质量。欧洲专利局局长巴迪斯戴利曾提到，将最大限度地提供给创新者和公众高质量的专利，并将高质量的专利作为专利体系的基石。另一方面，世界各国采取了相应的措施打击低质量专利和恶意专利诉讼。以美国为例，2013年6月4日，美国奥巴马政府宣布了旨在打击专利蟑螂、提高专利质量、促进专利创新的5项行政措施和7项立法意见[1]，以期改变低质量专利和恶意专利诉讼给科技创新所带来的高额成本，为创新者提供良好的创新环境。面对日益激烈的国际竞争环境，我国要想在世界知识产权领域占有一席之地，就迫切需要我们持续改进审查质量，不断提升审查质量水平，建立世界级审查机构。

从国内环境来看，随着实施国家知识产权战略和创新型国家建设的不断进行，近几年来，我国的专利申请量出现了"井喷"式的发展，使我国超越美国成为世界专利大国。但是，从专利申请质量来看，我国发明专利的申请量占总申请量的比例偏低、核心专利的占有量较少、高新技术领域的专利申请量不足、PCT的申请量比例偏低，与发达国家相比，还存在一定的差距。从国家知识产权局发布的《专利审查工作"十二五"规划（2011—2015年）》可以看出，提升专利审批能力、完善专利审查标准、提高专利审查质量是目前工作的核心。可见，我国目前正处在一个由注重专利申请量向提高专利申请质量的转型期，为了尽快完成我国由专利大国向专利强国的转变，同样需要我们建设世界高级审查机构。

（二）自身发展需求促使我们建设世界高级审查机构

北京中心自2001年成立以来，一共走过13年的发展历程，在这13年的发展过程中，由辅助专利局进行专利审查，一步步发展成为专利审查的主要力量，为解决我国专利积压问题作出较大贡献。但是，在这个过程中同样也存在一些不足，例如，审查质量和审查员对立法本意的理解有待提高、审查员的检索水平有待进一步加强、中心的人才梯队分布不合理等。随着我国专利积压问题的缓解，进入由注重专利申请量向提高专利申请质量的转型期，北京中心如何定位自身发展的方向，是我们面临的主要课题。同时，随着各个京外中心的建立和发展，北京中心在不久的将来必然会面临其他兄弟中心的竞争和冲击。如何在竞争中保持北京中心的优势地位，这同样也是我们面临的主要课题。可见，从自身发展的角度看，我们同样需要建设世界高级审查机构。

二、世界高级专利审查机构的定义

何为世界高级专利审查机构？如果将专利审查审查机构比喻成一个企业的话，一个世界级的企业必须能够输出具有世界级质量的产品，同时，在其所处的行业中应该在世界范围内处于领先地位，引领行业发展方向。作为一个专利审查机构，其输出的高质量产品就是授权高质量的专利和驳回低质量申请。

那什么又是高质量的专利呢？目前，对于高质量的专利并没有一个明确的定义。美国专利商标局认为高质量的专利应该：（1）能够在法律上实施，并且始终经得住对其有效性的质询；（2）能够可靠地用作技术传递工具；（3）通过形成专有应用而加强私有权，并且因此能更好地预知价值；（4）阐明别人在不侵权的情况下可以接近的发明的程度。欧洲专利局则认为专利质量很难定义，并没有给出相应的准确定义。[2] 按照国内外现有文献中关于专利质量的研究，一般认为，专利制度是一种以技术创新进步为基础，用法律法规作为保护手段，最终实现经济利益的三者结合的知识产权保护方式。与之相对应，通常认为专利质量包含了法律质量、技术质量和经济质量。法律质量体现在专利申请是否符合专利法的授权条件，以及授权后是否具有稳定的法律效力。正如 Graf 提出，专利质量是指何种程度上符合法定的可专利的条件。[3] Thomas 认为，优质的专利是能经受无效宣告的具有法律稳定性的专利。技术质量是指专利达到或者超过最低的技术标准的程度。[4] 由于专利制度鼓励创新和促进科学技术进步的前提假设在于专利技术的先进性，因此，技术水平是专利最核心的属性。很多学者都认为，专利质量是指发明本身的技术先进和重要性。从专利的经济质量上看，专利质量的高低是发明创造通过商业化后体现出的价值。如 Hall 和 Harhoff 所认为，专利的价值体现在没有专利保护就不敢实施。[5]。一件没有经济价值的专利即使其技术品质再高，也不能称之为高质量专利。综上所述，笔者认为，高质量的专利应当符合法的标准，经得起无效和诉讼程序的质询，能实施产生较好的经济效果，并能给社会的科技创新起到较好的引导作用。

作为一个专利审查机构，其在输出高质量专利的同时，也能杜绝低质量专利流向社会。从目前世界知识产权保护和知识产权经济发展的状况来看，低质量的专利以及由此带来的专利投机和恶意的专利诉讼已经给科技的创新和进步带来了高额的成本。这些专利反而已经成为科技创新进步的绊脚石。

通过上述的分析，笔者认为，世界高级专利审查机构应该能够授权高质量的专利，杜绝低质量专利流向社会，给科技创新起到正向引导和促进作用。

三、建设世界高级专利审查机构的关键点

如何建设世界高级专利审查机构？我们同样可以一个世界级的企业作为比照的对象。一个优秀的世界级企业一定有个优秀的员工团队，能为其研发、生产和销售出高质量的产品；一定有个优秀的管理团队和行之有效的管理制度，能将企业的各种资源合理地配置，使企业的运作达到最高效率；一定有个优良的企业文化，能为企业吸引到优秀的人才，营造出和谐进取的工作环境和人文环境，在企业内部形成强大向心力和凝聚力。对于一个专利审查机构而言，其要成为世界高级专利审查机构，同样也需要培养出能够输出高质量专利，杜绝低质量专利的优秀审查员团队；制定和培养出能将各种审查资源合理配置的高效管理制度和管理团队；培育出"敬畏法律、注重责任、把握实质、执行一致"优良的审查文化。[6]

无论是优秀的团队、高效的管理还是优良的文化，最终都要靠人去贯彻和执行，所以培养出优秀和合适的人才是建设世界高级专利审查机构的关键点，培养出世界高级专利审查员才是建设世界高级专利审查机构的基石。

那什么才是世界高级专利审查员呢？目前，对于世界高级专利审查员同样也没有一个明确的定义，但是，笔者结合高质量专利、世界高级审查机构以及专利审查工作本身的特点认为：专利审查工作是一个将科学技术知识与法律知识相结合，跨领域、跨学科的实践型工作，这就要求专利审查员必须是一个跨领域、跨学科的复合型人才。首先，专利审查员必须对自己所审查的技术领域的发展状况、现阶段的发展水平有着充足的了解，即成为我们所说的"本领域技术人员"；其次，审查员还必须是一个法律专家，其对涉及专利的各项法律法规的立法本意有着较好的理解，能充分考虑到各方利益，在专利授权时，能够使创新主体和公众之间的利益达到平衡；再次，随着世界经济一体化程度越来越高、"审查高速路"项目的不断推进，专利的审查国际一体化的趋势也越来越明显，这就要求审查员在语言和知识上有相应的储备，能够做到和他国的审查员进行无障碍的沟通。可见，一个世界级审查员必须是一个具有国际化能力、能够平衡创新主体和公众之间利益关系的本领域技术人员。

如何培养出世界级高级专利审查员呢？一直以来，无论是发达国家还是新兴的发展中国家的专利审查机构，都将审查员的培养放在一个极为重要的位置。美国专利商标局在新审查员培训中实施一种均衡的混合培训模式，以进一步提高初始培训的效力和效率。这种混合模式可以包含电子教学模式，为课堂培训或更新培训内容做准备，也可以包含实时课堂和项目/团队作业，以培养理解和适应能力。在每个课程结束时，均要求学员提交满意度反馈意见，同时

测试学员对培训内容的理解程度。欧洲专利局要求参加培训学员的上级领导反馈该培训对学员日常工作的效果。在培训教师的挑选问题上，欧洲专利局实行的挑选程序最为全面。首先，由候选人提出申请，在参加一些培训后，候选人需主讲一节测评课，据此决定是否接收其为一名培训教师。而对于在职培训，大部分专利机构不强迫审查员参加高级培训，但是，却鼓励审查参加各项在职的职业培训和经验交流。目前，仅是韩国知识产权局要求老审查员每年参加至少80小时的继续职业教育。[7]

在目前的国际国内的大环境下，培养出世界级高级专利审查员，笔者认为可以从两个方面进行：一方面，建立完善的在职培训体系，作为人才培养的外部环境；另一方面，构建良好的人才激励机制，激发人才成长的内生动力。

（一）系统的培训体系是人才成长的外部环境

培训是用来提高机构竞争力的人力资源管理活动，它是指有计划地实施有助于员工学习和工作相关能力的活动。这些能力包括知识、技能、行为和思维、观念、心理等对工作效率起关键作用的素质。北京中心一直以来都对审查员的在职培训十分重视，也在多年的培训工作中取得了很好的效果并制定了《专利审查协作北京中心人才培养部门指南》，构建了系统的培训体系。但是，笔者认为，北京中心的各级培训中同样也存在不足，主要体现在对于培训最终效果的评价不够完善，存在"为了培训而培训""重培训，轻检验"的问题。

针对这些问题，笔者认为，我们可以借鉴柯克帕特里克四级评估模型[8]对培训的效果进行评估。

培训效果的评估是培训过程中一个重要的环节，它能够研究培训方法是否能够达到培训目标，能给北京中心带来多少效益，也可以为北京中心的发展规划提供人员水平的第一手资料。柯克帕特里克四级评估模型分为四个递进层次——反应层、知识层、行为层、效果层。（1）反应层评估主要用来评价培训师是否尽职，培训时间是否合理，培训内容是否与工作相关，培训方法是否合适等内容，其可以通过问卷调查和访谈的方式进行。（2）知识层评估，主要是检测审查员对培训内容的掌握程度，主要采用书面测验的方式进行。（3）行为层评估，主要考察审查员将培训中所学的知识和技能多大程度上用于实际的工作中，这个层面主要通过上下级、同事以及受训审查员的感受和调查进行。（4）结果层评估，这是培训效果的最终体现，主要对受训审查员的工作改进情况进行考查，例如授权的合理性、漏检率、检出率等。

通过构建合理的培训体系，可以为审查员的成长提供外部途径，帮助审查员一步一步地成为世界高级审查员。

（二）合理的人才激励体制激发人才成长的内生动力

北京中心在各级培训过程中普遍存在审查员学习积极性不高，"重教学、轻自学"的问题。要解决这样的问题，笔者认为，仅通过完善的培训体系是无法解决的。因为，培训体系只是人成长的外部环境，其相当于一个工具，而工具最终需要人去使用；如果人的积极性不高，参与程度不高，再好的工具也达不到它本身的效果。因此，必须要建立合理的人才激励机制，激发审查员自身的学习动力和工作的主观能动性，这样才能从根本上解决"重教学、轻自学"的问题。

然而，前些年，为了满足专利事业发展的需要，北京中心持续较大规模地招聘，虽然有效地缓解了审查的压力，但同样也带来了人员梯队分布不合理的问题，28～35岁的年轻人出现了"扎堆"问题，这就造成了北京中心行政岗位紧缺，审查员升职通道狭窄等一系列问题；而且审查工作本身重复性强，相对比较枯燥，许多审查员在日复一日的重复劳动中渐渐地丧失了自我进取的动力，而选择了停滞不前、安于现状。

如何在行政岗位紧缺、升职通道狭窄的情况下构建人才激励机制，激励审查员进行自我实现和自我超越？笔者认为，可以通过提高审查专家团队的作用，来达到人才激励的作用。

首先，通过制定公开、透明和合理的考核办法，从审查员中选拔优秀的审查员组成审查专家团队，这个团队可以覆盖各个层级，例如，中心层面、部级层面和室级层面。

其次，在薪酬上、制度上及管理上对审查专家团队的成员给予相应的肯定。薪酬肯定只是人才激励的一部分，它能够起到一定的作用，但并不能取得决定性的作用。根据马斯洛人类需求理论可知，当人的生理需求和情感需求得到满足时，人就需要更进一步的自我实现和自我超越需求。也就是说，当薪酬刺激到达一定程度后，再使用薪酬刺激就无法达到人才激励的效果。因此，在薪酬肯定的同时，必须对审查专家团队的成员予以制度上的肯定和管理上的肯定。制度上的肯定就是，组织上对审查专家团队的重视，将审查专家团队设立成审查员学习的标杆，满足审查专家团队成员自我实现的需求。管理上的肯定就是给予专家团队参与管理和决策的权力，使其在此过程中实现自我超越的需求。

再次，形成"能上能下"的专家团队管理机制，使每个审查员都有机会成为审查专家团队成员，激励每个审查员以审查专家团队为标杆，实现自我的超越。

综上所述，我们只有将系统的培训体系和合理的人才激励机制有机地结合到一起，才能从根本上帮助和激励审查员向世界高级审查员的目标一步步地迈进。

四、结　语

随着世界经济一体化的程度越来越高，我国实施国家知识产权战略和创新型国家建设的不断进行，专利质量的提升是我国知识产权发展的必然方向，这就对我们的专利审查能力提出了更高的要求。我们只有在思想上意识到建设世界高级专利审查机构的重要性，从根本上了解世界高级审查机构的内涵和意义，才能合理地制定出相应的政策，一步步地向世界高级审查机构迈进，才能为服务科技进步与经济社会发展、建设创新型国家不断作出新的贡献。

参考文献

［1］易继明．遏制专利蟑螂——评美国专利新政及其对中国的启示［J］．法律科学（西北政法大学学报），2014（2）．
［2］吕利强．试论提高专利审查质量［D］．北京：中国政法大学硕士学位论文，2011．
［3］Graf S. Improving Patent Quality through Indentficantion of Revevant Prior Art：Approaches to Increase imformation flow to the patent office［J］．2007 cite as 11，Rev. 495-519．
［4］Thomas J. The responsibility of the rulemarker：comparative Approaches to patent administration reform［J］．Berkeley tech，2002：728-761．
［5］Hall B. Harhoff D. Post-grant reviews in the US patent system：design choice and expected impact［J］．Berkeley tech，2004：989-991．
［6］吕可珂．培育优秀专利审查文化促进专利事业健康发展——访国家知识产权局副局长杨铁军［J］．中国发明与专利，2012，（8）．
［7］何艳霞．欧亚审查员培训差异大［J］．中国发明与专利，2008（7）．
［8］顾丽娜．高新技术企业专利管理人才培训研究［D］．镇江：江苏科技大学硕士学位论文，2011．

对专利审查质量管理工作的一点思考

涂海华　杨　倩　师晓荣　赵　超　卫　军

摘　要：我国正在实施知识产权战略和创新驱动发展战略，专利是其中重要的一部分。本文总结梳理国外提升专利质量措施，并结合我国的专利质量管理现状，提出完善审查质量管理工作的思路和方法。

关键词：专利质量　ISO 9001　沟通机制　质量保障体系　业务指导体系

一、前　言

中国《专利法》自1985年4月1日实施以来，伴随着国内外形势尤其是我国经济和科技的发展而历经三次修改，历次《专利法》的修改均反映了时代的需求，其法律内容和价值取向也在历次修改中不断地与时俱进。2008年《专利法》的第三次修改，在第一条中明确写入了"提高创新能力"，将《专利法》的立法宗旨提升到建设创新型国家、促进经济社会全面发展的高度。而针对新颖性标准、外观设计授权条件的修改完善，则传递了从注重专利数量到注重专利质量的转变。因此，推进专利数量和质量协调发展是国家知识产权局当前的工作重点。

关于专利质量的定义，基本的观点为考量专利技术方案与法定授权标准的符合程度或者一致性，即主要关注的是专利本身的有效性。Robert P. Merges[1]提出，有质量的专利就是有效的专利，而对专利质量的评价主要体现在如下三个方面：（1）技术评价：专利具有专利技术的含义，专利说明书记载着技术方案的全部内容，可使用专利引用情况、科学先进性和技术可被替代性等指标来评价专利质量；（2）法律评价：考察专利权的稳定性，主要是权利要求的稳定性，一般包括新颖性、创造性、清楚、得到说明书支持和公开充分等要求；（3）市场评价：专利的目的是推广发明创造的应用，最终产生经济利润，可从市场和相对价值的角度，通过测试专利对产品和公司利润的贡献来评价专利质量。总的来说，专利质量由专利技术本身的科学性、先进性、合法性决定，并通过专利的市场价值来体现。而专利的质量高低与专利审查工作息息相关，审查员根据《专利法》《专利法实施细则》和《专利审查指南2010》的相关规定，审查专利申请的法律品质。专利审查过程一方面明确了专利权的保护范围和市场价值，另一方面也向专利申请人传递了关于审查标准的信息，从而影响专利申请人在后的技术研究和专利文件撰写质量。因此，完善专利审查工作管理制度，对于我国专利质量的提升具有重要意义。本文整理了近年来美、日、欧等专利大国或地区通过完善专利审查质量管理工作来提升专利申请和授权质量的相关举措，结合我国专利申请质量和审查工作现状，提出一些可借鉴的思路。

二、各国提高专利审查质量的措施

（一）美国

美国专利商标局（USPTO）对专利审查质量工作十分重视，从审查标准的不断修改完善、审查员技术知识和法律思维的不断充实、质量评价和质量保障体系的不断完善等方面，全面提升专利审查质量。

在审查标准方面，美国司法系统通过判例逐渐提高了专利的"非显而易见性"标准。"非显而易见性"是取得美国专利的一个实质性条件，类似于我国《专利法》第22条第3款规定的"创造性"条款。美国法院对非显而易见性的判断是根据《美国专利法》第103条的规定发展出的"教导—建议—动机"标准（teaching—suggestion—motivation，简称TSM标准）。根据该标准，对于由分散在数个在先发明的要件所组成的一项新发明，在没有教导、建议或动机来将这些要件组合出这件发明的专利范围的条件下，这件发明不被视为显而易见，因此可以获得专利权。然而，2007年4月，美国联邦最高法院在KSR公司诉Teleflex公司案中推翻了这一标准。美国联邦最高法院认为，在判定其是否具有非显而易见性的过程中，应考虑现有技术的既定功能，其后的改良是否超越了现有技术要素可预见的用途，以及现有技术领域的普通技术人员是否能得出此推论或创新步骤。如果不能的话，这一技术方案才具有非显而易见性。美国联邦最高法院的判决提高了专利的非显而易见性的标准，提高了获取专利权的门槛。

USPTO把质量工作贯穿于招聘、培训、审查员等级认证和质量评价等各个环节。近年来，USPTO 在招聘时更加注重招聘具有法律背景的技术人员，在培训时注意采取措施提高审查员的法律素养，特别是由专利法律办公室为审查员提供培训，在专利审查过程中采用电话、email 等方式答疑。每个审查部内的负责培训的质量保障专家也会负责日常的答疑工作，并且每年会进行专利法院判决的学习，并对审查员业余时间学习法律和技术提供学费资助。

USPTO 对审查员有一套多层次的认证制度，且在审查员的每种认证之前均会提供必要的培训。例如，在晋升 GS13 级之前、在主审查官再认证之前都要进行包括法院判决的回顾、战略计划中提出的法律修改、检索策略等在内的培训。如果认证没有通过，管理层还与审查员一起讨论，确定其还需要进行何种培训。对于申请专利管理者岗位的人，也会在对其认证之前进行培训。

在审查质量评价过程中，USPTO 非常重视检索质量和过程质量，即对第一次审查意见通知书到结案进行全面审查，通过"第二双眼睛"保证检索的充分性。进而，由质量评价结果指导培训计划的制订。除了整体培训外，特别加强对个体的培训，使培训内容更具成效。

USPTO 也提出了有效改善审查员与申请人沟通的方式，于 2008 年 4 月推出的第一次审查意见通知书（以下简称"一通"）前会晤试行项目（First Action Interview Pilot Program，简称"FAI 试行项目"）中规定：如果申请人和审查员在会晤中未达成一致意见，审查员将发出一通前会晤通知书，此时一通前会晤通知书实际上是第一次审查意见通知书，申请人必须在自一通前会晤通知书寄出或通知日期起 1 个月或 30 天两者较长的期限内进行答复，并且仅可以延长额外的 1 个月。据统计，美国开展上述项目截止到 2011 年 5 月，采用会晤的比例提高了 50%，一次授权率由平均 11% 提高到 34%。因而提高了审查效能，节约了人力物力，效果显著。

（二）日本

日本特许厅（JPO）对于审查质量管理的措施比较细致。2007 年，JPO 发布了《为实现专利审查快速化的中长期目标的平成 19 年度实施规划》，出于强化审查质量管理的目的，JPO 内设置审查质量控制部门，负责向审查员反馈审查质量分析结果，并与各国专利局交换质量管理方法，以强化审查质量管理。这一规划旨在同时依靠内部和外部力量来提高审查质量，包括：（1）完善审查标准和审查程序两方面的内部控制措施；（2）与申请人或代理人合作，帮助提高申请的撰写质量以及修改答复质量；（3）鼓励第三方参与审查过程。

为加快审查处理能力、提升知识产权保护效率，JPO 自 2004 年起，每年通过网络录取专利审查员，并允许把专利前期技术检索外包，并承诺进一步缩短审查周期至 11 个月，实现零延迟目标。

（三）欧洲

根据汤森路透与国际知名知识产权杂志《Intellectual Asset Management》联合完成的基准调查及 2011 年欧盟委托 PaTqual 机构的调查结果，欧洲专利局（EPO）的专利审查质量最高。EPO 的质量得到广泛认可的主要原因之一是，EPO 先进的质量管理理念，其质量管理体系致力于创建持续改进的质量文化。[2]

EPO 的质量管理基于 ISO 9001 质量管理体系，其核心"Plan-Do-Check-Act"闭循环。在 EPO，质量管理部门、审查部门等所有与质量关联的部门都参与到该循环中。在该闭环中，Act 环节是非常重要的，它需要向 Plan 反馈结果，以便在 Plan 环节根据这些结果制定有针对性的改进措施，因而 EPO 安排了更多的人力投入到质量管理的 Act 环节中。

EPO 的质量方针的具体规定包括：（1）法律确定性：欧洲专利制度的用户期望 EPO 授权的专利权有最高的法律确定性。因此，EPO 授予的专利权及提供的决定充分满足相应的法律体系，特别是以及时和高效率的方式满足 EPO 和其他国际条约的要求。（2）服务：为了使所有欧洲专利体系和欧洲社会下的用户受益和满意，EPO 提供可靠、高效率且实际的服务。（3）持续改进：通过加强产品和服务的全面性、一致性、及时性，以及全体工作人员的知识和能力，EPO 承诺持续改进员工培训、设备、程序和过程。（4）参与：准许、鼓励管理人员和全体员工参与质量改进活动。（5）开放性：EPO 和用户一起，加强过程以及服务的质量和作用。（6）承诺：EPO 的最高管理人员承诺积极参与质量改进活动。其中，"用户"不仅包括专利申请人，也包括与专利申请相关的第三方。对于"产品"，ISO 9001 标准中对产品的定义为"过程的结果"，同时产品也可以指服务，EPO 的产品主要包括检索产品和授权产品。EPO 提供的"服务"主要是检索和审查服务。EPO 的质量方针体现出 EPO 的质量管理原则：质量的提高需要不断重复 ISO 9001 标准的 PDCA 质量循环而持续改进，而 EPO 在这个过程中提供管理和技术上的支持，以不断加强审查员的知识与能力。从局长到审查员，每个人都要理解质量管理的精神并参与到质量循环中来，即准许、鼓励管理人员和全体员工参与质量改进活动。根据 PDCA 循环中 Plan 的实施、检查结果，制定改进 Plan 的精明决策，并有效实施，相对于结果质量，EPO 更关注检索和授权结果产生的过程。同时质量管理方针也向社会公众公布，与用户建立密切关系，共同提高审查和服务的质量和效率。

三、我国专利审查质量管理的现状

自国家知识产权战略实施以来，我国专利申请数量持续快速增长，为建设创新型国家提供了有力支撑。国家知识产权局从加快建设创新型国家的大局出发，充分认识提升专利申请质量的重要性和紧迫性，于 2013 年 12 月底发布了《关于进一步提升专利申请质量的若干意见》，其中提出了探索建立专利申请质量监测和反馈机制。对于专利审查质量，提出完善专利审查业务指导体系和审查质量保障体系，加强专利审查能力建设，提高专利检索水平，严格执行专利审查标准，强化对明显不具备新颖性的实用新型专利申请和明显属于现有设计的外观设计专利申请的审查，严把专利审查质量关。

2014 年 8 月 31 日，第十二届全国人民代表大会常务委员会第十次会议通过关于在北京、上海、广州设立知识产权法院的决定。知识产权法院的设定必将会进一步推动实施国家创新驱动发展战略，加强知识产权司法保护，为切实依法保护权利人合法权益，维护社会公共利益保驾护航。

在内部审查质量管理方面，国家知识产权局的审查质量管理依托局、中心/部、处/室、审查员的层级进行管理，在上述管理体系中管理主要是通过团体管理和个人管理两个层面实现各项管理措施的逐级传达和落实。在审查实践中，审查质量管理团体管理侧重宏观制度、管理体系的构建与运行，通过相应审查管理相关制度的完善、质量管理体系的有效运作，在整体制度层面保障审查的顺畅执行。而个人管理侧重审查员的自我管理，是在整体管理制度约束下的个人质量控制。在专利局内部，北京中心于 2012 年 12 月通过 ISO 9001 质量认证，结合北京中心的具体情况制定了《质量手册》《程序文件汇编》《通用作业文件及记录汇编》以及《部门工作手册》，促进了专利实质审查工作的质量管理和控制水平。

总的来说，我国的专利审查质量管理制度一直在不断优化中，并已经借鉴了国外一些优良的经验，取得了比较显著的管理成效，但是也存在一些需要完善的内容。

四、启示和建议

发明专利申请的审查过程是一项综合性、系统性的工作，涉及发明构思理解、现有技术检索以及新颖性、创造性等各种应满足的专利申请授权条件的审查和判断，涉及审查员的专业技术知识、专利法律知识、检索能力、语言表达和文字撰写等能力。在目前国家知识产权局专利局各实审部和 7 个京内外审查协作中心共同承担发明专利申请实质审查工作的现状下，更应进一步完善审查质量管理措施，提高专利审查质量，保障整体的质量管理要求。通过对各国在审查质量管理方面的措施的梳理，本文作者提出如下建议。

（一）以 ISO 9001 质量管理体系全面规范实质审查过程

发明专利申请的实质审查是一个系统性过程，需要根据专利申请的数量，对审查工作进行有组织和有计划的规划与部署，包括确定审查工作的目标计划、下达审查任务、合理配置审查资源，明确各部门的职责和工作范围，然后在统一协调下有序开展各项工作，确保沟通顺畅，保证审查任务、审查周期等各项目标的实现。

专利实质审查质量管理要求对各个过程和环节进行全面管理，从而确保能够提供优质、高效的审查。专利实质审查业务具有需要面向"客户"提供服务的特点，即通过提供负责任的高质量专利实质审查服务，有效界定权利范围，平衡申请人和社会公众两方的利益需求。EPO 正是基于 ISO 9001 质量管理体系进行审查质量管理并得到了国际上广泛的认可。[3]

在目前国家知识产权局专利局各实审部和 7 个审查协作中心共同承担发明专利申请实质审查工作的现状下，质量管理体系的构成与运作对保障整体质量管理要求在各个部门中有效执行起到至关重要的作用。因此，有必要考虑在全局范围内引入 ISO 9001 质量管理体系。一方面，ISO 9001 质量管理体系的引入，能够使以往单纯的后期质量检查变为采用事前预防、过程控制、事后检查纠正相结合的方法，实现了对发明专利实质审查全过程的监控，同时通过强调以顾客为中心、全员参与，考虑社会公众和申请人的意见反馈和激发审查员的工作积极性和责任感，从而通过内外两方面促使审查质量的提高。另一方面，随着全社会知识产权意识的增强，无论是申请人还是社会公众，都越来越重视专利审查的质量，其希望高质量的专利审查以提供权利界限的稳定预期，从而有利于开展相关工作。ISO 9001 质量管理体系强调以顾客为中心，将其引入实质审查后，在审查质量的管理过程中会更加注重申请人和社会公众的需求和期望，理解申请人和社会公众当前和未来的期望，将其转化为对实质审查质量的要求，采取有效措施使其实现，从而有利于提高实质审查工作的社会满意度。

进一步，可以尝试将审查质量工作的特色环节，包括质量保障体系、业务指导体系和外部反馈体系纳入到 ISO 9001 管理体系中，一方面能够完善国家知识产权局专利局各实审部门、各中心内部的质量管理，同时在整个国家知识产权局专利局的整体管理框架下，通过定期整理汇总各部门、各中心的质量管理数据及相关信息，能够反映出审查过程中需要重点关注的问题，同时定期整理汇总的数据在各审查部门和各中心之间的共享，也能够以较小的成本在 ISO 9001 管理体系下实现各实审部门与各中心的质量交流常态化。而上述工作能够促进审查过程中的标准执行一致，有利于做到同案同判、公正审查。此外，将体现证据意识的"三性"评判为主的全面审查、最低检索规范、通知书撰写规范纳入到 ISO 9001 管理体系中,能够有效地促进客观审查。

(二)完善审查员与申请人的沟通机制,促进信息交流通畅

国家知识产权局《专利审查"十二五"规划研究》指出:"为改进审查效能、提高审查效率,应进一步加强审查员与申请人之间的沟通。"审查员与申请人的沟通方式通常包括书面意见、电话讨论和会晤。书面意见作为最常见的沟通方式受到文字表达能力、文字阅读能力的制约,在审查意见和意见陈述的理解上不可避免地会存在理解出现偏差、书面交流不畅的情形,对于专利申请的审查进程、法律条款的适用产生相应影响。相对于书面意见,电话讨论和会晤是当事双方更为直接、有效的沟通交流方式,在交流过程中能够迅速地发现对方可能存在的误解、不了解的问题,并及时地予以解释、说明,使问题得以澄清,从而达到充分有效的交流。目前按照《专利审查指南 2010》的规定,会晤在时间条件上的约束是已发出第一次审查意见通知书,电话讨论在讨论问题上的约束是仅适用于解决次要的且不会引起误解的形式方面的缺陷所涉及的问题,这就导致在沟通的及时性和有效性上存在一定缺陷,在一定程度上对发出第一次审查意见通知书前的技术问题探讨、审查过程中法律问题、技术问题的探讨产生了一定影响,进而对事实认定的准确程度、法律条款适用的合理性带来一定的影响。

参考 USPTO 在审查过程中的经验和我国的实际情况,建议如下:一方面,继续完善电话讨论对于实质条款和形式问题的要求,建立全面、系统的操作规定,对于实质条款和形式问题建议设计较为详细的规定,对于记录单在内容和法律效力上进行更为规范的要求。另一方面,基于当前绝大多数审查员认为以电话讨论为主的即时沟通审查模式作为现有审查方式的补充,将一通前会晤应用到实际审查工作中不仅能进一步提高审查效率,同时也有益于进一步加强审查员与申请人/代理人的有效沟通。对于一部分存在疑问的案件,通过通前会晤充分了解发明构思,把握申请对现有技术的贡献,进而做到法律适用准确,做到客观、公正、准确的审查。同时,通过审查过程中的有效沟通,确保对于专利申请的技术问题和法律问题达到更为充分的理解,避免不必要的外部反馈情况的发生,提高专利审查的社会满意度。

(三)加强质量保障体系和业务指导体系的衔接与联动

质量保障体系和业务指导体系两大体系是我国专利审查质量管理工作的核心,加强两个体系之间的衔接、联动具有重要的意义。目前,质量保障体系中的质量检查过程属于单方裁决,由质检组认定审查过程、审查结果是否存在问题,或者结合部门反馈意见由质检组单方进行裁决是否存在质量问题,对于争议案例没有仲裁机制。针对争议案件引入业务指导体系的仲裁,有利于明晰法

律适用，促进审查标准执行一致。另外，仲裁也有利于调动审查员主动参与质量改进的积极性，避免审查员仅是被动落实上级管理规定的惰性。

参考美国法院判例对于 USPTO 的"非显而易见性"标准提高的决定作用，审查质量管理也脱离不开实际的案例的指导作用，可以参照最高人民法院年度报告针对典型案例给予司法解释的做法，对于质量保障过程中发现的问题或者体现立法宗旨的正面案例，由业务指导体系对相关案例的立法宗旨适用作出解释，供审查员和部门业务管理学习参考。

总而言之，专利审查质量直接影响到我国知识产权事业的发展，其不仅仅影响专利的市场价值，更重要的是对于专利技术的发展和后续专利申请文件的撰写和代理行为具有重要的指导意义。通过对于国外提升专利质量的措施的总结梳理，结合我国的专利质量管理现状，提出完善审查质量管理工作的思路和方法，将有助于提高专利审查质量，从而服务科技进步与经济社会发展，为建设创新型国家作出贡献。

参考文献

[1] 白宫新闻秘书办公室. Fact Sheet: White House Task Force High-Tech Patent Issues [EB/OL]. http://www.whitehouse.gov/the-press-office/2013/06/04/fact-sheet-white-house-task-force-high-tech-patent-issues.

[2] European patent office. The EPO Quality Policy [EB/OL]. [2013-05-20]. http://www.epo.org.

[3] 魏静，等. ISO 9001 质量管理体系在专利实质审查中的应用分析 [J]. 中国发明与专利，2014 (6): 101.

浅谈"建设世界高级专利审查机构"的相关因素

段丽斌

摘 要：笔者借鉴建设化工厂车间常考虑的"人机环法料"五因素，对北京中心的现状粗浅地进行了一些分析。笔者认为：建设世界高级专利审查机构，任重而道远，需要考虑的细节非常多。我们需要在准确、及时地自我认识的基础上，积极、持续地寻找与国外专利审查机构的差距，积极、持续地改进我们的方方面面，并进一步独立做出创新，争取早日全面把北京中心建设成为世界高级专利审查机构。

关键词：专利　审查　机构　高级

引 言

新华社的消息报道：2014年7月11日，国务院总理李克强在北京中南海紫光阁会见世界知识产权组织总干事高锐。会上，李克强指出，知识产权是人类对发明创造从自发到自觉的认识升华；保护知识产权就是保护创新，用好知识产权就能激励创新，是给创新的火花加油；通过健全知识产权评价标准、完善技术交易市场和服务等，更好地运用知识产权，促进科技成果向现实生产力转化，努力建设知识产权强国；中方愿同世界知识产权组织加强合作，推动国际知识产权规则朝着普惠、包容方向发展，让创新创造更多惠及各国人民。[1]

国家知识产权局网站2014年6月25日报道：2014年6月24日，国家知识产权局局长申长雨在全国知识产权局局长高级研修班上，从历史现实未来、国际和国内、理论和实践等多个维度分析指出，建设知识产权强国是我国现阶段知识产权事业发展的必然选择，更是全面建成小康社会、实现中华民族伟大复兴"中国梦"的客观需要。申长雨强调，要建设具有中国特色和世界水平的知识产权强国，必须结合中国国情，积极推进知识产权理论创新和实践创新，把我国知识产权事业发展放在整个世界发展大格局中去分析、去思考、去定位，明确未来努力的方向。要坚持点、线、面的结合，推进知识产权强国建设。[2]

在此大背景下，国家知识产权局专利局专利审查协作北京中心（以下简称"北京中心"）建设"世界高级专利审查机构"的需求就迫在眉睫了。其实北京中心探究"建设世界高级专利审查机构"的课题由来已久。2012年，北京中心已经开始了课题名称为"基于构建世界高级专利审查机构的审查文化建设"的专项研究。[3] 2013年5月27日，《中国知识产权报》更是发表了题为《开拓创新 向世界高级专利审查机构迈进——专利审查协作北京中心成立12周年》的文章。[4]

那么，什么样的专利审查机构才能称之为"世界高级"的呢？根据笔者粗浅的理解，就是关于"专利审查"的大多数方面，都走在世界的前列，能给其他机构做出榜样。当然，现阶段的北京中心还做不到这一点，更多的是向其他老牌强局学习、借鉴成功的经验，不断充实自己，紧跟步伐，以求不落后。从认识论上来说，我们也需要一个"概念—判断—推理"的过程。将来，我们的目标应该是各项工作能在"概念""判断"的基础上，"推理"出一定时间范围内建设"世界高级专利审查机构"的困难，并给出解决问题的预案。也就是说，我们的政策、决策需要有适度的前瞻性。

笔者在校期间攻读的是化学化工类专业学位，在此谨借用如何建设一家化工厂的车间的思路，非常浅显地讨论一下笔者关于"建设世界高级专利审查机构"的一些想法。毕竟二者差异明显，相提并论时不妥之处在所难免，请领导、同事不吝指正。

建设一家化工厂的车间，生产出高质量的产品，需要考虑许多因素。而这些因素大致可以用"五个字"来描述——人（指人才等）、机（指机器设备等）、环（指内外环境等）、法（指管理制度、操作工艺等）、料（指原料购进、检验、存储、处理、产品质检等）。车间开始运行后，要时刻注意动态的"三个流"——人（指人才流）、钱（指资金流）、物（指原料购进、检验、存储、处理、产品质检等）。可以看出，前述"五个字"和"三个流"有所重叠，而又有所侧重，例如"人"的因素与"法"的因素之间就紧密联系，"五个字"中的"料"和"三个流"中的"物"大部分重合。篇幅所限，本文仅就北京中心的"五个字"展开。

一、"人"的因素

（一）人员配置

"人"，指"人才流"，是所有因素里面最重要的，同时也是所有因素里面最难掌控的，其最大的特定就是"变"。相应地，对"人"这个因素的要求也是"变"。这个"变"字，含义为变化、流动、提高。国家知识产权局局长申长雨2014年3月6日到北京中心调研时指出："积极推进改革创新，北京中心作为我局成功的体制改革实验田，特别要在管理体制和用人机制等方面继续不断探索，先行先试，积累可推广可借鉴的经验。"[5]

北京中心的工作重点已经从十多年前成立伊始的消除积压案件转变为现在的多元任务。而完成这些任务是需要具体的"人"来完成的。基于"人"之间的差异性，不同时期的任务就需要不同的"人"来完成。例如，消除积压，就需要更多的人员加入我们的审查员队伍；某个专业领域的申请数量增长了或者合理预期一段时间内会增长，就需要更多具有该专业背景的人员从事该专业领域的审查工作。由于科学技术的发展经常有增长期、平台期、减缓期，单一专业领域的专利申请的数量也经常会有一个波动，具体直观的表现之一就是单一专业领域的审查员发现自己的审查领域的案源数量时多时少。因此，如何实现合理的"人员配置"是非常关键的。如果"人员配置"合理，可以很大程度上保证一线审查员队伍人员稳定、专业合理，最终保证审结案件高质量。

而非一线审查员的相关人员的"人员配置"也是极其重要的，在此不再赘述。

（二）人员管理

也正是由于"人"这个因素的活跃性，人员管理就显得极其重要。对于人员的管理，笔者不敢妄谈。在此，笔者谨认为：随着人员的增多，北京中心需要更加精细的管理方式。进一步说，北京中心需要建立更加合理、高效的人员管理制度。而人员管理制度中，相当部分的管理制度是需要长期坚持执行的，在某一时期内应保证管理制度的相对稳定性。当然，我们面临的形势时刻在变，我们的具体管理办法需要结合具体情况具体分析，不能"一刀切"。而针对与一线审查员密切相关的管理制度（例如审查质量考核制度、薪资待遇制度、职称评审制度），尤其需要格外注意稳定性和灵活性的平衡。

需要多说一句的是，许多现代管理办法来源于西方国家，北京中心在借鉴国际优秀管理办法时需要结合我们的国情、局情、北京中心的具体情况作一些必要的调整。

（三）人员培训

同样，由于"人"这个因素的活跃性，对人员的培训也极其重要。对"人"的培训，需要工作到老，培训到老。现阶段的实质审查员的培训，主要包括入职后第一年的入职培训（包括4个多月的集中培训和6个多月的导师带教）以及其后的回案处理、结案处理等在职培训。而第一年的集中培训、导师带教，更多的培训重点在于如何发出高质量的第一次审查意见通知书（以下简称"一通"）。但是，我们知道，高质量的一通并不直接决定最后审结案件的高质量，而回案后对意见陈述书及其修改文件的处理方式也对审结案件的高质量与否影响很大。而现在北京中心入职培训后的在职培训稍显不够。在此，笔者谨建议建立适当的在职培训机制，保证审查员能够时刻紧跟国际、国家、局各层级局势发展的形势。而且适当的在职培训机制对于审查员对案件的"标准一致"处理直接有益。

二、"机"的因素

"机"，在五个因素中，属于相对比较稳定的因素。工欲善其事，必先利其器，审查工作对"机"这个因素的要求就是"稳"。这个"稳"字，其含义就是"稳定"。

笔者能想到的"机"的内容，主要包括办公硬件和技术支持。审查员希望的审查硬件是高度稳定可靠的，包括台式电脑、笔记本、打印机等；而技术支持是快速有效的，包括E系统、S系统等的运营维护等。在这些方面，北京中心（或者说国家知识产权局）已经做得相当不错，最近CPES的上线预期也会对审查工作有许多裨益。而随着审查工作及科学技术的持续发展，许多对"机"的新要求就会被提出，笔者谨认为需要对"机"这一因素保持一定的敏感性，循序渐进、有次第地及时更新办公硬件和技术支持。

三、"环"的因素

"环"，直观理解是环境。更为具体讲，"环"包括内外环境；分层次讲，大的环境包括国际环境、国内环境、局内环境，小的环境包括办公环境，隐性环境包括文化氛围。笔者谨以为：对"环"的要求可以用一个"和"字来表述。这个"和"字，含义就是和谐。

（一）国际环境

专利的地域性，决定了我国国家知识产权局与外局交流的必要性。目前北京中心与他局的交流还稍显不足，起码一线审查员没有明显感觉到北京中心与他局有相当频次的交流。而北京中心要建设的"高级专利审查机构"是"世界"性的,与外局的交流就显得势在必行了。笔者谨认为:加强与他局的交流迫在眉睫。一方面,跟紧他局的前进步伐非常重要。例如,CPC分类对于将来一定时期内的检索至关重要。我们需要尽快掌握该分类系统的分类思想和分类方法,从而为提高审查员的检索能力作出正面贡献。2014年7月4日,北京中心举办了CPC专项培训,各部门业务骨干及中心分类研究工作组全体成员共计90余人参加了培训。[6]另一方面,北京中心需要不断独立率先做出创新,为我国专利事业做出引人瞩目的贡献,当然这一点也更难能可贵。例如,北京中心可以借助国家知识产权局最近上线的CPES系统,以促进北京中心的审查员与外局审查员的交流。

(二)国内环境

专利审查工作,除了与科学技术领域直接相关外,还与人民群众、媒体等有千丝万缕的联系。笔者谨认为:北京中心在专利局的框架内,需要积极与工矿企业、高校、普通人民群众、甚至媒体等群体保持合适、有效的交流。

(三)局内环境

按层级来说,北京中心是国家知识产权局专利局下设机构,而国家知识产权局是国务院下属单位。笔者谨认为:北京中心同样需要与其他局内兄弟机构保持合适、有效的交流。

(四)办公环境

具体到北京中心的周边环境、办公区域、伙食条件,笔者认为条件已经相当不错。具体讲,北京中心与高校对门、与中学毗邻,有着浓郁的学术气息;办公区清洁、庄重,有独立的餐厅且其食谱花样众多。笔者认为"办公环境"在很长一段时间内都能满足北京中心"建设世界高级专利审查机构"的要求。

(五)文化氛围

文化氛围对于一个单位至关重要,好的文化氛围可以减轻员工的职业疲劳感,培养员工的高雅情操,提高工作效率,增强员工集体荣誉感。北京中心历来重视员工健康,工会建设:入职满一年的员工都可以享受一次体检;工会组织领导下,许多兴趣班也都在如期举办,各类友谊赛也都在定期开赛,一些文化讲座也时有举行。而具体到笔者所在化学部,更是在2012年底确定了"chem. Family"的文化氛围基调;每年的重大节日,化学部工会都会对相应人群进行慰问;化学部每年都举办若干体育赛事,形式多样,效果显著。

四、"法"的因素

"法",在本文中指的是:(1)《专利法》及其实施细则、《专利审查指南2010》、操作规程;(2)流程管理、审查业务、制度完善、课题研究等方面。

换个角度，本文的"法"指的是审查的客观规律和主观积极干预。"法"，直接涉及如何高质量地审查专利申请。我国《专利法》第1条就指出了专利法的立法宗旨：保护专利权人的合法权益，鼓励发明创造，推动发明创造的应用，提高创新能力，促进科学技术进步和经济社会发展。高质量的专利必然符合立法宗旨的要求，能起到立法宗旨中的作用。讨论如何建设世界高级专利审查机构，就应该重点围绕如何确保高质量地审查专利申请来展开。笔者谨认为："法"的要求用一个字来表达，就是"顺"，客观上要顺应客观规律（而非违反客观规律），主观上要使流程顺畅高效、制度完善等。

（一）法律法规

关于法律法规的制定、修订，按说是国家知识产权局甚至更高层级的关注点。但是作为一线审查员占绝对人数比例的北京中心，自然而然相对更经常性地运用相关法律法规的思维考虑问题，理所当然对实际审查有更多的发言权，因此北京中心对法律法规的制定、修订提一些意见和建议也责无旁贷。笔者谨以为：建设世界高级专利审查机构，有必要制度化地研究国内外相关法律法规，横向（国内外）、纵向（时间轴上）进行对比，为数年一次的相关法律法规的修订提出针对性意见和建设性建议，此举将有利于北京中心地位的提升。

（二）流程管理

此处的流程，对应于引言部分的"物流"，指每件申请在北京中心于结案前不断流转于不同部门的过程。如前所述，流程的要求是"顺畅高效"。笔者对此暂时没有更多更好的想法。在此，笔者谨认为：随着审查工作的不断推进，新的情况不断出现，我们的流程需要不断地进行适应性调整。例如，全专利局近期开始关注"疑似恶意申请"，除"疑似恶意申请"标准的确定需要一个摸索的过程外，北京中心关于"疑似恶意申请"的反馈流程、处理流程也需要一个摸索的过程，需要不断作出适应性修改，最终达到"顺畅高效"的要求。

（三）审查业务

审查业务，目前是北京中心的核心业务，而且在将来的一段时间内也将继续是北京中心的核心业务。2014年5月19日，国家知识产权局副局长杨铁军到北京中心调研会审工作，要求部门在审查中始终贯彻"三性"评判主线，从发明要解决的技术问题出发，把握发明的实质。[7]

审查业务，包括初步审查、实质审查、复审等。北京中心围绕审查业务，已经做了大量的工作，许多内部期刊更是专门为此而设。北京中心承担的大量课题与审查业务关系密切，多次举行征文也是围绕"如何提高结案质量"展开。笔者对此不敢妄言，谨认为：有必要提高对实质审查后流程（包括无效、诉讼）的关注度，对不同的阶段对同一案件可能不同的处理方式的研究将对北京中心的审查业务有正面的促进作用。

（四）制度完善

北京中心目前总人数将近三千，这么大数量的人员的管理，更多地需要依靠制度。随着国际、国内新情况的不断出现，我们的制度会慢慢地暴露出许多滞后的弊端。笔者对其他不敢妄谈，在此，笔者谨认为：绝大多数业务行为应该是一个责、权、利平衡的状态，仅仅强调其中一项或两项，短期可能有正面效果，长期很可能不能让业务保持高效、高质，例如各级会审制度。

（五）课题研究

北京中心已经做了大量课题，许多成果在内部期刊上已经刊发。笔者谨认为：课题研究的对象可以是已经出现的问题，也同样可以是有迹象表明将来可能出现的问题；也就是说，课题研究需要一定的前瞻性；另外，课题研究需要关注成果的可应用性。2014年7月11日，北京中心副主任曲淑君在"2014年度所承担局级课题中期交流会"上指出，检索指导手册应特别关注成果的可应用性，在课题研究阶段即可以尝试部分成果的小范围试用；专利分析课题应着重对重要和主要专利的剖析，以给出对行业和企业有益的指导。[8]

五、"料"的因素

"料"，在本文中对应的是申请文件。申请文件的接收、初步审查、实质审查、后流程，与前述第四部分的"（三）审查业务"的内容存在很大程度的重合。北京中心现阶段在开展对专利申请文件进行审查的业务以外，还对企业提供一些服务，以帮助企业了解所关心领域的技术状况，为中国企业和创新者提供知识产权国际服务，帮助中国更好地参与知识产权国际合作与交流，促进中国由知识产权大国向知识产权强国的转变。笔者谨认为：建设世界高级专利审查机构，北京中心需要在一定框架内、在一定程度上拓展自己的业务范围。除了在已有的业务上做到"人有我精"，还要在一些前瞻性的业务上做到"人还无我先有"。如果用一个字来表达"料"的要求，就是"足"字，需要在一定限度内保持业务量一定的饱和度。

六、结　语

以上内容是笔者借鉴建设化工厂车间常考虑的"人机环法料"五因素，对北京中心的现状粗浅地进行的一些分析。而对应这五个字的要求分别是"变""稳""和""顺""足"。建设世界高级专利审查机构，任重而道远，需要考虑的细节非常多。我们需要在准确、及时地自我认识的基础上，积极、持续地寻找与国外专利审查机构的差距，积极、持续地改进我们的方方面面，并进一步独立作出创新，争取早日全面把北京中心建设成为世界高级专利审查机构。

参考文献

［1］李克强会见世界知识产权组织总干事高锐［EB/OL］. http://www.sipo:81/art/2014/07/14/art_201_124572.html.

［2］全国知识产权局局长高级研修班开班 申长雨出席并讲话［EB/OL］. http://www.sipo:81/art/2014/06/25/art_200_123806.html.

［3］基于构建世界高级专利审查机构的审查文化建设［EB/OL］. http://bjzx.sipo/indexmenu/xsyj/ktyj/xscg/lnktxxylb/226d8fda_3282_4524_a97c_db135 cf13d0d.html.

［4］中国知识产权报. 开拓创新向世界高级专利审查机构迈进——专利审查协作北京中心成立12周年［EB/OL］.（2013-05-17）. http://bjzx.sipo/indexmenu/ztl/mtbd/d3c63c96_ceed_4be2_b352_c429e3791db8.html.

［5］申长雨局长赴中心调研座谈[EB/OL］. http://bjzx.sipo/indexmenu/scyw/zxxw/3aed0ce3_b82b_4109_8ec2_3b5d073aefc6.html.

［6］中心举办CPC专项培训［EB/OL］. http://bjzx.sipo/indexmenu/scyw/zxxw/6c80a9e8_4c23_4381_929b_d418ae920905.html.

［7］杨铁军到中心调研会审工作［EB/OL］. http://bjzx.sipo/indexmenu/scyw/zxxw/53b7c13d_3ec4_4ced_88c6_c229fb461b6a.html.

［8］中心召开2014年度所承担局级课题中期交流会［EB/OL］. http://bjzx.sipo/indexmenu/scyw/zxxw/c448d80b_a0c7_46c9_a094_06b71f8a5360.html.

初探实质审查中审查智慧显性化及其信息服务

张成龙　冯婷霆　于行洲　邓学欣　朱晓琳[①]

摘　要：基于专利文献信息，借助于发明专利实质审查工作，将审查过程中隐性的、散落的审查智慧信息显性化，并建立"审查智慧池"，通过智慧信息的收集、管理、加工和利用，实现对智慧信息的全面积累、科学管理、深度加工和有效利用。本文初步探讨了对审查智慧信息的挖掘，提出了审查智慧信息的收集规范和收集发布平台建设，并预期了智慧信息服务的前景。专利审查工作和专利信息服务的深度结合，将有利于推动发明创造的应用，有助于提高创新能力，有效服务于知识产权强国建设和经济社会发展。
关键词：发明专利　审查智慧　显性化　审查智慧池　信息服务

引　言

专利文献信息作为重要科技信息日益受到创新主体的广泛关注。随着政府、中介和行业等各个层面专利信息服务的开展，我国创新主体对专利信息服务的期望也有了很大程度的提高，渴望能够得到专业、高质、便捷的专利信息服务。目前的专利信息分析与预警服务主要是以项目为依托，以特定技术主题为目标，集中人力物力对公开的专利文献进行分解、加工、标引、统计和分析等工作，在一段时间内进行突击式的分析挖掘。由于没有前期储备和积累，并

[①] 本文源于北京中心2014年专项课题"世界高级专利审查机构建设研究"（课题编号：BJZX1401）。课题负责人：魏保志；课题组长：曲淑君；报告统稿人：朱晓琳、刘以成；主要执笔人：刘新民、郭震宇、于行洲、邓学欣、冯婷霆、田振、张成龙、陈冬冰、余雪、王汇。

受各方面条件的制约，专利信息的挖掘深度和广度都可能会受到限制，从而影响专利信息服务的质量。

发明专利申请的行政审批工作是专利知识产权创造、运用和保护中的重要一环，其中在发明专利申请的实质审查过程中，会对专利申请及其相关文献进行深度解读，这一过程伴随产生了大量隐性的、零散的、但有价值的思维信息。这些思维信息是专利实质审查工作所独有的，是目前已有的各个层面提供的各种专利信息服务工作所不具备的。如果能将上述这些有价值的思维信息在审查过程中逐渐积累起来，通过深入挖掘分析和利用，服务于广大创新主体，必将大大增强专利信息传播与利用的能力。然而，上述这些有价值的思维信息，目前仅仅用于专利申请的行政审批中来评判专利申请是否能被授予专利权，除此之外，在专利信息服务方面没有得到任何应用，从而使得具有高附加值的智慧信息资源白白浪费。

因此，基于专利文献信息，借助于发明专利的实质审查工作，以实现对审查工作中的审查智慧信息进行收集和挖掘，提供更高附加值的专利信息来推动发明创造的应用和提高经济社会的创新能力是有潜力可挖、有工作可做的。

一、审查智慧信息探讨

审查智慧，主要是指在发明专利申请的实质审查中，随着对专利申请技术方案的理解、与发明创造相关现有技术的检索、以"三性"评判为主线的专利性质疑和沟通，以及对专利申请依法作出行政审批决定等环节的进行，伴随专利申请和相关的文献而产生的有价值的思维产物。审查智慧信息，不仅包括有关专利申请的授权、驳回等结论性意见，还包括在得出结论性意见的过程中未被固化、提取的有价值的思维信息。具体而言，这些思维信息可以是对申请个案以及相关文献的深入理解、对技术创新点和发明高度的准确界定、对技术领域发展方向的客观把握、对发明创造的保护策略以及撰写建议等。下面，笔者根据自身的审查经验和认知，初步探讨了可能存在的部分审查智慧信息。

（一）从专利审查的角度

在发明专利申请理解和现有技术检索阶段，根据申请文件记载，可以初步判断出创新主体对自身技术贡献点的认识；根据进一步检索，可以全面把握现有技术状况，从更为宏观、准确的角度判断出专利申请基于现有技术的技术贡献点，这与创新主体的认知可能是一致的，也可能是不一致的。该专利申请基于现有技术可能是没有授权前景的，但通过检索，审查员对个案所涉及技术分支的发展方向相对于创新主体有更多的把握和理解。这些在实质审查过程中伴随产生的审查智慧信息是广大创新主体渴望需要的，也是其他专利信息服务机构所不能提供的。

具体而言，在发明专利申请的专利性审查阶段，如果准备对该申请授予专利权，是认定该申请具备创造性，相对于现有技术具有技术贡献，该技术贡献体现了在该技术领域、技术分支或具体技术问题上的技术高点，基于前期的检索和沟通已对该技术高点予以认可和明确。但目前的授权决定中仅指定了授权的权利要求书，对于基于什么样的原因予以授权，是哪个技术特征或技术手段使得本申请具备创造性在授权决定中并不能得以体现，授权权利要求书中代表技术高点的信息没有加以提取和加工。因此，将有关技术高点的智慧信息以一定的方式显性化并固化下来，将有利于技术创新和发展。

发明专利申请经专利性审查后，如果该申请最终被驳回或视撤，其中也存在许多审查智慧信息。例如，对于因"三性"驳回或视撤的专利申请而言，审查智慧信息可能包括检索到的影响"三性"的一篇或多篇现有技术、相关技术领域的发展和专利保护现状、技术创新改进和突破方向、专利申请策略等。目前部分国内创新主体的专利意识已被唤醒，专利申请非常活跃，但对于如何有效获得专利权仍亟需指导。对于这类专利申请，在审查工作中是能够明确地判断出短板是在技术层面还是法律层面。如果以创新主体进行归类分析，容易发现该创新主体的专利挖掘、申请、答复或法律理解等各个方面的问题，这对于特定的创新主体而言，也是非常有价值的信息。

（二）从价值评估的角度

随着专利事业的不断推进，专利技术交易、许可、融资等各种有助于创新主体发展的专利运用方式得以不断开展，而在这些过程中不可避免地要面对专利价值评估的问题。专利价值中涵盖技术价值、法律价值、商业价值等各个方面。具体到专利的技术价值评估，目前的专利交易中基本是基于简单的专利类型或同族授权情况等予以粗略估计，对于技术价值的判断难免出现偏差。由于实质审查是发明专利授权的必由之路，实质审查已对专利申请进行了深入的剖析，对现有技术有了充分的了解，通过实质审查过程对授权专利的技术价值进行评估更有说服力。

国家知识产权局曾于2011年度组织专利审查员进行了"2010年度百件重大中国专利"评选，由审查员在已授权专利中进行选择，经过层层推荐与审核，确定了"2010年度百件重大中国专利"，并在知识产权报上予以公布。遗憾的是，该活动并未持续开展。事实上，此次评比是对发明专利申请实质审查工作中产生的审查智慧信息的进一步收集、加工和分析。基于专利审查的专利价值评估，有助于筛选出重要专利、核心专利供相关领域创新主体参考，同时对筛选出专利的市场流通也具有重要意义。

（三）从信息利用的角度

在专利信息的检索分析、数据加工、数据库建设等方面，审查智慧信息可能包括最相关的现有技术、重新确定的包含技术改进之处的摘要信息、与技术改进之处最相关的分类信息等。在专利信息的传播利用、服务平台建设、维权援助、客户咨询、信息帮扶等公共服务方面，对于授权的专利申请而言，审查智慧信息可能包括检索到的最接近的一篇或多篇现有技术、相关技术领域的发展和专利保护现状、相对于最接近的现有技术的一个或多个创新或改进之处、更合理的专利撰写建议、更有利的专利保护策略等；对于因"三性"驳回或视撤的专利申请而言，审查智慧信息可能包括检索到的影响"三性"的一篇或多篇现有技术、相关技术领域的发展和专利保护现状、技术创新改进和突破方向、专利申请策略等。

上述内容仅是笔者粗浅的分析，在具体的实践中还需以经济社会发展对专利审查工作的需求为切入点和着力点，广泛开展社会调查研究，切实摸清我国产业发展对专利信息服务的诉求和科研院所、企业尤其是小微企业等广大创新主体对专利文献信息服务的需求。

二、审查智慧的显性化

审查智慧的显性化，就是把上述隐性的、零散的审查智慧信息通过数据记录等方式凝聚固化下来，通过全面收集和长期积累，形成具有海量数据的"审查智慧池"，并具备深度加工和有效利用的能力。DWPI 数据库中的文献信息例如发明名称、摘要、关键词等，已由 Derwent 文献工作人员基于专利文献本身所记载的信息重新规范化改写，其目的是为了使文献所传播的信息更加准确，提高专利文献传播利用的能力。审查智慧的显性化就是基于专利文献信息，依托发明专利申请的实质审查工作，对专利申请及其相关文献信息进行智慧型再加工的过程。其目的不仅有利于文献所传播的信息更加准确，而且有利于文献所传播的信息更具有价值，提高专利文献传播利用的能力，有效指导包括申请人在内的广大创新主体的技术创新活动。因此，如何将发明专利申请实质审查中的审查智慧信息便捷、有效地显性化并固化下来，是利用专利审查工作深入挖掘审查智慧信息和进行专利信息高效服务的关键。

（一）制定信息收集规范

审查智慧信息收集规范要以预期的信息服务需求为基础予以确定，从而使符合市场需求的智慧信息得到充分挖掘并显性固化下来。基于上述对审查智慧信息的探讨，信息服务可包括例如技术高点分析、技术价值评估、信息咨询帮扶等方面。而就这三者而言，对审查智慧的收集就存在如下不同要求：（1）不同结案的专利申请记录的智慧信息不同。技术高点分析和技术价值评估均是针对授权专利申请的分析;信息咨询帮扶除了针对授权专利申请外,还可能针对未被授权的专利申请,创新主体也可能希望能从未被授权的专利申请中获得有价值的信息,例如撰写建议、技术改进方向等;(2)不同结案的专利申请信息采集的时间不同。技术高点分析至少需记录专利申请相对于最接近的现有技术的改进点或发明点,在审查过程中或结案时进行;对驳回结案的分析在驳回决定时作出;而技术价值评估则需要对技术进行全面分析,比如基于现有技术的分析确定创造性高度,这一工作可能需要在审查过程中进行记录;同样,视撤案件由于是申请人主动结案,同样需要在审查过程中进行记录。因此,需要制定因案而异但又便捷全面、易于操作的数据收集规范,又不能过多影响专利审查的主体工作,在具体实施前,需要充分的调查研究,统筹规划。

另外,数据准确是这项工作的立命之本,还需制定确保数据准确性的规范和制度。例如可以考虑对驳回和授权相关数据的检查与裁决等检查制度挂钩,案件在结案之前应按照数据记录要求将数据记录全面,并由相关部门考核评估。

(二)搭建收集发布平台

为了便于审查智慧信息数据的提取和处理,需要提供一定的数据收集平台供记录智慧信息使用,也便于后期处理人员提取与分析。智慧信息收集平台搭建时,要做好与中国专利电子审批系统(E系统)和专利检索与服务系统(S系统)的数据接口和关联工作,使得已在E系统、S系统中记录的智慧信息无需进行额外的操作处理就能导入收集平台,减少重复劳动,避免审查资源浪费。具体而言,对于提交的分类裁决请求,就可能涉及对发明点重新认定和重新分类的智慧贡献;根据现有技术对发明摘要的重新改写,就可能涉及对现有技术的划界和/或发明创新点确认的智慧贡献。而对于在专利审查过程文档中没有记录下来的智慧信息,例如,相关技术领域的发展和专利保护现状,相对于最接近的现有技术的一个或多个创新或改进之处,更合理的专利撰写建议,更有利的专利保护策略,技术创新高度和技术价值评估,甚至于对于检索到的相关现有技术的分析、解读等审查智慧,应设计分类全面、交互界面友好的收集平台,便于在审查过程中随时都能把审查智慧信息记录下来。

信息收集的目的在于充分利用,对技术信息或情报的发布是信息向创新主体传递的过程,也直接影响这些信息的运用程度,因此,也应基于收集平台建立发布平台。对情报发布模式应勇于创新,可以考虑针对不同创新主体、不同层次和不同需求采用定期、实时、定制等灵活的方式予以发布,最大限度地满足创新主体的实际需求。

随着上述内容的逐步推进，相关制度的建立、健全和完善，智慧信息将积小成多，汇集成"审查智慧池"，通过智慧信息的整理、加工和进一步的挖掘，必将成为一个能够高效推动国内技术创新的收集平台和发布平台。

三、审查智慧信息服务前景

目前各国的专利审查机构均未开展对审查智慧信息的深入挖掘工作，更没有将审查智慧信息应用在专利信息的检索分析、数据加工、数据库建设等方面，因此，将审查智慧信息作为专利文献信息中具有高附加值的信息，应用于专利知识产权信息的传播利用、服务平台建设、维权援助、客户咨询、信息帮扶等公共服务尚无经验可借鉴。综合考虑实施性、便利性和易推广性，笔者预期，基于对审查智慧的深度挖掘和加工，至少可实现如下三项服务技术创新的可行性内容，以实现专利审查工作与专利信息社会公共服务的深度结合。

（一）靶向技术高点，加速情报传播

如果对每个授权的案件均记录发明点信息，经过长期的积累和数据加工可以形成分领域、分技术分支、分技术问题的技术高点汇总，将这样的审查智慧以年度或季度专利技术情报发布的形式面向社会公开，将加速技术情报的传播。这一工作的益处在于：

（1）弥补国内创新主体短板：由于国内创新主体尤其是小微企业相对于国外而言专利信息利用能力较低，大多没有资金或人力资源来设立独立的知识产权管理部门，缺乏专利分析的能力，基于授权文本难以把握该申请的技术实质，不能获取能指导生产实践的重要信息。专利技术情报发布可以有效服务于国内的这些创新主体，使之在进行技术路线规划时，能有助于迅速掌握当前的技术发展高点，提高技术改进的出发点，避免重复开发以及潜在的知识产权问题。

（2）提升专利技术分析价值：通常专利技术分析是以摘要作为初步分析基础，而目前的摘要可能存在两个方面的问题：一是由于创新主体自身对专利申请文件的认识不足，导致未将发明点写入摘要；二是部分创新主体为了隐藏重要技术信息而有意不在摘要中体现发明点。这种情形的出现导致在专利分析的初步数据采集中有可能丢失大量重要信息。通过情报的长期持续积累，可以建立全部领域的具有高附加值的专利信息库，在进行相关领域的专利技术分析时作为首要参考，以避免遗漏重要或关键信息，对于提高专利技术分析的精确性和价值有重要意义。

（二）评估技术价值，进行技术推荐

基于专利审查工作，可以从权利要求的类型、范围大小与智慧贡献的匹配度、专利申请的创新高度等不同的维度为专利技术价值进行评估,并以固定时间周期、特定形式进行汇总发布,例如发布某专利审批机构特定年度相关技术领域专利技术百强等,将有利于专利技术的推广运用。这一工作的意义在于:

(1)能够从数量浩大的授权专利中挑选出重要专利、核心专利、基础专利,吸引社会对这些专利的关注和交易,促进真正有价值的专利的运用和流通。

(2)可以结合第一项工作的内容,帮助领域内的相关创新主体了解专利技术发展现状、特定周期内的创新方向和重点。

(3)对于国外核心专利、重点专利和基础专利的评估和披露,可以有助于我国创新主体尽早做出规避设计,避免陷入专利纠纷,同时也可以提醒我国创新主体尽快进行外围专利的挖掘和布局,以专利交叉许可等方式获得竞争中的有利位置。

(4)技术排名推荐的方式可以促进同行间的了解,促进合作竞争,以期作出突破性的创新。

(三)确定帮扶对象,定制服务内容

国家知识产权局局级层面的帮扶多针对试点示范单位,或由各地方专利局进行组织报名,上述方式确定的服务对象覆盖面狭窄,提出的需求通常比较概括或宽泛,对帮扶的效果起到了一定的限制作用。如何从众多的创新主体中挑选出重视专利布局、但尚处于起步阶段,专利的投入产出比不高、但具有潜力的单位,对其提供专门的咨询、培训和指导,对于促进国内创新主体的发展具有重要意义。

基于"审查智慧池",以创新主体进行归类,容易发现该创新主体是在技术层面,还是在法律层面存在短板,甚至可以推断出在专利挖掘、申请、答复或法律理解等各个方面的问题,有助于针对性、适应性地进行服务。例如对每件专利申请的驳回、视撤案件的原因及待改进提高的方向进行标引,通过一定时间段的积累,以创新主体归类,对其专利申请数量进行统计,对驳回率、视撤率与领域内平均水平进行比较,对驳回、视撤理由进行汇总分析,根据上述汇总情况得出待帮扶的创新主体排序,选定优先需要帮扶的单位,并将上述分析结果进行告知,并相应提供创新方向指引或更为具体的服务内容。

这一工作的实现能够准确定位需要予以帮扶的创新主体,摸准创新主体的问题所在,并能针对性地予以帮助和扶持,能够提高创新主体的知识产权产出,同时实现审查智慧向创新主体的有效传递,对促进技术创新起到重要的作用。

结　语

笔者基于自身的审查经验和对专利知识产权信息服务的认识，意识到专利审查工作中存在更多高附加值并值得利用的智慧信息，而且能够弥补目前已有的专利信息服务存在的不足。本文初步探讨了如何挖掘、提取和固化审查智慧信息以及设想了审查智慧信息用于专利信息服务的前景。笔者认为，如果上述基本设想最终能得以实现，随着大数据时代的到来，汇聚大量数据的"审查智慧池"将在知识产权强国建设中发挥重要作用。虽然上述设想还存在诸多的不足和现实困难，但希望能够抛砖引玉、启发思考，为专利审查工作和专利信息服务工作及二者的深度结合提供一些借鉴意义。

参考文献

[1] 李永红，等. 实审部门社会服务研究［R］. 国家知识产权局学术委员会2009年度专项课题研究报告（课题编号：ZX200905），2009：191-192.

从青年职业培训角度谈世界高级专利审查机构的建设

崔朝利　孙　敏

摘　要：青年肩负着北京中心建设世界高级专利审查机构的历史责任和使命，通过比较国外专利审查机构的职业培训体系，结合中心青年职工的特点，提出基于胜任能力模型的培训体系，从素质冰山的各个层面展开培训，在提升业绩的同时，要增强内心驱动力，对社会角色、价值观、自我认知、个性品质、动机等因素也有针对性地进行培训，激励青年的内在进步动机。

关键词：青年　胜任能力模型　素质冰山　驱动力　培训体系

一、引言

世界知识产权事业的发展仍然保持上升态势。世界知识产权组织指出，全球发明专利申请量 2013 年持续强势增长，增幅达 9%，中国发明专利申请量增幅达 26.4%，对此予以了有力支撑。全球近 260 万件发明专利申请中，约 1/3 源于中国。与此同时，越来越多的青年人加入到知识产权的队伍中来。中国专利审查机构吸收的青年人数尤为明显。

作为国家知识产权局下属的专利审查机构，国家知识产权局专利局专利审查协作北京中心（以下简称"北京中心"）近年来青年审查员人数快速增长，既承担了大量的审查任务，又作为专利预警咨询服务窗口，为社会提供了优质服务。经充分考察国际国内形势并基于现实需要，北京中心在《"十二五"规划纲要》中提出要建设世界高级专利审查机构的宏伟目标，人才素质的培养是影响目标实现的最重要因素之一。

2014年3月6日，国家知识产权局局长申长雨到北京中心调研时提出：推进改革创新，特别要在管理体制和用人机制等方面继续不断探索，先行先试，为北京中心世界高级专利审查机构的建设作出新的指示。2014年4月29日，国家知识产权局局长申长雨在局青年工作领导小组会议上，鼓励青年勇担建设知识产权强国的重任。申长雨局长指出，前几年是专利局和北京中心的青年审查员人数快速增长，近几年是京外审协中心快速增长，江苏中心和广东中心这两个中心都是在短短的两三年时间里，队伍就达到了上千人。

我国专利审查机构中绝大多数是青年人。青年肩负着北京中心建设世界高级专利审查机构的历史责任和使命。相比老一代的审查员，青年审查员在思想和需求上都发生了很大改变，如何对他们进行有效的激励，提供职业发展的空间，使他们在岗位上发挥更大的潜力，最大化地实现自身价值，是知识产权事业发展的客观需要，也是世界高级专利审查机构建设的重中之重。

二、北京中心的青年职业培训现状

北京中心在2013年发布了人才培养部门指南，制定了近期和中长期人才培养目标，根据不同的层级阶段制定不同的培养计划，例如对审查员岗位职工，分为基础人才入职培养阶段、基础人才岗位培养阶段、骨干人才培养阶段、高层次人才培养阶段、领军人才培养阶段。在每个阶段，将所需的知识和职业素养划分成不同的培训模块，各个培训模块中制定了培养目标和内容、培训课程、考核方式等内容。例如在审查员岗位职工的基础人才岗培养阶段，设置有三个培训模块：（1）职业素养模块。培养目标和内容包括：旨在促进员工获得健康的心理状况，了解北京中心的历史、组织，了解和遵守北京中心的规章制度，正确认识自己的岗位和责任，具备基本的职业意识。培养内容包括了解北京中心发展历程、与老审查员交流工作心得等。培养课程包括：参观北京中心荣誉室、新老审查员座谈。（2）实审审查业务能力提升和拓展模块。培养目标和内容：使培养对象了解外部反馈情况、各级质量检查标准、质检反馈的问题，以在审查实践中避免或减少类似的质量问题，提高审查质量；对疑难问题进行总结并深入思考；检索能力进一步提高，达到一定的标准。培养内容包括外部反馈培训、通用典型案例的研讨与指导、检索专项提高讲座、初级检索能力测试、实用新型专利权评价报告、国际审查业务等相关课程。培训课程包括：检索专项提高讲座、PCT国际检索和初步审查程序中的主要问题等。培养形式为面授课程、在线学习、交流研讨。（3）基础外语模块。培养目标为：加强英语的听说读写能力以及第二外语的阅读能力，培养内容包括：英语口语、英语翻译写作、基础日语、基础德语。培养课程有：英语口语、基础日语等。

北京中心的人才培养指南立足于全面提升员工的思想素质、业务技能、管理能力等综合素养，结合不同的部门和岗位制订培养计划，是一个针对性强、较为完整的培训体系。

但是现有的职业培训，对北京中心人才结构的特点，尤其是青年职工职业特点体现得还不充分。北京中心青年职工占总人数的80%以上，青年人才梯队分布不合理，28~35岁、有一定工龄的青年"扎堆"明显，带来了升职难、进步难、竞争激烈等一系列问题。因此要通过基于青年职业发展角度的教育培训等各种途径，用科学的理论武装青年，用美好的未来感召青年、激励青年内心斗志，帮助青年人坚定理想信念，树立正确的人生观、价值观、世界观、职业观，激发自我意识和内心驱动力，由被动提升转变为主动提升。

三、国外专利审查机构的职业培训

国外审查机构主要基于能力提升的角度来对审查员进行专业技术培训，并且培训与评价相结合。例如，美国专利商标局（USPTO）对审查员的专业技术培训贯穿于新审查员培训和审查员继续教育中，培训贯穿于职业发展之中，力求促进审查员多角度的职业发展。

美国专利商标局对青年公务员采用多方面的培训，为其职业发展提供多种选择。新审查员培训中涉及专业技术培训的内容包括：特定技术领域的审查应用导论、特定领域的技术前沿介绍、技术话题等。审查员继续教育中涉及专业技术培训的内容形式更加多样化。对于培训所取得的效果，美国专利商标局对公务人员采用"绩效评估方案"的方式进行绩效考核。❶"绩效评估方案"就是"Performance Appraisal Plan（PAP）"，PAP评价原则和等级设定来评价审查员，并根据审查员的情况对PAP进行修改，增加和调整了反映审查员工作特点的评价指标和标准。评价指标设计反映了审查员工作的各个方面，既包括工作量评价，也包括工作流程方面的管理（涉及时间管理或效率）、客户服务，等方面的评价，体现出审查员工作的特点和区别。

审查员每次晋升或更换工作岗位都要接受新的PAP评估。进行PAP绩效评估时，美国专利商标局根据不同级别的专利审查员确定相应的评价指标。审查员PAP绩效评估考核的评价结果分为五个等级，如果任何一个关键评价指标

---

❶ 我局青年审查员专业技术素养提升途径研究 [R]. 国家知识产权局学术委员会课题报告，2012.

等级低于完全胜任，则最后的评价等级不能高过这一最低的等级。不同评价指标的权重在确定最终评价等级时根据审查员的不同等级而不同。

欧洲专利局（EPO）通过口头交流的方式了解员工的职业发展需求以及职业规划❶。这种方式有利于为员工将来的职业发展确定培训需求，找到处理问题的特殊方法，以及为员工制订职业发展计划。对于工作人员的评价方式采用报告制度和工作效率评估。

日本特许厅（JPO）的职业种类根据从事工作的不同分为管理类职员、外观设计类职员和理工类职员。对胜任能力考核的程序一般为：一是被考核人自我申报（年终总结）。二是考核人给出个别评价和整体评价。其中个人评价代表考核者的观点，整体评价代表所有考核人的统一观点。三是对考核人的考核进行审查，确保考核的公平、必要时进行协调，并获得被考核人的确认。四是向被考核人公开考核结果。五是考核人对被考核人进行面谈。

四、基于胜任能力模型的职业培训体系

建设世界高级专利审查机构，是一项集体的行动目标，要求每个人有组织地参与到其中。北京中心青年职工占总人数的80%以上，其中90%以上是28~35岁的青年。建设世界高级专利审查机构，首先要解决好青年的职业培训问题，为青年建立基于胜任能力模型的职业培训体系，为青年人创造良好的职业发展环境，激励大家有动力、有目标地自觉建设世界高级专利审查机构。

（一）胜任能力模型

专利审查工作是一种智力密集型劳动，专利审查机构的建设离不开人力资源的组织和利用。人力资源的基本要素，包括体力和智力。如果从现实的效果划分，则包括体能、智力、知识和技能四个方面。胜任能力是人力资源中较综合的构成要素，体现胜任工作岗位的一种技能，是完成一项任务所使用的能够被衡量的工作习惯和个人技能的综合描述。

胜任能力模型的理论源自于斯宾塞（Spencer）提出的素质冰山模型，如图1所示。

---

❶ 专利审查员资格评价体系的研究［R］.国家知识产权局学术委员会课题报告，2012.

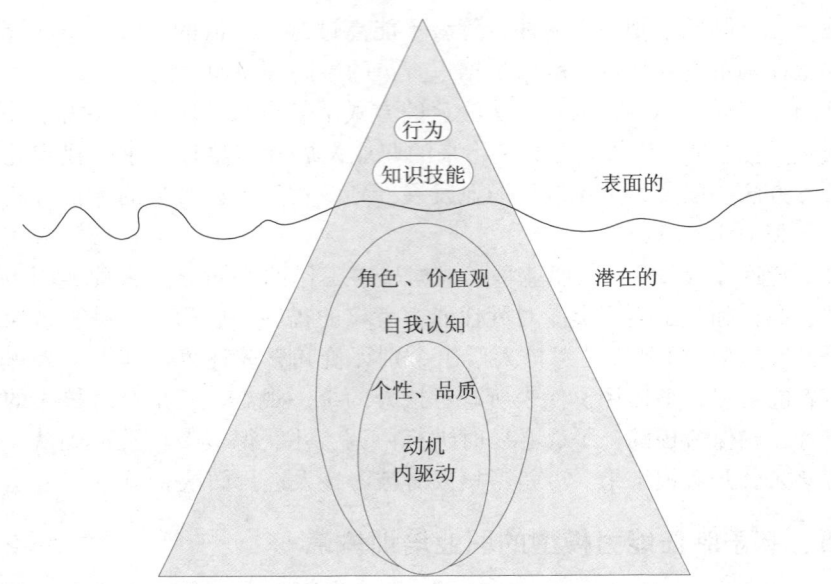

图 1 素质冰山模型

  各项胜任能力可以形象地用浮在水面上的冰山所表示。首先是浮在水面的可见的外显素质部分，包括行为、知识技能。水面上的这一层面特征容易监测和识别，可塑性性强，可以通过培训来改变和发展。而水面下的素质部分，包括社会角色、价值观，自我认知，个性品质，动机等相对比较稳定，是由长期的生活经验积累而来，它们不太容易通过外界的影响而得到改变。但是水面下的这些素质却真正能决定和区分卓越能力者与一般能力者之间的区别，对人员的行为与表现起着关键性的作用。对于每种素质，其内涵至少包括以下方面：

  知识：是指个人在某一特定领域所了解和掌握事实型与经验型信息。包括经验的总结、所知晓的事实，一般可以用语言进行交流。

  技能：能综合运用所掌握的知识、方法来完成某项工作或任务所具备的能力。技能是否最终能够产生业绩受到动机、个性及价值观等影响。

  社会角色：指一个人基于态度和价值观的行为方式与风格，包括地位、身份，以及相关的行为规范等。

  自我认知：指个人的态度、价值观和自我印象，对自身能力的自我评价以及认识。

  品质：指个性、身体特征对环境和各种信息所表现出来的持续反应。品质与动机可以预测个人在长期无人监督下的工作状态。

  动机：是真正能够导致和决定个人行动内在的自然而持续的想法和偏好。

动机是否强烈，在一定程度上决定了最后的结果、业绩。

其中知识和技能大部分与工作所要求的直接资质相关，我们能够在比较短的时间使用一定的手段进行测量。可以通过考察资质证书、考试、面谈、简历等具体形式来测量，也可以通过培训、锻炼等办法来提高这些素质。社会角色、自我认知、品质和动机往往很难度量和准确表述，又少与工作内容直接关联。只有其主观能动性变化影响到工作时，这些方面对工作的影响才会体现出来。考察这些方面的东西，每个管理者有自己独特的思维方式和理念，但往往因其偏好而有所局限。管理学界及心理学有一些测量手段，但往往复杂不易采用或效果不够准确。

胜任能力定义为：在一个特定的组织中，促使工作成员能够胜任本岗位工作并且在该岗位上产生优秀工作业绩的知识、技能、能力、特质的总和。胜任能力紧紧围绕各个具体岗位，强调作为主体的工作成员，需要胜任的对象是岗位。

（二）职业培训体系的定位

对青年职员的培训和考核，首先要了解员工的职业生涯管理情况。通常情况下人们对职业生涯管理的观点有以下两种，一种观点是员工希望找一家公司，这家公司有完善的员工职业发展规划，员工能在这家公司不断发展提高。另一种观点是，员工应该自己设定明确的职业目标，在不同的职业发展阶段对自身能力以及环境有充分认识，然后逐步实现自己制定的职业战略。这两种观点，无论是公司为员工规划职业生涯，还是员工为自己规划职业发展，都离不开三个因素，即组织、岗位和员工个人。

要建设世界高级专利审查机构，也离不开上述三个因素。员工规划的职业发展规划一般情况下包括以下三个方面：（1）提供工作岗位；（2）对现有员工的胜任能力评测；（3）培训及发展。而目前青年员工职业生涯管理存在以下三个普遍的问题：（1）职位晋升只有单一的垂直式发展，老审查员经验丰富，但是出路不多，论资排辈现象时常存在；（2）员工的晋升缺乏一套全面、系统的评测、考核、培训制度；（3）提供的职业发展机会与员工的职业发展目标存在一定差距。

职业培训体系的定位要围绕三个因素，并且能够克服三个普遍问题。审查机构的职业培训体系要体现出以下三个特征：

（1）与工作业绩有密切关系，可预测员工未来的工作业绩。工作业绩至少包括审查的数量、效率、质量、对团队目标所作的贡献等，针对业绩的提升，直接选择培训方式、培训内容。

（2）能够区分业绩优秀者和业绩一般者。一般来说，业绩优秀者与业绩一般者在岗位上的表现有很大的区别,通过评测、考核机制区分出优秀者和一般者,根据不同的岗位需求进行培训。

(3) 与岗位任务情景相联系,具有动态性。不同的岗位有不同的岗位职责和能力需求。随着岗位内外部环境的变化,岗位的要求也会发生很大变化,因此胜任岗位工作的知识、技能、能力、特质也会发生变化。可以实行任务导向型培训,满足不同任务的个性需要,增强培训的实用性。

(三) 基于胜任能力模型的多层次培训

胜任能力人才培养的要求是:特定领域的知识、技能、社会角色、自我概念、品质、动机等能够被培养、区分,并加以应用。胜任能力与工作的业绩紧密相关,一位员工的胜任能力高低,最终是要体现在日常的工作当中,最终也是要用业绩考核来衡量的。

基于岗位胜任力模型的培训需坚持"业绩为主"的理念。这一点在北京中心人才培养指南中有很好的体现。指南的中长期目标是:按照北京中心的工作职能,以能力建设为核心,严格科学管理,用事业凝聚人才,用实践造就人才,用机制激励人才,使人才资源满足未来事业发展的需求,培养造就一支政治坚定、作风优良、爱岗敬业、拼搏进取的高素质人才队伍。但是在指南的基础上,还应当注意以下几个方面。首先,提高青年员工培训的科学性。因为以业绩为主导是在岗位胜任力模型基础上的业绩为主导,而在构建岗位胜任力模型时,经过了充分调查来确定审查机构员工的胜任能力构成要素,其具有一定程度的科学性和合理性,可以给审查机构员工提供一个正确的业绩提升向导。其次,增强审查机构员工培训的针对性。让受训的审查机构员工对照岗位胜任力模型,找出自己与岗位胜任力的差距,有目标地进行能力提升,增强主动性和积极性。最后,实现培训方式的转变。采用单纯知识灌输与注重实践相结合,实现"读万卷书"和"行万里路"同步进行,从单纯学习知识到提高知识、技能的转变。

基于岗位胜任力模型的培训需坚持"以人为本"的理念。这是基于胜任能力模型展开培训的核心,要求能够激发青年内心的驱动力,产生青年要求进步的动机,让青年职工主动、积极地参与学习、展开工作,实现职业目标。胜任能力模型包括知识、技能、动机、品质、自我认知、社会角色等因素。业绩优秀者体现出五个重要的胜任能力:相关专业知识、心智成熟度、管理者成熟度、人际能力成熟度、在职成熟度。这五个方面更多地与冰山模型中社会角色、价值观、自我认知、个性品质、动机等因素相关,因此,培训要坚持"以人为本"的理念,除业务培训外,更多关注社会价值、个性品质、内在动力等因素,持之以恒,激发青年审查员加强专业技术素养提高的内生动力。

坚持"以人为本"的理念，首先，要树立正确的专利审查价值观。通过把专利审查价值观教育内容列入审查员培训计划，结合日常管理开展正确的专利审查价值观教育，在部门文化建设中融入专利审查价值观教育，在实践中深化正确的专利审查价值观教育。其次，增强青年审查员对于专利审查对于技术行业发展作用的认识。通过"走出去，请进来"这一类的活动，增进青年审查员与行业间的交流，提高专利审查员对技术行业发展作用的认识，以利于增强青年审查员对审查工作的责任心。最后，加强青年审查员提高专业技术素养的主观能动性，即增强内心驱动力，可以从成就激励、环境激励、发展机会的竞争等几个方面入手，建立激励青年审查员主观能动性的制度，激发青年审查员更主动自觉地自我提升，增强青年审查员专业技术素养的自学能力。

五、小　结

北京中心青年职工人数超过职工总人数的80%，建设世界高级专利审查机构，需要发挥领导机制的作用，激励和引导青年职工全身心地投入到建设中去。专利审查工作是智力密集型劳动，要通过对职工的不断培训来提高和强化岗位胜任能力。在借鉴国外主要知识产权局的培训和评价体系基础上，基于北京中心青年职工的特点，提出基于胜任能力模型的职业培训体系，既要针对审查业绩的提升，也要以人为本，增强内心驱动力，对社会角色、价值观、自我认知、个性品质、动机等因素，进行持之以恒的培训，建立能激发青年职工内在动机的制度，增强职工自我提升岗位胜任能力的意识。

参考文献

[1] 黄勋敬. 赢在胜任力 [M]. 北京：北京邮电大学出版社，2007.
[2] 杰弗里·H. 格林豪斯. 职业生涯管理 [M]. 王伟，译. 北京：清华大学出版社，2006.
[3] 时勘. 基于胜任特征模型的人力资源开发 [J]. 心理科学进展，2006，14（4）：586-595.
[4] 王磊. 基于胜任能力模型的研发人员职业生涯管理研究 [D]. 上海：上海外国语大学工商管理硕士学位论文，2014.
[5] 詹自君. 基于岗位胜任力模型的地税干部能力提升研究 [D]. 湘潭：湘潭大学硕士学位论文，2013.
[6] 王莹. 青年公务员激励机制研究——以陕西省直机关为例 [D]. 西安：西北工业大学硕士学位论文.
[7] 每周知识产权舆情，2014年第12期，总第342期，2014年3月24日出版.

[8] 鄢来艳. 我局青年审查员专业技术素养提升途径研究 [R]. 国家知识产权局学术委员会研究报告, 2012.
[9] 高康. 专利审查员资格评价体系的研究 [R]. 国家知识产权局学术委员会研究报告, 2012.

浅谈国际型审查人才培养的几点建议

尹 玮

摘 要：本文在介绍目前国家知识产权局、中心国际型审查人才培养现状的基础上，从国际型审查人才的选拔背景和实际意义出发，分析了国际型审查人才的价值。同时结合中心具体情况，从组织机构、培训机制、合作渠道、国际交流等多方面，提出了中心国际型审查人才培养可能借鉴的改进措施建议。

关键词：国际型审查人才 价值分析 培训机制 合作渠道 远程平台

引 言

随着经济全球化和知识产权事业的不断发展，世界各大专利审查机构之间的合作已呈现出沟通频繁、合作紧密的态势。而培养出大批在国内外具有竞争能力的人才，来确保自身在经济全球化的大潮中取得主动，已成为各国专利审查机构人才培养的重要战略目标。

2012年5月25日，国家知识产权局国际审查人才培养项目启动会在北京召开，拟在通过培养国际型审查人才，使其在未来的国际合作、制度建设和审查业务发展中发挥重要作用，促进国家知识产权局专利审查事业能力建设。[1] 至此国际型审查人才的概念开始被普通审查员所熟知。

2013年，国家知识产权局专利局专利审查协作北京中心（以下简称"中

---

[1] 杨铁军出席国际审查人才培养项目启动会并讲话［EB/OL］. http://www.sipo.gov.cn/yw/2012/201206/t20120601-7136.html.

心")开展了中心国际型审查人才培养对象的选拔和培养工作。笔者有幸被选中成为其中一员。一年多来，在中心的系统培训下，笔者不断加深对国际型审查人才的认识和思考。本文将结合笔者自身经历，对国际型审查人才的价值进行分析，并提出中心国际型审查人才培养可能借鉴的几点建议。

一、国际型审查人才的价值分析

什么样的人才方能称之为国际型审查人才？目前似乎并没有一个官方的标准答案。而国家知识产权局和中心对国际型审查人才培养对象的选拔标准，则包括德才兼备、审查能力突出、较好的语言水平等诸多要求。而从国际型审查人才的选拔背景和实际意义出发，对其价值进行分析后，笔者认为，国际型审查人才应该"具备三种素质，发挥三项作用"。

（一）具备国际化的战略视野，发挥探索者的作用

国际型审查人才首先应该具备国际化的战略视野。而视野的提升，往往需要经历三个阶段：第一阶段，"不知道我们不知道"，体现的是一种井底之蛙无知无畏的思想；第二阶段，"知道我们不知道"，体现的是面对万千气象未知世界的探索精神；第三阶段，"知道我们应该知道"，是一种腹有良策沉着应对的雍容大气。视野的拓展，就是这样一个持续发展的过程。视野同时也是一种能力，视野拓展的过程就是能力提升的过程。

中心的发展不是孤立的行为。中心作为一个小系统，它是依靠或者融入在国家知识产权局的发展系统之中的。当全局处于不同发展阶段或不同发展定位时，中心也必然会催生出与全局发展战略相一致的发展战略。因此对于国际型审查人才来说，当下最需要提高的就是国际化的战略视野，站在全局而不是局部的视角去看问题、解决问题，同时充分发挥探索者的积极作用，追求立足于国际化的舞台与世界共舞。

（二）具备综合性的知识结构，发挥智囊团的作用

知识产权是一门综合性的学科，这种综合性决定了国际型审查人才的专业素质应当是具有多门学科知识融合交叉的知识结构，即文理交叉、科技与法律并举，并兼有国际贸易、情报、外语等方面的知识，如包括早期的法律、相关成果，当前各种专利、商标的申请，知识产权纠纷处理，该领域的贸易谈判等。❶

因此，作为国际型审查人才，应该具备综合性的知识结构，按照学习—熟悉—掌握的步骤，积极学习美、日、欧、韩四局专利制度，不断熟悉国际专利

---

❶ 王文佐，等. 企业知识产权人才的知识结构探析［J］. 市场论坛，2006（3）：204-205.

审查制度和法律实践，通晓掌握四局审查业务规则及审查实践。同时还应具备随着社会经济的发展不断更新的能力，做到与时俱进，例如，对于当前进入的网络社会，应借助互联网获取专利查询、申请、审查等知识产权相关工作的知识。

正如杨铁军副局长在国家知识产权局国际审查人才培养项目启动会上所说的："使他们早日成为国家知识产权局审查业务建设的智囊"，培养国际型审查人才，就是建设一支专家智囊队伍，为中心建设世界高级审查机构出谋划策，开疆辟土。

（三）具备大局观的责任意识，发挥先锋队的作用

国际型审查人才的设立初衷，是在全球化浪潮日趋扩大的国际环境下，通过人才来在日益激烈的国际竞争中占据主动。因此国际型审查人才的价值中应该有体现服务中心、服务强局、服务社会、服务国家的大局责任意识。

对内，国际型审查人才应敢为人先，服务中心。如承担起 PPH、PCT、GCC 等国际审查工作，保证对外审查质量；处理审限、疑难案件、积压案件等工作，起到模范带头作用；帮助同事进行外文翻译、外文解读等，充分发挥自身优势等。

对外，国际型审查人才应勇挑重担，服务社会。2014 年 7 月 10 日，世界知识产权组织中国办事处在北京启用。这意味着中国将在世界知识产权制度的完善、世界知识产权事业的发展中作出更大的贡献。这也意味着国际型审查人才作为中国走向世界舞台的先锋队，必将迎接来更多、更重要的挑战。

承担更多责任，方能发挥更大作用。国际型审查人才在中心建立世界高级审查机构的道路中，必将充当先锋队的作用，挥洒热情，积极贡献。

二、国际型审查人才培养的措施建议

国际型审查人才的培养是一个长期的、系统的、阶段的过程。目前中心已经积累了很多先进且行之有效的经验，让人获益匪浅。作为一名中心国际型审查人才培养对象（以下简称"培养对象"），在这里笔者仅结合自身体会，提出中心可能借鉴以进一步改进和完善现有措施的建议。

（一）完善组织机构，实行分组管理

2012 年国家知识产权局确定 28 名优秀审查员作为首批国际审查人才培养对象，为方便管理同时有效开展工作，将上述培养对象分为了 5 个组：美国组、日本组、欧洲组、韩国组、WIPO 组。笔者认为，上述分组十分必要。

笔者作为中心小语种（韩语）国际型审查人才培养对象，日常工作中总有很多同事来咨询韩文文献的问题，让笔者觉得责任重大。笔者虽然具有一定的

韩语基础,但对和专利审查、科技相关的词汇和语法表达并不十分熟悉。因此笔者特别希望能够有机会和其他的小语种培养对象多多交流,看如何进一步提高自身水平,同时探讨如何针对小语种专利文献的特点实现高效检索等。但遗憾的是,始终未能有这样的机会和平台。

为此建议中心可以进一步完善组织机构,针对培养对象的特色,进行适当分组。这样一方面能够将培养对象进行有效管理,增强其归属感;另一方面能够实现针对性管理,搭建交流合作的平台,便于审查员之间的相互学习。同时根据其国际化的特性,开设专门的外语培训班,如2014年中心外语班中就有单独的"骨干人才班";如果也可以根据不同的语种开设"国际型审查人才培养对象班",必将能够提高培养对象在实际工作中对外语的把握和运用能力。

(二)深化培训机制,建立评价体系

近一年来,中心开设了很多国际性的讲座,对培养对象进行培训,例如举办国际知识产权律师联合会与中心审查员交流研讨活动、美国马歇尔法学院教授关于"商业秘密"的讲座、美国霍德曼法官关于"美国联邦地方法院专利诉讼"的讲座等。这些讲座都非常实用、国际化,听过之后让人回味无穷。例如,笔者在听完商业秘密的讲座后,就非常有想法想和大家在一起讨论,想写篇文章等,但没有交流对象,也就不了了之了。讲座培训的深层次效应没有得到挖掘。

建议中心在继续推进现有培训模式的基础上,继续深化培训机制,例如,引入评价体系,对每个讲座的培训效果进行验证,鼓励、引导培养对象对培训内容进行总结、分享;充分发挥培养对象的语言优势,开设相关课题,提升培养对象的研究能力。通过评价体系,对培训效果进行检验,同时对培养对象的能力提升进行追踪,以便于后续考核和评价。

(三)拓宽合作渠道,创新培养方式

鉴于国际化审查人才的国际化战略视野的要求,仅在中心内部的讲座培训,或许已经不能满足培养对象的培训需求,因此拓宽合作渠道,让培养对象接受一些其他的培训方式,也成为中心现阶段可以探索的一条新路径。

首先,高校教育资源的性质决定了知识共享的可能性,中心和高校之间可通过交流合作来实现人才的联合培养,发挥各自教育优势,共同塑造国际型审查人才。举例来说,作为国家知识产权培训基地,同济大学知识产权学院通过组织开展一系列以"知识产权"为主题的人才培养和培训工作,为国家、社会培养了大批应用复合型知识产权专业人才和高层次知识产权战略专家及领军人才,其中就包括拓展国际业务而创办的3期全英文的"国外专利审查员业务培训班"和1期"中意知识产权高层次培训班"。同时鉴于知识产权学科国际化特征明显，学院与世界多所知名大学和研究所建立了长期合作关系，还与俄罗斯国家知识产权研究院、美国专利商标局等建立联合培养硕士、博士机制。

其次，让培养对象到国家和地方的知识产权行政管理部门、合作企业内进行短期工作，也是锻炼能力的好方式。相对于高校和审查机构来说，在那里培养对象能够接触到更多的实务工作，有便利的实践场所，可以全面提高工作水平。

再次，社会中还有一些知识产权协会、研究会通过国际交流的形式，邀请国际上知名的知识产权机构或精英开展各种形式的讲座以及培训班，深受学员的欢迎，取得了良好的社会效果。如果条件允许，中心也可以让培养对象参与其中。

（四）搭建远程平台，促进国际交流

既然称之为国际型审查人才培养对象，很显然就需要更多的国际交流的机会，来提高国际交往能力和国际知识结构。目前中心每年都有出国培训的名额，但由于人数众多，往往僧多粥少，无法满足众多培养对象的需求。

2014年，国家知识产权局局长申长雨在全国知识产权局局长会议上的工作报告中提到："要大力开展知识产权网络课堂课程和远程教育"。建议中心可以在此基础上，创新国际交流的模式，不局限于出国，而是充分运用网络资源，搭建远程平台。例如，让出国归来的审查员在中心开设小班课程，通过网络平台对培养对象进行二次传授；或者通过远程教育方式，接受国外专利局的远程培训。澳大利亚知识产权局就专门面向国外专利审查员开展远程教育培训，该项目为区域专利审查培训项目（RPET），是以该国专利制度为标准，通过远程教育手段向培训对象提供专利审查培训，来自印度尼西亚、马来西亚、菲律宾、肯尼亚、非洲地区工业产权组织的审查员作为第一批学员参加，并由该国的资深审查员提供一对一的在线辅导。培训结束后，将依照《专利合作条约》的标准对培训对象进行在线考核。互联网时代，中心可以挖掘出更多的网络资源，让培养对象足不出户，就能享受到全球化的信息咨询。

三、结　语

2014年新年伊始，申长雨局长在发表新年献词中提到："我们要让人才挥洒正能量"，"让知识产权人才成为推动经济社会发展的强大力量"。国际型审查人才是知识产权全球化事业发展的重要力量。重视国际型审查人才的培养，努力让他们成为探索者、智囊团、先锋队，将在中心创建世界高级专利审查机构的道路中，发挥积极的推动作用。

审查实务研究

发明初审工作强化法律思维的思考

朱 骥 曲 燕 张清涛

摘 要：从法律思维对发明初步审查工作的重要性出发，结合实际工作探讨初步审查中需要运用法律思维的审查理念、体现法律思维的审查策略及培养法律思维的建议。

关键词：发明初审工作 法律思维 审查理念 审查策略

增强法律思维是审查能力建设的重点。与发明专利申请的实质审查工作相比，发明专利申请的初步审查工作（以下简称"发明初审"或"初审"）具有案件数量大、审查项目多但审查规则有限等特点，需要审查员具有良好的运用法律思维的能力，以解决初审中遇到的各类复杂的法律问题。

本文将研究发明初审工作需要的运用法律思维的审查理念和强化法律思维提升审查质量的路径，为培养审查员的法律思维，充分保障发明的公布质量进行有益的探索。

一、初审工作强化法律思维的重要性

（一）解决规则有限性与问题多样性之间的矛盾

随着我国专利申请量的持续快速增长，自2013年以来，初审审查员人均每年审查的国内申请的案件数量在9000件以上。而据不完全统计，发明初审相关审查点在200项左右。此外，不同申请人对于《专利法》的理解不同，提交的申请文件水平不一。

在审查实践中经常遇到各种各样繁杂琐碎的问题，但现有审查规则是比较有限的，难以对每一个问题都给出明确的规定。那么，法律思维作为一种思维方式，指导审查员在审查中按照法律的逻辑来思考、分析和解决问题，可以有效解决审查规则的有限性与不断出现的新问题之间的矛盾。

（二）有助于审查员作出客观公正的审查意见

从近年来不断涌现的敏感问题及低质量案件，以及越来越多的涉及《专利法实施细则》（以下简称"细则"）第40条重新确定申请日的案件处理过程中，反映出审查员对法条的理解和运用能力，尤其是对不同法条的整体把握能力有待提高。比如，针对细则第40条的适用，在实际审查中至少遇到8类补交附图的相关情形❶，不同情形下是否能适用细则第40条？如何适用该法条？这些是我们需要深入思考的。而加强法律思维的培养，有助于审查员深入理解相关法条的立法初衷，提高对相关问题的敏感度，把握审查实质，有助于提出客观公正的审查意见。

（三）提升对专利创新主体的审查服务水平

经初步审查合格的发明专利申请是以《专利公报》的形式予以公布的。《专利公报》是社会公众及时、准确地掌握相关领域专利动态的重要资料，是专利申请人、专利权人了解自己专利的法律状态和处理专利相关事务的有力工具，也是后流程实审的审查基础。

在发明初审中更好地运用法律思维，正确对案件进行处理，可以提高审查质量，保障出版公布质量，促进审查工作服务创新主体及后流程审查，实现鼓励发明创造的立法宗旨。

二、运用法律思维的审查理念

法律思维蕴含了规则性、程序性、平衡性、基准性等一般属性，同时，又因为应用领域的不同而具有一些特殊属性。对于发明初审工作而言，根据自身特点需要重点加强以下6种运用法律思维的审查理念。

（一）理解立法本意，把握政策导向

如前所述，发明初审工作具有审查项多、问题多样但审查规则有限的特点。因此，对于法条的理解站在立法本意的高度，正确理解法条的立法初衷，把握好《专利法》促进科学技术进步和经济社会发展的政策导向，才能保证高质量的审查。

---

❶ 涉及补交附图的不同情形包括：①原始说明书附图为错误提交，申请人提交替换的附图；②电子申请文件类型提交错误，说明书附图作为摘要附图提交，申请人请求更正；③同时存在特殊情形（如同日申请、要求优先权或宽限期）时的附图补交；④原始提交的两个或多个附图相同，申请人提交新的附图来替换重复的附图；⑤申请人补交的附图可以从原申请文件中直接、毫无疑义地确定；⑥说明书仅提及附图字样时，申请人补交新的附图；⑦附图显示异常、含有不可识别字符或不清晰，申请人提交克服该缺陷的附图，但超出原申请文件记载的范围；⑧申请人主动提交说明书未提及的附图等。

比如，针对专利代理公司是否具备申请人资格的问题，在《专利法》及细则中都未有针对性的规定。由于专利代理公司是接受申请人的委托，在委托权限范围内，以委托人的名义办理专利事务的服务机构，其不应当作为专利申请人申请专利或者通过转让以及其他方式获得专利权。因此，从《专利法》立法本意的角度，为保障专利权人的合法权益，有必要规范专利代理行业的执业行为，应当质疑专利代理公司的申请人资格问题。

（二）树立依法理念，严格依法行政

专利审查属于行政执法，必须树立依法审查的理念。发明初审涉及的审查项较多，相关法条近 50 个。在审查过程中，当遇到的问题有明确的相关规定时，则应当依据相关规定处理并在审查意见中正确引用相关法条。若遇到的问题没有直接可引用的条款时，则应当综合分析法律和事实，按照法律的逻辑进行推理，从上位条款中找到可依据的相关规定，并在审查中合理适用。

比如，针对说明书中记载的不宜公开的敏感信息，例如描述我国台湾地区某机构为"中央"或"国立"机构，可以从涉及说明书的相关规定中寻找法律依据。细则第 17 条第 3 款规定了"说明书应当用词规范"。其中的"规范"除了可以理解为"语言规范"外，还可以包括"法律规范"，即用词应当符合法律法规的要求，不得含有法律、行政法规和国家规定禁止的内容，因此，可以指出说明书中记载的文字涉及国家主权，违反国家相关规定，属于用词不规范的情形，不符合细则第 17 条第 3 款的规定。

（三）全面细致审查，客观平和处理

发明初审的审查范围不仅包括申请文件的形式审查和明显实质性缺陷的审查，还包括手续类文件和费用的审查等。总的审查原则是高效率、高质量。这就要求审查中要全面细致地发现申请中存在的所有问题而无半点遗漏，同时给出的审查意见要有缜密的逻辑。客观公正是审查的第一要素。对待每一个案件，无论其撰写质量的高低，与当事人沟通是否顺畅，审查过程中都要有一种平和的心态，理智客观、审慎平静地来对待，以保证审查过程和结果的客观公正。

比如，一些申请人对《专利法》相关规定不甚了解，专利申请文件中存在多处形式缺陷。那么我们也应当在一份补正通知书中尽量指明申请文件中存在的全部缺陷，同时注意行文条理清晰，以便于申请人理解和有针对性地答复，避免多次补正。

（四）加强必要说理，提高沟通质量

与申请人沟通是初审日常工作的重要组成部分。通知书是与申请人沟通的主要渠道。申请人是否能够清楚地理解通知书的本意，对于缩短审查周期、提高审查质量具有重要的作用。因此,通知书中的审查意见既要简明扼要,又要有理有据,避免申请人因不能准确理解通知书的真实含义而无法作出针对性的答复和修改。

在初审阶段,对一些形式缺陷申请人不易察觉,比如,请求书与说明书中的发明名称仅差一个字,附图中仅个别文字不清晰等。那么,在补正通知书的撰写中,应当对存在缺陷的事实尽量描述清楚,例如明确告知申请人请求书与说明书的发明名称相差的字、附图中无法辨识的文字的具体位置等,为不影响申请文件的公布,请申请人予以修改。

(五)积极正向引导,善意诚信对待

发明初审工作中,由于审查案件多,会面对大量的申请人。不同的申请人对《专利法》的掌握程度千差万别,提交的申请文件质量高低不等,沟通能力也不尽相同。审查员需要秉持善意审查和诚信审查的理念,以积极的态度处理每一件案件,确保《专利法》被积极和正确地贯彻执行,提高社会满意度,塑造良好的社会形象。

比如,针对申请文件中存在缺陷的类型不同,审查员需要同时发出补正通知书和办理手续补正通知书。而一些申请人仅对办理手续补正通知书进行了答复,遗漏了对补正通知书的答复。此时,如果审查员能及时提醒申请人补正的期限,可能会避免申请人由于逾期答复而导致的权利丧失。

(六)培养大局意识,增强人文关怀

发明初审中的一些审查项事关申请人的切身利益,比如分案、优先权、宽限期等,一旦处理不好会给申请人带来无法挽回的权利丧失。由于某种原因需要修改申请日(即重新确定申请日),则会影响相关期限的建立、"三性"评判时对比文件的选择、案件法律状态的改变等,甚至会影响专利权是否能够获得。比如,一些涉及细则第40条情形的专利申请同时还要求了优先权,优先权日与原申请日正好相差1年或接近1年。若申请人补交附图,审查员将根据补交附图之日重新确定申请日,那么此时与优先权日相差将超过1年,优先权将不再成立,由此很可能会影响其专利性。因此,在审查过程中,审查员要有大局意识,充分考虑审查结果对申请人及后续审查的影响,做好与申请人的充分沟通,将有可能产生的负面反应提前消除。若申请人由于申请文件的问题而无法获得相应的权利,审查员应当提前告知申请人后续的补救途径,以减少申请人的利益损失。充分考虑申请人的利益,给予恰当的人文关怀,既是对申请人的尊重,也体现了行政执法的人文精神,有利于提升审查服务的质量。

三、体现法律思维的审查策略

强化初审的法律思维,要抓重点,层次分明,在审查过程中把握正确的审查策略,实现以尽可能短的时间完成高质量审查的目标。

第一,厘清申请事实。在审查时首先确认申请文件是否完整,是否存在缺陷;申请人是否具备提出专利申请资格,申请人办理的各种手续是否符合法律要求。

第二,预判审查前景。要判断案件是否存在明显实质性缺陷,是否涉及与申请人利益攸关的审查项。要考虑存在的实质性缺陷是否能够通过修改的方式得以克服。根据对审查前景的预判,确定下一步审查的方案。

第三,制定审查策略。根据申请文件中存在的缺陷类型制定合理的审查策略。对于可以公布的申请文件,应当以申请文本为对象,以事实确认为基础,以充分说理为规范,帮助申请人弄清楚问题本质、正确修改申请文件使其克服形式缺陷,使申请文件尽快符合出版公布的要求。对于存在明显实质性缺陷、不适合初审公布的专利申请,应当重点说明实质性缺陷的本质,帮助申请人理解缺陷不能克服的原因,尽快结束审查程序,也利于申请人尽早重新提交符合公布要求的新申请。

四、培养法律思维的建议

(一)丰富法律知识,提升法律运用能力

法律思维的培养,需要从开展法律知识的培训入手,主要包括培训课程的设置和教学方式的选择两方面。

课程的设置,加强对《专利法》相关法条的立法本意的学习,深入理解法条适用规则;根据初审的特点,增加对民法及相关条例等法律知识和行政规章制度的培训,提高审查员的法律意识。对法条的培训应该从《专利法》的立法本意出发,使审查员对于每一个法条的掌握做到知其然知其所以然,理解法律条款背后的立法目的、不同法律条款之间的关系与差异等,将法律理念内化于心。

教学方式多选用案例教学,从实际的案件处理中体会相关法条的法律精神,引导审查员将理论与实践相结合,提高运用法律思维解决问题的能力。

(二)完善管理制度,实现标准执行一致

法律思维的培养,不仅需要培训和学习,还需要完善的管理机制来提供制度上的保障。

要发挥初审质量保障体系的功能。通过对问题案件的分析讨论,查找未合

理引用相关法条的做法、未灵活运用各种法条的情形,以及审查意见不明确等问题,引导审查员加强法律思维,提高法条运用能力。

要提升初审业务指导体系的作用。对于审查中遇到的重大敏感问题或低质量案件、重要疑难问题及标准执行不一致的问题,要充分发挥集体的力量,集思广益、博采众长。通过相互之间的交流、不同思维方式的碰撞,丰富审查思路,探索合理的解决方案,使标准执行一致在审查前流程中得到贯彻和体现。

要以学术研究提高审查能力。针对审查实践中出现的规则不明确的问题,积极推进学术研究工作,提高对相关问题的理论认识水平,为统一相关问题的审查标准和原则奠定坚实的基础。

(三)梳理业务规则,实现初审标准化、规范化

全面系统地对业务规则进行梳理,分类汇总,形成内容全面、操作性强的审查操作规范;加深审查员对规则的理解,提升在审查中正确运用法条的能力。尤其是对于涉及申请人利益攸关的重点审查项的审查,比如涉及《专利法》第 2 条及第 5 条的不适宜公布的问题、涉及申请日修改的细则第 40 条相关问题等,分析问题所涉及法条的法律依据及其立法本意、审查要点和规则适用条件,并将其固化为重点突出并有典型案例支撑的重点审查项的审查规则。

五、小 结

以上研究了发明初审中需要重点关注的法律思维理念,并提出了相应的工作建议。概言之,在发明初审中要有关注全流程的大局意识,以法律文本为对象,以《专利法》和其实施细则为依据,以把握立法宗旨为前提;要以法律思维为思考习惯,以审慎审查为工作规范,提升审查效率和质量,更好地为专利创新服务,为后流程审查打好基础。

对发明申请初审阶段涉嫌侵犯肖像权的思考

肖彭娣 曲 燕 朱 骥

摘 要：在发明专利申请初审阶段中，经常会遇到申请文件中含有可能涉嫌侵犯他人合法权益的内容，如人物图片等，本文从《民法通则》和《专利法》立法宗旨的角度，针对该类内容是否适宜出版公布，分不同情形进行深入探讨，提出初审阶段针对涉嫌侵犯肖像权的敏感问题的处理原则。

关键词：发明初审 肖像权 敏感 民法通则 专利法

引 言

在发明专利申请的初步审查阶段中，经常会遇到专利申请文件中含有可能涉嫌侵犯他人合法权益的内容，如说明书附图中含有名人漫画、人物图片。审查员看到申请文件中含有这类内容时，第一时间会意识到这类内容不适宜出版公布，进一步会联想到人物图片可能会侵犯肖像权。而肖像权属于《中华人民共和国民法通则》（以下简称《民法通则》）中的民事权利，受法律保护。

针对审查实践中遇到的疑似含有侵犯他人合法权益内容的案件，本文拟以肖像权相关问题为例，联系相关民法规定，探讨此类问题是否侵犯他人合法权益，是否适宜出版公布，从而解决审查实践中遇到的问题。

一、焦点问题及分析

说明书附图中含有的人物肖像，形式不一，有普通人的照片、名人的漫画、明星的照片、政治人物的头像，以及含有贬低内容的肖像等，比如标注有诋毁性词语的某国家领导人的照片、丑化节目主持人的漫画头像等。

审查实践中，对于此类含有人物肖像的说明书附图是否侵犯肖像权，是否适宜出版公布，是否应该发出通知书指出缺陷，审查员的观点莫衷一是。有的审查员认为人物漫画不是人物的真实照片，不属于"肖像"，所以不存在侵犯肖像权的问题；有的审查员认为明星的照片在网络上随处可见，且明星由于出名、走红等利益考虑，更愿意增加曝光度，专利申请文件可以使用明星的肖像；有的审查员认为申请人提交的不管是图片还是文字，都应推定其是获得正当授权的使用，包括著作权和肖像权，发明初审审查员无法事无巨细地核实其文件内容来源的正当性，不应发出通知书等。

对于上述问题，我们不能停留在问题的表面，而是应牢记法律宗旨，准确理解法律原则，正确把握法律标准，从法理本意及初衷出发去解释和运用法律。

肖像权是我国《民法通则》第100条规定的民事权利，针对上述案例，审查员是否应发出通知书指出缺陷，关键在于判断上述说明书附图是否侵犯肖像权，是否违反《民法通则》相关规定。

二、民法相关规定分析

（一）肖像的含义

民法意义上的"肖像"以人的面部特征为主要内容，但又不限于此，只要肖像载体能够呈现个人外部形象，有一定的可识别性即可，不拘泥于肖像呈现的部位、呈现方法、手段或载体。肖像载体可以表现为照片、画像、雕塑、电视、电影、电脑、漫画、纪念金币等。

在陆永兴诉薛仲良肖像权纠纷案❶，叶璇诉安贞医院、交通出版社广告公司肖像权纠纷案❷的法院判决中可以看出，我国司法实务中对于"肖像"的理解与认定，同样也不拘泥于肖像呈现的部位、呈现方法等，关键是肖像载体是否能够反映特定人的外部形象，能引起一般人产生与原形人有关的思想或感情活动的视觉效果，具有可辨识性。

所以，对于前述案例中说明书附图中的名人漫画或经技术处理的人物照片，虽然不是真实的，但是明显能够反映名人的外部形象，具有很强的辨识性，应当属于民法意义上的"肖像"。

---

❶ 一审：江苏省江阴市人民法院（2008）澄民一初字第2131号（2008年11月21日）；二审：江苏省无锡市中级人民法院（2009）锡民终字第0168号（2009年4月2日）。

❷ 一审：北京市东城区人民法院；二审：北京市第二中级人民法院，2003年4月17日审结。载于《最高人民法院公报》2003年第6期，第21—22页。

(二) 民法中肖像权相关法律规定及司法解释

《民法通则》第 100 条规定："公民享有肖像权，未经本人同意，不得以营利为目的使用公民的肖像。"

《最高人民法院关于贯彻执行〈中华人民共和国民法通则〉若干问题的意见（试行）》（法（办）发［1988］6 号）（以下简称《民通意见》）第 139 条规定："以营利为目的，未经公民同意利用其肖像做广告、商标、装饰橱窗等，应当认定为侵犯公民肖像权的行为。"

对于上述规定的理解，在法学理论与实务界都存在很大争议。争议的焦点在于"以营利为目的"是否是侵犯肖像权的构成要件；若不以营利为目的，未经本人同意而使用公民的肖像是否侵犯肖像权。

如果"以营利为目的"不是侵害肖像权的构成要件，而又没有其他违法阻却事由（肖像权的合理使用），那么专利申请文件中擅自使用他人肖像则构成侵害肖像权；如果"以营利为目的"是侵害肖像权的构成要件，那么还需要分析专利申请文件中擅自使用他人肖像是否属于"以营利为目的"。

(三) 侵犯肖像权的判断标准："以营利为目的"是否是侵权要件

1. 理论学说的变迁

我国《民法通则》于 1986 年颁布、1987 年实施。在颁布实施之初，理论和实务界大多按照文义解释，将"营利目的"作为肖像权的侵权要件。这是由于当时正值改革开放初期，人们更关心温饱问题，更关注肖像权的财产权利，而忽视了其精神权利，当时也没有"精神损害赔偿"的概念。后来随着改革开放的成功与社会文明进步，人们的权利意识觉醒，对于人格尊严的精神诉求日益凸显，非以营利为目的的侵害肖像权的行为受到重视，肖像权的精神价值获得普遍赞同。人格利益的首要体现并非财产利益，而是精神利益。以营利为目的才构成侵犯肖像权，则偏离了人格权制度的本质。理论学说逐渐突破传统的文义解释，开始从体系解释、比较法解释等多方面论证"以营利为目的"不应作为侵犯肖像权的构成要件。

目前我国民法理论通说一般认为，"以营利为目的"不是侵犯肖像权的构成要件，主要理由是：①肖像权包括精神利益和财产利益，以营利为目的侧重肖像权财产利益的保护已经不能适应我国社会发展、满足人们对肖像权精神利益的诉求；②《民法通则》第 100 条规定是授权性的法律规范，意在授予公民肖像权，而非规定侵犯肖像权的构成要件；③若以营利目的作为侵权要件，非营利性的侮辱性或其他不当使用他人肖像的行为则无法遏制；④营利目的更适合作为确定侵权赔偿金额的区分标准，而非侵权要件。

2. 最高人民法院的指导性意见

1991年1月26日，最高人民法院作出［1990］民他字第28号《关于上海科技报社和陈贯一与朱虹侵害肖像权上诉案的复函》，认为该案不构成侵害肖像权的原因不是缺乏营利目的要件，而是"上海科技报社、陈贯一未经朱虹同意，在上海科技报载文介绍陈贯一对'重症肌无力症'的治疗经验时，使用了朱虹患病时和治愈后的两幅照片，其目的是为了宣传医疗经验，对社会是有益的，且该行为并未造成严重不良后果，尚构不成侵害肖像权。"该复函同时却强调"在处理时，应向上海科技报社和陈贯一指出，今后未经肖像权人同意，不得再使用其肖像。"

该复函前半段对于不构成侵害肖像权的判断和结尾处"未经同意，不得再使用其肖像"的处理，明显前后矛盾，但却传递出一个重要的司法理念，即营利目的并非侵害肖像权的构成要件，侵害肖像权的违法阻却事由似乎应从公共利益、社会利益的角度进行综合考虑。

后来最高人民法院的观点越来越明确，在1998年最高人民法院召开的华北五省（区市）审理侵害著作权、名誉权、肖像权、姓名权案件工作座谈会上，明确了以营利为目的并非侵权要件，擅自使用他人肖像，不论是否营利，均可认定为侵害了他人的肖像权。

3. 我国司法实务现状

有学者收集整理了我国108例肖像权侵权纠纷案件，并选取了24个典型案例❶进行分析，司法实务中"以营利为目的"是否是侵权要件存在很大分歧，

---

❶ 《最高人民法院公报》3例：（1）"叶璇与首都医科大学附属北京安贞医院、人民交通出版社、北京城市联合广告艺术有限公司肖像权纠纷案"（叶璇案），2003年4月17日审结。2003年第6期，第21—22页。（2）"李海峰、高平、刘磊等与六安市公安局叶集改革发展试验区分局、安徽电视台、叶集改革发展试验区叶集实验学校肖像权纠纷案"（李海峰案），2007年第2期，第33—38页。（3）"卓小红与孙德西、重庆市乳品公司肖像权纠纷案"（卓小红案），1987年第1期，第23页。
《人民法院案例选》4例：（1）"张柏芝与梧州远东美容保健用品有限公司肖像权纠纷案"（张柏芝案），最高人民法院中国应用法学研究所编：《人民法院案例选》2006年第4辑，人民法院出版社。（2）"任莹与周志丽、文化艺术报社、柏雨果肖像权纠纷案"（任莹案），前引版本2000年第1辑。（3）"缪燕与徐芒耀、辽宁美术出版社肖像权纠纷案"（缪燕案），前引版本2004年民事专辑。（4）"贝贝与陕西三资企业专修学院肖像权纠纷案"（贝贝案），前引版本2002年第3辑。
《人民法院审判案例要览》17例：（1）陈立中案，北京市海淀区人民法院（1996）海民初字第2498号民事判决书。（2）长沙市威威婴儿用品厂案，湖南省长沙市东区人民法院（1994）东民初字第93号民事判决书。（3）阿衣木汗·阿卜拉案，新疆维吾尔自治区吐鲁番市人民法院（1995）吐市法民初字第3号民事判决书，新疆维吾尔自治区吐鲁番地区中级人民法院（1996）吐地法民终字第39号民事判决书。（4）陈雯瑜案，上海市静安区人民法院（1997）静民初字第1696号民事判决书。（5）韩留贵

其中,"以营利为目的"作为认定肖像权侵权责任构成要件的案件 12 个❶,明确表示是否具有营利目的不影响肖像权侵权责任认定的案件 9 个❷,以其他原因认为不构成侵犯肖像权的案例 3 个❸。

可见,司法审判实务中,并不是所有法院都局限于《民法通则》第 100 条及《民通意见》第 139 条的文义解释,已经有法官开始接受理论学说的观点,逐渐抛弃"以营利为目的"的要求审判案件。

在陆永兴诉薛仲良肖像权纠纷案❹中,二审法院在判决书中指出"薛仲良上诉认为,其只有以营利为目的,擅自使用大众可认知是陆永兴肖像的照片,才构成肖像侵权的意见,是对法律的片面理解,不予采信。"该案件的二审主审法官在案件评析中指出"我们在审理肖像权案件时不应拘泥于《民法通则》第 100 条之规定,只要未经本人同意,无阻却违法事由擅自使用他人肖像,无论营利与否,均可认定为肖像权侵权。"在南方都市报与刘艳肖像权、名誉权、

(接上注)

案,云南省昆明市中级人民法院(2002)昆民三终字第 535 号民事判决书。(6)臧天朔案,北京市第二中级人民法院(2002)二中民终字第 397 号民事判决书。(7)杜久案,黑龙江省哈尔滨市南岗区人民法院(1994)南民字第 2261 号民事判决书,黑龙江省哈尔滨市中级人民法院(1995)哈民二终字第 67 号民事判决书。(8)贾桂花案,北京市海淀区人民法院(1993)海民初字第 3991 号民事判决书,北京市第一中级人民法院(1995)中民终字第 797 号民事判决书。(9)莫少聪案,福建省泉州市中级人民法院(2005)泉民终字第 1178 号民事判决书。(10)刘德华案,上海市中级人民法院(1993)沪中民初字第 73 号民事判决书。(11)蓝天野案,北京市东城区人民法院(2002)东民初字第 6226 号民事判决书。(12)乔义平案,陕西省榆林地区中级人民法院(1995)榆民初字第 15 号民事判决书,陕西省高级人民法院(1996)陕民终字第 40 号民事判决书。(13)中国石油天然气管道局石油管道报社案,河北省廊坊市中级人民法院(1999)廊民终字第 168 号民事判决书。(14)卓玛案,内蒙古自治区呼和浩特市回民区人民法院(1994)回民初字第 527 号民事判决书。(15)杨顺英案,云南省昆明市中级人民法院(2001)昆民初字第 29 号民事判决书。(16)吴穗湘案,广东省广州市白云区人民法院(2000)云法民初字第 1470 号民事判决书。(17)王金荣案,北京市崇文区人民法院(1999)崇民初字第 1189 号民事判决书。

❶ (1)1987 年,卓小红案;(2)2000 年,贝贝案;(3)1993 年,刘德华案;(4)1994 年,杜久案;(5)1994 年,长沙市威威婴儿用品厂案;(6)1995 年,乔义平案;(7)1997 年,陈雯瑜案;(8)2002 年,臧天朔案;(9)2002 年,蓝天野案;(10)2003 年,缪燕案;(11)2005 年,莫少聪案;(12)2006 年,李海峰案。

❷ (1)1993 年,贾桂花案;(2)1996 年,陈立中案;(3)1998 年,任莹案;(4)1999 年,王金荣案;(5)1999 年,中国石油天然气管道局石油管道报社案;(6)2000 年,吴穗湘案;(7)2001 年,杨顺英案;(8)2006 年,张柏芝案;(9)2002 年,韩留贵案。

❸ (1)1994 年,卓玛案;(2)1996 年,阿衣木汗·阿不拉案;(3)2003 年,叶璇案。此三个案例均是因为无法认定侵犯的是原告的肖像而不认为构成侵权。

❹ 一审:(2008)江苏省江阴市人民法院澄民一初字第 2131 号(2008 年 11 月 21 日);二审:(2009)江苏省无锡市中级人民法院锡民终字第 0168 号(2009 年 4 月 2 日)。

隐私权纠纷案❶中，一审法院指出"侵犯肖像权责任的构成并不以营利为必须要件"。二审法院也持相同观点，认为《民法通则》第100条规定"在'民事权利'一章中，是一条授权性规范。它规定的并不是侵害肖像权的责任构成，应当是民事主体的权利……'以营利为目的'不是侵犯肖像权的必要要件"。

可见，目前我国理论学说、最高人民法院的指导性意见以及部分司法审判实务，都不再局限于《民法通则》第100条及《民通意见》第139条侵犯肖像权要求"营利目的"的文义解释，认为"以营利为目的"不是侵害肖像权的构成要件。但不是说，所有未经本人同意使用公民肖像的行为都侵犯肖像权，我国民法理论及审判实务中还存在肖像权合理使用情形。

4. 肖像权合理使用的情形

肖像权并不是绝对的、不受限制的权利，民事权利不仅要体现个人意志和利益，也要体现社会公共利益的要求，所以在某些情况下，为了维护公共利益的需要，也会对肖像权进行限制。为公共利益适当限制私权，是法律获得正当性的重要途径。2002年《中华人民共和国民法（草案）》第四编第四章第18条即规定："未经许可，他人不得公开使用自然人的肖像，法律另有规定的除外。"后半段"法律另有规定的除外"则是肖像权让位于公共利益的肖像权合理使用的空间。

德国、日本、意大利等国已通过立法及判例形成了比较完善的肖像权合理使用制度，主要有公众人物、司法及公共安全、新闻自由、科研、文化和教育的利益等，在这些涉及公共利益的情形，使用他人肖像不必经过肖像权人的同意。

我国并没有明确规定肖像权合理使用的法律条文，但是我国法学理论及司法实务对肖像权的合理使用已有了一定的共识。我国学者纷纷指出肖像权可以合理使用，但其目的必须是为了国家和社会公共利益或者肖像权主体本人的利益。归纳起来主要有以下情形：

①司法及公共安全，如为追捕逃犯而使用逃犯的照片，交通安全部门对正在行驶的机动车司机的录像监控，银行大厅的录像监控等；

②新闻自由，媒体对时事新闻、娱乐新闻进行报道使用人物肖像，是媒体在行使其正常的社会舆论监督功能，同时也是出于保障公民知情权和满足公众兴趣的需要；

③科研、教育、文化等社会公益事业中使用公民肖像，如历史教科书中有关历史人物的照片，对先进人物照片进行展览，对公民实施不文明行为进行拍

---

❶ 广东省中山市中级人民法院（2005）中中法民一终字第1003号民事判决书。

摄等；

④为公民本人利益的需要，如为刊登寻人启事而使用的照片，为合法使用。

值得注意的是，对于公众人物肖像的合理使用，我国学者并未将其单独列出，而是作为新闻自由的一种情形。"公众人物出席某些场所尤其是公众场所时，如果确实是出于舆论监督或满足公众兴趣的需要等，即使没有取得公众人物的同意而公开其肖像也是合法的。必要地刊载公众人物的肖像也是大众传播媒介应尽的社会责任，因此大众传播媒介使用公众人物的肖像时，即使未征得本人同意，也不构成对本人肖像权的侵害，例如陈铎、李振盛诉中远威药业有限公司侵犯肖像权纠纷案。"❶ 但是媒体进行新闻报道使用公众人物的肖像，也必须是出于维护社会公共利益、进行舆论监督、满足公民知情权及公众兴趣的需要，而非毫无限制地使用。在臧天朔诉北京网蛙数字音乐技术有限公司等侵害其名誉权、人格权、肖像权纠纷案（以下简称"臧天朔案"）中，虽然臧天朔是公众人物，但北京市朝阳区人民法院认为公众人物的合法权益同样受到保护；虽然被告使用的是臧天朔公开演出的照片，但其"评丑"活动不是对臧天朔的社会活动进行报道或评论，也就不符合新闻自由合理使用肖像的标准。被告使用已经公开的照片不能作为肖像权侵权的抗辩理由。所以，有的审查员主张的明星的肖像可以随意使用的观点不能成立，关键还是看说明书附图中使用人物肖像是否属于合理使用的情形。

三、公布专利申请文件的法律性质

（一）是否为合理使用

依据前文讨论，现在我国法学理论界及部分司法实务已经突破"营利目的"的限制，认为营利目的不是肖像权侵权的构成要件。认定侵害肖像权，只需要考虑以下三点：一是未经本人同意；二是有使用肖像的行为；三是不属于肖像权合理使用的情形。前两点都属于事实行为，比较好判断。关键是第三点，申请人提交含有名人漫画、人物图片的说明书附图是否属于肖像权合理使用的情形。

从设置肖像权合理使用的制度初衷考虑，不管是各国立法及判例，还是我国学者的观点，都将"公共利益"作为肖像权合理使用的首要因素。无论司法及公共安全、新闻自由还是科研、教育和文化事业等，都必须是为了维护社会公共利益，才允许对公民肖像权进行限制，在一定程度上合理使用公民肖像，

---

❶ 王利明. 公众人物人格权的限制和保护 [J]. 中州学刊，2005 (2).

而不必经过肖像权人的同意。

为了清楚明确地说明技术内容，申请人有时需要使用人物图片或照片。无论是从鼓励科技创新的角度，还是从专利文件公开促进技术知识传播的角度，都符合肖像权合理使用制度的基本要求，应当允许上述专利申请合理使用公民肖像。但应注意的是，说明书附图中引用的人物肖像，必须是善意的、合理的使用，如果刻意歪曲或丑化肖像权人的形象，则不属于肖像权的合理使用。

（二）是否是"以营利为目的"

首先，专利制度通过公开专利申请信息以促进技术知识的传播，公布专利申请文件是履行社会责任的体现，非但不是以营利为目的，而且还是为了促进技术知识传播，以社会公共利益为目的的行为。

其次，申请人提交专利申请文件，是为了满足专利制度"公开换保护"的要求，也不是以营利为目的行为。专利申请文件仅仅是专利技术的书面载体，其核心价值和意义在于清楚明确地记载技术内容，作为国家知识产权局进行专利审查进而获得授权的文本依据。专利申请文件中含有的人物肖像，并不具有广告性质，即使说明书附图中含有明星的漫画或照片，也不会使社会公众认为明星在为其专利产品代言或做广告。专利申请文件中的人物肖像只是辅助其更加清楚地描述和阐明技术内容，不具有营利目的。

所以，提交及公布含有涉及肖像权内容的专利申请文件均不是以营利为目的的行为。即使肖像权人向那些坚持以营利为目的作为肖像权侵权要件的法院提起诉讼，国家知识产权局也有充分的抗辩理由，因不具有营利目的，所以不构成侵犯肖像权，不承担侵权责任。

四、实现立法宗旨的规则适用

综上所述，民法意义上的肖像不拘泥于肖像呈现的部位（脸部）、呈现方法等，关键是肖像载体是否能够反映特定人的外部形象，具有可辨识性。所以说明书附图中的名人漫画，或者经过技术处理后的人物图像，只要其能够反映特定人的外部形象，具有可辨识性，则属于民法意义上的"肖像"。

目前我国理论学说及部分司法实务已经突破了《民法通则》第 100 条和《民通意见》第 139 条的文义解释，认为"以营利为目的"不是侵犯肖像权的构成要件。但不意味着肖像权完全不受限制，无论是外国成文法、判例法，还是我国法学界及司法实务都已经承认肖像权存在合理使用的空间。但肖像权合理使用的前提，必须是为了维护公共利益或肖像权人的利益，才可以不经肖像权人同意而使用。

公布专利申请文件是专利法赋予的社会责任，专利公开是为了促进技术知识的快速传播，为了社会公共利益。申请人进行发明创造、技术创新，有利于科学技术进步和社会发展，申请人为了满足专利制度"公开换保护"的要求，提交专利申请文件并将其公开，也是为了社会公共利益，促进技术传播。所以专利申请文件中含有人物肖像，满足肖像权合理使用制度"公共利益"的基本要求，属于肖像权合理使用的情形。

审查实践中，针对说明书附图中含有人物肖像的专利申请，发明初审审查员在审查过程中只需要审查对人物肖像的使用情况。若属于善意、合理的使用，则在不存在其他缺陷的情形下可以直接发出初审合格通知书；若是贬低、歪曲或丑化肖像权人形象的使用，则不再属于肖像权合理使用的情形，审查员应保持警惕，避免此类附图进入出版公布程序，及时发出补正通知书要求申请人删除或作适当处理，避免案件公布后造成不良社会影响。

涉及计算机程序的实用新型保护客体审查实践研究

石贤敏　范　瑾

摘　要：本文通过对涉及计算机程序的实用新型保护客体问题的相关法规进行解析，分析其立法本意及审查原则，并针对软硬结合型改进、是否属于功能性限定这些难点，结合典型案例进行分析，提出四个适于审查实践的判断原则，作为实用新型客体判断立法本意的诠释和进一步明确，以解决当前审查实践所遇到的困惑和疑难。

关键词：实用新型　保护客体　计算机程序　软硬结合　功能性限定

引　言

我国《专利法》中明确规定实用新型仅保护产品，而众所周知的，计算机程序属于方法的范畴，在审查实践中，如果方案本身仅包含对计算机程序的改进而不包含对硬件的改进，则其必然不属于实用新型保护客体较为明确。但在电子化、信息化技术广泛应用的今天，用计算机程序实现的产品几乎遍布全部技术领域；即使在传统机械领域内，今天的技术也常常必须利用计算机程序来实现对机械部件的控制，软硬件相互配合，紧密结合，难以剥离。并且，申请人常常争辩其涉及软件描述的部分属于对硬件的功能性限定，因此在目前的审查实践过程中，判断这一类申请是否属于实用新型的保护客体时往往存在一定的困难和偏差。

一、涉及计算机程序的实用新型保护客体审查的发展历史及现状分析

（一）我国相关法规的历史发展

自我国1984年颁布《专利法》以来，实用新型的定义一直沿用至今，而提及涉及计算机程序的实用新型保护客体相关法规并非由始而创，其间也发生过一些变化。

1989年12月11日，原中国专利局发布第27号公告，以排除法的方式明确规定了不属于实用新型保护客体的内容，其中明确排除了"各种方法，产品的用途；由两台或两台以上的仪器或设备组成的系统，如电话网络系统、数据处理系统等"。这一时期，国内的计算机产业还处于刚起步阶段，实用新型制度还未充分发挥其作用，且在原中国专利局第27号公告中明确排除了多台设备组成的系统，因而在实用新型申请中涉及计算机程序的产品还未引起较大的争议。这一时期在对实用新型的客体进行审查时，根据《审查指南1993》中关于独立权利要求的规定，需判断技术方案的贡献是否存在形状、构造特征，以及这些特征是否体现在权利要求中。

2001年6月25日，原中国专利局发布第77号公告，废止第27号公告。《审查指南2001》中将有关方法的范围中增加了计算机程序，对于独立权利要求中关于特征的限定沿用了《审查指南1993》中的规定，其要点仍然在技术特征体现在形状、构造的贡献上。

在随后的《审查指南2006》和《专利审查指南2010》中，对于有关方法的范围的限定仍沿用《审查指南2001》中的规定，但就权利要求中技术特征表达内容的限定作出了修改。《审查指南2006》中规定："如果权利要求中既包含形状、构造特征，又包含对方法本身提出的技术方案，而不属于实用新型专利保护的客体"，在《专利审查指南2010》中规定："权利要求中可以使用已知方法的名称限定产品的形状、构造，但不得包含方法的步骤、工艺条件等。……如果权利要求中既包含形状、构造特征，又包含对方法本身提出的改进，例如含有对产品制造方法、使用方法或计算机程序进行限定的技术特征，则不属于实用新型专利保护的客体。"

如上所述，在《专利审查指南2010》中，明确规定了采用计算机程序限定的技术特征如果是技术方案对现有技术的贡献所在，则该权利要求保护的技术方案不属于实用新型保护的客体。

（二）现行规定解析

《专利法》第 2 条第 3 款规定："实用新型，是指对产品的形状、构造或者其结合所提出的适于实用的新的技术方案。"这明确了审查的根本宗旨：实用新型仅保护产品。

《专利审查指南 2010》第一部分第二章第 6.1 节中对此作了进一步详细规定：所述产品应当是经过产业方法制造的，有确定形状、构造且占据一定空间的实体。一切方法不属于实用新型专利保护的客体。上述方法包括计算机程序。这对产品和方法作了定义和划界，尤其提出计算机程序属于一种方法的类型。

《专利审查指南 2010》第一部分第二章第 6.1 节中还以"应当注意"的方式规定：权利要求中可以使用已知方法的名称限定产品的形状、构造。这是对权利要求撰写方式的进一步说明，明确可以写入方法特征，从而排除"包含对方法的改进"的情形。即如果权利要求中既包含形状、构造特征，又包含对计算机程序本身提出的改进，则不属于实用新型专利保护的客体。

根据以上指南对《专利法》的解释和进一步的明确规定可以看出，现行的审查标准对于"产品"的把关已经进入了比较实质的阶段，也就是说，并非从撰写形式出发，而是从技术方案的实质进行判断和审查，这无疑给初步审查增加了难度。

二、涉及计算机程序的实用新型保护客体审查难点研究

（一）审查难点分析

从根本上来说，计算机程序属于机器控制语言的抽象和表达，属于方法的一种表现形式。从形式上来讲，计算机程序是否绝对不能出现在实用新型专利申请的权利要求书和说明书中？怎样的撰写和表述方式应该认定为以计算机程序实现的发明？从实质内容上来看，针对软硬结合的申请，当权利要求中出现"中央处理器""CPU""存储器"甚至"软件"等明显应用计算机程序的技术特征时，如何分辨它们是已知方法，还是使得申请涉及了计算机程序的改进？并且，如果权利要求按照《专利审查指南 2010》第二部分第九章要求的撰写形式，审查中比较好辨别，但如果撰写形式与《专利审查指南 2010》第二部分第九章规定的撰写形式不同，辨别的难度就加大了很多。

为了规避对实用新型客体的审查，申请人也常常将其方法特征撰写成产品构件的功能性限定。这种情况下，如何区分这是以计算机程序实现的方法步骤还是功能性限定呢？除了功能性限定，审查实践还经常遇到申请人刻意在权利要求中规避计算机程序，仅仅将硬件构成及其连接写入权利要求，而将改进的计算机程序部分不写入权利要求，这也给审查提出了难题。

鉴于涉及计算机程序的实用新型保护客体审查中存在上述问题和疑惑，本文收集整理了一些典型案例，通过分析提出相应的判定方法，并尝试性地给出一些建议。

（二）典型案例分析及判定方法的提出

1. 软硬结合型改进相关案例分析

在审查实践中，软硬结合的技术方案是电学通信领域存在客体问题较多的一类案件。这类案件既包含硬件的改进、同时配合硬件的改进又依赖程序的改变，二者相互依存、相互渗透，属于客体审查的难点。以下来看一个实例。

【案例1】201220143754.9，移动终端及终端银行业务安全认证系统，复审第65461号

权利要求1：一种移动终端，所述移动终端包括通信部分、显示屏，其特征在于，所述移动终端还包括：IC卡插口槽、IC卡读卡器、SIM卡读卡器、IC卡安全信息验证芯片、数据发射器、数据接收器，以及微控制器。其中，所述的微控制器分别与所述的IC卡读卡器、SIM卡读卡器、IC卡安全信息验证芯片、数据发射器、数据接收器连接；IC卡插口槽，设置于所述移动终端侧面，用于插入银行IC卡；IC卡读卡器，用于读取插入手机的银行IC卡的IC卡安全信息；SIM卡读卡器，用于读取所述手机的SIM卡信息；IC卡安全信息验证芯片，用于对所述的IC卡安全信息进行验证；数据发射器，用于在对所述的IC卡安全信息验证成功后，根据选择的手机银行业务将所述的IC卡安全信息以及SIM卡信息发送至后台；数据接收器，用于接收所述后台发送的与所述手机银行业务相应的安全信息和业务信息，以根据与所述手机银行业务相应的安全信息和业务信息完成所述手机银行业务。（参见图1、图2）

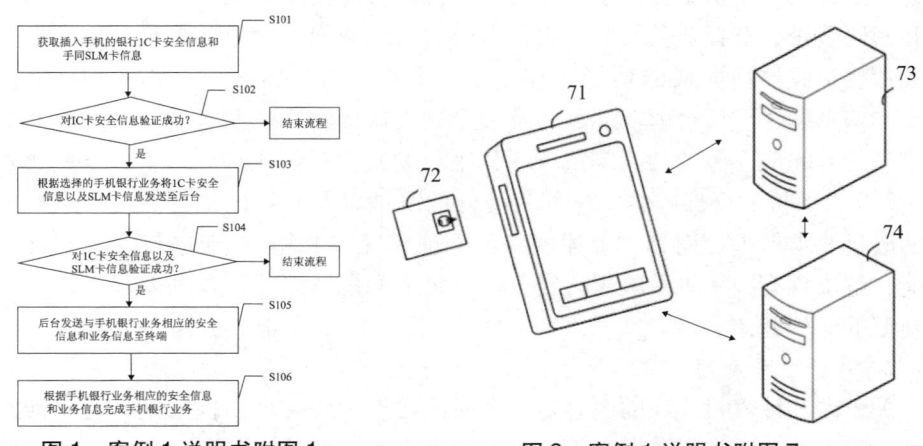

图1　案例1说明书附图1　　　　图2　案例1说明书附图7

对于此案，根据申请人说明书中声称要解决的技术问题——本申请利用在手机终端上开设银行 IC 卡插口槽和 IC 卡读卡器的方案，解决了银行卡不介入安全认证而带来的安全隐患，显然，改进中已经包含了对硬件结构的改进。对于硬件包含了改进的涉及计算机程序的申请，通常都需要软件作出相应的改变。实践中，对这种改变是否是改进存在很大争议。这种改变是否应该算是一种技术的改进和革新呢？笔者对此进行了探讨。由于涉及计算机程序的相关技术发展已经到达了相当成熟的阶段，计算机程序作为广泛运用的一种技术手段，已经覆盖了机电、电学、通信的各个领域，几乎所有的非传统意义纯机械构造的改进中，都会存在计算机程序；同时，对其的运用也越来越普及，编程人员可以使用大量的已知算法非常纯熟地、不需要花费创造性劳动地完成支持各种工业控制的芯片、处理器等等计算机程序载体的设计，在技术人员作出发明创造时，通常已经不需要考虑如何用计算机程来实施其具体实现过程。也就是说，这不是改进点，非技术贡献的实质。在这种技术现状下，绝对地排除计算机程序显然不能被公众接受。具体到本案，本领域中，IC 卡读卡器、SIM 卡读卡器读取 SIM 信息、读取 IC 卡安全信息的功能，分别属于 SIM 卡读卡器和 IC 卡读卡装置的固有的已知并且常规的基本功能；根据银行卡密码校验技术，对于芯片借记卡（带有 IC 芯片的借记卡）来说，使用芯片交易时，持卡人密码不需送至发卡银行查核，而是由芯片金融卡直接进行密码正确性的验证。可见，功能"IC 卡安全信息验证芯片，用于对所述的 IC 卡安全信息进行验证"属于银行卡领域的安全认证技术。至于数据发射器和数据接收器，手机银行业务属于说明书的背景技术提到的现有技术，并提到了通过账号密码进行认证和交易；另外根据手机银行的使用经验，手机银行的使用流程基本为：输入用户名和密码登录、选择业务、输入银行卡密码、返回交易完成；可见，数据发射器和数据接收器所完成的功能"在安全验证后，将根据银行业务将 SIM 卡信息、卡信息发送至后台的功能，以及数据接收器接收后台发送的安全信息、业务信息，并完成业务的功能"属于手机银行的常规运行流程。综上，权利要求 1 中所要求保护的全部内容，全部为硬件的改进以及常规已知方法，并未对方法的改进要求保护。而且，上述硬件已经能够完成利用 IC 卡进行安全验证的功能，解决现有技术中手机银行安全性不足的问题。因此，权利要求 1 属于实用新型的保护客体。

2. 功能性限定相关案例分析

关于涉及计算机程序的内容是对发明的硬件设备的功能性限定，还是涉及计算机程序的改进的问题，以下的无效案例给予了很好的回答。

【案例2】200620114808.3，媒体存取控制多任务/解多任务的使用者设备及基地台，无效第22465号

该申请授权的权利要求如下：

1. 一种宽频分码多重存取频分双工使用者设备，其特征在于，包含：一媒体存取控制-专用信道，其配置以产生用于逻辑信道的媒体存取控制-专用通道流，以通过一专用实体信道传输；一增强专用信道传输形式组合选择装置，其配置以从多个支持增强专用通道传输形式中选择一个增强专用通道传输形式，所述多个支持增强专用通道传输形式具有不同的间隔尺寸，所选择的增强专用通道传输形式为一最大支持增强专用通道传输形式，其不超过由所接收的服务许可及所提供的功率偏差所获得的一大小；以及一多任务装置，其配置以接收所述所选择的增强专用通道传输形式及所述媒体存取控制-专用信道流，且其配置以将所述媒体存取控制-专用通道流数据多任务处理为一媒体存取控制增强专用信道封包数据单元，所述媒体存取控制增强专用信道封包数据单元具有对应于所选择的增强专用通道传输形式的一大小。

……

4. 一种宽频分码多重存取频分双工基地台，其特征在于，其包含：一实体层，其配置以接收一增强专用实体信道，且将所接收的专用实体信道恢复为媒体存取控制增强封包数据单元，所述媒体存取控制增强专用信道封包数据单元具有一个对应于一增强专用通道传输形式的大小，其为一最大支持增强专用通道传输形式，且其不超过由所接收的服务许可及一提供功率偏差所获得的一大小，一媒体存取控制增强专用信道装置，其配置以接收所述媒体存取控制增强专用信道封包数据单元，且将所述媒体存取控制增强专用信道封包数据单元解多任务为至少一个媒体存取控制专用信道封包数据单元，且所述媒体存取控制增强专用信道装置是配置以输出所述媒体存取控制-专用信道封包数据单元作为至少一逻辑信道；以及一媒体存取控制-专用信道装置，其配置以接收所输出的逻辑信道。

该案在授权后被第三方提出无效请求，无效请求人主要认为：权利要求所要求保护的通信设备，其改进是对方法的改进，是通过计算机程序来实现的，其中用于实现其发明目的的特征，如"其配置以从多个支持增强专用通道传输形式中选择一个增强专用通道传输形式，……所选择的增强专用通道传输形式为一最大支持增强专用通道传输形式，其不超过由所接收的服务许可及所提供的功率偏差所获得的一大小"并非是结构特征，而是用计算机程序实现的处理方法。其设备中包括的装置仅仅是在设备的通用硬件平台上使用计算机软件所实现的功能模块，也没有限定某个或多个装置采用集成电路或电路来实现，更

没有限定集成电路或电路的任何结构特征，不属于产品的结构特征，因此不属于实用新型专利的保护客体。

对此，专利权人作出回应：权利要求要求保护的设备，包括媒体存取控制-专用信道、E-TFC 选择装置和多任务装置，以及进一步包括的限定实体层装置和 E-TFC 选择装置、多任务装置的 MAC-e 模块，反映了设备构造上的改进。本专利所属领域的权利要求应当通过限定各部件之间的信息流向来限定各部件之间的连接关系，这符合通信领域技术的特点。说明书附图 12 明确示出使用者设备和基地台的内部结构，并且，如说明书第 5 页最后一段所述，"本实用新型的特征可整合至一集成电路（IC）中，或是配置在一个包含许多互连组件的电路中"，本专利对于产品内部组件的功能性限定也符合《审查指南 2006》的相关规定。

国家知识产权局专利复审委员会经合议，最终认定其不属于实用新型专利的保护客体。理由主要包括：根据本专利说明书的记载可知，现有技术中存在的缺陷是：由排程及非排程许可所允许的 MAC-ePDU 的大小与 E-TFC 传输格式所确定的大小之间的不相匹配，导致了资源利用率低，数据率下降。本专利所采用的处理方式就是在可供选择的若干种传输区块 E-TFC 大小中，选择一种增强专用通道传输形式，使其为一最大支持增强专用通道传输形式，且不超过由所接收的服务许可及所提供的功率偏差所获得的一大小。本实用新型权利要求 1 要求保护一种 WCDMA 的使用者设备，其中虽然限定了该使用者设备包括一媒体存取控制-专用信道等装置，但权利要求 1 中用以限定增强专用信道传输形式组合选择装置的特征"其配置以从多个支持增强专用通道传输形式中选择一个增强专用通道传输形式，……所选择的增强专用通道传输形式为一最大支持增强专用通道传输形式，其不超过由所接收的服务许可及所提供的功率偏差所获得的一大小"，并非是产品的形状、构造特征，而且这些特征是本实用新型对现有技术作出贡献的实质所在，是体现了本实用新型发明创造构思的方法特征。

针对专利权人的辩驳，合议组认为：首先，本案说明书中仅笼统地记载了"本实用新型的特征可整合至一集成电路（IC）中，或是配置在一个包含许多互连组件的电路中"（参见说明书第 5 页最后一段），并未记载如权利要求所述的使用者设备、基地台的具体硬件结构、构成。其次，若如专利权人所述，权利要求 1 的 WCDMA 使用者设备和权利要求 4 的基地台的各个内部组件使用了功能性限定来撰写的，而对于权利要求中所包含的功能性限定的技术特征，应当理解为覆盖了所有能够实现所述功能的实施方式，专利权人也承认除硬件配置方式外，"这些采取功能性限定的部件也可以利用计算机软件来实现"，也就是说权利要求中包含通过软件即计算机程序实现相应特征的技术方案，这是不符合《专利法》及其实施细则和专利审查指南中有关实用新型保护客体的相关规定的。专利权人认为"鉴于本专利的类型为实用新型，本领域技术人员应当理解，本专利权利要求1~4所限定的保护范围局限于相应功能的所有硬件配置方式，而没有扩展到计算机软件的实现方式"是没有客观的技术事实依据和相关法律规定的支持的。这个认定，体现了要根据说明书判断其方法的实施手段是否是计算机程序还是对硬件的功能性限定的准则，并且对申请人的观点给予了明确回应：如果在说明书中，其功能性限定的实现实际上是以计算机程序来实现的话，则以计算机程序来实现所述功能即是申请人的实际贡献；如果说明书中对于除此之外如何用硬件来实现有比较笼统的说明，则这些笼统性的说明不足以说明申请人的实际贡献不在于计算机程序。

3. 适于涉及计算机程序的实用新型保护客体判断的几个原则

通过以上两个案例的分析及大量的审查实践，本文总结出涉及计算机程序的实用新型保护客体审查的如下四个原则，作为对审查指南给出的原则的诠释和进一步明确。

（1）说明书解释权利要求书的原则。这个原则体现了从技术本质上进行客体判断的审查要求，避免了机械理解权利要求造成的不合理评判，也可以防止申请人通过不合理的撰写规避客体问题。在实践中，至少可以在以下三个问题上运用该原则。首先，在理解方案的实质时，需要通过说明书的内容进行判断；其次，在功能性限定的判断上，具体实施是否是对方法的改进，也要参考说明书的具体实际内容而进行；最后，当本申请可能存在与客体判断交叉的缺陷时，比如权利要求不完整、说明书公开是否充分的问题时，也需要参考说明书的内容作出判断，这个问题也可能由于申请人刻意规避客体问题而产生。

（2）根据申请人声称的背景技术判断改进的原则。理论上，发明人作出改进和革新，意味着改进了现有技术，但现有技术的范围非常广大，可以是任意检索到的与技术方案相关联的已公开的对比文件，这显然会给审查带来混乱。因此，在客体审查中，应遵循以申请人声称的背景技术为改进基础的原则，申请人所掌握的现有技术的水平，是申请人作出技术革新的基础，也是该申请的发明构思的出发点。采用这样一个技术水平上可能相对较低、然而易于统一的对比基础是较为合理的。

（3）根据本领域技术常识区分改进或改变的原则。这个原则作为以上原则的有益补充。当无法根据申请人声称的背景技术作为改进的基础时，应该采用一个更低、但是普遍能够达成认识上的一致的技术水平作为判断是否是改进的对比基础，也就是本领域常识、公知技术的技术水平。

（4）是否花费了创造性劳动的原则。这是判断软硬结合型改进的一个重要的判断原则，由于涉及计算机程序的相关技术发展已经到达了相当成熟的阶段，对其的运用越来越普及，编程人员可以使用大量的已知算法非常纯熟地、不需要花费创造性劳动地完成支持各种工业控制的芯片、处理器等计算机程序载体的设计，在技术人员做出发明创造时，通常已经不需要考虑如何用计算机程来实施其具体实现过程，也即程序非技术贡献的实质，在这种技术现状下，绝对的排除计算机程序显然不能被公众接受。因此，笔者提出了这一原则，即如果其中的计算机程序是在硬件改进的基础上不花费创造性劳动即可实现，则可以认为其不是一种改进，而是适应性的改变，从而不影响方案从整体上属于硬件改进的本质，属于实用新型专利保护的客体。尤其要注意的是，这里的"创造性劳动"与专利法意义上的创造性的概念不尽相同，这里提出的"创造性劳动"的含义属于人们通常认知的、含有技术创新思想的劳动，更明确地讲，基本上可以等同于对比基础为公知技术的创造性——这个对比基础显然比现有技术的技术水平要低。

三、结语及展望

在电子信息化不断发展、广泛运用的背景下，涉及计算机程序的实用新型申请数量不断增加，保护客体的审查标准亟待统一，本文通过对立法本意进行解析，结合典型案例，针对审查难点提出了四个判断原则，希望对相关审查工作有所帮助，不当之处，敬请批评指正。

通过本文中的案例及大量审查实践，我们了解到，在涉及计算机程序的申请中，经常出现申请人采用各种方式回避申请的贡献是由计算机程序编写的方法流程来实现的本质，应该说，刻意回避并非申请中的正常现象，同时，这个领域内的刻意回避比例，远高于其他任何领域。产生这种高比例的不正常现象的原因，很大程度上说明了计算机程序相关发明在技术发展的普遍应用与不被保护之间产生了巨大的矛盾。一方面，针对计算机程序所做出的改进被认为是方法流程上的改进，即使被固化在硬件或小型固件之内，也不能被理解为硬件实体本身发生了结构、构造上的变化，另一方面，计算机程序的普遍适用以及其实现的快捷、方便和低成本，已经使得其成为技术革新的常用实现手段，并且深入到各行各业各个技术领域，常常，仅仅需要改写软件，改变对硬件的各种控制，就可以很好的实现一项技术革新，甚至在一些领域，如通信、电子等领域，企业坦承，绝大多数的产品研发是不需要修改硬件的，即使需要修改一定的硬件配置，其修改也是非常小的，本质的改变在于控制方法或者流程，也就是说，技术的进步已经使得纯针对硬件产品或者主要针对硬件产品的技术革新空间越来越小。当针对计算机程序的技术革新得不到实用新型专利的保护时，矛盾就产生了，规避就产生了。大量的审查实践证明，计算机程序的实现方式使得其附着的产品被排除在产品之外，已经引起了普遍性的争议。近年来，这个主题被知识产权相关利益群体广泛关注，关于其应该被保护的呼吁声越来越大。或许，相关规定和法规已经到了可以变革的时候。国外实用新型专利保护计算机程序已经不乏先例；从技术层面讲，其与硬件的结合也已经普遍可以被普通技术人员理解和认知；从国情出发，也是源于计算机程序技术的普及性，我国的创新主体，包括企业和个人，早已经具备了运用计算机程序进行创新的能力，这一点与发达国家的水平相差无几。综上，本文认为，我国也完全有理由在适当的时间点给予计算机程序以实用新型专利的保护。

参考文献

［1］中华人民共和国国家知识产权局. 专利审查指南 2010［M］. 北京：知识产权出版社，2010.

［2］张烨，等. 实用新型专利通信领域保护客体的研究［R］. 国家知识产权局学术委员会一般课题，2007.

［3］项莉，等. 关于扩大实用新型专利保护客体的可行性研究［R］. 国家知识产权局学术委员会一般课题，2008.

涉及材料改进的实用新型专利保护客体审查实践研究

杨 杰 石贤敏

摘 要：本文通过对实用新型"形状和构造"的相关法规的解析，对"材料本身改进"的实用新型专利申请的审查难点进行分析说明，通过两个典型案例的分析，从立法本意的角度进行合理的解释，以对不同情况下材料本身改进的实用新型专利是否应该予以保护提供一些建议和思考。

关键词：材料　实用新型　保护客体

引　言

我国《专利法》中明确规定，实用新型应当是针对产品的形状和/或构造所提出的改进，审查指南又进一步将产品的形状和/或构造限定为有形、相对宏观的形状和/或构造，将微观情况下的形状和/或构造、对材料本身的改进排除在实用新型的保护范围之外。随着科技的进步以及复合材料等交叉学科的迅猛发展，对于材料本身的改进出现了一些新情况，比如与传统的化学途径的改进不同的纯物理结构的改进导致出现了与传统微观结构不同的相对宏观的细观结构。此种情况下的实用新型专利申请对于材料本身的改进是否应该予以保护的判定，目前存在一定的困难。本文从立法宗旨出发，结合本领域的相关知识，试图对其进行合理的说明和解答。

一、相关法律规定

根据《专利法》第2条第3款的规定，实用新型应当是针对产品的形状和/或构造所提出的改进。

产品具有"形状和/或构造"是实用新型专利对"产品"的进一步约束，进一步约束其产品必须是"有形"的产品，其中，"产品的形状"被定义为"产品所具有的、可以从外部观察到的确定的空间形状"，"产品的构造"被定义为"产品的各个组成部分的安排、组织和相互关系"。这一解释说明实质上将产品的形状和/或构造限定为有形、相对宏观的形状和/或构造，由此将微观情况下的形状和/或构造、对材料本身的改进排除在实用新型的保护范围之外。

对于"不能包含对材料本身的改进"这一原则，《专利审查指南2010》以"应当注意"的方式举例明确了几种特殊情况：（1）权利要求中可以包含已知材料的名称，即可以将现有技术中的已知材料应用于具有形状、构造的产品上，例如复合木地板、塑料杯、记忆合金制成的心脏导管支架等，不属于对材料本身提出的改进。（2）如果权利要求中既包含形状、构造特征，又包含对材料本身提出的改进，则不属于实用新型专利保护的客体。例如，一种菱形药片，其特征在于，该药片是由20%的A组分、40%的B组分及40%的C组分构成的。由于该权利要求包含了对材料本身提出的改进，因而不属于实用新型专利保护的客体。

二、审查难点分析

"不能包含对材料本身提出的改进"是实用新型专利与发明专利的主要区别点之一。实用新型专利"不能包含对材料本身提出的改进"的原则的确立，究其历史原因，对"材料本身的改进"多半涉及"无法从外部观察到的确定的空间形状"（微观形状）、"物质的分子结构、组分和金相结构"（微观结构），而这些在很长一段时间内的技术条件下，是不能被普通技术人员普遍掌握和广泛应用的技术手段，不符合"小发明"的定位。

而随着科技的发展，一些交叉学科和新兴学科的出现，对目前"不能包含对材料本身的改进"的原则、微观和宏观的界定给予了不同的理解，这给审查实践中个案的判断带来了更多的解释空间和"灰色地带"。《专利审查指南2010》对形状的定义是"产品的形状是指产品所具有的、可以从外部观察到的确定的空间形状"，其中的"从外部可以观察到"是指肉眼可以观察到的，还是借助一些普通的显微镜、放大镜等即可观察到的呢，还是以其他方式呢？目前有观点认为，实用新型定义中所指的形状是指宏观的形状，不保护微观的形状，宏观与微观的界限则是以人的肉眼能否观察到为准，仅用显微镜、电子显微镜等仪器才能观察到的产品的微观结构不能得到实用新型的保护；也有观点认为，《专利审查指南2010》规定的"从外部可以观察到"并没有限定从外部观察的方式，不应将其方式限定在人的肉眼或者是用显微镜可以观察这样一个狭小的范围，人类对微观结构的认知水平在不断提高，即使对于肉眼或者显微镜观察不到的一些微观结构，如果人类已经可以熟练地掌握和广泛的应用，将其排除在实用新型保护客体之外是不符合技术发展的水平的。这些观点的争议点在于微观和宏观的界限在哪里。随着科学技术的发展，这个界限也在悄悄地发生着变化，从而给"对于材料本身的改进是否应该予以保护"的判定带来了挑战。

三、典型案例分析

以下通过两个案例，分析"微观结构"的判定，以及其对"对于材料本身的改进是否应该予以保护"判定的影响。

【案例1】一种高效低阻抗菌空气净化滤膜（参见图1）

权利要求书：

1. 一种高效低阻抗菌空气净化滤膜，其特征在于，由平均直径为600~1500nm的粗纤维与平均直径为50~350nm的细纤维构成，两种纤维的内部和表面附着有占膜重量0.05~20wt%的氧化石墨烯，粗纤维与细纤维的质量比为0.5:1~20:1，粗纤维穿插入细纤维之间，两种纤维层层复合，滤膜厚度为5~200μm。

2. 根据权利要求1所述的一种高效低阻抗菌空气净化滤膜，其特征在于，所述粗纤维材料优选自聚对苯二甲酸乙二醇酯、聚丙烯腈、聚苯乙烯或聚对苯二甲酸丁二酯、聚偏氟乙烯、芳纶1313、聚酰亚胺等能够制备平均直径在600~1500nm粗纤维的聚合物。

3. 根据权利要求1所述的一种高效低阻抗菌空气净化滤膜，其特征在于，所述细纤维材料优选自聚醚砜、聚酰胺类等能够制备平均直径在50~350nm细纤维的聚合物。

在说明书中，申请人表述其发明目的和构思如下："通过纳米纤维膜掺杂氧化石墨烯，使过滤膜具有抗菌性；粗纤维穿插入细纤维之间，增加了细纤维之间的间隙，在不减小膜的过滤效率同时降低膜的过滤阻力。从而使得本实用新型的空气净化滤膜既提高了膜的过滤效率和降低膜的过滤阻力，同时又使膜具有抗菌性。"说明书中还具体表述了其制备过程："可通过将可制成粗纤维的聚合物、可制成细纤维的聚合物分别与氧化石墨烯溶于三氟乙酸（TFA）、二氯甲烷（DCM）、二甲基亚砜、甲酸、二甲基甲酰胺（DMF）中的一种或几种混合溶剂中，制得粗纤维聚合物溶液和细纤维聚合物溶液；再将两种聚合物溶液分别注入纺丝注射器，摆放于纺丝设备内，并排电纺，针头同时来回移动，即可得到本实用新型所述的空气净化过滤膜。"

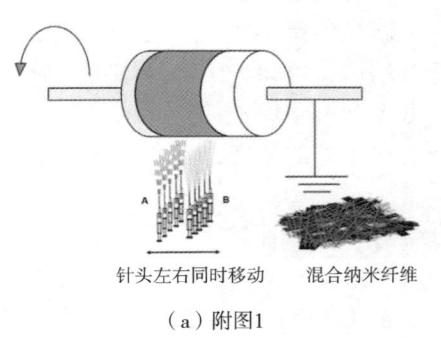
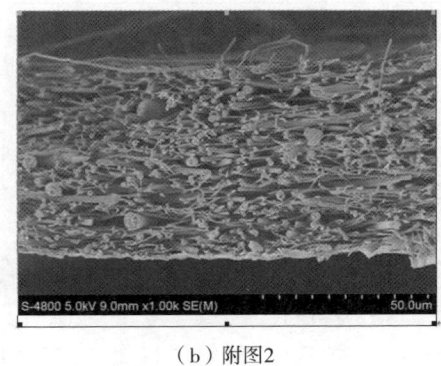

（a）附图1　　　　　　　　　　（b）附图2

图1

案例分析：

本案的难点在于其要求保护的技术方案中的"由平均直径为600~1500nm的粗纤维与平均直径为50~350nm的细纤维构成，两种纤维的内部和表面附着有占膜重量0.05~20wt%的氧化石墨烯，粗纤维与细纤维的质量比为0.5:1~20:1，粗纤维穿插入细纤维之间，两种纤维层层复合"。这对材料本身的改进是否应该得到实用新型专利的保护呢？

对此我们试图从该申请涉及的技术中选取一个关键点"纳米纤维"，以此出发进行探讨。首先让我们了解一下纳米材料及纳米纤维。纳米级结构材料（简称为"纳米材料"）的常见定义有两种，一种说法是结构单元的尺寸介于1~100nm范围之间，另一种是在三维空间中至少有一维处于纳米尺度范围（1~100nm）或由它们作为基本单元构成的材料，这大约相当于10~100个原子紧密排列在一起的尺度。而纳米纤维是指直径为纳米尺度而长度较大的具有一定长径比的线状材料；此外，将纳米颗粒填充到普通纤维中对其进行改性的纤维也称为纳米纤维。狭义上讲，纳米纤维的直径介于1~100nm之间，但广义上讲，纤维直径低于1000nm的纤维均称为纳米纤维。由此可知，纳米材料、纳米纤维本身属于微观结构，狭义上的纳米纤维仅大约相当于10~100个原子紧密排列在一起的尺度，因此应该属于分子结构。

在此基础上，对于本案例我们可以从形状、构造两部分进行分析。首先，从形状的角度分析，《专利审查指南2010》规定："产品的形状是指产品所具有的、可以从外部观察到的确定的空间形状。"由此可以推知，实用新型定义中所指的形状是指广义上较为宏观、可容易辨识的形状，不保护广义上微观的、不易辨识的形状，宏观与微观的界限虽然很难用统一的标准划定，但是该案所涉及的纳米纤维显然过于细小,不能从外部观察到,即便本申请说明书附图中能看出粗细纤维的形状以及其混合排布的位置关系,但是因为其属于广义上比较微观形状及位置关系,所以不属于实用新型的保护客体。其次,从结构的角度分析,基于上述对纳米材料及纳米纤维的认识可知,纳米纤维本身属于分子结构,而物质的分子结构不属于实用新型专利给予保护的产品的构造。因此本申请对于分子结构的排布、各分子结构的比重等的限定,不属于实用新型的保护客体。

【案例2】一种碳/碳细编穿刺复合材料结构(参见图2)

权利要求书:

1. 一种碳/碳细编穿刺复合材料结构,其特征在于:xy向织物为层叠碳纤维束($Nx=Ny=1K$)编织八纹缎布(缎数$Sxy=8$),Z方向穿刺纤维由碳纤维束($Nz=8K$)组成,碳纤维的直径均为$df=7\mu m$,穿刺纤维束间平均距离为$Tz=1.2mm$,Z方向每厘米厚度内碳布为40~45层($H=40/cm$)。

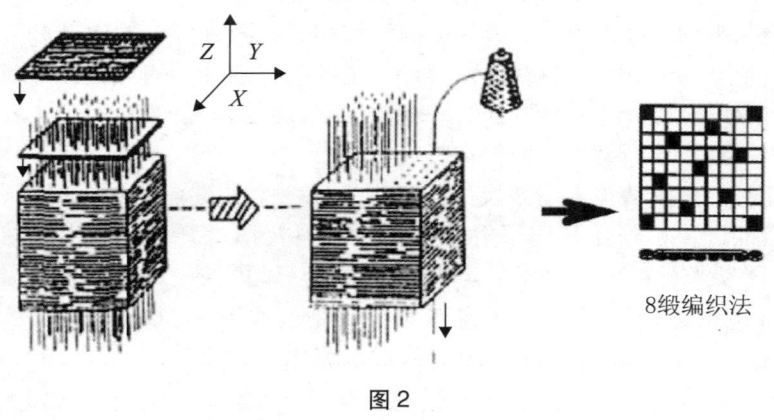

图2

关于本案,审查员初次认为:权利要求保护的主题是一种复合材料,虽然形式上是对构造的改进,但是这个构造属于材料内部的构造,所以归根到底属于对材料本身的改进,并且因为此改进对于材料性能有改变,实质上是形成了一种新的材料,因此不属于实用新型的保护客体。

对此,申请人作出陈述和解释:虽然权利要求保护的是材料内部的构造,但是该构造已达到毫米量级,不属于微观结构,而属于细观结构;权利要求对于材料本身的特性并未进行改变,而仅对于复合材料构造,如尺寸、排布等的改进,这在复合材料领域已经属于非常常规的技术手段,应该予以保护。

案例分析：

参考申请人的答复意见，审查员想要作出更加准确的判断，必须进一步补充本领域的相关知识。首先，让我们了解一下复合材料及细观结构。复合材料，是由两种或两种以上不同性质的材料，通过物理或化学的方法，在宏观（微观）上组成具有新性能的材料。复合材料按其结构特点分为：①纤维增强复合材料。将各种纤维增强体置于基体材料内复合而成。如纤维增强塑料、纤维增强金属等。②夹层复合材料。由性质不同的表面材料和芯材组合而成。③细粒复合材料。将硬质细粒均匀分布于基体中，如弥散强化合金、金属陶瓷等。④混杂复合材料。由两种或两种以上增强相材料混杂于一种基体相材料中构成，分为层内混杂、层间混杂、夹芯混杂、层内/层间混杂和超混杂复合材料。关于申请人在意见陈述中提到的"细观结构"，确实是复合材料领域的一个新兴的分支。根据百度百科，其起源于20世纪20、30年代，主要研究材料的力学特性，其研究尺度可以从10nm到毫米量级（即在光学或常规电子显微镜下可见的材料细微结构），随研究对象不同而异。细观力学属于固体力学与材料学科的交叉学科，其立足于材料的结构特性，研究其结构的物理特性，比如位错、滑移、微裂纹、塑性变形等涉及材料细观形变、损伤、断裂等方面的技术问题，其内部细结构构造安排不同，可以很大程度上影响和调节其宏观力学特性。近年来，材料的细观结构（纤维、基体、界面等）成为复合材料的一个研究热点，并且，其研究并不需要大型专用设备和严苛的试验环境，小微企业即可进行简单的研发和应用，在常用的技术领域（比如汽车零配件、建筑材料、日化用品等）得到广泛应用。

总结一下细观结构，我们发现，支持申请人观点的方面主要归纳为：从学科分类上讲，细观结构主要研究的是力学特性，属于物理特性，而非传统意义上材料的化学特性的改进；从尺寸上讲，本申请涉及的细观结构已经进入微米和毫米量级，明显不属于《专利审查指南2010》所排除的"分子结构"量级的微观结构；从其应用来讲，其技术并不属于高尖端技术领域，在日常和常规领域中有普遍应用环境，其研究手段较为简单，符合我国对"小发明"的定位。因此，最终我们认为，本案的技术方案属于对产品的形状/构造作出的改进，而非针对传统意义上对材料本身（主要为改进其化学特性）的改进，在现行的法条立法宗旨和原则之下具有授权的空间。

通过以上案例，笔者认为，对于复合材料改进的实用新型专利申请不应一概而论，具体分析如下：①发明点在于将多种不同材料通过传统化学方式进行复合以形成具有新性能的复合材料，此类申请建议发出审查意见通知书。②权利要求对于组分、材料本身的特性并未进行改变，而仅对于复合材料细观构造进行改进，如尺寸、排布等。而对于复合材料的细观结构从 10nm 到毫米量级不等，所以对其的改进我们也建议进行区别对待：对于纳米级别的细观构造改进，由于对于微观世界的原子、分子排布改进的实现难度以及可能对材料性能造成的影响，不站在本领域技术人员的角度经过充分的检索可能难以获知，鉴于实用新型的审查特点，建议以其属于对材料本身的改进发出审查意见通知书；而对于复合材料中毫米级别细观结构的改进，由于不涉及原子、分子等微观结构，而毫米级别构造的改进通过普通的显微镜也可以观察到，我们建议予以保护。

由以上案例的分析过程可以看出，在对涉及"对于材料本身的改进"的实用新型专利申请是否可以保护的判断中，最大的挑战来自本领域技术知识的掌握，尤其是针对一些围绕材料学科而兴起的一些交叉学科。针对材料本身的改进，之所以不被保护，是出于对此形状构造的质疑，组分和配方明显不属于产品的形状构造，然而随着科技的发展，针对材料的有形的形状和构造作出的改进成为可能，细观结构即是一个挑战材料改进的例子。

首先，《专利审查指南 2010》中仅记载有"产品的形状是指产品所具有的、可以从外部观察到的确定的空间形状""物质的分子结构、组分、金相结构等不属于实用新型专利给予保护的产品的构造"，其中对于"可以从外部观察"是否局限于仅依靠肉眼不能借助显微镜等常规设备没有进行说明，在《审查操作规程·实用新型分册》、相关的公告及规定中也并未进行说明。而对于不属于分子结构也不属于宏观结构的结构比如细观结构，其是否属于保护客体并未涉及。这种情况下，对于可通过常规显微镜观察到、大于分子结构的细观构造，将其排除在实用新型的保护客体之外缺乏法律基础。其次，对于"产品的形状、构造"的法律解释经过了多次变化，其保护范围呈现不断扩大的趋势。究其原因，科学技术的发展和进步带来的相关专利需求，促进专利制度的修改和完善。第三，并不是所有实行实用新型制度的国家，均将所有的产品微观结构排除在实用新型的保护客体之外。以日本为例，我国《专利法》与日本的《实用新型法》对其客体均有对产品的形状、构造或其组合的设计之类似要求，从实用新型的定义上并不能看出二者在保护客体上的实质区别。但是日本对仅用显微镜、电子显微镜才能看到的产品微观结构是可以给予实用新型保护的，其对于形状、构造的含义远比我国的含义宽，这或许值得我们借鉴。

四、小　结

（1）宏观与微观的分界点并非一成不变。《专利审查指南 2010》中的"从外部观察到的确定的空间形状"没有对观察方式进行限定，正是考虑到技术发展的无限可能，为法律的适用留有余地。随着科学技术的发展带来的可借助的工具越来越多、越来越普遍，宏观和微观分界仅仅具有大致定性分类的作用，对于有形和无形的分类仅具有一般意义上的参考作用；随着人类技术水平进入新的领域和更高的阶段，随着交叉学科和新兴技术的发展，对于"产品的形状和或构造"的挑战和冲击可能会越来越大。以上案例2中提到的介于宏观与微观之间的细观结构的出现就是一个明证。随着技术认知水平的提高，可能需要专利法不断扩展或者扩充对"有形"含义的解释，超越对目前"形状和/或构造"的限制。

（2）对材料本身的改进视情况应该区别对待。通过化学方式对材料的改进属于传统意义上不予保护的类型，但对材料有形构造的改进在现有的法律法规下是存在保护空间的，随着复合材料的发展，对其予以保护也存在现实的合理性。

参考文献

[1] 中华人民共和国国家知识产权局. 专利审查指南2010 [M]. 北京：知识产权出版社，2010.

试论包含否定式限定的权利要求的审查

郑泊芝

摘 要：本文通过对否定式限定的权利要求进行分析，发现其引起困惑的原因，并结合相关法律规定和几个案例，对否定式限定是否对权利要求的保护范围产生影响、否定式权利要求的保护范围是否清楚以及能否得到说明书支持进行了探讨。

关键词：否定式限定　权利要求　清楚　以说明书为依据

一、引　言

权利要求是专利制度中的核心，其具有界定专利权保护范围和告知公众的双重作用。在专利审查中权利要求书是重点审查的一部分。然而，采用否定式限定的权利要求是否符合《专利法》的要求，在最近的审查实践中引起一些困惑。下面我们探讨下否定式限定引起困惑的原因，并试着分析对于否定式权利要求该如何审查。

二、否定式限定的定义及引起困惑的原因

否定式限定就是在权利要求的描述中出现了带有否定意义的词，比如"非""不是""没有""除了"等。

审查中遇到这样的权利要求，通常不易判断其是否符合《专利法》的要求，原因有以下两点：

第一，否定式限定本身的特点。

否定式表述是一种间接的限定，它只是表示了某事物不是什么或者没有什么，相对于正面的直接的限定，让人无法准确确定该事物是什么或者有什么。

并且，有些否定式限定会使人感觉不是一个有效的限定，其对权利要求的保护范围没有限定作用。有些否定式限定引入了一个宽泛的保护范围，对判断权利要求的保护范围是否清楚和权利要求能否得到说明书的支持带来困难。

第二，相关规定的缺失和模糊性。

在原中国专利局制定的旧审查指南（1993年前使用的版本）中，对权利要求的撰写作出了如下规定："如果权利要求中的技术特征不是正面描述的，除非没有其他表达方式，否则应当要求申请人加以修改"[1]，但是对于这么规定的原因没有进行解释说明。

《专利法》《专利法实施细则》以及《专利审查指南2010》中对否定式权利要求并没有明确的规定。《专利审查指南2010》中与否定式权利要求最接近的内容就是对数值范围的"放弃式"修改的规定：在涉及数值范围时，只有修改后数值范围的两个端点在原说明书和/或权利要求书中已确实记载且修改后的数值范围在原数值范围之内的前提下，才是允许的。如果在原说明书和权利要求书中没有记载某特征的原数值范围的其他中间数值，而鉴于对比文件公开的内容影响发明的新颖性和创造性，或者鉴于当该特征取原数值范围的某部分时发明不可能实施，则除非申请人能够根据申请文件原始记载的内容证明该特征取被放弃的数值时，本发明不可能实施，或者该特征取经放弃的数值时，本发明具有新颖性和创造性，否则这样的修改是不允许的。[2]

但是，《专利审查指南2010》的以上规定针对的仅仅是数值范围，对于非数值范围的特征的放弃和排除，并没有明确的说明，更没有对于否定式权利要求的审查原则进行相应规定。

因此，鉴于否定式描述本身的特点，以及相关规定的缺失和模糊，在审查实践中造成了对该类权利要求的一些困惑：否定式限定的特征对权利要求有没有限定作用，是否会导致权利要求保护范围不清楚，引入了宽泛的保护范围能否得到说明书的支持？对于这些问题，我们结合案例和相关规定来一一进行讨论。

三、否定式权利要求案例讨论

（一）否定式限定对权利要求的保护范围是否有限定作用

《专利法》第59条规定，发明或者实用新型专利权的保护范围以其权利要求的内容为准，说明书及附图可以用于解释权利要求的内容。

《专利审查指南2010》第二部分第二章第3.1.1节规定，……在确定权利要求的保护范围时，权利要求中所有特征均应当予以考虑。[2]

可见，权利要求的保护范围由记载在该权利要求中的所有技术特征予以界定，这些技术特征的总和构成了该项权利要求保护的技术方案。记载在权利要求中的每一个技术特征都对该权利要求的保护范围产生一定的限定作用。[3]如果他人实施的技术方案中覆盖了一项权利要求中记载的全部技术特征，就表明该技术方案落入该权利要求的保护范围。

【案例1】一种方便花盆

解决的技术问题：现有技术中花盆底部设有出水孔，浇水时经常有多余的水从出水孔漏出，造成肥料流失，影响室内卫生，而如果不设出水孔，花盆的透气性差，不利于植物生长。

权利要求1：一种花盆，其特征在于：花盆用轻型泡沫材料制成，底部不设出水孔，花盆两侧设有两个储水槽。

达到的技术效果：浇花不会漏水，不影响室内卫生，且泡沫材料轻便，透气性好，利于花草生长。

该申请中利用否定式限定将"底部设有出水孔"特意排除在其技术方案之外，如果认为其没有限定作用，则花盆的底部可能有出水孔，也可能没有出水孔，显然底部设有出水孔的方案不能解决其技术问题。"底部不设出水孔"对权利要求的保护范围有限定作用，包含该否定式限定的技术方案才是能解决其技术问题的完整的技术方案。

（二）否定式限定是否导致权利要求不清楚

一项权利要求的保护范围清楚，含有以下要求：首先，权利要求的主题应当清楚；其次，权利要求中各个技术特征的用词应当清楚；最后，权利要求中由所有技术特征组成的技术方案应当清楚。否定式权利要求是否清楚的判断重点就在于否定式用词是否清楚和包含否定式限定的权利要求的整个技术方案是否清楚。

【案例2】一种不锈钢日光灯支架

一种不锈钢日光灯支架，包括壳体、面盖、灯座、装于壳体内的启辉器、镇流器，其特征在于：面盖上及壳体的前、后面都压制有增加强度的横形凹凸波纹，而壳体的顶部压有竖形凹凸波纹，每面上的各波纹都不是延续到端部，以便于弯折成型。

说明书中记载，为了增加强度，在面盖及壳体上压有凹凸波纹，而波纹不延续到端部，是为了弯折成型，即弯角附近没有凹凸波纹。

该申请中的否定式限定"各波纹都不是延续到端部"其用词在语言学上是清楚的，即波纹的长度没有覆盖到面盖和壳体的端部，其在端部之前就截止了，其与"波纹延续到端部"是一对相对立的互斥的概念。结合说明书可知，面盖及壳体上的凹凸波纹是为了增加强度而设置的，另外，为了便于制作中的弯折成型，弯角附近不能设置凹凸波纹，因此，对于所属技术领域的技术人员来说，包含该否定式限定的权利要求的全部特征组成的技术方案的保护范围是清楚的。

【案例3】一种防滑牙刷

解决的技术问题：现有技术中牙刷使用时不防滑，提供一种防滑牙刷。

权利要求：一种牙刷，由刷头和刷体组成，其特征是：刷体上设置有防滑层，刷体截面为带倒角的正方形，刷头和刷体不是螺纹连接。

达到的有益效果：实现牙刷使用时的有效防滑。

该申请中的否定式限定"刷头和刷体不是螺纹连接"看似是清楚的，是在一个预设的大范围内排除了小范围，但是由于该预设的大范围是不确定的，无法确定预设范围是刷头和刷体相互连接还是相互不连接，也无法确定预设范围是刷头和刷体是活动连接还是固定连接，而预设范围不同，排除了小范围之后剩余的范围也就不同。如果刷头和刷体是一体成型的，那"不是螺纹连接"的范围就是一体成型，而不是两个分体之间的连接。如果预设范围是刷头和刷体是连接，在预设范围内排除螺纹连接，则权利要求保护的范围是刷头和刷体可能是属于固定连接的铆接、焊接，也可能是活动连接方式。如果预设范围是活动连接，则权利要求保护的范围只能是除了螺纹连接之外的活动连接，如插接、卡接、铰接等。而权利要求的其他技术特征中也并没有对预设范围或者排除后的范围有明确的限定，因此该权利要求的保护范围是不清楚的。由此可见，有时候否定式限定会引入了一个不确定的预设的大范围，那经过否定和排除后的范围也不确定。

（三）否定式限定能否得到说明书的支持

否定式权利要求通常是在一个大范围内利用列举的方式排除了某一种或某几种情况，从而引入了一个宽泛的范围。在该范围的边界是清楚的基础上，其是否能得到说明书的支持呢？

《专利法》第26条第4款规定，权利要求书应当以说明书为依据，清楚、简要地限定要求专利保护的范围。

权利要求的作用是用来保护发明人作出的发明创造，划定专利权人的排他权的边界。在合理界定专利权的保护范围时，应当同时考虑如下两个因素。

第一，权利要求的保护范围要足够清楚明确，否则，公众无法预先判断哪些生产经营活动落入了权利要求的保护范围内，从而影响正常的社会秩序。第二，专利权的保护范围要与发明人作出的技术贡献相适应，不能将已经公开的技术囊括其中，损害公众的利益；也不能将发明人未作出的与其构思完全不同的发明创造包含其中，对科学技术的更新进步和社会发展造成阻碍。权利要求确定的专利独占权应当限于其新的技术方案。

而这两点因素对应到专利法上的相应规定就是权利要求书应当以说明书为依据，清楚、简要地限定要求专利保护的范围。否定式权利要求的清楚性问题前面已经讨论。接着我们分析权利要求得到说明书支持的问题。以说明书为依据，即权利要求的保护范围要得到说明书的支持，体现发明人的发明构思，不得包含其未做出的发明创造。

【案例4】一种空气弹簧

解决的技术问题：在空气弹簧中，通常将由塑料制成的滚动气囊借助至少一个金属制成的紧固装置通过一种圆锥形的密封表面连接到滚装活塞上，但由于塑料与钢的线性膨胀系数之间的约10倍的差异，使得这种所谓的圆锥形的座构造不能确保严密性。

采用的技术方案：一种空气弹簧（1），该空气弹簧包括：盖件（2）、滚装活塞（3）和滚动气囊（4），其中，该滚动气囊（4）的末端（4b）借助紧固装置（5b）的圆锥形座能够密封地紧固到滚装活塞（3）上，其特征在于，该滚装活塞（3）是由塑料组成，并且该紧固装置（5b）不是由金属形成的。

说明书中记载，紧固装置5b由塑料（优选聚酰胺）制成，因此在锥形座上获得了一种弹性体（确切地说是该滚动气囊4）与一种塑料（确切地说是该滚装活塞3）的优选的材料配对，并且因此滚装活塞与滚动气囊的紧固装置在温度影响下膨胀相同的程度。由此在对于该空气弹簧的工作所预期的整个温度范围上提供了严密性。

可见，发明人的发明在于用塑料代替金属作为紧固装置5b的材料，而权利要求中限定为"紧固装置（5b）不是由金属形成的"，其引入了包括塑料、橡胶、木质、陶瓷等所有非金属材料的宽泛的范围，这显然与发明人所作的技术贡献不相适应。并且，所属技术领域的技术人员有理由怀疑权利要求限定的范围内的陶瓷、木质等材料不能解决实用新型所要解决的技术问题，达到相同的技术效果，则权利要求中该否定式限定"紧固装置（5b）不是由金属形成的"不是以说明书为依据，得不到说明书的支持。

四、结　论

通过以上分析，可以看出，否定式限定的特征是有效的技术特征，其将某一要素明确地排除在权利要求的保护范围之外。否定式限定有的时候会导致权利要求的保护范围不清楚。如果权利要求中否定式限定是从一个明确的预设的大范围内排除一个小范围，则权利要求的保护范围是清楚的；反之，权利要求的保护范围不清楚。在权利要求保护范围清楚的基础上，需要进一步判断权利要求是否得到了说明书的支持，是否与申请人的贡献相适应。如果否定式限定引入的宽泛的范围能从说明书中充分公开的实施例中概括得出，且该范围内的技术方案都能解决其声称的技术问题，达到相应的技术效果，则权利要求能够得到说明书的支持；反之，得不到说明书的支持。虽然不是所有的否定式限定都不符合《专利法》的规定，但是鉴于否定式限定容易造成权利要求的保护范围不清楚，权利要求得不到说明书的支持，审查过程中不应鼓励申请人使用否定式限定，应当鼓励其使用肯定的语言对所作的发明本身进行正面的清楚完整的描述。

参考文献

[1] 张荣彦. 权利要求书中否定式用语的使用问题 [J]. 中国专利与商标，1998：39-41.
[2] 中华人民共和国国家知识产权局. 专利审查指南2010 [M]. 北京：知识产权出版社，2010：246，252，141.
[3] 国家知识产权局条法司. 新专利法详解 [M]. 北京：知识产权出版社，2008：305.

外观设计对实用艺术品保护范围的探讨

黄 姗　陶海琴　孙晓璐

摘　要：本文是针对外观设计专利权与著作权在实用艺术品此类特殊产品中出现的交叉保护的相关问题的讨论。根据各方面资料的收集和考察，从实质了解实用艺术品概念与特征，并对其与著作权和外观设计专利权的关系进行对比，分析现今我国知识产权法律体系的保护现状，并对今后外观设计专利的审查实践提出了新的指导意义。
关键词：实用艺术品　外观设计法律框架　保护

一、绪　论

《专利法》及其实施细则、审查指南中对外观设计客体作了界定，但是外观设计与著作权的保护客体客观上存在的交叉。近年来，著作权与外观设计的交叉保护问题引起越来越多的社会关注，尤其是在实用艺术品的保护问题上存在很大争议。申请人、代理人、审查员和司法人员对保护客体存在不同的认识，对相关申请的处理结论存在分歧。本文通过分析外观设计专利、著作权的保护客体及其作用，探讨外观设计与著作权保护客体的区别与联系，对实用艺术品保护模式进行探讨，给出了合理建议，为完善《专利法》及其实施细则、审查指南提出建设性意见。

二、实用艺术品概论

（一）实用艺术品的定义

我国目前尚未针对实用艺术品有专门法进行保护，也没有在任何法律条文内对其进行解释和定义。与实用艺术品相关的概念仅在世界知识产权组织编写的《著作权与邻接权法律词汇》中有明确的记载:"实用艺术作品是具有实际用途的艺术作品,无论这种作品是手工艺术品还是工业生产的产品"。其中所说的"实用艺术作品"是在著作权法上的称谓,在著作权以外即本文中所说的"实用艺术品"。

根据实用艺术品的定义,我们不难看出,实用艺术品应满足同时具备以下两个特性:实用价值和艺术价值。

对实用价值的理解可以概括为:(1) 实际使用价值。(2) 具有实际使用价值。(3) 实际使用;实际应用。与著作权中传统意义的艺术作品是有一定区别的,艺术作品是对作者智力成果的以物质形式的表现,是一种思想的表现形式;而实用艺术品在此特性以外,应该是可以被使用,具有一定使用价值的作品,诸如造型优美的花瓶、小摆设等。

艺术性是指人们反映社会生活和表达思想感情所体现的美好表现程度。艺术性的高低与艺术品的思想性有着密切的关系,但艺术性作为对一部艺术作品艺术价值的衡量标准,主要是指在艺术处理、艺术表现方面所达到的完美程度。

对实用艺术品所涵盖的范畴,在《伯尔尼公约指南》中也有列举:小装饰品和玩具、珠宝饰物、金银器具、家具、墙纸、装饰物、服装等制作者的艺术贡献。而在诸多法院判例中,实用艺术品不仅仅局限于上述类别之中,而是广泛地涵盖大多数类别的产品。

(二) 实用艺术品与著作权的关系

实用艺术品的概念舶来于《伯尔尼公约》,在 1948 年的修订版中首次提出了这一概念。《伯尔尼公约》第 2 条第 1 款中将实用艺术品列举为"文学和艺术作品"中的一项,可见,在《伯尔尼公约》中实用艺术品是作为艺术作品中的一部分受到著作权保护的。

我国实施国际公约的过程中,对给予实用艺术品保护也是遵循《伯尔尼公约》中第 7 条 4 的规定,这点在 1992 年国务院令第 105 号发布的《实施国际著作权条约的规定》第 6 条:"对于外国实用艺术品的保护期,为自该作品完成起 25 年。美术作品(包括动画形象设计)用于工业制品的,不适用前款规定。"该规定明确提到对于外国实用艺术品进入中国后遵循《伯尔尼公约》中的规定进行保护。

在我国国内虽没有对实用艺术品专门的定义和规定,但是从司法实践中可以看到法律界对实用艺术品的界定。在"胡三三诉裘海索、中国美术馆侵犯著作权"一案的判决中,北京市第一中级人民法院在一审判决书中的观点是:"我国著作权法规定的美术作品不单指纯艺术性的作品,还包括实用艺术作品,对服装艺术作品的保护，应当适用美术作品的保护规定。"北京市高级人民法院对本案的二审判决也支持了以上观点。可见，在我国的司法实践中，已将实用艺术品归为美术作品，而且，这也是学界和司法界普遍的观点。由此可以看出，实用艺术品完全包含于著作权保护的客体中（如图1所示）。

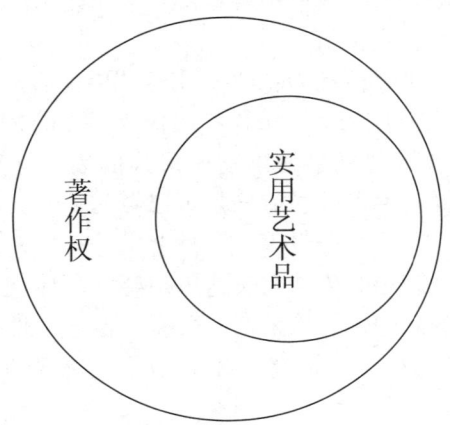

图1　实用艺术品与著作权的关系

（三）实用艺术品与外观设计的关系

外观设计，是指工业品外观设计，即对工业品的外观进行的发明创造。要探讨实用艺术品与外观设计的关系，首先，我们要明确什么是工业品。工业品是18世纪发源于英国继而席卷了整个欧洲及世界各国的工业革命的衍生品，由于一系列的技术革命，社会生产方式由小手工业生产变为机械工业化生产。机械化流水线生产出的产品规格统一、产量丰富，对比手工业生产，将机械化生产的产品称之为工业品。

工业品出现之初，为了满足机械化生产的批量性的特点，产品以功能为主，限于生产技术的要求，产品形式是易于加工的，其外观往往是简单甚至简陋的。而随着生产技术的发展和人们对美的需求的日益增长，工业品的设计逐步注重美学方面的意义。由此可以看出，工业品首先满足的是其功能需求，即具有使用价值。在此基础上增加了美学方面的附加价值，即艺术性。

近些年，随着一股返璞归真的风潮的席卷，手工制品重新回到日常生活中。《专利法》第2条中"适于工业应用"并没有限制其保护客体的生产方式，《专利审查指南2010》中对工业应用作了进一步的描述："适于工业应用，是指该外观设计能应用于产业上，并形成批量生产"（《专利审查指南2010》第一部分第三章7.3）；"不能重复生产的手工业品不能作为外观设计的载体"

(《专利审查指南 2010》第一部分第三章 7.1)。也就是说手工制品中可批量生产形成产业的部分，是被列为外观设计保护的客体的。

在明确了上述概念之后，实用艺术品与外观设计的关系就变得清晰了。首先，实用艺术品包括工业生产的产品和手工艺术品，而外观设计中的产品也不排斥其生产方式。其次，实用艺术品还强调艺术性的概念，而外观设计定义中也存在"富有美感"的说法，但在外观设计专利中，对美感的把握度并没有上升到很高的高度。对实用艺术品中艺术性的判断，虽然在我国尚没有针对实用艺术品的法律规定，但从"宜家座椅"案等法院判例中不难看出，对实用艺术品中艺术性的把握要明显高于产品中富有美感的把握。因此，外观设计中对美感的圈定是一个较大的范围。最后，外观设计对适于工业应用要求其产品可以批量生产，而实用艺术品中对此并无要求。

综上，可以得出实用艺术品与外观设计的关系（如图 2 所示）：实用艺术品中可以批量生产的部分是包含在外观设计保护客体之中的；而外观设计中艺术性较高的部分是包含在实用艺术品保护客体中的。也就是两者是交集的关系，外观设计客体中具有艺术性的部分与实用艺术品中可批量生产的部分是二者客体共同涵盖的部分。

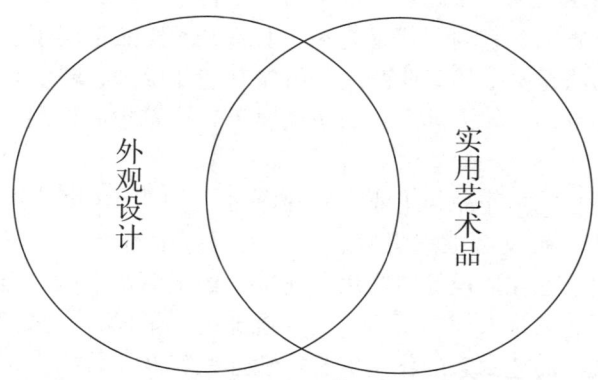

图 2　实用艺术品与外观设计的关系

三、审查层面操作方法的分析

（一）在现行知识产权体系下对审查实践的指导

在现有的法律框架下，我们可以分几个层次明确艺术品到产品的关系，从而判断其中不适于用外观设计专利保护的内容：纯美术、书法、摄影等艺术作品，以及由此衍生的以欣赏及装饰为全部功能的产品，不授予外观设计专利权。

  首先，我们从艺术作品与工业品产生的初衷分析。工业品产生之初就是单纯地为了满足功能性需求，其作用势必是能被使用的，所以工业产品应当是具有一定功能性的，满足一定的实际需求。

  美术作品是指绘画、书法、雕塑等以线条、色彩或者其他方式构成的平面或者立体的造型艺术作品。这些绘画作品或者雕塑作品除了在形式上展现美感，更重要的是体现作者的艺术主张，表达作者的情绪为主要目的，例如，抽象派绘画致力于主张以直觉和想象力为创作的出发点，力求大批长久以来的"绘画必须模仿自然"的观点，抽象派代表画家毕加索通过物品的解构再重组来表现作者眼中世界的多面性。画作展现在我们面前的只是奇幻的画面这一形式，而创作这样一幅画作的初衷不是为了追求画面感的奇幻风格，而是为了表现作者的思想以及艺术主张。也就是说，美术作品更偏重的是思想层面的表达，通过美的形式，来表达作者的思想。

  通过上述的对比，可以看出，艺术作品、美术作品是以表达思想为初衷，这类作品在专利法中被称为"纯美术作品"；同样的，书法作品、摄影作品也是以表达作者的情绪艺术主张为初衷，以一个实体形式作品表达。为了更清楚地说明艺术作品的范围，在此列举常见的作品种类：绘画作品、书法、摄影作品、雕塑作品、版画、篆刻、装置艺术。上述美术作品是属于著作权保护范畴的，而不是专利法意义上的工业产品；虽然有些如版画、雕塑因其产生的特点可以批量生产和复制，但因其产生的初衷属于表达思想的作品，不应给予专利权保护。

  其次，我们从艺术作品与工业产品的作用与目的的角度分析。

  艺术作品在最初只是王室贵族、皇宫大臣等上流社会专享的鉴赏与收藏品，或把玩或用于悬挂摆设等装饰用。随着人们生活水平的日益提高，单纯的使用功能已经不能满足人们的生活，艺术也走进了平民百姓家。人们对美的要求越来越被重视，而艺术家的作品由于稀缺性在普及及价格上仍不能被广泛接受。由此，出现了临摹复制的绘画作品和大量翻模复制的雕塑，并形成了产业。但该类产品的产生，是以装饰和欣赏为目的。进而，市场上出现了一类有一定艺术价值的小摆件、装饰画、挂件等产品。无论市场多么千变万化，上述这些产品的作用与目的仅是用于装饰及欣赏。从功能上，相比较而言与艺术作品的欣赏装饰相重合，且这也是该类产品全部的功能。

  此外，具有相同作用的产品还广泛存在于手工艺品及工艺美术品中，如剪纸、泥人、刺绣、拼布等这类作品或产品其主要目的及作用是用于装饰，因此，这部分的手工艺品与艺术作品衍生装饰物具有相同的功能，可将其视作同一类产品。

上述产品中常见的种类有：装饰画、挂件、装饰物、摆件、剪纸、装饰面具脸谱等、刺绣（但不应包含布料、蕾丝花边）、拼贴类装饰（包括豆子拼贴画、布艺拼贴画、麦秆拼贴摆件、稻草困扎装饰物等）。

（二）对未来实用艺术品保护的探讨

由于现行《专利法》在法、细则层面没有对与著作权交叉的客体作出明确的规范，因此在处理属于美术作品范畴的产品时缺少标准与有力的法律依据。而设计水平是在不断提高的，外观设计保护的门槛也应随着社会发展、设计水平的提高而相应作出调整。因此，笔者认为，实用艺术品中偏向装饰功能的部分是否符合外观设计的要求终将是值得探讨的问题。那么笔者对于界定实用艺术品可否在外观设计专利中保护进行初步研究，认为：主要设计点仅具有欣赏、装饰的功能，或其与单一功能简单叠加的产品，不应给予外观设计专利权保护。

接下来，笔者从以下几个方面分析阐述上述结论的要点。

一是"主要设计点"，主要设计点仅具有欣赏、装饰的功能包含了上文中指出纯美术作品以及装饰画、小摆件等产品，进一步地考虑"主要"设计点，即该产品应是具有一定的使用价值与功能，但其功能部分过于简单及单一，没有体现出除去纯美术作品部分后，该产品仍含有较高设计含量，则该类产品也不宜授予专利权。

二是"单一功能"。对于功能性的判断与分析采用了使用过程拆分的方法，从使用的步骤与功能结合判断在该产品主要功能之下是否存在附加功能；若存在其他的支撑其主要功能的附加功能，则该产品被认定非单一功能。此处引入功能性的概念，是与使用过程紧密联系的，产品由功能性经过使用过程的拆分，判断每一个使用步骤是否有功能性存在，若该步骤的功能不是完全与主要功能重合，对主要功能有辅助与支撑的作用，则该产品则是具有一定主要达到的功能，并通过其他若干功能辅助其达到主要功能的非单一功能产品。

以两个产品的实例去分析功能性，如图3所示的两个存钱罐，左侧的存钱罐的使用过程为将钱投入上方长孔内，打开下方盖子取出硬币，结合使用其功能为上方开口置入与下盖取出。右侧的存钱罐，使用过程是小猫出箱，将一枚硬币拨入箱子，小猫缩回。其功能性体现在开合盖子、小猫将硬币收回、存储硬币以及取出硬币，在存储硬币与取出硬币以外增加了小猫出箱的附加功能，因此，右侧的存钱罐，功能不单一。

(a) (b)

图 3

三是"简单叠加"。简单叠加，是指纯美术及纯美术范畴的部分与该产品完成功能的部分的组合的过程是否有较高的设计含量，判断叠加时可以拆分为以下三个方面分别论述：平面美术作品与平面功能性产品的叠加；平面美术作品与立体功能性产品的叠加；立体美术作品与立体功能性产品的叠加。

（1）平面美术作品与平面功能性产品的叠加

如花布、壁纸等，将图案印制于存在功能性部分如布料、PVC 纸上，该类产品的叠加仅是两层附着的叠加，属于简单的叠加。

（2）平面美术作品与立体功能性产品的叠加

如清明上河图包装盒，清明上河图的图案是仅欣赏装饰功能部分，其与包装盒的结合虽不是两层的附着，但图案是根据包装盒的形状、走向分布的，而且在分布上仅是简单的包裹一周，没有特别的图案与形状结合的设计，该类叠加属于简单的叠加。

（3）立体美术作品与立体功能性产品的叠加

如图 4 中的雕塑灯，装饰功能部分为猴子雕塑，功能性部分为灯，两者的叠加仅为物理上的罗列，其位置的结合没有体现出突出的视觉效果，不包含较高设计含量，因此属于简单叠加。

图 4

外观设计与著作权中美术作品都是对物品外部形态的保护，二者存在交叉与竞合是不可避免的，多重保护也是我国各个法律中普遍存在的现象，一刀切地分离二者的客体是不现实，也是不利于创新保护的。本文的着眼点在于给出一个有效的方法去分析美术品与工业品之间的关系，尤其是两者间尚无操作规范的实用艺术品这一广大灰色地带的产品的分析方法，以及在一段时间内可行的操作方法。

随着社会的发展和设计水品的提高，外观设计保护的门槛是在不断地提高的，但是遵循着一个固定的分析方法，就可以有条不紊地一步步作出调整。

参考文献

[1] 郑成思. WTO 知识产权协议逐条讲解 [M]. 北京：中国方正出版社，2000：99.
[2] 彭道敦，李雪菁. 普通法视角下的知识产权法 [M]. 谢琳，译. 北京：法律出版社，2010：129.
[3] 李明德. 美国对外观设计及其相关权利的保护 [M] // 郑成思. 知识产权研究：第 4 卷. 北京：中国方正出版社，1999：98-99.
[4] 蒋琼，高兰英. 新加坡知识产权保护制度研究与启示 [J]. 全球理论月刊，2011（4）.

从司法判例看法律思维在客体审查中的运用

陈文静　张　巍　张嘉凯　郎亦虹　沈敏洁

摘　要：为更好地提升审查能力，进一步提高审查质量，本文着眼于发明专利实质审查中的保护客体问题。通过对典型相关司法判例的学习与分析，寻找司法判例中所体现出的运用法律思维解决客体审查问题的闪光之处，并对这些闪光之处进行提炼总结，为持续提升客体审查质量提出一些改进建议。

关键词：客体　法律思维　技术方案

引　言

国家知识产权局的专利审查员具体从事专利审批工作，专利审批工作的特点决定了专利审查员需要具备法律和技术的双重思维。但是，专利审查员大部分都只具备理工科背景，在从事专利审批工作之前，很少参加过专业的法律知识培训，对于法律，特别是法律思维的了解程度不够深入。在法律思维缺乏的情况下，在实际的审查工作中，可能会存在对法条的立法宗旨的理解不够深入，较为机械地运用有关法条等问题。

在审查实践中，专利保护客体的法条相对于涉及权利要求实质性内容的其他法条运用得较少，专利审查员对于专利保护客体相关法条的法律思维运用经验相对不足。专利保护客体通常是专利实质审查中的第一道门槛，如果希望把好这第一关，仅有技术思维是不够的。为了保障专利保护客体的审查质量，站好实质审查工作的第一岗，本文试图在介绍客体审查中的法律思维的基础上，结合对3个司法案例在客体审查中法律思维运用的研究，分析客体审查中法律思维运用的现状，并对如何提升审查员在客体审查中法律思维运用的能力进行初步探讨。

一、客体审查中的法律思维

法律思维是思维的一种形式，从其总体要求和规定性来看属于理性思维。所谓法律思维，大体是指法律人根据现行有效法规范进行思考、判断和解决法律问题的一种思维定势，一种受法律意识、法律思想和法律文化所影响的认知与实践法律的理性认识过程。具体到专利审查工作中，法律思维是指导专利审查工作的一种方法论，其引导审查工作紧密围绕专利法立法宗旨展开，根据法律的相关规定，运用法律逻辑去思考、分析、解决和评判专利审查的相关问题。[1]

客体审查通常是专利实质审查中的第一道门槛，《专利法》为这道门槛设置了多个相关法条，《专利审查指南2010》也给出了更加具体的规定和解释，如：(1)《专利法》第2条第2款规定了专利法意义上的发明客体，是指对产品、方法或者其改进所提出的新的技术方案，技术方案是对要解决的技术问题所采取的利用了自然规律的技术手段的集合。(2)《专利法》第25条还规定了一些不授予专利权保护的客体，包括科学发现、智力活动的规则和方法、疾病的诊断和治疗方法等。运用法律思维判断客体问题时，首先要确定申请的事实依据，再从客体相关法条的立法宗旨出发，判断申请是否属于专利法意义上的发明客体。

二、典型司法案例分析

以下将对3个由北京市高级人民法院公开的经典司法判例进行深入分析，挖掘行政审批阶段与司法阶段在利用法律思维解决发明专利申请的客体审查过程中所体现的差异。

【案例1】黄金富与国家知识产权局专利复审委员会发明专利申请驳回复审行政纠纷上诉案［北京市高级人民法院（2013）高行终字第671号］

本案权利要求1涉及一种电子货币数据存取系统，用于零钱数据的存储和支付，所述系统包括：银行电脑中心、多个带有自身号码的硬币卡、多个收款机、多个带有自身号码的充值机、硬币卡电脑中心，其特征在于，硬币卡具有支出数据记录区、储入数据记录区及充值数据记录区，其通过与收款机、与充值机进行数据的存取，来实现零钱数据的支付与储存，各收款机与硬币卡电脑中心通过电信网络连接，将与相应硬币卡发生的零钱数据的支付与储存的信息传输给硬币卡电脑中心，硬币卡电脑中心与银行电脑中心通过电信网络相连接，将支付信息传输给银行电脑中心，各充值机分别通过有线及无线电信网络与硬币卡电脑中心相连接，用于向各硬币卡写入充值数据。

实审部门认为，本申请解决的问题是如何克服市场上顾客携带和使用大量硬币的不便，不是技术问题，采用的手段是根据人为规定的规则将找赎回来的硬币零钱金额直接存入硬币卡内，不是技术手段，获得的效果是对货币系统规则的管理和控制，不是技术效果。因此，本申请不属于《专利法》第2条第2款规定的技术方案。

国家知识产权局专利复审委员会作出维持驳回决定的复审决定，理由与驳回决定相同。

申请人不服，其认为：现有技术的货币系统会造成硬币携带的不方便、硬币交易的不卫生及浪费大量资源，显然构成一种技术问题。本申请的硬币卡针对取代硬币支付与找赎零钱的电子货币系统，现有技术并没有教导或建议这样一种针对取代硬币支付与找赎零钱的电子货币系统，所以并不是公知的，不属于利用公知技术完成商业规则的运作，实际上这是技术上的改进，克服了现有技术的缺陷。因此本申请属于专利法保护的客体。

法院认为，本申请是为了解决将零钱兑换给用户而产生的零钱携带不便和不卫生的问题，这不属于技术问题；同时权利要求1的解决方案中虽然包括了银行电脑中心、硬币卡等硬件装置，但其都是现有电子货币系统中的公知装置，其在本申请中完成的功能也是这些装置本身的常规功能，该权利要求的主要内容在于人为制定了规则，将现金交易中产生的零钱作为电子交易的对象，这并非利用自然规律的技术手段，其获得的效果也并非受自然规律约束的效果。故本申请权利要求1不构成技术方案。

由上可见，虽然实审部门与法院的结论一致，但二者的判断主体所具备的法律素养不同，导致他们在对"技术方案"的法律思维方面的认识和说理上存在差异，并进一步导致申请人对于审查意见中有关技术方案的判断结论和评述理由常常表示不认可。实审部门的审查员虽然都知晓《专利法》及《专利审查指南2010》中关于"技术方案"的规定和解释，但仍然存在少数机械地、简单地、独立地评述不是技术问题、不是技术手段、不是技术问题的说理现象，从而导致申请人不能理解既然方案中涉及技术性的内容，如电脑中心、硬币卡、收款机、充值机、硬币卡电脑中心等装置，为什么解决方案却不是技术方案。而法院在运用其法律思维进行是否属于技术方案的判断时，从其是否利用了自然规律、解决的是否为技术问题、是否获得了技术效果进行整体、综合判断，并认为"技术方案"的三要素之间的关系应当是相辅相成，互为因果，其中以技术手段的优先级最高，即技术手段在"三要素"中发挥着更加重要的作用。

【案例 2】徐文新与国家知识产权局专利复审委员会发明专利申请驳回复审行政纠纷上诉案［北京市高级人民法院（2011）高行终字第 1213 号］

本案权利要求 1 涉及一种字符串检索技术，其特征在于：以一个质数代表 n 个字符元，以 m 个质数代表全部字符元，则若干个字符串 S 有其所有字符元相应的质数的乘积，称为 F 值。如果 Fa 不能被 Fb 整除；或者对 Fa，以 Fb 为模运算，余数不等于 0，则 Fa 所代表的若干个字符串 Sa 不包含 Fb 所代表的若干个字符串 Sb 的所有字符元。如果 Fa 能被 Fb 整除，或者对 Fa，以 Fb 为模运算，余数等于 0，则 Fa 所代表的若干个字符串 Sa 包含或可能包含 Fb 所代表的若干个字符串 Sb 的所有字符元。

实审部门认为，权利要求 1 除主题名称外，其所限定的全部内容均是对于如何由质数表示字符串的定义和运算方法，这种定义和运算方法是一种智力活动的规则和方法，属于《专利法》❶ 第 25 条第 1 款第（2）项的规定。

国家知识产权局专利复审委员会认定本申请保护的方案不是专利法意义上的技术方案，不符合《专利法实施细则》第 2 条第 1 款的规定。

法院认为，本申请实际所要解决的是根据人为的决定如何使质数代表字符元，以及如何进行字符串的运算，其不构成技术问题；采用的手段是根据人为主观意志规定检索算法步骤，不构成技术手段；获得的效果也只是通过检索算法的人为规定取得所要的检索结果，该效果系由人为对检索的管理和控制而获得，并不是技术效果。虽然该字符串检索技术及方法需要结合计算机得以体现，但并非针对计算机单机检索本身、计算机联机检索本身或计算机网络检索本身的特点所制定，通过本申请说明书所载明内容也无法得出其能够给计算机的内部性能如数据传输、内部资料管理等带来改进，也没有给计算机的构成或功能带来任何技术上的改变，即并非针对计算机及其他设备的内部性能的改进提出的技术方案，因此本申请的方案中无法体现出检索规则和计算机技术之间的有机结合，不是一种技术方案。

由上可见，虽然实审部门与法院均认为本申请不属于专利法保护的客体，但是二者适用的法条却不一致，前者所用法条是《专利法》第 25 条第 1 款第（2）项，后者所用法条是《专利法实施细则》第 2 条第 1 款（2008 年《专利法》第 2 条第 2 款）。这两个法条均可用于评判专利保护客体，但二者适用的范围有所不同。基于审查指南的规定可以看出，对于《专利法》第 25 条第 1 款第（2）项适用的范围限制得比较小，其仅适用于纯粹的"智力活动的规则

---

❶ 文中讨论时案例时涉及的《专利法》《专利法实施细则》和审查指南，如无特别指出，均为当时有效的版本。——编辑注

和方法",即仅仅涉及智力活动的规则和方法而不包含任何技术特征的方案;而本申请中包含了"字符串检索技术""字符串""字符元""模运算"等需要借助计算机程序来进行实现的技术特征,显然不应当依据《专利法》第25条第1款第(2)项排除其获得专利权的可能性。但是,具备技术特征的方案却不一定是技术方案,本申请的客体审查也就并未结束。所以,国家知识产权局专利复审委员会和法院在客体审查过程中,事实认定正确以后,再进行本申请是否为"技术方案"的审查,并得出本申请不是一种技术方案的结论;体现了国家知识产权局专利复审委员会和法院的判断主体站在本领域技术人员的高度对方案整体进行审查的法律思维。

【案例3】冯连元与国家知识产权局专利复审委员会发明专利复审行政纠纷上诉案 [北京市高级人民法院(2012)高行终字第81号]

本案权利要求1涉及一种将临床医学上各种检测或化验结果的正常范围参考值及其实际测量值统一标化的方法,其特征在于:(Ⅰ)数据输入步骤:(1)如果患者的性别及年龄对实际测量值有影响,应首先读取患者的性别及年龄;(2)读取各种正常范围参考值;(3)读取或采集实际测量值。(Ⅱ)计算步骤:(1)首先按下述标化公式(A)或(B)由计算机计算出各种正常范围参考值的标化值:$SV = 1+(X-M)/(G-M)$ ——(A),$SV = 5+5×(X-M)/(G-M)$ ——(B);式中:SV:标化值;X:测量值;M:正常范围的均数;$M=(G+D)/2$;G:正常范围的上限;D:正常范围的下限;(G-M):其物理意义为正态分布中所述的1.96个总体标准差;利用公式(A)标化后的正常值范围为:0~2;利用公式(B)标化后的正常值范围为:0~10;将上述标化值存入计算机的存储器中备用。(2)按上述公式(A)或(B)由计算机算出实际测量值的标化值。(Ⅲ)对测定值及其标化值由计算机程序完成检测报告并打印。

实审部门认为,权利要求1的标化值计算方法都基于人为制定的规则,并按照所制定的规则来进行数据处理,不受自然规律的约束,因而未利用相应的技术手段,取得的也不是符合自然规律的技术效果。因此,权利要求1不符合《专利法实施细则》第2条第1款的规定。

国家知识产权局专利复审委员会认为本申请属于《专利法》第25第1款第(3)项规定的疾病的诊断方法,不能被授予专利权。

法院认为,首先,本申请权利要求书虽然没有直接限定针对有生命的人的检测步骤,而是"以临床医学上各种检测或化验结果为对象",但是,本申请中各种检测或化验结果是以有生命的人为检测对象获得的,换言之,其所述统一标化的方法必然包含对有生命的人为对象的检测过程。其次,疾病诊断是一个广泛的概念，包括对个体的健康状况、亚健康状况、疾病状况的诊断，并不一定要针对患病的个体进行。本申请所述统一标化的方法的目的是为了获得个体健康状况概率，获知个体罹患各种疾病的潜在可能性，故本申请检测的直接目的是为了获得个体的健康状况。因此，本申请符合审查指南第二部分第一章第4.3.1.1节所指的判断是否属于疾病的诊断方法的两个条件，属于《专利法》第25第1款第（3）项规定的不能被授予专利权的情形。

由上可见，虽然实审部门与法院均认为本申请不属于专利法保护的客体，但是二者适用的法条却不一致，前者所用法条是《专利法实施细则》第2条第1款（2008年《专利法》第2条第2款），后者所用法条是《专利法》第25条第1款第（3）项。这两个法条均可用于评判专利保护客体，但二者的立法本意是不同的。前者是基于对发明创造授予专利权必须有利于推动其应用，提高创新能力，促进我国科学技术进步和经济社会发展而对可授予专利权的客体进行的最基本的规定；后者是"出于人道主义的考虑"，从政策角度出发规定不能授予专利权的主题。本申请属于医疗领域与计算机领域交叉结合的发明专利申请，而实审部门审查员却在本领域审查的惯性思维下，依据审查指南第二部分第九章关于涉及计算机程序的发明专利申请的相关规定发表审查意见，认定本申请不是一种技术方案。法院则是从客体相关法条的立法本意出发，对于医疗领域与计算机领域交叉结合的案子，选择合适的法条进行评述。

三、客体审查中法律思维的运用现状

通过以上司法案例分析以及结合现有的审查实践经验，笔者认为，在审查实践中，对于客体审查的法律思维运用至少还存在以下几种现状。

（一）审查过程中未站在本领域技术人员的高度对方案整体进行考量

目前在电学、通信、计算机程序领域中，存在大量涉及计算机程序并且包含智力活动的规则和方法的发明专利申请。对于此类发明方案，其申请文件越来越呈现出多样性和复杂性的特点。而这样的申请是不同领域技术特征的集合，自然存在一些在形式上无法判明是否具有与计算机程序相关的内容的发明方案。在分析申请的事实依据时，不同领域的审查员容易根据本领域审查的惯性思维而认定出不同的结论，如存在审查员对"与计算机程序相关的内容"的认定片面、机械，认为权利要求中只有明确记载了"计算机""计算机程序""计算机设备"等相关术语时才能认定为涉及计算机程序的申请的情况；这是因为审查员没有站在本领域技术人员的高度来对权利要求进行整体性把握，从而导致审查客体所依据的事实认定错误，致使给出不恰当的审查意见。

(二)"技术方案"的判断存在困惑

通常,实审部门审查员在判断解决方案是否属于技术方案时是根据《专利法》和《专利审查指南2010》中的相关规定和解释对"技术方案"的三要素进行判断。但是,在某些领域中,审查员在判断过程中还是常常纠结于所采用的手段究竟是不是技术手段,方案所解决的究竟是不是技术问题,以及有没有获得技术效果。对于同样的申请事实,有的审查员认为是技术方案,有的审查员认为不是技术方案,表现出审查员在处理相关案件时产生的困惑。另一方面,申请人对于审查意见中有关技术方案的判断结论和评述理由常常表示不认可。

造成上述困惑和分歧的原因,主要在于判断主体对于《专利法》第2条第2款的理解存在差异,导致判断标准上的不统一。《专利法》第2条第2款的规定看似简单,实际上非常抽象。审查指南中的相关解释也仅是强调要对技术手段、技术问题、技术效果这三要素进行判断,对如何进行判断并没有给出具体的、可参考的判断步骤。不同的判断主体,受到所持立场的影响,对发明的定义和审查指南中上述解释的理解差异,很难做到绝对的统一。而判断过程又是一个思维活动过程,在判断过程中判断主体往往会带着自己的主观思考,受个人因素的影响很难做到绝对的客观公平。

(三)对于客体相关法条的立法本意把握不到位

随着计算机的广泛应用,频繁出现非计算机领域采用计算机进行辅助实现的专利申请,尤其是在医疗领域中,计算机辅助实施以用于提高医生的诊断和治疗效率的专利申请量不断增多。对于此类交叉领域的申请,在进行客体判断的审查过程中,不同领域的审查员容易根据本领域审查的惯性思维而认定出不同的发明侧重点,从而造成了目前在类似于医疗领域与计算机领域的交叉领域的专利申请的审查过程中,部分审查员对于与医疗技术相关的法律条款的审查敏感度不高的现状。

由于实审过程中涉及"三性"评判、保护范围等法条在审查过程中引用频率较高,而客体相关法条运用则较少,因此审查员在客体审查方面欠缺经验;而同时,客体相关的常用法条的立法本意是不尽相同的,故审查员对于各个法条的立法本意区分把握不准确,造成审查过程中只关注是否使用客体类法条进行评述,而未从立法本意的角度出发,探究各个法条的具体适用原则的状况。

四、客体审查工作的改进建议

基于上述相关案例的学习研究,我们可以从司法阶段相关案例的判决书中得到启示，以法官对法条的理解、判断逻辑、说理过程作为借鉴，进而对实审工作的客体审查进行改进。

（一）敬畏法律，正确掌握客体审查相关法条的立法本意

专利实质审查中的法律依据是《专利法》《专利法实施细则》和审查指南。要严格做到"依法行政"，审查员首先要充分尊重这些法律，其次要对其进行深入了解，准确把握法律标准。

审查指南中规定了"对于发明创造授予专利权必须有利于其推广应用，促进我国科学技术进步和创新及适应社会主义现代化建设的需要。为此，《专利法》第2条第2款对可授予专利权的客体作出了规定。考虑到国家和社会的利益，《专利法》还对专利保护的范围作了某些限制性规定。一方面，《专利法》第5条规定，对违反国家法律、社会公德或者妨害公共利益的发明创造不授予专利权；另一方面，《专利法》第25条规定了不授予专利权的客体。可见，与客体相关的常用法条的立法本意是不尽相同的。要准确理解每个法条的立法宗旨，尤其是当确定案件涉及不属于授权的客体时，要善于从立法者的立法目的和本意的角度来选择适应的法条进行评述，上述案例3在这方面具有很好的借鉴意义。另外，客体审查中用的最多的《专利法》第2条第2款，其立法宗旨是鼓励、保护和促进科学技术的进步。根据该立法宗旨，在判断一个方案是否属于技术方案时，首要的是判断专利申请所提出的问题是否是通过利用了自然规律的手段来解决的、所采取的手段是否带来了技术上的改进；上述案例1给出了这方面启示。

（二）达到本领域技术人员的技术水平，从整体上把握专利申请的内容

按照《专利法》的要求，审查员必须向"本领域技术人员"的水平靠拢。要不断提升审查员自身的技术知识水平，使之能够尽量接近"本领域技术人员"的站位。审查员在对本申请的事实进行认定时，需要对现有技术有充分的了解。如果审查员在开始审查时还不能达到本领域技术人员的高度，则需要充分检索和阅读现有技术，努力使自己达到本领域技术人员的认知水平之后再进行判断。在此基础上，既不能孤立地、"抠字眼"地去理解技术方案中的某个技术术语或技术特征；也不能凭空想象，在对申请文件或对比文件的解释中加入主观臆想的内容。审查员需要不断地学习新技术，加强自身技术层面的修养，才能站在本领域技术人员的高度跳出申请文件的字面意义，抓住申请的实质目的，认清申请的真实面目，从而在客体审查时认定正确的事实依据，给出正确的审查意见；上述案例2给出了这方面启示。

参考文献

[1] 魏保志. 做好专利审查要有法律思维 [J]. 审查业务通讯，2014，20（1）：1-6.
[2] 岑艳. 浅谈"智力活动的规则和方法"与"是否技术方案"的法条适用 [J]. 审查业务通讯，2012，18（8）：77-80.

侵权中禁止反悔原则的适用若干问题研究

赖 异　宫 磊

摘　要：禁止反悔原则对于侵权判定有着重要影响。目前，我国立法文件中尚未对禁止反悔原则作出明确的规定，而司法实践中已经频繁引用禁止反悔原则审理专利侵权案件。由于没有明确的法律规定，法律实务中对于是否适用禁止反悔原则以及如何适用禁止反悔原则还存在争议。❶ 本文拟对侵权中禁止反悔原则适用进行研究，对禁止反悔原则适用中存在的问题给出建议和意见。

关键词：禁止反悔　等同侵权　弹性阻却　无效

引　言

禁止反悔原则的适用是近年来专利法司法实践的热点之一，最高人民法院知识产权案件年度报告 2012❷、2011❸、2010❹ 和 2009❺ 屡次涉及与之相关的问题。

一般来说，司法判定中禁止反悔原则的适用需要确定 3 个问题：适用前

---

❶ 缪友菊. 禁止反悔原则在专利侵权中的适用 [D]. 重庆：西南政法大学，2009：56.
❷ 2012 年收录中誉公司与九鹰公司侵犯实用新型专利权纠纷案，该案涉及将从属权利要求上升为独立权利要求是否会导致适用禁止反悔原则。
❸ 2011 年收录墨盒专利无效行政案，该案涉及专利申请文件的修改限制与禁止反悔原则的关系。
❹ 2010 年收录澳诺公司与午时公司等专利侵权案、优他公司与万高公司等专利侵权案，前者涉及为克服权利要求不能得到说明书的支持的缺陷而修改权利要求是否可导致禁止反悔原则的适用，后者涉及专利权人在授权确权程序中的意见陈述是否可导致禁止反悔原则的适用。
❺ 2009 年收录沈其衡与盛懋公司专利侵权案，该案涉及法院是否可以主动适用禁止反悔原则。

提、适用范围以及对保护范围的影响。上述问题的解决对禁止反悔原则在司法实践中的应用具有重要影响，对于社会公众、专利权人以及潜在的被控侵权人都具有非常重要的意义。然而针对上述问题，理论界、学术界和实务界还存在诸多争议。本文从专利审查员的视角，结合审查实践对禁止反悔原则在司法实践中的应用进行研究，并给出倾向性的建议。

一、禁止反悔原则的适用前提

禁止反悔原则在侵权判定中的适用，首先要解决的问题是确定主张适用禁止反悔原则的主体，即"谁"有权提出适用禁止反悔原则。目前的争论集中在：如果被控侵权人没有主张适用禁止反悔原则，法院是否能主动援引。对此问题，我国现行法律和相关司法解释并未给出明确的规定。司法实践中，专利权人多就法院是否主动适用禁止反悔原则提出疑议。

沈其衡与盛懋公司案件中，沈其衡申请再审时称：本案中被控侵权人没有提供申请再审人在无效程序及专利行政诉讼程序中作出承诺、认可和放弃的任何证据，也没有提出以禁止反悔原则作为抗辩理由的主张，二审法院主动适用禁止反悔原则缺乏法律依据，也对申请再审人不公。最高人民法院在其判决书中认为禁止反悔原则是对等同原则的限制，不应当限制人民法院主动适用禁止反悔原则，以便更好地维护专利权人与社会公众之间的利益平衡。即使被控侵权人没有主张适用禁止反悔原则，人民法院在界定专利保护的范围时也可以根据业已查明的事实，通过适用禁止反悔原则对等同原则的适用予以必要的限制，以便对专利权的保护范围进行明确的界定。但北京市高级人民法院在《专利侵权判定若干问题的意见（试行）》第46条规定被告提出请求才可以适用禁止反悔原则。基于专利侵权诉讼的审判过程中当事人双方的对抗制度，认为当事人之间的矛盾应由双方当事人进行承担，法院不应主动适用该原则。有一部分从业律师也趋向于本观点❶，认为法院不主动适用禁止反悔原则符合民事诉讼"谁主张谁举证"原则，并且认为法院主动引用禁止反悔原则，将会增加法院的工作量，法官也难以理解技术文件。在目前的判例中，法院一般都不主动适用禁止反悔原则。

针对法院是否有权主动适用禁止反悔原则，笔者认为，根据《最高人民法院关于审理侵犯专利权纠纷案件应用法律若干问题的解释》第6条："专利申请人、专利权人在专利授权或者无效宣告程序中，通过对权利要求、说明书的

---

❶ 林辉轮. 浅析禁止反悔原则在侵权抗辩的适用[J]. 企业知识产权管理与司法维权，2013：507.

修改或者意见陈述而放弃的技术方案，权利人在侵犯专利权纠纷案件中又将其纳入专利权保护范围的，人民法院不予支持。"司法解释并未限制法院主动援引禁止反悔原则。法官主动援引禁止反悔原则将有利于查明事实。实际上，专利侵权案件审判的主要的部分就是对权利要求保护范围的确定，只有确定了专利权的保护范围，才能作出是否"侵权"的决定。而禁止反悔原则从本质上讲，是除权利要求文字、说明书记载的内容和现有技术基础外，一种解释权利要求的辅助手段。法官主动援引禁止反悔原则，将便于查明事实。实际上，对专利审批过程的回顾，将更加有利于法官确定专利权的保护范围。有观点认为法院不主动适用禁止反悔原则符合民事诉讼"谁主张谁举证"原则，这实际上是将禁止反悔原则纳入了被控侵权人对侵权指控的抗辩手段。但实际上，专利权是一种具有排他性的独占权，一旦获得专利权，任何人未经许可不得使用，否则构成侵权。也就是说，专利权具有"以一敌百"的功效，因此对权利要求保护范围的确定，不仅涉及涉案双方，也涉及公众的利益。唯有尽可能地查明真相，了解事实，才能作为稳定的、统一的解释。因此，笔者认为应当允许法院主动适用禁止反悔原则，甚至鼓励法院主动适用禁止反悔原则，通过"一次审判"实现对专利权保护范围的准确界定，这也将有利于节约司法审判资源。

二、禁止反悔原则的适用范围

（一）等同侵权与禁止反悔原则的关系

禁止反悔原则的提出意在制约等同侵权，作为一种规则与等同原则相辅相成。❶ 尹新天在《中国专利法详解》中认为：禁止反悔原则只是对《专利法》第 56 条第 1 款规定的"专利权的保护范围以其权利要求的内容为准"的一种补充，不可能超越这一专利法最为基本的原则。❷ 这一点体现在当相同侵权成立时，一般无须考虑禁止反悔原则；只有当相同侵权不成立，进而依据等同原则来判断等同侵权时，才需要考虑使用禁止反悔原则的问题。在目前的司法实践中❸，将禁止反悔原则的适用大前提严格锁定在等同原则。即专利侵权案件中在原告提出等同侵权后，被告才能采用禁止反悔原则进行抗辩。

但目前有学者提出了相同侵权情况下同样可以适用禁止反悔原则❹，认为禁止反悔原则是一项独立的权利要求解释规则，专利权利人在专利授权或者无

---

❶ 尹新天. 中国专利法详解 [M]. 1 版. 北京：知识产权出版社，2011：621.
❷ 尹新天. 中国专利法详解 [M]. 1 版. 北京：知识产权出版社，2011：620.
❸ 米博. 略论专利侵权诉讼中的禁止反悔原则的具体适用 [J]. 法制在线，2014：22.
❹ 魏金汉. 相同侵权判定可适用禁止反悔原则 [N]. 人民法院报，2013-04-04（06）.

效宣告程序中，只要曾经作出了影响专利保护范围的修改或意见陈述，在侵权判定中，都可以适用禁止反悔原则，不必在等同原则被提出之后，才考虑禁止反悔原则的适用。在司法实践中，相同侵权是否适用禁止反悔原则也存在一些争议。

浙江省高级人民法院判决白桦林公司等诉美佳公司侵害实用新型专利权纠纷案中，该案双方争议在于相同侵权判定阶段能否适用禁止反悔原则。一种观点认为，按照侵权判定一般步骤，禁止反悔原则要在等同原则被提出后才予以考虑；在相同侵权审查阶段，没有适用禁止反悔原则的余地；从涉案专利权利要求字面上看已构成相同侵权，应认定被控侵权产品落入涉案专利权保护范围。另一种观点认为，法律及相关司法解释没有规定禁止反悔原则在哪个侵权判定阶段才能适用，适用禁止反悔原则也并不以原告的等同侵权主张为条件，在原告主张字面侵权审查阶段法院也应当适用禁止反悔原则进行审查。本案中，浙江省高级人民法院最终通过禁止反悔原则的适用，最后判定本案相同侵权及等同侵权均不成立。

针对这一问题，笔者认为：不应仅限于依据等同原则来判断等同侵权时，才需要考虑使用禁止反悔原则的问题；在相同侵权存在的情况下，应当视条件来考虑禁止反悔原则。专利保护的范围以其权利要求的内容为准，这是专利法的基础原则，也体现了专利权的公示力。专利权是一种独占的排他权，尊重公示力是维护社会公众信赖利益的需要。如果说等同原则的使用破坏了专利公示的效果，给专利保护范围的确定造成了不确定性，而禁止反悔将等同原则的适用限制在一定范围，保护专利公示的效果，在相同侵权条件下不加限制地使用禁止反悔原则，却又会将专利的公示效果带入另一个不确定的方向，甚至使得专利权人自身也不太确定自己的权利范围。这样也会导致专利权人在专利审批过程中不敢发声，以避免留下"禁反言"的证据。同样地，如果法官在所有的情况下，都要将禁止反悔原则作为权利要求的解释规则，无疑会增加太多的工作，也会导致法官纠结在到底申请人是否有限制权利要求保护范围的表示。根据目前的审查实务，禁止反悔原则往往是在专利审批阶段引入了新颖性/创造性条款来要求申请人对权利要求进行限缩而导致的，在这种情况下，权利要求的表述一般不存在不清楚的问题，也就是没有解释的必要；同时，审查员对于新颖性/创造性的要求往往比较强硬，一般也不会出现意见陈述给出的解释范围小于权利要求本身保护范围的情况。因此，绝大部分情况下，在出现相同侵权时没有引入禁止反悔原则的必要。只有在权利要求本身存在瑕疵，也就是说按照权利要求本身的字面解释无法界定权利要求的保护范围时，才有必要引入禁止侵权原则来发挥其解释权利要求的功能。而在审查事务中，当权利要求存在瑕疵而又难以修改（例如修改容易导致超范围）时，审查员就易于接受申请人在意见陈述中的解释，而这种解释就是对权利要求保护范围的澄清，应当被考虑为禁止反悔原则的依据。因此，禁止反悔原则可用于判断是"相同侵权"还是"等同侵权"，以及在"相同侵权"下对权利要求的解释。

（二）禁止反悔原则在各无效理由中的适用性

申请人在专利审批过程中对申请文件进行修改有不同的目的，用于克服专利申请中不同类型的缺陷，在使用禁止反悔原则时，对处于不同目的而进行的修改或者意见陈述是否应当有所区别，如果认为有区别，那么其中哪些修改或者意见陈述会导致禁止反悔原则的适用。这也是禁止反悔原则要考虑的问题。

北京市高级人民法院制定的《专利侵权判定若干问题的意见（试行）》第43条规定：禁止反悔原则是指在专利审批、撤销和无效程序中，专利权人为确定其专利具备新颖性和创造性，通过书面声明或者修改专利文件的方式，对专利权利要求的保护范围作了限制承诺或者部分地放弃了保护，并因此获得了专利权。而在专利侵权诉讼中，法院适用等同原则确定专利权的保护范围时，应当禁止专利权人将已被限制、排除或者已经放弃的内容重新纳入专利权的保护范围。可见，适用禁止反悔原则的修改或陈述只能为了具备"新颖性或者创造性"，而不能是其他法条。还有一种观点认为：根据最高人民法院的司法解释，只要专利申请人/专利权人在审查过程中缩小其原来要求的保护范围，就应当导致禁止反悔原则的使用，而不必考虑缩小保护范围是为了克服申请文件或者专利文件中存在的何种缺陷；禁止反悔原则不仅仅适用于新颖性/创造性，为了克服权利要求不清楚、权利要求得不到说明书支持的缺陷，其结果都是将权利要求的保护范围缩小，这些情况都可以导致禁止反悔原则的适用，不必予以区分。

湖北午时药业股份有限公司与澳诺制药有限公司、王军社侵犯发明专利权纠纷案中，河北省石家庄市中级人民法院一审认为：只有为了使专利授权机关认定其专利申请具有新颖性或者创造性而进行的修改或者意见陈述，才产生禁止反悔的效果，并非专利申请过程中关于权利要求的所有修改或者意见陈述都会导致禁止反悔原则的使用。本案专利权人将独立权利要求中的"可溶性钙剂"修改为"活性钙"，是为了使其权利要求得到说明书的支持，不产生禁止反悔的效果。但最高人民法院认为：专利权人在专利授权程序中对权利要求1所进行的修改，放弃了包含"葡萄糖酸钙"技术特征的技术方案。根据禁止反悔原则，专利申请人或者专利权人在专利授权或者无效宣告程序中，通过对权利要求、说明书的修改或者意见陈述而放弃的技术方案，在专利侵权纠纷中不能将其纳入专利权的保护范围。因此，涉案专利权的保护范围不应包括"葡萄糖酸钙"技术特征的技术方案。被诉侵权产品的相应技术特征为葡萄糖酸钙，属于专利权人在专利授权程序中放弃的技术方案，不应当认为其与权利要求1中记载的"活性钙"技术特征等同而将其纳入专利权的保护范围。原审判决对禁止反悔原则理解有误，将二者认定为等同特征不当。根据最高人民法院的上述判决，专利权人在专利授权程序中通过对权利要求、说明书的修改或者意见陈述而放弃的技术方案，无论该修改或者意见陈述是否与专利的新颖性或者创造性有关，在侵犯专利权纠纷案件中均不能通过等同侵权将其纳入专利权的保护范围。

针对此问题，笔者支持最高院的观点，理由如下：为了与现有技术形成区别从而对权利要求进行修改确实是引入禁止反悔原则最为常见的情况。但专利要满足授权的条件，还需要符合例如清楚、支持、公开充分等实质性条件。这些条件本身的出发点就是基于专利所获得的权利与其贡献相匹配，体现在其保护范围应当适度，既要有别于现有技术的内容，又不能超出其作出贡献的部分。因此，申请人对权利要求的限缩不仅仅是为了区别于现有技术，也是为了匹配其作出的贡献。仅在涉及新颖性/创造性时引入禁止反悔原则显然不能全面保障专利的稳定性。

三、禁止反悔原则对确定保护范围的影响

如果申请人的修改或者意见陈述导致禁止反悔原则的适用，那么禁止反悔原则对专利保护范围将会什么样的影响？目前，禁止反悔原则的适用包括两种准则，一种是"弹性阻却"，另一种是"完全阻却"。"弹性阻却"是指，禁止反悔原则对等同原则的适用在通常情况下只产生有限的影响，其影响的范围是弹性的，其影响的程度视具体情况而定，可以很大，即基本上排除适用等同原则的可能性；也可以为零，即基本上不影响等同原则的适用。与"弹性阻却"相对的是"完全阻却"。"完全阻却"是指如果认定对权利要求的某个技术特征应当适用禁止反悔原则，那么对该技术特征来说，就完全不能适用等同原则。

目前，理论界大多数学者赞同"弹性排除说"[1]，认为"弹性排除说"将禁止反悔的范围限于其承诺部分，追求一种实质公平和利益平衡。但"弹性阻却"的适用带来了一个问题：弹性阻却"阻却"了什么？哪些技术方案为推定为放弃？这往往有很大的争议。中誉电子公司诉九鹰电子科技公司侵犯发明专

---

[1] 丁锦希."完全排除"还是"弹性排除"——从一则药品专利侵权案谈禁止反悔原则的法律适用[J]. 法苑博览，2009：70-73.

利权纠纷案中，九鹰公司称，因为权利要求1~2被宣告无效，而权利要求3是对其进一步限定，故权利要求1~2与权利要求3之间的"领地"被推定已放弃。但最高人民法院认为，权利要求3中的"银膜"并没有被权利要求1~2所提及，而且中誉公司在专利授权和无效宣告程序中没有修改权利要求和说明书，在意见陈述中也没有放弃除"银膜"外其他导电材料作为导流条的技术方案。因此，不应当基于权利要求1~2被宣告无效，而认为权利要求3的附加技术特征"银膜"不能再适用等同原则。针对该问题，最高人民法院从专利权人是否有放弃的动机的角度来说明是否适用禁止反悔原则，即如果该从属权利要求中的附加技术特征未被该独立权利要求所概括，则因该附加技术特征没有原始的参照，故不能推定该附加技术特征之外的技术方案已被全部放弃。

但笔者认为，专利权人将"银膜"的技术特征加入到独立权利要求1，是将一个大的保护范围缩小为一个小的保护范围，而范围的缩小必然导致权利的放弃，应当适用禁止反悔原则。接下来需要判断到底放弃了哪些内容，才能明确权利要求的保护范围。根据"弹性阻却"原则中"弹性"在于"阻却"的既包括明确放弃的，也包括推定放弃的。从另一个方面看，也很重要，即"弹性"还在于确定哪些是没有放弃，以及应当推定为没有放弃的。

笔者认为，判断专利权人是否有放弃的动机比较困难，在"弹性阻却"的运用中，可以通过判断被控侵权产品与现有技术（放弃内容）以及"等同特征"的接近程度，来判断是否属于等同原则的范畴。例如本案中的"银膜"，如果专利权人将"银膜"加入独立权利要求1中是为了克服对比文件1公开了"铝膜"的新颖性/创造性问题，并且专利权人声称"银膜"比"铝膜"具有更好的反射率，显然，申请人在权利要求1中增加"银膜"就是首先是放弃了"银膜"和"铝膜"的共同上位"金属膜"，以及与"铝膜"有着类似折射率的其他金属膜，而请求保护的是"银膜"以及与银膜有着类似折射率的其他金属膜。因此，本案的判断焦点就从专利权人是否有放弃的动机转变为判断被控侵权产品-专利权保护范围-现有技术之间的接近程度。如果被控侵权产品中的"镀金铜条"具有与"铝膜"类似的折射率，则应当判定为不等同；而如果"镀金铜条"与"银膜"具体类似的折射率，则应当判定为等同。类似地，如果申请人将"银膜"加入权利要求1中，是由于授权阶段审查员质疑其得不到说明书的支持，理由是除了实施例中公开的"银膜"外，不明确是否所有的金属膜都具有与"银膜"类似的反射率，而申请人由于受到《专利法》第33条的限制，只能将权利要求1修改为"银膜"而非类似"反射率高的金属膜"时，也不能认为专利权人放弃了除"银膜"以外所有的金属膜，而应当认定为保护了"银膜"以及与"银膜"有着类似反射率的金属膜。对于"弹性阻却"

原则中的"弹性"，笔者认为应当体现在明确放弃的内容边界和明确保护的内容边界之间，并判断被控侵权产品与两个边界的接近程度，接近程度的判断可以借助创造性高度的显而易见性。这可以作为"弹性阻却"原则的一个操作方法。

四、总　结

对于法院能否主动适用禁止反悔原则，笔者认为：虽然我国现行法律和相关司法解释并未给出明确的规定，但是从利于确定专利权的保护范围的角度，应该允许法官主动援引禁止反悔原则，将便于查明事实，对专利权利要求作出统一、稳定的解释。对于禁止反悔原则在侵权判定的具体适用场合，则不应当仅限于依据等同原则来判断等同侵权时，才需要考虑使用禁止反悔原则的问题；在相同侵权存在的情况下，应当视条件来考虑禁止反悔原则。对于禁止反悔原则在各无效理由中的适应性，笔者认为：专利要满足授权的条件，不仅要满足新颖性/创造性条款的要求，还需要符合例如清楚、支持、公开充分等实质性条件，仅在涉及新颖性/创造性时进入禁止反悔原则显然不能全面地保障专利的稳定性，因此，禁止反悔原则应当适用于专利权人为了获得授权而作的基于专利法各项实质性条款的限缩。最后，对于禁止反悔原则的具体适用范围，笔者赞同适用禁止反悔原则中的"弹性阻却"原则，其将禁止反悔的范围限于其承诺部分，追求一种实质公平和利益平衡。具体到"弹性阻却"尺度的把握，即弹性阻却中"阻却"了哪些技术方案，特别是哪些技术方案被推定为放弃，不仅需要考虑其是为了授权而作放弃，还应考虑申请人即使想把合理预见到的等同范围纳入权利要求的保护范围时也会因为《专利法》第33条的限制而被国家知识产权局拒绝，即不能简单地推定修改前和修改后之间的内容被排除在等同的范围之外。

从无效和司法判例看法律思维的运用和提升[*]

罗　啸　张嘉凯　杨继彬　李意平

摘　要：本文通过对典型司法判例的分析统计，发现其所反映出的在审查实践中运用法律思维的典型问题，并按照以事实为依据、以法律为准绳以及"三性"主线下的审查思维的线索，挖掘不同阶段之间在利用法律思维解决具体技术性问题的过程中所体现出的差异及差异产生的原因，对司法判例中所体现出的运用法律思维解决技术性问题的闪光之处进行提炼总结，并据此为提高法律思维的运用能力提出改进建议。

关键词：法律思维　无效　法院　判例　审查实践

引　言

专利审查是特殊的行政审批过程，要求专利审查员同时具备法律思维和技术思维的能力；而大多数审查员是理工科专业，法律思维能力相对薄弱。下文对司法判例中所体现出的法律思维的运用状况进行分析思考，并为提升审查员的法律思维能力提供建议。

一、从司法判例中探寻法律思维的运用

（一）专利法实务中的法律思维

所谓法律思维，大体是指法律人根据现行有效法规范进行思考、判断和解

---

[*] 本文源自课题"从无效和司法判例看法律思维在审查实践中的运用"。课题性质：北京中心课题；课题组负责人：李意平；成员包括：杨继彬、郎亦虹、陈升、张巍、沈敏洁、张嘉凯、罗啸、陈文静、郝庭基。

决法律问题的一种思维定势，一种受法律意识、法律思想和法律文化所影响的认知与实践法律的理性认识过程。法律思维应具有如下特征：主题具有普遍性、穿梭于规范与事实之间、不断运用各种具体法律方法、具有法律结果的指向性。在专利法实务中，与法律思维紧密相关的问题包括：专利法的立法宗旨，相关法的位阶与效力，法规的时间约束力，审查实践中对事实、理由、证据的理解，创造性的判断，对权利要求的要求，先申请原则和超范围的立法本意，以及对本领域技术人员和公知常识的定义和运用等。对这些问题的判断与把握在很大程度上取决于对法律思维的运用能力。具体到专利审查工作中，法律思维是指导专利审查工作的一种方法论，其引导审查工作紧密围绕专利法立法宗旨展开，根据法律的相关规定，运用法律逻辑去思考、分析、解决和评判专利审查的相关问题[1]。

（二）司法判例统计分析[2~4]

通过对2001~2013年间的专利行政诉讼案件进行统计分析发现，法院的立案量和结案量整体均呈上升趋势；2007~2013年间，进入一审程序的案件中涉及发明专利决定被诉数量呈逐年增长趋势；此外，近7年来，最高人民法院再审的专利行政诉讼案件立案量保持持续增长的态势。纵观三级判决的实体问题中，败诉的首因是创造性把握不准确，主要分歧涵盖了创造性判断过程中的各个方面：包括事实认定、公知常识的判断、技术启示的判断等[5]；此外，审查逻辑和客体也是容易引起请求人争议的问题。

（三）行政审查与司法判例中法律思维运用的比较研究

基于上文中的分析，本文选择了2011~2014年最高人民法院、北京市高级人民法院面向社会公开的经典案例218件进行精读，并综合考虑审查实践中的典型问题，从中筛选出具有代表性的案例26件进行分析总结，以发现在行政审查与司法判例中法律思维运用的差异。

1. 审查逻辑

在审查逻辑方面，专利实质审查部门、国家知识产权局专利复审委员会（以下简称"专利复审委员会"）和司法部门对正确的审查逻辑的认定基本是一致的，但是在实际执行时却可能出现偏差。例如，由于对"三性"主线的过分解读、对客体问题的不敏感或者对客体的不准确认定等原因，实质审查部门有时会忽视对客体的审查或在客体审查中作出错误的判断，以创造性或不清楚等条款驳回，导致给申请人错误的预期。此时在复审阶段若依职权作出申请不属于《专利法》保护客体的审查决定，前后结论的巨大反差会使得申请人难以理解和接受专利复审委员会作出的复审决定，并针对专利复审委员会是否有权审查在实质审查部门没有审查过的缺陷提出强烈质疑，导致审查程序的无谓延长和审查资源的浪费，最终损害了申请人的利益和专利审查的权威性。

2. 客体问题

通过司法判例可以看出在客体判断方面存在如下问题：（1）对"技术手段"重要性的认识，在客体的判断过程中，审查主体都会遵循"三要素"的判断思路，但是对"三要素"的主次却有不同的认识。例如，北京市高级人民法院（2013）高行终字第 671 号案例中首先判断发明是否能解决技术问题，若不能则直接否定技术手段和技术效果。但是，发明所能解决的问题不具有唯一性，对发明是否能解决技术问题存在主观因素影响。而"技术手段"作为分析技术问题与评价技术效果的基础则相对客观、容易判断，可作为"三要素"判断中的首要因素。（2）《专利法》第 25 条第 1 款第（2）项与《专利法》第 2 条第 2 款的法律适用混淆，对"技术特征"的认定不准确；（3）热点交叉领域缺乏明确的判断标准，例如疾病诊断与计算机结合，实质审查部门有时浮于表面，纠结其中而不得解，而法院更注重把握发明的实质目的，从立法宗旨出发，以法律思维审查实质，所得到的结论也更客观准确。

3. 创造性评判

无效、司法判例中所涉及的与创造性评判有关的包括事实认定、公知常识的认定、技术启示的判断以及商业上是否获得成功。对于事实认定，产生分歧的主要原因在于对技术的理解和对权利要求的理解，法院更注重从整体上对技术方案进行把握，准确地利用说明书和附图对权利要求进行解释，合理地确定权利要求的保护范围。对于公知常识的认定，法院更为谨慎客观，依据对公知常识的司法解释，其认为公知常识一般应具备普遍性、显著性和确定性；对争议特征如没有足够证据或充分理由、且非免证事实的情况下，不应简单认定为是公知常识。对于结合启示的判断，法院更客观全面地考虑了技术领域、所解决的技术问题和获得的技术效果、改进动机、本领域技术人员的技术水平、结合难度等因素，对是否存在技术启示的认定更为准确。对于商业上的成功，法院立足于引入商业成功判断创造性的立法本意，明确了两个判断条件：（1）发明或者实用新型的技术方案是否真正取得了商业上的成功；（2）该商业上的成功是否源于发明或者实用新型的技术方案相比现有技术作出改进的技术特征，而非该技术特征以外的其他因素所导致的。在判决时，依据法理进行充分说理，不主观、不盲从，其法律思维的运用非常值得审查部门借鉴。

二、对司法判例中法律思维运用的思考

本部分将在对无效和司法判例的研究基础上，按照以事实为依据、以法律为准绳以及"三性"主线下的审查思维的线索，从法律思维在司法判例中的运

用状况对法律思维在实质审查过程中的运用进行思考，并对判例中所体现出的差异进行原因分析，以为实质审查提供参考。

（一）以事实为依据

1. 客体问题

客体问题的审查所依据的事实主要是申请公开的发明事实，即权利要求书、说明书及说明书附图中记载的内容。目前在电学和通信领域中，存在大量涉及计算机程序并且包含智力活动的规则和方法的发明专利申请。对于此类申请，审查的重点常常放在判断其是否属于《专利法》第25条第1款第（2）项规定的"智力活动的规则和方法"或者其是否属于《专利法》第2条第2款规定的专利保护客体上。如果权利要求字面上即具有与计算机程序相关的内容，也即具有一些技术特征，审查员通常能够正确区分上述两个法条的适用；但是，对于从字面上无法判明其是否具有与计算机程序相关的内容的方案，审查员有时就会迷惑，未能站在本领域技术人员的高度来对权利要求进行整体性把握，简单地认为这些方案与计算机程序不相关，从而导致审查客体所依据的事实认定错误，致使给出不恰当的审查意见。

造成上述现状的原因主要有：（1）审查主体未站在本领域技术人员的高度对方案整体进行考量，对法条的理解片面机械。例如，在北京市高级人民法院（2011）高行终字第1213号案例中，实审阶段认为只有权利要求中明确记载了"计算机"相关字眼时才能认定为是涉及计算机程序的申请；而忽视了有些特征虽然字面上与"计算机"不相关，但是其实现却必须依赖计算机来进行，那么这些特征必然具备计算机的相关特性，属于技术特征。（2）随着申请人撰写水平的提高以及计算机技术在各个技术领域的广泛应用，很多"智力活动的规则和方法"以及其他领域与计算机程序相结合的专利申请频繁出现，而这样的申请是不同领域技术特征的集合，在分析申请的事实依据时，不同领域的审查员容易根据本领域审查的惯性思维而认定出不同的结论，被文字表面所迷惑。

2. 创造性评判

在创造性评判中，以事实为依据的法律思维的运用主要体现在事实认定、公知常识的认定、技术启示的判断和商业上成功的认定。对于事实认定，实审中的事实包括申请公开的发明事实和相对于该申请的现有技术的事实。虽然《专利法》和《专利审查指南2010》对于创造性评判中的事实认定作出了相应的规定，但实际执行中往往存在如下不足：（1）过于强调权利要求文字本身所体现的技术方案。例如，在最高人民法院（2012）行提字第29号案例中，审查员既不考虑说明书对权利要求的解释作用，也不重视申请人的争辩意见，导致所评价的技术方案并非申请人的实际主张。（2）在对对比文件的事实认定中，往往割裂地选取与本申请技术方案对应的特征，忽视了对比文件作为一个整体所公开的各特征之间的关联。对于公知常识的认定，法律思维的运用体现为充分说理和举证，但由于对公知常识的认定无法给出量化的判断标准、审查员也缺乏足够的举证责任意识和举证精力，因而往往会引发争议。对于技术启示的判断，不同审查主体对同一对比文件的技术特征的含义及其实际解决的技术问题的认定均可能存在差异，因而导致得到的结论也不尽相同；对于商业上成功的认定，以事实为依据，就是基于申请人所提供的证明其商业上取得成功的证据来进行审查；而实际审查中，审查员常会面临如下困惑：如何判断证据的有效性、如何判断发明是否真正取得了商业上的成功，以及是否能基于该商业上的成功得出发明具备创造性的结论。

造成上述现状的原因主要有：（1）不同审查主体对本领域技术人员的定位不同，不同审查主体站在"本领域的技术人员"的位置上时，都会受到自身技术知识水平的影响，可能过高或过低地设定本领域技术人员的技术水平。对技术理解的主观性导致对同一技术特征的理解、公知常识的认定、技术启示的判断、取得商业上成功的真正因素的确定等方面均可能出现差异。（2）专利申请所处的阶段不同。例如，在确定权利要求的保护范围时，实审阶段虽然同样要从方案整体进行把握，但评价时始终是基于权利要求文字记载所限定内容；而在无效诉讼等后续阶段，权利要求不能再作修改，作为当事人的一种救济，允许在一定程度上引入说明书中的解释。再例如对公知常识的认定，行政审查阶段对说理的接受度更高，而司法阶段则更注重证据，对公知常识的认定更为谨慎客观，且在说理时更强调以法律的根源为依据首先定位什么是专利法意义上的公知常识，进一步地强调需要认定的区别技术特征是否具有公众意义上更普适的普遍性、显著性和不可置疑性，从而得出是否是公知常识的结论。

（二）以法律为准绳

1. 客体问题

在实际审查中，审查主体往往会在权利要求请求保护的方案是否属于保护客体、应适用客体相关的哪个法条的问题上摇摆不定，常常纠结于特征是否是技术特征、技术特征是否构成技术手段、是否解决了技术问题，以及是否获得技术效果，难以达到内心确信的程度，因而很容易受到主观因素的影响，不能客观地作出评判，在此基础上作出的有关技术方案的判断结论和评述理由的审查意见也往往不能被申请人接受。

产生上述问题的原因，主要包括：判断主体未能真正掌握各法条的立法本意、法理内涵及适用原则、对"三要素"之间的关系理解混乱、对保护客体案例中涉及交叉领域以及公共利益的法律规定不敏感等。例如，北京市高级人民法院（2012）高行终字第 81 号案例的主要内容是读取或采集实际测量值，将其标化并与临床医学上各种检测或化验结果的正常范围参考值进行比较，以得出该个体的健康状况。实审阶段以"三要素"判断其不符合《专利法》第 2 条第 2 款的规定；但若能从客体相关法条的立法本意出发，则很容易得出该案应适用《专利法》第 25 条第 1 款第（3）项。

2. 创造性评判

创造性的评判在审查实践直至司法阶段都是当事人争论的焦点，《专利法》和其实施细则中并没有明示判断创造性的具体方法，《专利法》中关于创造性的规定即是判断创造性的唯一标准。而这一标准过于抽象难以量化，无法在执行中得到统一。虽然《专利审查指南 2010》中给出了"三步法"的方法，但只给出了具有结合启示的三种具体情况，而这三种情况也难以覆盖千差万别的案情，因而对创造性的评判仍然是审查中最大的难点之一。

产生上述问题的原因，主要包括：（1）未能客观地以法律为基础进行判断，以主观意愿代替证据，在创造性判断的逻辑思维过程中很难去除发明内容的先入印象，容易对发明的创造性高度估计偏低。因此，判断主体应该在"现有技术"证据基础上判断技术启示是否到达内心确信的地步，如果存在犹豫和疑惑，则应通过认可发明内容的先入印象对创造性估计偏低的影响并"主动去除"该影响，认定其创造性，这种反向补偿使得"事后诸葛亮"的影响更低、创造性判断更客观。（2）未能把握《专利法》的立法宗旨。专利制度的设计是为了"保护专利权人的合法权益，鼓励发明创造"，过严的创造性评判标准一方面容易打击申请人使用专利制度来获得合法经济利益并进一步提升社会整体技术水平和经济发展的积极性，另一方面使得专利授权后由市场支配并在市场主体参与下发挥专利制度作用的机会丧失。

（三）"三性"主线下的审查逻辑

鼓励发明创造、提高创新能力、促进科学技术进步是《专利法》的立法宗旨之一。根据这一立法宗旨，一个技术方案需要具备新颖性和创造性才能被授予专利权，因而对新颖性、创造性的审查是整个实质审查过程中非常重要的环节。对此，国家知识产权局提出了"以'三性'评判为主线"的审查要求。然而，部分审查主体对该要求理解片面机械，在审查实践中对所有案件均仅进行"三性"评判，不重视审查逻辑中客体审查的优先性。

产生上述问题的原因，在于对"以'三性'评判为主线"所蕴含的法律思维错误理解，从而导致审查逻辑错误。专利法意义上的发明不保护人为规则等思维过程，而是保护技术方案。权利要求请求保护的方案是否构成技术方案是判断一项发明创造是否能够被授予专利权的基础，只有其构成了技术方案，才有进行"三性"判断、规范文本等后续审查的必要。客体判断是判断授权前景的第一步，也是进入"三性"审查的前提。如果一件申请的方案根本不属于专利法意义上的技术方案，则其从本质上就不能得到专利法的保护。对于一个根本不能被保护的方案来谈新颖性、创造性是没有意义的，即便能够检索到公开了全部特征的对比文件，也不应当跳过客体问题的判断优先审查新颖性和创造性，而应当先对客体问题进行审查。这样的审查逻辑才是符合法律思维的正确的审查逻辑。

三、提升审查员法律思维的培训方式

（一）法律思维培训的基本理念

在专利审查过程中，思维活动大体涉及技术与法律两大领域。法律思维可以认为是审查主体在审查工作的全过程中，所进行的与法律问题相关的学习、比较、判断等意识活动的总和，是如何通过法律手段解决技术问题的完整的思维过程。因此，关于形成与完善法律思维的培训也不应当是零散和分裂的，而应以体系化的思路，将法律思维的培养贯穿于审查业务培训的各个阶段，从而将各阶段的培训与法律思维的掌握与应用紧密联系起来，将培训的主要效果定位到相应法律思维的巩固和强化上来。技术培训是为了提高技术水平，从法律思维的角度来说，其实质上是为了让审查员更加接近本领域技术人员的水平，从而更客观准确地认定事实；法律知识的掌握是帮助审查员在学习《专利法》、相关法、其他上位法的过程中，理解我国的法律体系、专利保护体系及专利审查制度，做到"知法、懂法"；只有先做到"知法、懂法"，才能具备理解和运用法律思维解决专利审查中实际问题的能力基础；在成为本领域技术人员和掌握法律知识的基础之上，需要培养和锻炼正确使用法律知识的能力，突破单纯技术专家的技术思维束缚，运用法律思维看待技术事实，以解决专利审查中的实际问题。

（二）法律思维培训的基本体系框架

基于上文中的分析，本文提出体系化的法律思维培训框架，根据审查员培训期次、审查数量、业务类型、审查质量、研究成果等因素将培训对象划分为入门级审查员、成熟级审查员以及专家级审查员三个基本类型：（1）"入门级审查员"主要包括刚进入专利审查行业，尚不完全具备或刚刚具备独立审查能力的新审查员。这类审查员培训重点在于，尽快熟悉并掌握从事专利实审工作所必需的基本法律知识与审查技能，建立初步的专利审查法律思维模式，开始培养"法律工作者"的意识，使其能够尽快参与到专利实审的实践阶段当中去。（2）"成熟级审查员"主要包括具备独立审查能力、积累了一定审查经验

值的审查员，该群体接触过不同类型的审查业务，具有一定的学术研究能力。这类审查员培训重点在于，法律思维的调整与优化，研究法律基础理论，对于专利审查重要法条的立法本意有深入正确的理解，审查逻辑合理高效；能够从整体上将专利制度、审批体系融会贯通，有能力通过实审、复审、行政诉讼这一完整流程，纵观案件在各个阶段的事实认定、法律适用情况，通过对比研究，使法律思维模式得到调整与优化。(3)"专家级审查员"则具备了成熟的审查技能，在技术层面或法律层面进行了较为深入的研究与实践，具备较高的学术研究水准，并积累了一定数量的研究成果；拥有解决业务中疑难法律问题的能力，能够运用成熟完善的法律思维指导实际工作。此类审查员的培养重点在于对专利制度、审查体系的深入思考，并从专利审查与特定行业、社会的经济发展相融合的角度，思考研究专利审查的定位与发展方向。

结　语

本文通过对司法判例的研读，比较了不同评判主体在法律思维运用层面上的异同，为如何在实质审查过程中完善并优化法律思维提供了理论基础与事实依据；并进一步提出培训理念、法律思维培训体系的基本框架，为研究成果在实际工作中的推广与转化提出建议。

参考文献

[1] 魏保志. 做好专利审查要有法律思维[J]. 审查业务通讯，2014，20（1）：1-6.
[2] 钱亦俊. 2011年度专利行政诉讼数据统计与分析[J]. 国家知识产权局专利复审委员会诉讼通讯，2012（1）：2-4..
[3] 刘洋，朱明雅，田宁，余心蕾. 2012年度专利行政诉讼统计与分析[J]. 国家知识产权局专利复审委员会诉讼通讯，2013（1）：3-11.
[4] 王琦琳. 2013年度专利行政诉讼数据统计分析报告[J]. 国家知识产权局专利复审委员会诉讼通讯，2014（1）：3-6.
[5] 余心蕾，朱明雅，刘洋. 最高人民法院涉及创造性判决/裁定的统计与分析[J]. 国家知识产权局专利复审委员会诉讼通讯，2013（1）：11-15.

禁止反悔原则在授权程序中的适用

孙 洁 李 楠 王加新 宫 磊 赖 昇

摘 要：近年来，作为民法诚实信用这一原则在专利法中的体现，禁止反悔原则的适用成为专利法司法实践的热点之一。本文以专利授权阶段的审查为视角，对授权或确权程序中禁止反悔原则在实审、复审、无效各程序中的体现，与后续适用禁止反悔原则判定权利要求保护范围时较为重要的问题，如授权中的意思表示，授权阶段涉及专利保护客体、"三性"评判及规范文本等方面的审查进行了研究，并结合案例分析，对禁止反悔原则与实质审查的相互作用和影响进行了探索，进而尝试对优化实质审查工作、提升授权质量提出建议。

关键词：禁止反悔 适用 实质审查 授权质量

引 言

在发明专利授权过程和发明专利无效程序中，申请人和专利权人对其专利申请文件和专利文件的修改以及意见陈述有可能会对专利权的保护范围产生一定的限制作用，这种限制作用体现在禁止专利权人或利害关系人将其在审批过程中通过修改或者意见陈述所表明的不属于其专利保护范围之内的内容重新囊括到其专利权保护范围之中。这就是所谓"禁止反悔原则"。

禁止反悔原则的适用是近年来专利法司法实践的热点之一。一般来说，司法判定中禁止反悔原则的适用需要确定两个问题：权利人在专利授权或确权阶段的何种限制或放弃（即何种修改或意见陈述）会导致适用禁止反悔原则；一旦确定对某项特征适用禁止反悔原则，那么在多大的限度内禁止反悔，即在多大的范围内排除等同原则的适用。

可见，专利权人在专利授权确权过程中的具体作为，是司法判定环节适用禁止反悔原则时首要考虑的问题。那么，权利人作出的哪些限制或放弃会导致禁止反悔原则的适用？授权或确权阶段的审查方式对于权利人的相关作为会产生何种影响？从司法审判中出现的问题反观授权过程，专利审查是否存在优化的空间？上述问题的解决与权利要求保护范围的确定具有密切的联系，对于社会公众、专利权人以及潜在的被控侵权人都具有非常重要的意义。本文将尝试就专利授权过程对于后续禁止反悔原则适用的影响进行分析，进而就如何优化专利审查从而对专利权的保护产生积极影响提出建议。

一、授权确权中禁止反悔原则的适用

如果将侵犯专利权纠纷中适用的禁止反悔称为"狭义"的禁止反悔，那么与专利审查实践密切相关的授权确权程序中涉及的禁止反悔则可称为"广义"的禁止反悔。一定程度上在实质审查程序中引入禁止反悔原则，可以为审查员提供审视专利保护范围的视角，有助于确定合理的权利范围。

（一）不同程序中禁止反悔原则的适用

对于授权或确权程序中涉及的禁止反悔，适用前提应当是已经"获得授权或者维持专利权有效"。对于实质审查程序而言，如果在这一阶段严格引入禁止反悔原则，一旦申请人作出了不必要的限缩修改或者不符合事实的陈述，就将失去补救的机会，因此，对于申请人在实质审查阶段将已经删除或放弃的方案重新写入权利要求书的情形，建议不引入禁止反悔原则，而是"以其最后一次的陈述为准"予以审查。复审程序由于其与实质审查程序属于同一授权程序的不同阶段，对法律的适用应该是一致的。但是在无效程序中，如果专利权人在对授权程序中通过修改或者意见陈述所作出的放弃予以反悔，既有违诚实信用原则，又破坏了专利的公示力，一般是不被允许的，应适用禁止反悔原则予以制止。

（二）授权程序中的意思表示

禁止反悔原则不允许专利权人将在专利授权或确权程序中通过修改或者意见陈述放弃的技术方案重新纳入专利权保护范围内，其中，对技术方案进行过"放弃"是禁止反悔原则适用的基础，讨论专利授权程序和确权程序中申请人/专利权人的哪些行为会导致禁止反悔的"放弃"、哪些形式能够更明确地向外部表明其意欲进行"放弃"，对于禁止反悔原则适用的研究具有重要的意义。

1. 导致禁止反悔的"放弃"行为

（1）导致禁止反悔的"放弃"必须是明示的

申请人/专利权人在授权或确权程序中作出对专利权保护范围进行部分放

弃或者限制的承诺，其利害关系人是社会公众，但是通过修改或者意见陈述对专利保护范围进行部分放弃的行为可能不会在授权专利文件中体现。这就要求专利权人所作的承诺必须是书面明示的，被作为专利审查历史记录保存下来，能够方便社会公众查阅，才能作为禁止反悔原则适用的证据。

需要注意的是，实质审查程序中申请人在电话讨论或者会晤时所作出的口头声明不具有法律效力，即便申请人在口头声明中明确地表示对部分技术方案进行放弃或者限缩性解释，只要这种承诺未记录在书面的意见陈述或修改文本中，也不能作为禁止反悔原则适用的依据。因此，审查员应当要求申请人提交书面意见陈述和/或修改文本，明示"放弃"。

（2）导致禁止反悔的"放弃"与修改的动因无关

在专利授权程序的审查实践中，可能遇到申请人在意见陈述中表明，其不认同审查员的意见，但为了配合审查员，不得不进行修改。对于这种情况，一般认为，不论修改或意见陈述的具体原因和动机如何，申请人在作出修改之时，应当可以预见到其可能带来的不利影响，就相应地应当承担不得反悔的后果。因此，其客观上都产生了放弃的事实，都将导致禁止反悔原则的适用。

在侵权诉讼阶段，申请人在实质审查阶段作出的上述修改，其放弃的部分技术方案不能被重新纳入保护范围。因此，不恰当的审查意见将有可能导致申请人丧失本应获得的部分权利，审查员在作出审查意见时应秉持审慎的态度，尽可能地保证说理充分、结论正确。

2."放弃"的表达方式

申请人/专利权人的明示的意思表示是适用禁止反悔原则的证据。在专利授权程序中，申请人/专利权人一般通过修改或者意见陈述对其放弃部分技术方案的承诺予以明示。

（1）能够修改时建议以"修改"而非"意见陈述"方式表明放弃

根据《专利法》第59条第1款的规定，发明或者实用新型专利权的保护范围以其权利要求的内容为准。这是《专利法》的基础原则，体现了专利权的公示力。授权程序中申请人具有至少一次通过修改申请文件来弥补缺陷的机会。相比较而言，意见陈述虽然也能在禁止反悔中起到一定的限缩解释作用，但是过度强调意见陈述在禁止反悔原则适用中的作用，将削弱权利要求的公示作用。并且，如果对授权程序与无效程序的意见陈述一起不加区别地过于强调，申请人有可能不再进行实质性的意见陈述或者仅仅作出非常简要的意见陈述，这将对审查造成不利的影响。因此，在授权程序中，建议合理引导申请人对权利要求进行修改，而慎用仅通过意见陈述进行放弃或限缩的方式。

（2）无法修改时允许以合理的意见陈述进行澄清式"放弃"

在一些特殊的情况下，如在授权程序中，存在由于中文语言表达的局限性或者撰写瑕疵等原因无法通过修改来克服缺陷的情形，在申请人通过合理的意见陈述作出澄清式解释的基础上，如果不分缘由地予以驳回，将可能导致实质具有专利性的发明创造不能被授权，使申请人损失应得的利益。这种情况下，不妨允许通过意见陈述对权利要求保护范围进行澄清式解释，在后续的无效和诉讼中，适用禁止反悔原则限制申请人/专利权人再作出不一致解释。

【案例1】权利要求1：一种添加邻接小区的方法，包括：源演进的节点BeNB接收到终端发送的邻区测量报告后，与目标eNB进行X2口的建立；完成所述X2口的建立后，所述源eNB发起对该X2口的删除，并在获知添加邻区时，触发X2口的建立。

审查员在通知书中使用对比文件1评述权利要求1不具备创造性。申请人意见陈述认为：权利要求1是完成X2口的建立后即删除X2口，即建即删；而对比文件1只有在目标基站转发完最后一个数据后，才释放源基站的X2口。两者发明构思并不相同。

【分析】在该案中，中文语言表达上的局限性，造成权利要求1中存在可能引发歧义的特征，但是，结合权利要求上下文来看，权利要求的方案与现有技术保留X2口一直到获知添加邻区的方案并不相同，可以判断权利要求中X2口是建立后即删除，在确定要添加邻区时再次触发建立。申请人通过意见陈述对权利要求的保护范围进行了进一步的澄清，明确放弃掉"建立X2口后，在X2使用完成后再进行删除"的方案。该案可以接受申请人通过意见陈述对权利要求保护范围所作出的澄清式解释。

（3）不当的意见陈述不能用于对权利要求保护范围进行澄清式解释

对于需要用意见陈述来解释或限缩权利要求保护范围的情形，需要注意甄别意见陈述是否存在不当之处。对于错误的或没有依据的意见陈述，不能用于对权利要求进行澄清式解释，不能作为禁止反悔原则适用的放弃证据。

（三）禁止反悔原则在实质审查中的应用

实质审查程序中审查员及申请人的言行对司法审判具有极为重要的意义，而禁止反悔原则作为后续侵权判断原则之一，也不可避免地对实质审查工作产生影响，其能够辅助确定权利要求的保护范围。

1. 专利保护客体的确定

近年来，计算机软件专利申请数量激增，重要性也逐步显现。但由于计算机软件专利与智力活动规则的密切关系，尤其是商业方法相关申请，长期以来各国立法机构和司法判例都在扩展可专利保护的客体的问题上持谨慎态度。国家知识产权局审查员在处理此类案件时也经常会产生意见分歧，是通信、电学领域中的审查难点。

既如此，我们不妨换个角度，若申请人能够在审查档案中留下其对其专利申请范围的理解，通过意见陈述明确其保护范围，能够界定清楚其专利权与社会公众利益之间的边界，则禁止反悔原则的适当引入可以解决审查实践在判断客体保护中的难题。

【案例2】业务流程间的不匹配交互的发现方法

权利要求要求保护一种业务流程间的不匹配交互的发现方法。在该申请的背景技术部分记载有：业务流程可以采用业务流程建模标记BPMN来建模。BPMN是由OMG组织制定的标准，它由一系列用来构建业务流程的标准图标组成，且不与任何一种实现技术紧密耦合。

申请人在答复审查意见通知书中陈述：业务流程模型中的活动，都代表着诸如下订单、电子支付、物料、生产、组装、配送环节等具体的企业生产、销售活动及行为。

【分析】该案中"业务流程"的含义较为宽泛，其既可以表示生产经营活动中的活动，也可以表示技术性的处理步骤，如计算机系统中CPU调度的进程。在判断该权利要求是否属于保护客体时，不妨从禁止反悔的角度入手。既然申请人明确其业务流程代表生产经营活动，并且根据原始申请文件的说明书，该专利申请的出发点也局限于生产经营，并未提及计算机进程处理等领域，故可以判定权利要求的业务流程的处理过程并不属于专利保护的范畴。当然，若申请人能够在不超范围的前提下将权利要求中的"业务流程"明确为技术性的处理步骤，则该申请也可以克服不属于保护客体的缺陷。

根据上述案例我们可以得到启示，在保护客体的审查中审查员应当注重两方面审查：首先，应认定权利要求整体是否属于不可专利的内容；其次，判断相应技术特征是否单独或共同将权利要求的性质内容转换为可专利的申请。对于以上两个步骤，均可以借助申请人在审查过程中陈述的内容加以判断。审查员在审查过程中有意识地引导申请人进行有针对性的陈述，对于后续司法审判都会起到积极的重要作用。

2."三性"主线下的探索式评判

（1）有助于确定权利要求保护范围

在实质审查过程中，审查员有时无法确定申请人主张的权利边界，对此有的审查员会根据自己对权利要求的理解，解释权利要求的保护范围，并据此进行审查。然而审查员的内心判断过程往往无法记录在专利审查档案中，专利申请人及社会公众可能无法理解审查员的判断过程，导致授权后权利边界的公示力较差。

这种情况下，在事实认定准确的前提下，审查员可以通过上位化理解，不妨对权利要求进行较宽泛的理解，并引用对比文件进行评述，依靠证据引导专利申请人对其权利的范围进行澄清或与现有技术划清界限，而不是仅靠自我认定，判断权利要求的范围。采用这种审查方式，可以为后续司法程序提供更多信息，有助于权利的稳定。

（2）有助于判断发明的创造性高度

在实质审查中，一些微小创新的专利申请的发明构思相对比较简单，但权利要求中限定的技术特征较多，保护范围较小，发明点与现有技术的区别不大。对于这类申请，审查员往往难以检索到能够覆盖权利要求绝大部分技术特征的对比文件；即便找到相关对比文件，特征对比后区别技术特征较多，也会影响审查员的判断。借助禁止反悔原则的分析，在实质审查过程中可以通过"三性"评判对其创新高度进行合理质疑，通过有意识地引导申请人陈述其申请的有益技术效果及与现有技术的区别，有利于澄清权利要求的微小创新之处或发明点，明确其与现有技术的区别，从而在综合考虑后作出授权前景的判断，也有利于在后续程序中，如果需要使用禁止反悔原则，能够从审查档案中获取可用的依据。

（3）提高审查意见撰写质量

在"三性"评判过程中，事实认定准确，评述逻辑清晰，有的放矢，准确、有说服力地传达审查信息，有利于引导申请人对权利要求作出合理的限缩，减少后续程序中适用禁止反悔原则的不确定性。然而，如果申请人主张的权利边界难于判断，在"三性"评判过程中虽然通过上位化理解进行了探索式评述，若审查员仅将自己理解的权利要求保护范围与对比文件对比，往往会导致申请人无法准确地判断审查员在审查意见通知书中的真正意图，甚至会给申请人错误的引导，不利于引导申请人对权利要求作出合理的限缩修改或解释，甚至导致审查程序增加。

3. 规范文本中的审查逻辑

禁止反悔原则除了在确定涉案申请的保护范围和创造性高度中具有积极意义，在规范文本的审查中也能够发挥其有益作用。由于我国与其他国家相比，修改超范围的标准相对较为严格，申请人可能因为原始申请文件撰写瑕疵而导致本来具备新颖性/创造性的发明创造难以获得专利保护。这种现象不利于鼓励技术创新。因此，在规范文本审查中，引入禁止反悔原则，在一定程度上承认申请人关于其申请的合理解释，能够更好地鼓励发明创造，符合专利制度设计的本意。

（1）关于声称技术效果的认定

在实质审查过程中，经常出现申请人多次意见陈述之间相互矛盾，甚至和原始申请文件相冲突的情况。对于此类案件的处理，应当将原始申请与实质审查视为不同的程序，不应简单以"按照最后一次意见陈述为准"的标准适用禁止反悔原则。

（2）关于补充实验数据的审查

《审查指南2006》修订后，申请日后补充的实验数据一般不予考虑，这一修改本身与先申请制的精神是一致的。然而，由于在《审查指南2006》的过渡办法中，除了特殊规定以外均适用《审查指南2006》，这与法不溯及既往的原则相违背，因而在司法程序中引发了一些问题。针对此类问题，可以借鉴禁止反悔原则进行审查，引导申请人进行陈述，从而确定创造性高度。

二、对实质审查工作的建议

禁止反悔原则的引入，使得授权或确权过程中申请人/专利权人与审批者之间的交互对专利权利保护范围的确定产生直接的影响。而在审批过程中，申请人/专利权人对审查意见的回应方式与内容受到审批者的审查逻辑、检索结果、事实认定、评判策略等多种因素的引导，因此优化实质审查的上述方面是非常必要的。因此，笔者拟对实质审查工作提出以下建议。

（一）重视权利要求的公示作用

《专利法》第59条第1款的规定，体现了权利要求的公示作用，是《专利法》的基础原则。等同原则的使用破坏了专利公示的效果，给专利保护范围的确定造成了不确定性。在实质审查过程中，尤其应当避免因过度强调禁止反悔原则的作用而忽视权利要求的公示力的情况出现。对于能够通过修改对权利要求的保护范围进行限缩从而获得授权的情况，应当合理引导申请人对权利要求进行相应的修改；对于仅通过意见陈述方式对权利要求技术方案进行的"放弃"，除非是很难通过修改进行澄清的，一般不予接受。

为了达到上述要求，在实质审查中需要提高对案件的整体把控能力。一方面，对于申请文件，应当能够准确地判断哪些问题可以通过修改克服、哪些问题仅可通过意见陈述给予澄清，对案件的走向和修改前景作出审慎的判断；另一方面，对于申请人的回应，能够准确把握其意见陈述是否正确可信，以及通过意见陈述或修改所作出的放弃对保护范围形成何种影响。与此同时，审查意见的撰写也应当逻辑清晰、表述充分，从而能够合理引导申请人尽可能地选择以修改权利要求的方式作出回应。

（二）提高"三性"评判能力水平，"评"宜清楚充分，"判"需客观审慎

目前，进一步提升审查质量和审查水平是国家知识产权局的工作重点之一。而深入了解禁止反悔原则在后续司法审判中的作用，反思授权过程，有助于我们更为透彻地理解"三性"评判的意义。具体来说，以"三性"评判为主线，"评"体现过程，"判"体现结果，两者虽然是统一的整体，但各有侧重。

首先，"评"重在清晰充分。在审查实践中，当申请人仅提交意见陈述、未作出修改，或者申请人并不同意审查员的意见，但是为了尽快地获得授权还是"违心地"作出了修改时，很多时候是审查过程中"评"的效果不佳所致。因此，检索精准到位，事实认定准确，评述逻辑清晰，有的放矢，准确、有说服力地传达审查信息，有利于引导申请人对权利要求作出合理的限缩，减少后续程序中适用禁止反悔原则的不确定性。当对申请人主张的权利边界难于判断时，在事实认定准确的前提下，通过上位化理解进行探索式评述，有助于通过申请人进一步的修改或陈述明晰权利界限，提高权利范围的稳定性。

其次，"判"重在客观审慎。经历了"评"的过程，审查员和申请人进行了充分有效的沟通，在双方对事实加深认识的同时完成了博弈。在此基础上，审查员需要重新理顺案情，结合检索结果、申请文件的修改和/或申请人的意见陈述，对申请的事实和现有技术的事实再次进行实事求是的认定，进而对案件走向和合理的保护范围作出客观审慎的判断。

（三）探索式评判有助于判断微小创新发明的创造性高度

在实质审查中，对于一些微小创新的专利申请宜通过"三性"评判对其创新高度进行合理的质疑，尤其是通过有意识地引导申请人陈述其申请相对于现有技术的区别技术特征和有益的技术效果，使其与现有技术的区别点得以明确，使权利要求的微小创新之处或发明点得以澄清，进而在综合考虑与现有技术的差距以及申请人充分的陈述的基础上对授权前景作出更为准确的判断，也有利于在后续程序可能适用禁止反悔原则时，能够从审查档案中获得较为充分的依据。

参考文献

[1] 尹新天. 中国专利法详解 [M]. 北京：知识产权出版社，2011：620.

[2] 北京市高级人民法院知识产权审判庭. 北京市高级人民法院《专利侵权判定指南》理解与适用 [M]. 北京：中国法制出版社，2014：229.

[3] 闫文军. 专利权的保护范围——权利要求解释和等同原则适用 [M]. 北京：法律出版社，2007：480-482.

［4］尹新天．专利权的保护［M］．2版．北京：知识产权出版社，2005：456．

［5］李星星．将"禁止反悔"原则引入实审程序的思考［J］．审查业务通讯，2010，16（3）．

［6］赵晓明．浅析禁止反悔原则对专利实质审查的影响［J］．审查业务通讯，2011，17（7）．

化学领域说明书公开充分对实验数据的考量

——基于伊莱利利案司法判例的分析

何梅孜　姚　云　李广科　周　英

摘　要：在当前化学与药物领域的专利审查中，说明书是否需要记载实验数据，是以本领域技术人员基于现有技术是否可以预期技术效果的达到和/或技术问题的解决为标准的。本文从伊莱利利案的司法判例出发，分析化学领域说明书公开充分对实验数据的要求，指出在审查过程中应以本领域技术人员的角度，立足于领域发展和技术水平的整体来进行判断，关注其发明构思和技术贡献，重视对技术实质内容的审查，避免公开不充分条款的过度使用。

关键词：充分公开　实验数据　技术贡献

引　言

在目前的化学和药物领域的审查中，说明书是否需要记载实验数据，是以本领域技术人员基于现有技术是否可以预期技术效果的达到和/或技术问题的解决为标准的。《专利法》第 26 条第 3 款规定："说明书应当对发明或实用新型作出清楚、完整的说明，以所属技术领域的技术人员能够实现为准……"同样，《专利审查指南 2010》（以下简称"指南"）第二部分第二章第 2.1 节中规定："所属技术领域的技术人员能够实现，是指所属技术领域的技术人员按照说明书记载的内容，就能够实现该发明或者实用新型的技术方案，解决其技术问题，并且产生预期的技术效果。

但是，指南中并没有规定何种情况是本领域技术人员可以预期的、何种则是不能预期的。尤其是在可预期性较低的化学领域，其技术效果的实现通常需要实验数据加以证明,如何理解和把握技术效果的"可预期性"以及实验数据的公开程度,是审查实践的难点。本文将结合伊莱利利公司的"5-HT2C受体激动剂"的发明专利申请上诉案(以下简称"伊莱利利案")[1],分析说明书公开充分对于实验数据的要求,阐述笔者关于公开充分的整体判断原则和对数据公开程度的层级分析,以求避免公开不充分条款在审查实践中的过度使用。

一、伊莱利利案介绍

伊莱利利案涉及伊莱利利公司向国家知识产权局提交的申请号为200580005788.4、名称为"5-HT2C受体激动剂的6-取代的2,3,4,5-四氢-1H-苯并[d]氮杂"的发明专利申请(以下简称"该申请"),其权利要求请求保护一种通式I的化合物,为典型的马库什权利要求,涵盖了数目巨大的具体化合物。该申请说明书公开了350多个合成中间体的制备例和689个合成该发明化合物的实施例,说明书中关于苯并氮杂类化合物的生物学活性的测定方法记载于说明书第532页倒数第2段至541页第2段,在这些测定方法中,采用"试验化合物""本发明的代表性化合物""优选的化合物""更优选的化合物""例示化合物"等措辞对于进行测定的化合物进行描述,而没有记载具体的化合物结构和/或实施例编号。

原审查部门认为:虽然说明书给出活性实验模型,并笼统性地给出了代表性化合物的EC_{50}值范围,但说明书中没有清楚记载所述实验是采用哪种或者哪些具体化合物进行的,没有客观、清楚地描述试验结果,本领域技术人员无法确定要求保护的哪些具体化合物能够实现所述发明效果,更无法据此推测出所述通式化合物中的哪些具有所述用途,因此说明书没有对发明作出清楚、完整的说明,以致本领域技术人员依据说明书的记载,无法实现该发明,该申请说明书公开不充分。

伊莱利利公司对上述驳回决定不服,于2010年5月27日向国家知识产权局专利复审委员会(以下简称"专利复审委员会")提出了复审请求。在复审期间,伊莱利利公司主张:"例示化合物"是指说明书中的所有具体实施例化合物1~689,本领域技术人员根据说明书的上述记载可以确定说明书中的所有具体实施例化合物都能实现所述发明效果。同时,对该申请生物学活性测定中出现的"本发明的代表性化合物""优选的化合物"和"更优选的化合物"的范畴,伊莱利利公司认为:"本发明的代表性化合物"是指实际试验的权利要求1范围内的任一化合物;"优选的化合物"或"更优选的化合物",是对化合物按功能划分的组别。

专利复审委员会的第35858号复审请求审查决定和北京市第一中级人民法

院(以下简称"一中院")的(2012)一中知行初字第1565号行政判决均维持了驳回决定,在一中院的判决中,指出:该申请说明书有关例示化合物的记载使其指代范畴不清楚。而且,根据该申请说明书的记载,实施例1~689化合物的取代基变化多样,其主要结构差异体现在取代基R6和R7上,并具体体现在取代基R10、R12、R14、R24、R25的结构差异上,该申请说明书对于这些取代基的限定非常宽,且实施例1~689具体实施的化合物结构差异确实非常明显。由于药物的结构和效果之间的关系非常密切,某些化合物结构上的微小差异都可能会产生完全不同的技术效果,从而导致本领域技术人员无法合理预期其活性。由于该申请实施例1~689化合物结构之间存在较大差异,即使考虑到现有技术,本领域技术人员也难以根据该申请说明书的记载确信这些结构差异较大的化合物均具有伊莱利利公司所声称的效果,从而使得本领域技术人员确信例示的每一种化合物都具有伊莱利利公司声称的效果。

伊莱利利公司不服原审判决,向北京市高级人民法院提起上诉,其理由为:原审判决对于说明书中"例示化合物"的解释是错误的,对于"例示化合物"与"代表性化合物"及"优选/更优选的化合物"的关系的认定是错误的,该申请已经充分公开了请求保护的化合物,并且满足了专利复审委员会的充分公开的要求。

最终,北京市高级人民法院作出(2013)高行终字第963号行政判决,认定其说明书是公开充分的,理由是:《专利法》第26条第3款的立法本意是为了防止申请人为了尽量少公开技术方案的内容,不公开实现发明技术方案的全部内容,导致本领域技术人员仅在说明书公开的内容范围内,结合本领域技术人员所掌握的知识,无法实施技术方案。基于此,判断说明书是否公开充分的标准在于本领域技术人员是否能够根据说明书公开的内容实施专利技术方案。对于化合物专利申请,由于本领域技术人员难以预期该化合物的技术效果,因此,公开实验数据是说明书充分公开的重要要件。当然,公开的程度只要满足基本的要求即可,无须公开所有的实验数据。根据指南的上述规定,对于本领域技术人员来说,充分公开的最低程度为:公开了足以证明发明的技术方案可以达到预期要解决的技术问题或效果的实验室实验(包括动物实验)或者临床试验的定性或定量数据。

该申请权利要求1为典型的马库什权利要求,涵盖了数目巨大的具体化合物。该申请说明书公开了689个合成本发明化合物的实施例。伊莱利利公司根据上述诸多实施例概括出通式化合物,记载了制备方法,并记载了相关活性实验和配体结合实验及其相关实验结果的判断标准、例示化合物的实验效果等内容。就说明书而言,所列举的实施例均属于该申请权利要求1的通式化合物,本领域技术人员根据说明书所记载的内容至少可以知晓权利要求 1 的通式化合物均可以达到最低的活性要求。因此，该申请已经满足了指南所规定的充分公开的基本要求。原审判决及第 35858 号复审请求审查决定认定事实有误；伊莱利利公司关于该申请符合《专利法》关于充分公开要求的上诉主张具有事实和法律依据，二审判决予以支持。

二审法院也注意到，该申请说明书中出现"实验化合物""例示化合物""代表性化合物""优选的化合物""更优选的化合物"等多个概念，存在概念范围不清楚的问题。尤其需要指出的是，伊莱利利公司在说明书中并未明确指出具体实施例对应的实验数据，而是仅仅给出了不同的效果标准。这种表达方法带来的问题是，由于伊莱利利公司在该申请中并未明确具体实施例的实验数据，因此该申请权利要求不能修改到具体的实施例化合物，否则就违反了《专利法》第 33 条的规定。二审法院考虑到专利复审委员会还可以继续对该申请继续进行审查，即使授权后社会公众还可以通过无效宣告程序进行监督，因此，对原审判决及第 35858 号复审请求审查决定予以撤销。

二、基于案例的技术效果分析与讨论

（一）技术效果的整体判断

从伊莱利利案中可以看出，北京市高级人民法院对于化合物技术效果的考量，从具体化合物概括至共性结构，以整体活性判断技术问题的解决。而在之前的审查和判决中，更多地强调个体化合物之间的结构差异和活性高低的比较，要求通式化合物代表的所有化合物均能实现技术效果。

不可否认，作为一门实验科学，"可预期程度低"是化学领域的特色，但是，"可预期程度低"并不等同于"不能预期"或"超出预期"。笔者认为，前者反映的是化学领域存在例外的情况相较于其他领域更多，但并不能据此否认其中仍有共性和普遍性规律的存在。例如，在药物领域，有时生物电子等排体之间的替换会导致活性的丧失，但是常规而言，这样的替换能获得相似或相近的活性。虽然个别成分经过 β-环糊精包合后溶解度下降，但 β-环糊精包合通常能提高物质的溶解度仍然是被普遍认可的规律。在具有某种活性的结构模版中，虽然个别药物可能会出现活性消失，但更多的，是符合该结构的药物或多或少地具有活性，差异在于活性高低程度。

这样的规律，同样也体现在化学领域研发思路和过程中。以药物的开发为例，其研究和发现并非凭空想象，而是科学思维和实践的产物。虽然初始化合物的发现方式不同，但是通常经历以下步骤：（1）活性迹象的发现；（2）类似化合物的批量合成和/或提取分离；（3）活性检测；（4）后续实验和改进；

(5) 获得成熟产品推向市场。在此期间，往往还存在结构优化和改造的多次循环。虽然某些药物的活性可能并不理想，但其中具有活性的化合物通常占据优势数量，或者至少是一部分。而且，化合物发明对社会贡献一方面表现为化合物的性能和用途，另一个更重要的发明是其为社会贡献了全新结构的物质。[2] 发明人/申请人就此总结马库什结构，概括活性范围，并以此提出专利申请。如果在审查中，以特例来代表整体，以活性差异否定活性存在，因撰写的缺陷忽视申请人的发明构思和技术贡献，这样得出的说明书公开不充分的结论有失客观。

而整体判断的前提，是了解和掌握该领域中哪些情况是属于普遍的、共性的认知和规律，哪些是特例，这是审查中的难点。为此，审查员需要具备深厚的技术积累和职业技能，能够充分掌握现有技术，不仅仅涉及相关技术的现有状况，还需要了解其发展过程和趋势，掌握该类技术的整体状况，才能对发明申请作出客观的评价。

（二）技术效果的层级分析

指南中对于技术效果的解释和要求，一方面集中在对于《专利法》第26条第3款的阐述中，另一方面主要集中在《专利法》第22条第3款中关于预料不到的技术效果的规定。以上两个法条，都与技术效果是否可以预期密切相关。对于"可预期性"的不同考量标准，导致化学领域的审查实践中另一种常见的现象就是审查结论在"公开充分"与"创造性"之间振荡。

实际上，判断说明书是否公开充分与权利要求是否具备创造性，对于实验数据的记载和公开要求有不同标准和层次。正如伊莱利利案，其对于数据的公开并不足以详细到判断每个化合物活性的好坏，也不足以分析化合物的构效关系和进一步的结构改进。然而，正如北京市高级人民法院判决中提出的，对于《专利法》第26条第3款，说明书公开的程度只要满足基本的要求即可，无须公开所有的实验数据。可以看出，说明书公开充分对于实验数据的要求较低，其记载达到使本领域技术人员可以判断技术问题的解决、技术效果的实现即可；对于创造性，实验数据体现的是技术效果的变化，其目标是在质或量上显示技术的改进程度。

上述关于数据公开程度的要求层级差异，是《专利法》第26条第3款和第22条第3款的立法本意和目的不同造成的。从立法宗旨来看，《专利法》的立法目的之一是要促进科学技术的进步和创新，为此需要通过立法来促进技术知识的传播，由此带动整个社会科技向前发展。因此，专利法是一种典型的"以公开换取保护"的机制。[2] 在专利激励机制理论中，将公开发明信息视为技术传播，通过专利权作为对最先进行发明的人的奖励，来促进发明、技术公开和创新行为。[3]《专利法》第 26 条第 3 款要求说明书公开充分，是保证技术信息的公开和传播的基础，也是"以公开换取保护"的基本保证。而专利创造性的概念的价值依托，在法律层面上，从立法宗旨角度可以说是以保护创造性技术成果与保护社会公共利益为共同要求考虑的。[4] 设立创造性的目的之一，是建立技术贡献的评价标准，从而对具备创造性的智力劳动成果予以排他性的保护，促进技术创新，同时避免影响社会公众对于"显而易见"的技术成果的自由使用和推广，保证公共利益不受损失。

因此，说明书公开充分，只要保证其信息能使公众能够按照说明书的内容实施发明，实验数据能使本领域技术人员作出活性有/无的判断即可，不需要达到评价不同实施方式的效果的优劣高低的程度，或证实获取了预料不到的技术效果；技术效果改进的程度一般是新颖性、创造性审查时进行技术比较所考量的。相应地，说明书公开充分，并不需要公开所有的实验以及数据，在对其审查中，也不需要额外地考虑创造性的有无。这一观点，除了在伊莱利利案中被使用，在最高人民法院的判决中也有体现。在北京双鹤药业股份有限公司与湘北威尔曼制药股份有限公司（以下简称"湘北威尔曼公司"）的"抗β-内酰胺酶抗菌素复合物"发明专利案中，最高人民法院（2011）行提字第 8 号行政判决书中提出，《专利法》中有关专利说明书应当对发明创造予以充分公开的规定，实为对专利说明书的最低限度要求。在满足充分公开的前提下，专利申请人有权利决定其在专利说明书中公开的技术内容的具体范围，适当保留其技术要点。[5]

可以看出，公开充分与创造性对于实验数据的判断标准是不同的，对于其公开程度和水平有不同的层级要求。在审查过程中，应当把握立法本意，避免两者审查标准的混淆；同时，实验数据的撰写方式是多种多样的，不应当将审查的重点放在数据形式或文字表述方面，而应关注其实质内容。

（三）实验数据与后续审查

在专利的审查中，满足说明书公开充分仅仅是其授权、确权的必要条件之一，另外还有创造性等方面的审查。在北京市高级人民法院判决书中也提出，由于伊莱利利公司在该申请中并未明确具体实施例的实验数据，因此该申请权利要求不能修改到具体的实施例化合物，否则就违反了《专利法》第 33 条的规定。最高人民法院（2011）行提字第 8 号行政判决书也指出，申请人需要承担由于"适当保留其技术要点"的公开可能带来的不利后果，在该判决涉及的案件中，湘北威尔曼公司主张其为了解决涉案专利的安全性、有效性、稳定性，还进行了长期毒性试验、急性毒性试验、一般药理研究试验等一系列试验和研究，但由于相关技术内容并未记载于涉案专利说明书中，则不能体现出涉案专利在安全性、有效性、稳定性等方面对现有技术作出了创新性的改进与贡献。因此，这些试验和研究不能作为认定权利要求1的创造性的依据。从上述案件可以看出，有所保留的公开可能会使申请人在试图证明申请符合其他授权标准时处于被动地位，这种后果是申请人需要承担的。

虽然笔者认为在公开充分的审查中应当注意技术内容的整体性和技术贡献的实质，但是并不能否认例外的存在。而且，对于类似伊莱利利案中这种概括性的实验数据记载，并不排除其在申请日前仅仅进行了部分化合物的活性检测，本领域技术人员也难以判断每个具体化合物活性的有无。因此，需要进一步探索的是，如果通式化合物认可其满足了充分公开的最低限度要求，那么是否意味着具体化合物就必然满足充分公开的最低限度要求。毕竟对于具体化合物（一种特定个体）而言，技术问题是否解决/技术效果是否有无的确认可能更加困难。

从另一个角度，为了鼓励科技的创新，理想的说明书中公开的信息应当尽量地充分和翔实，这样可以避免无序的开发和重复的劳动。可以想象，对于同样覆盖数目庞大的化合物的权利要求书，一份详细公开了每个化合物活性的说明书，与一份概括性描述化合物活性的说明书，其对于信息共享、技术指引的贡献应当是有一定区别的。但是，某些情况下，两种申请获得的专利保护的前景和保护程度是难以区别的。

北京市高级人民法院的上述判决也在一定程度上体现了这种担忧，但似乎在目前的审查实践中并未对此情况进行分析。

三、结　论

虽然化学领域具有其特殊性，但是判断其说明书是否公开充分的标准仍然是以本领域技术人员能否实施其技术方案、可否获得预期效果为标准的。因此在审查过程中，不应因其特殊性而过分依赖实验数据的有无，或者过度关注撰写形式的缺陷，而应以本领域技术人员的角度，立足于领域发展和技术水平的整体来进行判断，关注其发明构思和技术贡献，重视对技术实质内容的审查，厘清《专利法》第26条第3款与第22条第3款的职责，避免公开不充分条款的过度使用。

参考文献

[1] 北京市高级人民法院（2013）高行终字第963号行政判决书（2013年12月20日）。
[2] 张清奎，等. 药物领域实验证据与说明书充分公开关系的研究 [R]. 国家知识产权局学术委员会2012年度自主研究项目（课题编号ZX201213.5）.

［3］竹中俊子. 专利法律与理论——当代研究指南［M］. 彭哲，等，译. 北京：知识产权出版社，2013：67-72.
［4］刘俊士. 专利创造性分析原理［M］. 北京：知识产权出版社，2012：37-48.
［5］中华人民共和国最高人民法院（2011）行提字第8号行政判决书（2011年12月27日）。

在专利审查实践中实现立法宗旨

赵 良　朱 宁　刘树柏　孙跃辉　王 锐　卫 军

摘 要：《专利法》的立法宗旨蕴含着丰富的含义和内在的逻辑，是贯穿《专利法》及其实施细则的指导思想，引导着专利审查实践的有效运作。本文从国家方针政策、法律法规、专利权内在属性、行业发展特点等方面，以申请人、公众和专利行政审批机构的视角，综述和诠释专利审查实践过程中实现立法宗旨的方向和途径。

关键词：专利法　立法宗旨　专利审查　创新驱动　"三性"评判

引 言

《中华人民共和国专利法》（以下简称《专利法》）自1985年4月1日实施以来，伴随着国内外形势尤其是我国经济和科技的发展已历经三次修改，《专利法》的修改反映了时代的需求，其法律内容和价值取向在历次修改中不断地与时俱进。2008年《专利法》第三次修改，在第1条中明确写入了"提高创新能力"，将立法宗旨提升到建设创新型国家、促进经济社会全面发展的高度。同时，加强专利权的保护力度和增加了防止专利权滥用的规定，也体现出从强调对权利人利益的保护到兼顾权利人利益与公共利益的平衡。❶ 第三次《专利法》的修改体现了立法价值取向的转变，这种转变是对专利法的立法宗旨的深化。2015年4月，《专利法》第四次修改草案（征求意见稿）已向社会公开，围绕立法宗旨，其从提高专利质量、加大执法力度、加强专利保护、促

---

❶ 马宁. 从《专利法》三次修改谈中国专利立法价值趋向的变化［J］. 知识产权，2009，19（113）：69-74.

进专利运用等方面进行了完善。❶

在中国经济进入"新常态"发展的形式下,《专利法》的立法宗旨凸显了知识产权保护在促进经济转型中的作用。这要求我们加强知识产权的保护,把创新驱动放在更突出的位置,不断加大科技创新和体制创新力度,激发全社会创新创造活力。❷ 2014年,知识产权强国建设目标首次被提出,知识产权在国家经济社会发展全局中的地位进一步提升。在新的形势下,要继续坚持"数量布局、质量取胜",实现专利申请"调速不减势、量增质更优"。❸ 国家知识产权局局长申长雨指出,需要着力推进专利数量和质量协调发展。❹ 坚持以"三性"评判为主线的全面审查,加强"道德支撑、法律支撑和技能支撑"能力建设,采取全流程分段分级周期目标管理,专利审查质量和效率持续提升。那么,在创新驱动发展和知识产权强国建设的时代背景下,审查员如何把握法律的精髓,依法审查并在审查实践过程中实现《专利法》立法宗旨,是值得我们深入探讨的课题。

一、《专利法》立法宗旨内涵的体现

每部法律都有其特定的立法目的,立法宗旨是立法的基本要求。《专利法》第1条开宗明义,指出其立法宗旨,是保护专利权人的合法权益,鼓励发明创造,推动发明创造的应用,提高创新能力,促进科学技术进步和经济社会发展。

《专利法》的立法宗旨蕴含着丰富的含义和内在的逻辑,其始终体现和贯穿在整个《专利法》及其实施细则的主要法律条款中,成为我国专利制度设计的指导思想。在此指导思想下,各法条之间相互印证、各司其职,形成一套完整的法律制度体系。

正如《中国专利法详解》指出的,保护专利权人合法利益,是实现专利制度鼓励发明创造,提高创新能力,促进科学技术进步和经济社会发展的前提。同时,专利制度不仅要充分维护专利权人的合法利益,也要充分顾及社会和公

---

❶ 关于《中华人民共和国专利法修改草案(征求意见稿)》的说明 [EB/OL]. (2015-04-02). http://www.sipo.gov.cn/zcfg/zcjd/t20150402_1096196.html.

❷ 知识产权为创新驱动提供有力支撑——解读李克强总理与WIPO总干事高锐会谈② [EB/OL]. (2015-07-25). http://www.sipo:81/art/2014/07/25/art_201_125009.html.

❸ 知识产权报社论:奋力开启建设知识产权强国新征程 [EB/OL]. (2015-01-16). http://www.sipo:81/art/2015/01/16/art_201_132629.html.

❹ 申长雨. 中共国家知识产权局党组书记、局长申长雨在党组扩大会议上的工作报告(摘编) [EB/OL]. (2015-01-23). http://www.sipo:81/art/2015/01/23/art_200_132889.html.

众的合法利益,以实现二者之间的合理平衡。❶ 平衡在于《国家知识产权战略纲要》指出的,加强知识产权保护的同时,防止知识产权的滥用,前者的实现在于修订惩处侵犯知识产权行为的法律法规,加大司法惩处力度,提高权利人自我维权的意识和能力,降低维权成本,提高侵权代价,有效遏制侵权行为,后者的实现在于制定相关法律法规,合理界定知识产权界限,防止知识产权滥用,维护公平竞争力的市场秩序和公众合法权益。❷ 随着国际形势的发展变化和我国经济实力的快速提升,我国已经越来越重视创新能力的提高和创新型国家的建设。加强我国知识产权制度的建设,大力提高知识产权创造、管理、运用、保护能力,是增强我国自主创新能力,建设创新型国家,以及完善社会主义市场经济体制、规范市场秩序和建立诚信社会的迫切需要。只有完善的专利制度才能支撑经济社会发展,也只有优质高效的专利审查才能促进创新驱动的经济发展。

二、审查实践工作中实现立法宗旨的方向和途径

《专利法》的立法宗旨体现在各主要法律条款中。在日常的专利审查工作中,审查员的工作在于正确地运用《专利法》《专利法实施细则》的法律条款,以实现《专利法》的立法宗旨,避免机械和片面的行政执法。本文从国家方针政策、法律法规、专利权内在属性、行业发展特点等方面,以申请人、公众和专利行政审批机构的视角,尝试综述和诠释专利审查过程中实现立法宗旨的方向和途径。

(一) 专利审查工作支撑创新驱动的经济大局和国家发展

国家知识产权战略实施已经进入了新的阶段,知识产权在促进科学进步、支撑社会经济发展、建设创新型国家和诚信社会中发挥着重要的作用。当前,专利审查工作的总体目标是以经济社会发展需求为导向,不断提高审查效率、改进审查质量、加强审查服务。❸ 以经济社会发展需求为导向意味着,需要充分认识知识产权在创新资源配置中的决定性作用,努力构建公平开放透明的市场规则及开放型经济新体制,促进知识产权的运用,从而促进经济转型升级发展。从国际范围看,知识产权工作的国际环境更加复杂,我国面临的知识产权保护国际压力加大,知识产权也成为了跨国公司遏制竞争对手的重要手段。从国内范围看,加强知识产权工作已成为国家经济社会发展的内在要求。我国知

---

❶ 尹新天. 中国专利法详解 [M]. 北京:知识产权出版社,2011:10-14.
❷ 《国家知识产权战略纲要》,2008.
❸ 《专利审查工作"十二五"规划(2011—2015年)》,2011.

识产权工作仍然存在诸多突出的问题，这要求我们在今后的实际工作中，把握全面深化改革的总目标，服务于改革大局，切实地正确履行政府职能，提高知识产权行政管理和调控能力。❶ 落实《国家知识产权局关于进一步提升专利申请质量的若干意见》，严把受理和审查质量关，稳步提升专利申请和授权质量，确保审查周期均匀合理，以适应科技创新和经济发展。创新驱动的经济发展对专利审查工作提出了现实的要求，主要体现在审查制度、审查标准、审查模式、审查服务理念以及审查员的职业素养等方面。❷

近年来，尽管我国专利申请的技术含量不断提高、申请的结构进一步优化，以及对外申请专利逐年大幅提升，但仍然存在技术创新竞争力弱、核心发明专利少、专利结构失衡、专利转化率不高的不足。导致这种现象产生的原因是多方面的，如申请人的保护意识、专利代理整体水平不高等。在审查实践中，审查员可以从加强保护、鼓励发明创造的角度上，向申请人和专利代理人传递正确的审查信息，促进知识产权体系的发展。高质量的专利审查，不仅对专利申请行为发挥着引导、调整和规范的重要作用，而且对专利运用、保护等也具有广泛而深远的影响，能使真正有价值的创新成果通过专利审批转变成知识产权，进而在市场中发挥效益，推动创新发展。若审查质量不能保证，就会在源头上为问题专利埋下隐患，问题专利在市场竞争中得不到保护，权利人自然会质疑专利审查机构的权威性和专利的效力。❸

（二）恪守法律的精神，践行"三性"评判主线下的全面审查

专利审查工作的法律依据是《专利法》及其实施细则，立法宗旨指导下的理解和运用是正确执行这些法律法规的根本。脱离立法宗旨孤立地去理解专利法律条款，则可能失之偏颇，会导致法律条款被机械或者片面地执行。❹ 要实现立法宗旨赋予审查的使命，特别需要秉承《专利法》第21条"客观、公正、准确、及时"的目标和要求，依法处理有关专利的申请和请求，实现优质高效的审查工作目标。构建以"客观、公正、准确、及时"为目标的专利审查工作体系，培育优秀的审查文化"敬畏法律、注重责任、把握实质、执行一致"的核心理念和文化氛围。在审查中需要时刻牢记法律宗旨，准确理解法律原则，正确把握法律标准，从立法本意及初衷出发去解释和运用法律，而不是机械、

---

❶ 申长雨. 深化改革激励创新、努力开创知识产权工作新局面 [R]. 在全国知识产权局局长会议上的工作报告，2014.

❷ 贾连锁，等. 专利审查工作促进创新驱动发展战略实施的作用研究 [J]. 科学管理研究，2014，32（3）：17-19.

❸ 吴红，等. 专利公信力影响因素实证分析与建议 [J]. 图书情报工作，2013，57（14）：87-91.

❹ 杨铁军. 准确理解立法宗旨，培育专利审查文化 [N]. 中国知识产权报，2012-07-11.

孤立地去理解单个法条，数学式地去评判发明。审查实践中，要坚守专利审查的职业道德，注重社会责任；要坚持专利审查的行动准则，即敬畏法律，公平一致，树立法律至上的信念，以实现《专利法》的立法宗旨为审查工作的使命。

践行"三性"评判主线下的全面审查，就是要把握立法宗旨和发明创造的实质，以权利要求的新颖性、创造性和实用性审查作为核心，重事实讲证据，全面做好依法审查工作。"三性"评判主线下的全面审查以权利审查为主导，技术层面上做到充分理解发明，正确认定事实，全面检索，找出发明创造对现有技术作出的智慧贡献，从本领域技术人员的角度最大程度还原发明创造的产生过程；在法律层面上运用法律思维，审查意见观点明确，证据和理由完整，对申请人意见陈述的答复考虑充分，合理行使裁量权，避免受到审查员主观因素的影响，确保授权专利保护范围清晰、适当，专利申请驳回客观、公正。这需要我们进一步规范审查制度、正确履行审查职责，在审查各个阶段以事实为依据、法律为准绳，提升审查员的服务理念，维持良好的工作态度，打造严谨过硬的审查能力。

（三）彰显专利权的内在属性与价值，提升授权质量

关于专利价值的学术研究，基本围绕着专利的长、宽、高及实证分析展开。专利的长度指保护期限，宽度指保护范围，高度指新奇程度。[1] 专利制度研究的一个核心的问题就是解决专利悖论。一方面，专利制度通过授予专利权的激励制度鼓励发明创造，使得申请人在一定时间内获得垄断权，从而弥补研究和开发的费用及获得超额利润；另一方面，对于社会来讲更重要的是技术扩散，而专利垄断所造成的非竞争环境会阻碍技术扩散。因此，经济学上关注的最优专利制度设计是对创新成果给出适当的长、宽、高的保护制度，从而促使技术的长期进步和经济增长的发展。专利实证研究强调了在一定历史阶段、经济、法律、技术及外部环境和政治、文化因素下，对客观现象的统计分析，把专利制度置于一个复杂的社会经济运行系统中进行考察。一件发明创造的专利申请被审查员授权后，应该具备专利权的内在属性与价值，从而在后续的专利推广或应用中发挥其经济价值。

专利质量是当今世界各国关注的焦点，也是国家知识产权战略的重要内容。竞争力视角下的专利质量内涵具体内容如下：（1）法律性，涵盖了专利的法律效力问题。作为提升竞争力的"特殊资源"，专利必须符合稀缺性、异质性、难以模仿性和难以替代性四个条件。（2）技术性，落脚于专利技术的先进

---

[1] 陶锋. 逾期专利的创新价值研究 [M]. 南京：东南大学出版社，2011.

性和重要性。企业使用专利技术能否在市场竞争中取胜，关键要看专利产品是否具有价格或质量上的优势。（3）经济性，体现了专利的经济价值。专利技术的最终使用者将其物化于产品，通过降低成本或者提高产品质量来获得持续竞争优势，赚取更多的利润。（4）广义竞争力，使用专利的主体可以是企业或者个人，也可以是国家。它们使用专利的最终目的都是为了提升自身的竞争力，获取最大的经济利益。（5）相对性，专利质量是相比较而言的，在不同的时间、不同的范围，专利质量不同。竞争力视角下的专利质量是一个以法律有效性为底线、以专利技术的先进性和重要性为核心、体现专利经济价值的相对概念。它以使用者的竞争力为中心，全面考虑了专利的法律效力、技术质量和经济价值。[1] 因此，正确的授权赋予了专利权生命力，提高了推动技术进步和经济发展的可能性，推动了发明创造的应用。

（四）防范专利权的滥用、抵制专利制度发展中的"不和谐"音符

从各国专利制度发展的历程来看，不和谐的"音符"始终伴随并制约着专利制度的发展。自20世纪末以来，在发达国家的推动下，专利权国际保护呈现明显的强化趋势，专利权开始渗透到国际投资、技术转移、贸易甚至国际政治领域，成为发达国家保护自己优势的工具。例如，国际贸易中"技术标准"问题，这种标准名义上是保护环境或消费者权益，但背后往往隐蔽着"专利丛林"。而且，无论是发达国家还是发展中国家，各种"专利蟑螂""问题专利"的出现，造成了专利权的滥用。这些问题若不及时解决，专利授权质量若不逐步提升，将削弱专利制度的公信力，影响社会公众对专利制度作为支撑创新驱动发展战略基本制度的信心。

另外一种"不和谐"的现象是，在我国专利申请量节节攀升的同时，出现了一些不以保护创新成果为根本、不以提升市场竞争力为目的的专利申请。例如，违反《专利法》第5条、数据造假、社会敏感案件等一系列不符合《专利法》立法宗旨的问题专利申请。特别地，与人类基本生活、食品安全和卫生健康息息相关的医药领域是违反相关法律、社会公德或者妨碍公共利益的专利申请高发地带。虽然此类案件还是少数或局部现象，但已造成不良的社会影响。这类专利申请形成的原因有其特殊性和复杂性，专利审查环节也存在诸多的疑难点。从问题形成的过程来看，起因与申请质量有关，但问题的形成却在审查。一些不当授权向此类申请者传递出错误的审查标准信息，从而误导了申请增长的方向。因此，专利审查中需要解决这些突出的问题，体现《专利法》鼓励发明创造，提高创新能力的立法宗旨并维护专利制度的公正公平性。

---

[1] 朱雪忠，等. 竞争力视角下的专利质量的界定 [J]. 知识产权, 2009, 19 (117): 7-14.

（五）考量技术领域的特点，符合行业发展的需要

举例来说，医药技术具有独有的公共品性质，与人类的基本生活及生命健康息息相关。在各国建立专利制度的早期，多数国家不把医药技术作为保护的客体。由于医药领域的特殊性，各国在医药专利的保护主题及涉及法律条款均存在诸多的差异，例如，制药用途的新颖性、公开不充分等。医药领域的专利审查涵盖的范围较广，涉及医药、生物、食品、化学、材料等多个技术领域。医药产业的发展依赖于新药研发，而新药研发周期长、投入和产出巨大，特别是"重磅级"药物对市场产生的长期垄断性，使得申请人高度重视专利保护。这些专利保护包括了诸如药物（化合物）的核心专利，以及在此基础上发展的外围专利保护架构。适度的专利保护有助于促进新药开发、吸引投资和引进技术，但过宽过强的保护方式导致密集专利网的形成，阻碍新技术的利用，遏制本国医药产业的发展，给政府和人民造成愈加沉重的医疗负担。各国政府都很关注医药专利的审查标准，并根据技术发展水平寻求适合自己国家利益的平衡点，合理地考量权利要求的授权边界，防止不当的授权。❶

就其保护范围而言，撰写专利申请文件的行为是利用文字符号，通过记载发明技术特征的方式描述发明保护范围的过程。文字符号的不精确性和随意性以及申请人充分利用将发明创造转化为文字形式过程中存在的扩张空间，使得保护范围从撰写起点上的扩张不断地被放大。❷ 如果授权不合理，过宽过强的专利保护会阻碍市场的进入和后续竞争者的二次创新，增加专利权人限制竞争的可能性，不利于科学技术的进步，也为日后产生的专利纠纷和专利无效埋下隐患；❸ 反之，过于弱化的专利保护及不合理的专利审批，则损害申请的合法权益，挫伤申请人作出发明创造的热情和积极性。那么，在审查此类权利要求时，需要全面进行考虑细分技术领域特点、技术发展状况以及技术预见性，充分运用法律思维兼顾各方面的利益衡平（发明人与公众利益、开创性与改进性发明、上游发明与下游发明利益），❹ 将合理、稳定的专利权授予给具有突出的实质性特点及显著进步、有益于人类卫生健康和福祉的专利申请，从而避免出现制约经济发展的专利权。

---

❶ 《医药技术领域发明专利审查政策研究》课题组. 医药技术领域发明专利审查政策研究[R]. 2008：18-19，54-56.

❷ 徐棣枫. 专利权的扩张与限制[M]. 北京：知识产权出版社，2007：103.

❸ The Federal Commission (FTC), To promote innovation: the proper valance of competition and patent law and policy, in October 2003.

❹ 王大鹏，等. 宽泛权利要求的合理权利边界——从生物技术领域视角谈专利权的扩张与限制[J]. 知识产权，2013（2）：75-82.

三、结　语

我国专利制度的建立与完善，在于服务经济大局，为创新驱动发展提供动力。专利审查工作的本质在于恪守法律精神，深刻理解和贯彻《专利法》及其实施细则的立法宗旨，提升授权质量，彰显出专利权的内在属性与价值，通过优质高效的审查实践过程促进经济的发展。对于存在授权前景的申请，应基于立法宗旨从专利保护的角度，结合技术领域的特点制定出合理的审查策略和处理方式，实现善意审查、诚信审查和智慧审查的有机结合。对于与《专利法》立法宗旨相背的专利申请，应提高审查敏感度，防范"问题专利"的授权。

在深刻理解《专利法》及其实施细则的立法宗旨及各法条的立法本意后，就是在日常的审查工作中有效地践行"三性"评判主线下的全面审查，一致地执行专利审查标准。这需要在加强法律精神理解的同时，从实际案例中获取和运用法律条款蕴含的立法精神。从宏观管理方面，还应该参考和跟进国外的管理经验，结合我国的国情对专利审查进行整体设计，加强"三性"评判主线下的全面审查思维和理念的整体设计与运用。

专利审查中的平衡性思维

钟 辉 王大鹏 孙海燕

摘 要：平衡性思维是一种重要的法律思维方式，本文探讨了专利审查中的价值平衡和利益平衡。专利审查中的价值平衡是审查员在专利法的价值体系下，通过"价值导向"的理性思考方式判断何者是值得专利法保护的有价值的发明。专利审查中的利益平衡是审查员在专利法的价值体系或规则体系下，对特定的个案进行利益衡量，以通过行政审批的手段，更好地发挥专利法调解发明人个体与社会之间利害冲突的作用。平衡性思维能力对专利审查员正确行使法律赋予的社会管理权力具有重要意义。

关键词：平衡性思维 专利审查 价值平衡 利益平衡

法律思维是一种平衡性思维。对于产生自个体与社会之间、个体与个体之间的纠纷和冲突，法律均予以包容并尽可能将冲突和平解决。当发生特殊争议时，交由权威的法庭解决，将失衡的状态恢复到平衡的状态。价值衡量是法官在解决疑难案件过程中，遵循特定的价值判断标准，对个案中相互冲突的权利主张与利益要求进行法律价值上的比对与权衡，形成价值判断，并以价值判断为目标发现、创设或选择可适用于个案的裁判规范，使法律的形式正义与个案的实质正义得到共同实现的一种创造性法律思维方法。❶ 利益法学倡导者认为：法律不能覆盖司法活动的全部领域，在制定法未能覆盖的领域，法官必须发挥其能动性，认识案件所涉及的利益并评价这些利益各自的分量，在正义的天平上对其进行衡量，以便根据某种社会标准去确保期间最为重要的利益的优先地

---

❶ 沈仲衡. 论司法过程中的价值衡量［J］. 河北法学，2010，28（10）：68-74.

位,最终达到最为可欲的平衡。❶

在当今法治社会中,法律已成为社会控制的主要工具,虽然平衡性思维突出的体现于司法审判过程中法官的思维方式,但作为一种法律思维方法,平衡性思维蕴含并贯穿于包括立法、执法甚至依法行政审批在内的所有法律相关行为中。

一、专利审查中的价值衡量

对于专利审查这一具体的行政审批工作,表象上,是审查员对专利申请的技术价值进行评判;但本质上,专利审查过程则是以评判技术价值为手段衡量专利申请的法律价值,并最终作出具有法律效力的通知或决定。特别是对于专利审查中的疑难案件,复杂的技术价值冲突的深处必然包含着复杂的法律价值冲突,审查员对案件的法律价值判断不可避免。因此专利审查中法律价值衡量是审查员解决疑难案件的一种重要的法律思维方法。对于专利审查过程中的价值衡量可从以下三点进行理解。

(一) 专利法不但是规则体系,也是价值体系

价值衡量的基本理论前提预设在于认为法律既是一个规则体系,也是一个价值体系。法律的价值体系是一种蕴含或体现于制定法之中的法治理念、法律原则等构成的法律价值位阶安排。专利法为专利制度提供理念支撑、正当性基础与合理性论证,同时也为专利审查过程中的价值衡量提供了思维素材和思维基准。

价值衡平原则要求审查员从个案实际情况出发,根据专利法的价值体系和规则体系平衡申请人主张的权利与以现有技术代表的公众权益之间的法律价值冲突,要明确划定权利的界限与范围,确定具有可操作性的判断标准,实现最大限度的价值衡平。

(二) 专利审查员应判断何者是值得专利法保护的有价值的发明

专利审查过程中价值衡量的核心在于审查员要遵循特定的价值判断标准,在权利要求和现有技术之间进行法律价值上的比对与权衡,以形成个案中有关的利益或权利何者是正当的,何者是值得法律保护的价值判断。一方面,如美国联邦最高法院布拉德利(Bradley)法官在 Atlantic Works 案的判决中所阐述的那样,专利法的目的在于奖励那些作出实质性发明的人,这些发明使我们在实用技术领域增加了知识或取得了进步;另一方面,如果权利要求与现有技术

---

❶ 黄英,彭怀峰. 布莱泽顿 VS. 易兹:谁该获胜?——论利益衡量方法在审批中的运用[J]. 山东审判,2008,24 (181):50-53.

存在微小区别即不加选择地授予专利权，实际上会造成专利林立，使产业界对专利回避活动穷于应对，从而阻碍而不是激励了科技进步。为了协调上述两个方面，发明专利创造性的规定应运而生。

发明专利的创造性条件是使专利权人利益与公众利益达致平衡的一个重要的制度砝码。在现代专利体系中，创造性已成为专利制度的核心，是专利法上的"精灵"，在理论上它是专利制度正当性的基础，在实践中是专利审查与诉讼的焦点。基于专利制度的自然权利理论，专利制度的激励理论，抑或专利制度的契约论，设立创造性标准、条件或门槛的制度价值已经多有讨论。其典型制度价值包括"确保每一项谋求专利制度保护的发明创造均具有可转换为相当交换价值的使用价值""有了创造性标准，专利制度才能经受得住以垄断之名对专利制度的诘难""为保证专利为排他专利权提供足够的对价，需要剔除那些发明水平不高、价值不大的发明"。❶ 因此，在专利审查过程中，最重要、最核心的内容是进行创造性评判，而审查员进行创造性评判的过程，本质上就是对权利要求进行价值衡量的过程。

价值衡量在本质上是一种"价值导向"的理性思考方式。价值衡量要求审查员既知悉法律规则上"其然"，更要探知法律规则背后法律价值之"其所以然"。价值衡量在专利审查实践中比较突出的就是权利要求与已有的权利要求、权利要求与公共利益之间的平衡问题，对于此类问题的处理，可从个案具体情况出发，综合考虑以下原则：

（1）权利主张的目的和手段上的正当性原则。申请人只有在专利法的框架下采用合法手段、追求合法目的而提出的以权利要求限定的个人利益才具有正当性。

（2）权利主张范围上的正当性原则。即使权利主张的目的和手段都具有正当性，审查员仍应明确其权利的界限和范围，考查其主张的个人利益是否超越了合理的界限和范围，避免对公共利益作过分的切割。

（三）进行价值判断时专利审查员的主观能动性与受到的约束性

专利审查过程中价值衡量的运用必须注意把握专利审查的主观能动性与受到的约束性之间的平衡。一方面，审查员在根据事实和证据对专利申请的技术价值进行评判的基础上，要对专利申请的法律价值作出主观能动的判断；另一方面，审查员在进行价值判断时必须排除个人的价值偏好或非理性因素的影响和左右，避免审查员个人的任性与专断。专利法框架内的价值评价标准始终决

---

❶ 方慧聪，和育东. 专利创造性判断之比较研究［M］//周林. 知识产权研究：第19卷. 北京：知识产权出版社，2010.

定着审查员作出何种价值判断、进行怎样的理性选择、得出怎样的审查结论。

二、专利审查中的利益平衡

所谓利益，即满足人们需求的好处。利益首先是个经济范畴，一个社会的经济关系是社会的基本关系，而经济关系的首要表现就是利益关系。利益是人们行为的内在动力。经济学家从利益角度把人类的行为理解为追求利益最大化的行为，而利益最大化的竞争性必然导致利益冲突，这就需要一种方法平衡利益冲突。❶ 利益法学以利益作为根本出发点，将法律法规和生活环境有机统一起来，通过法律行为实现社会经济关系中的利益平衡。

（一）专利权的双重属性

知识产权具有私权与公权的双重属性。知识产权这一私权不是一种绝对的权利，而是一种相对的权利。这种相对性表现在对知识产权本身的限制上。亦即知识产权是法律设定的在一定边界范围内的自由。通过权利限制，平衡知识产权人和社会公众的利益关系，实现知识资源的分配正义，从而使知识产权的私权性具有公权化的趋向。❷

1. 专利权的私权属性

专利权作为私人产权具有合理性，法律授予专利权是对发明人预先付出的人力、物力所伴随的巨大风险的一种回报，因此，专利权反映了发明人的人格和财产利益，具有私权属性。

2. 专利权的公权属性

由于发明专利具有一定的继承性，任何新的发明专利的完成都离不开对前人创造出的知识成果的继承，并且作为知识产品，专利权还具有消费的非竞争性，不会因为使用的增加而产生价值的损失，因此专利权本质上还具有公权属性，其消费或使用不具有排他性。

专利保护制度作为促进人类社会经济发展而实施的一种公共政策手段，其授予个人或机构的一些经济特权本身只是一种目标实现手段，而并非最终目标。因此，基于专利权兼具有私权和公权双重属性，在涉及专利保护制度的立法、行政、司法等各个层面，都应充分考虑专利权人利益和社会公众利益的平衡。

---

❶ 连涛，薛发如. 法利益平衡价值的法理探究［J］. 昆明师范高等专科学校学报，2005，27（2）：41-44.

❷ 陈海晖. 对我国知识产权制度利益平衡规定的法律思考［J］. 福建广播电视大学学报，2012，66（6）：14-16.

（二）利益平衡方法

利益平衡法律方法是20世纪60年代以来逐渐发展形成的一种法律适用方法。所谓利益平衡，是指法官在审理案件的过程中，在查清案件事实的前提下，紧紧把握案件的实质，结合具体背景主要是社会环境、经济状况、价值观念等，比较平衡双方当事人的利害关系，作出应当侧重保护案件哪一方当事人才有利于实现法律所追求的公平正义最终目标的判断。此种判断被称为实质判断。在实质判断的基础上，再从现有的法律条文中找到根据，使法律条文得到正确适用。其精髓可用一句话加以概括，即实质判断与法律根据的有机统一。利益平衡法律方法适用过程是，在作出应当侧重保护哪一方利益的实质判断之后，再在现有法律中寻找正确根据，在找到了相关的法律条文后，法官再以三段论的逻辑推理原理，把法律条文作为大前提，具体案情作为小前提，作出案件判决。❶

利益平衡的法律适用方法，不仅贯穿于立法、执法和司法活动中，也对行政机关的依法审批行为提出了要求。正确运用利益平衡的方法，对约束行政审批权在合理合法的范围内行使具有启发和帮助作用。一方面，社会公共利益是由无数公民的个人利益汇集而成，公共利益优先最终目的还是为了维护每个公民的正当利益；另一方面，政府可能以公共利益为借口而滥用手中的权力，侵犯公民的合法正当权利。要处理好两者间的关系，就要坚持利益平衡的理念为指导，正确分析和考虑各方的利益和需求，坚持平衡原则，将行政审批权限制在合理合法的范围内。

（三）专利审查中引入利益平衡方法的意义

专利制度通过授予发明创造者对其智力成果的私人垄断权，为权利人提供了最经济、有效和持久的创新动力，保证了科技创新活动在新的高度上不断向前发展。但是，正是这种法定的垄断，同时也给社会带来了一定的负面影响。经济学家曾对知识产权的设立提出过这样一个悖论：信息产权的垄断性，一方面会刺激信息的生产者去开发新信息，另一方面也会出现垄断信息的生产者索取高价使信息无法充分利用，即没有合法的垄断就不会有足够的信息生产出来，但是有了合法的垄断又不会有太多的信息被利用。❷ 解决这一困境的法律途径，就是建立一种知识产权利益平衡机制，即在保护知识产权的基础上对该项垄断权实行必要的限制，以均衡权利人和社会公众之间的利益，确保社会公

---

❶ 刘运毅. 利益平衡的法律方法浅析 [J]. 法制与社会，2009（9）：1-2.

❷ 罗伯特·考特，托马斯·尤伦. 法和经济学 [M]. 张军，等，译. 上海：上海人民出版社，1994：1854-190.

众接触和利用知识产品的机会。

专利权利益平衡机制的建立，有利于在保护发明创造的同时，促进科技进步和科技成果的有效利用，达到个人利益与社会公众利益之间的平衡。根据我国的专利制度，发明专利申请要通过审查程序进行确权，即通过行政审批的方式确定能否享有专利权、界定专利权的范围大小，因此，专利权利益平衡机制，不仅适用于专利相关的立法、执法和司法活动中，也适用并应当体现在专利审查的行政审批过程中。在专利权确权阶段就应使申请人利益与社会公共利益维持适当的关系，即使个案的专利申请人采取了正当的手段方式来追求其合法目的，但如果该手段所侵害的社会公共利益明显大于其所保护的个人利益或社会公共利益，则通过该手段获得申请人个人利益的主张不应该得到支持。

专利审查过程中，引入利益平衡机制的意义在于，审查员在专利法的价值体系或规则体系下，对特定的个案进行利益衡量，以通过行政审批的手段，更好地发挥专利法调解发明人个体与社会之间利害冲突的作用。这包含以下三个层次：

（1）专利审查过程中的利益平衡不能违背专利法的规则体系，也不产生新的法律规则体系。专利审查过程是一种具体的行政审批行为，行政审批应当严格依法行政，并且行政审批不同于立法，不产生新的法律体系，因此专利审查过程中的利益平衡方法，只能是在遵守现有的法律规则体系或价值体系的框架下进行。

（2）专利审查过程中的利益平衡机制是针对特定案例进行行政审批的具体手段或方式，而并非专利审查的终极目的或普适性的指导原则。

（3）专利审查过程中适当引入利益平衡机制有助于更好地实现专利法的规则体系或价值体系。

（四）专利审查过程中利益平衡方法的适用过程

对于具体实施专利行政审批行为的审查员而言，利益平衡法律方法在发明专利审查中的适用过程是：在对案件相关事实进行准确认定的前提下，紧紧把握案件的实质，分析权利要求对申请人利益和社会公众利益的影响，作出是否应当授予专利权、授予多大范围的专利权，才有利于实现《专利法》所追求的"保护专利权人合法权益，鼓励发明创造，推动发明创造的应用，提高创新能力，促进科学技术进步和经济社会发展"的最终目标的实质判断；在作出上述实质判断的基础上，再从现有的法律条文中找到根据，使法律条文得到正确适用。即将实质判断与法律根据有机统一起来，实现利益平衡的审查过程。

三、平衡性思维对专利审查员的意义

专利审查过程面临着多种维度的矛盾和冲突,包括:申请人对获得专利权取得市场竞争优势、独享科技创新带来的市场效益的愿望与竞争对手打破市场垄断、规避专利侵权风险、分享科技成果的愿望之间的冲突;申请人为获得专利权而进行必要公开与其对技术保密的努力之间的冲突;请求保护的技术方案与已有专利权之间的权利冲突;请求保护的技术方案与现有技术之间的技术冲突;开创性发明与在其基础上的改进发明之间的冲突;申请人对取得专利权的急切心情与审查过程必要的时间周期之间的冲突等。

专利审查员的岗位性质是正确行使法律赋予的社会管理权力,履行专利审查审批行政职能。专利审查审批行政行为是社会管理权力的具体运用和执行,这种权力是由社会公共权威所赋予和认可的,因此专利审查审批的目的是为维护社会公共利益。具体而言,专利审查过程是依靠《专利法》和《专利法实施细则》,通过行政审批手段处理和平衡专利申请人利益和公共利益的关系。

尽管专利审查行为在性质、手段、行为主体、行为对象等方面不同于司法行为,但二者均要求在法律的框架下平衡各方的利益冲突。因此,作为一种指导行为的思维方式,平衡性思维不应仅是司法审判者所独有的思维方式,也应是从事法律相关工作的专利审查员必备的基本人文素养。

医药化学领域涉及实验数据专利申请的美国审查标准探讨[*]

杨志培　沈小春　姚　云　李广科

摘　要：医药化学领域由于技术效果可预期性较低，实验数据对于说明书是否公开充分以及创造性的判断尤为重要，但对于实验数据应当公开到何种程度以及对于补充实验数据应当怎样考虑，各国标准不尽相同。笔者介绍了美国专利商标局（USTPO）有关实验数据方面的审查标准，并通过四个美国法院判例来了解美国司法实践以及相关的配套制度，希望能为国家知识产权局相关方面的审查提供参考。

关键词：实验数据　公开充分　创造性　美国专利法

引　言

专利申请只有满足《专利法》的各项要求才能获得授权，其当然也包括公开充分和创造性等条款。对于技术效果可预期性比较低的领域，例如化学、医药和生物等领域，实验数据在公开充分和创造性的适用中对于技术问题/技术效果的确定显得尤为重要。但在审查实践中如何客观、准确把握实验数据的客观性、关联性和合法性，考虑补充实验数据后什么情况下可以被接受等，在审查实践中还缺乏明确的审查标准。本文通过结合美国判例，讨论了USTPO在审查和司法实践过程中如何考量实验数据的问题。

---

[*] 该文源于北京中心2014年课题"医药化学领域涉及实验数据申请的审查实践指导研究"。该课题负责人为姚云；参与研究人员有马秋娟、李广科、周英、孙丽丽、吕茂平、沈小春、张恒君、陈莹、何梅孜、张颖、赵永江、杨志培、郝鹏、楼兴隆。

一、说明书是否充分公开对实验数据的要求

（一）美国关于公开充分及其对实验数据要求的相关规定

美国专利法（35 U.S.C）第 112 条第 1 款规定：说明书应当包括发明的书面描述，用完整、清楚、简明和准确的术语给出其制备和使用的方式和方法，以使得本领域技术人员能够制造和使用同样的发明，并阐明发明人所认为的最佳实施例。上述法条要求说明书包括如下内容：（A）发明的书面描述；（B）制造和使用该发明的方式和方法，简称可实施性；（C）发明人所预期的实施该发明的最佳方式。

2011 年 9 月 16 日签署发布的美国发明法案中，不再将公开最佳实施方式的要求作为无效或者使专利权不能行使的理由，且该规定具有溯及既往力。[1]因此，美国的专利法实际上主要通过可实施性和书面描述两方面对公开充分进行约束。

（二）判断标准

美国联邦最高法院在 *Mineral Separation v. Hyde*，242 U.S. 261，270（1916）判决中，给出了判断说明书是否满足可实施性要求的标准，即本领域普通技术人员根据专利的公开内容以及本领域的已知信息，在无需过度试验的情况下制造或使用该发明。

MPEP 第 2100 章第 2164.01（a）节规定：在判断是否有足够的证据证明所述公开不满足可实施要求，以及是否需要过度实验时，有许多因素可以被考虑。这些因素包括但不限于：（A）权利要求的范围；（B）发明的本质；（C）现有技术的状态；（D）本领域技术人员的技术水平；（E）本领域的可预见性；（F）提供教导的数量；（G）是否存在实施例；（H）试验需要的数量（即"八因素"）。MPEP 的上述规定并不包括实验数据，即美国并不要求必须记载实验数据，也没有对实验数据进行更具体的规定。但是在后续会有被无效的风险。

35 U.S.C 第 112 条第 1 款虽然是对说明书能够实施的要求，但在判断说明书是否满足可实施性的要求时，必须结合相应的权利要求进行分析。通常认为获得专利的主题必须在权利要求所包含的整个范围内都满足可实施性的要求。[2]

（三）初步举证责任

审查员在提出专利申请缺乏可实施性的审查意见时，负有初步举证责任以确定怀疑所要求保护的发明的可实施性的合理性基础。对于缺乏可实施性的分析和结论应是基于对 MPEP 第 2100 章第 2164.01（a）节所讨论的要素和证据的整体考虑作出的，不需要讨论每个要素。相反，言语上应当专注于致使审查

员得出说明书缺少以下教导的因素、原因和证据。例如，在不进行过度实验的情况下，如何制造和使用本申请的方案，或是提供给本领域技术人员的任何可以实施的范围与所请求保护的范围不相符。审查员负有初步举证责任能够确保申请人不会被简单粗暴地对待。申请人随后也可以提供宣誓书或声明以证明原始公开内容事实上是可实施的。

（四）35 U.S.C 第112条第1款和第101条之间的关系

对于缺乏实验数据证明效果的情形，MPEP规定这种情形下不仅应当指出发明缺乏实用性（35 U.S.C 第101条），还应当同时指出说明书缺乏可实施性。美国的该做法与其他专利大国如中国、欧洲、日本等均不相同，美国的实用性要求专利申请必须表明以当前方式公开的发明对公众是有用的，其与我国充分公开的要求殊途同归。

（五）化合物申请和制药用途申请对数据的不同要求

在判断化合物申请是否公开充分时，采用的是客观的可实施性，不要求提供实验数据支持，实验数据仅作为一种验证手段，但在审查用途申请时对数据的要求较为严格。法院认为，如果35 U.S.C 第112条第1款规定的可实施性仅需要看似合理的检验，那么申请人将能够获得涉及大量猜测其可能会成功的发明的专利权，当在后的猜测者证明了其真实性，则发明人将剥夺证明所述方法真正有效的当事人的权利，这将不符合发明人能够实施该发明而不是仅提出未被证明的假设的法定要求。[3]

在 *In re Brana*，51 F. 2d 1560，1566，34 USPQ2d 1437，1441（Fed. Cir. 1995）案中，涉案专利申请涉及5-硝基苯并［de］异喹啉-1，3-二酮类化合物。说明书记载了这类化合物比已知的苯并［de］异喹啉-1，3-二酮类化合物"作为抗肿瘤物质具有更好的作用及作用谱"，并且记载了化合物的制备方法和制备实施例以及药理活性试验方法，但是未记载具体药理活性试验结果。USPTO申诉与抵触委员会以申请不符合35 U.S.C 第112条第1款的规定为由维持了驳回决定。然而，美国联邦巡回上诉法院认为，对于用作药物的化合物，尽管化合物结构的微小变化可能显著地影响治疗效果，但结构类似的化合物具有活性的事实可以作为相关的证据用于支持本领域技术人员会相信所宣称的效果，申请人在申请日后提交的声明也表明所述化合物能够在临床上用作抗癌剂。并且通过用标准实验动物进行的统计学上有效的实验来证明化合物具有宣称的药物特性的证据足以确定其实用性。

在判断化合物制药用途是否具备实用性和公开充分时，认为如果仅是科学研究，但最后发现研究结果是不确定的或者是无用的，则发明不符合实用性的要求。在实验数据方面，如果现有技术不能预期其制药用途，其相关的实验证据如动物测试实验应当在专利法规定的时间内完成，否则发明不符合实用性的要求。在 In re' 318 Patent Infringement Litigation, 583 F.3d 1317, 92 USPQ2D 1385（Fed. Cir. 2009）案中，该专利要求保护加兰他敏治疗阿尔海默兹症的用途，说明书虽然记载了建立阿尔海默兹症的动物模型的已知方法，但没有给出该动物模型的测试结果等相关证明其疗效的实验数据，该案质疑创造性后予以授权。随后以不符合实用性和说明书公开不充分被宣告无效，在法院的无效阶段中申请人补充提交了动物研究和人体临床试验，美国联邦巡回上诉法院认为说明书没有证实其实用性，因为补交的实验数据的动物实验测试并没有在专利法规定的时间完成，且这些结果也没有记载在原始申请，其次，说明书提供了极少的信息来说明其实用性，由于申请文件没有提供足够的剂量信息，所属领域技术人员不知如何使用该治疗方法。[4]

二、创造性相关的实验数据的要求

（一）美国关于创造性及其对实验数据要求的相关规定

35 U.S.C 第103条规定：一项发明，虽然并不与本编第102条所规定的已经有人知晓或者已有叙述的情况完全一致，但申请专利的内容与其已有的技术之间的差异甚为微小，以致在该发明完成时对于本领域具有一般技术的人员是显而易见的，不能取得专利。取得专利的条件不应该根据完成发明的方式予以否定。

（二）关于预料不到的技术效果的要求

关于预料不到的技术效果，一般有如下要求：用于证明预料不到的证据必须实际已经获得；证据必须包括与最接近的现有技术的对比，所述最接近的现有技术必须实际存在的，然而在某些情况下，"间接"的对比也可能是足够。证据必须与权利要求的范围相称，但是仅需与权利要求中显而易见的主题相称。不被事实证据所支持是不够的。如果优势或差异没有显示出预料不到也是不够的。结果的差异应当表明一些实际的好处。如果可以从说明书中描述的用途固然地推导出所述预料不到的结果，则说明书中不必描述预料不到的结果的证据，也不必描述视为预料不到的好处。[5]

三、申请日后的证据及根据 37 CFR 1.132 提交宣誓书或声明

（一）申请日后的证据

MPEP 第2100章第2124节关于基准日必须早于申请日的例外中规定：在某些特定情况下，实际的参考文献不需要早于申请日。

在某些特定情况下，引用用于证明普遍的事实的文献不必在申请日前能够

作为现有技术获得。所述事实包括某种材料的特征或性质或科学常识。在某些特殊的案例中,在后的出版物可被用作事实性的证据,包括:出版物中公开的事实证明"在申请日时可能需要过度实验",或权利要求中缺少的参数是否是必要的,或说明书中的描述是不准确的,或发明是无效的或缺乏实用性,或权利要求不清楚,或现有技术产品的性质是已知的。然而,不允许使用在后的事实性文献来判断申请是否是可实施的或申请是否按照35 U.S.C第112条第1款的要求来撰写。由于公开晚于要求保护的发明而不能作为现有技术的文献,可以用于证明在作出发明时在可专利性方面本领域技术人员的水平。

由此可见,USPTO明确规定在特定情况下,采用的证据可以是申请日后证据。此外,为证明公开充分的证据,如果用于证明在申请之时本领域技术人员的水平或者用于证明普遍事实,是可以接受考虑的。但如果通过在后的出版物弥补现有技术知识,从而使发明能够满足可实施的条件,以及使用在后的事实性文献来判断申请是否能被实施则不能被接受考虑。而对于为了证明公开不充分的证据方面,如果证明本领域技术人员在有效的申请日时或申请日前应当了解什么、提出某发明不可能实现和证明"在申请日时可能需要过度实验"的事实则予以考虑。[6]

(二) 根据37 CFR 1.132提交宣誓书或声明[7]

根据37 CFR 1.132,申请人可以提交宣誓书或声明以对审查员驳回的根据进行辩驳。当任何专利申请或者复审中的专利的权利要求基于下述原因被驳回时,使用宣誓书或声明对所引用的已有技术或所提出的异议进行辩驳可能会被接受。所述的已有技术包括在国内专利中进行实质性的展示或描述的发明;外国专利或出版物;专利局审查员个人所知的事实;发明运作的模式或能力属于一项已有技术(例如,用宣誓书或声明证明具备预料不到的技术效果);发明不能实施或缺少实用性;发明无意义或者损害公众健康或违反社会道德。

宣誓书或声明本身必须作为证据考虑。提供宣誓书或声明的重要程度取决于宣誓书或声明中支持可实施结论的事实证据的数量。应当鼓励申请人提交任何证据来证明发明的可实施性。对于化学和生物技术申请,可以提交用于获得FDA临床试验批准的证据。但是,FDA判断是否批准临床试验的标准不同于USPTO判断说明书是否可实施的标准。一旦提交了证据,必须将其与所有其他证据一起共同考量,依据可实施性的标准,来判断发明是否可实施。

然而,宣誓书或声明在专利申请中最常用的用途是提交证据,以克服审查员按照35 U.S.C第103条认定的申请具有表面看来可以成立的显而易见性的驳回意见。最常用的基于"特殊考虑"的反驳途径是按照37 CFR 1.132规定的宣誓书或声明提供对比实验数据,表明所要求保护的发明具有预料不到的性质或产生预料不到的结果。在实践中，情况可能比较复杂，数据也不是那么明显地无可置疑，在这种复杂的案例中，申请的结果可能取决于申请人及其代理人在多大程度上成功地向审查员说明实验数据的重要性，并克服审查员对声明中的资料可能提出的反对意见。例如，美国联邦巡回上诉法院在 In re Soni 案和 In re Geisler 案中，对于预料不到的技术效果的法律阐述并不相同。

在 In re Soni, 54 F.3d 746, 750, 34 USPQ2d 1684, 1687 (Fed. Cir. 1995) 案中，涉案专利申请涉及包含具有分子量大于150 000的特定类型的聚合物的特定组合物。说明书中指出，与使用具有低于150 000分子量的聚合物的组合物相比，所要求保护的组合物具有显著改善的物理性能和电性能；说明书中还提供对比试验表明确实取得了改善的效果。申请人认为所改善的性能"比通过它们的分子量之差能够预期的还要大得多"。该申请因不符合 35 U.S.C 第 103 条的规定而被驳回，USPTO 申诉与抵触委员会认为没有任何事实数据支持申请人所陈述的"比通过它们的分子量之差能够预期的还要大得多"的结论，且虽然数据是非显而易见性的一些证据，但不足以超过显而易见性的证据。而法院则认为该案的说明书包含了具体的数据以说明改善的性能，并且改善是巨大的，发明取得了预料不到的技术效果。

在 In re Geisler, 116 F.3d 1465, USPQ2D 1362 (Fed. Cir. 1997) 案中，权利要求涉及一种反射的装置，包含基质、其上的三层结构，其中第三层的厚度为 50~100 埃米。说明书记载了第三层保护层为不同厚度时的性能，其中 50 埃米厚的层的耐磨性能比 300 埃米厚的层高 26%。申请人认为该申请厚度选择取得了预料不到的技术效果，且与常规认识相反。该申请因不符合 35 U.S.C 第 103 条的规定而被驳回，USTPO 申诉与抵触委员会和美国联邦巡回上诉法院认为如果仅是争辩或说明书中的概括性陈述，没有实质性证据，该预料不到的技术效果也不能被认可，关于"更厚的保护层比薄的保护层具有更好的耐磨性"是一般常识仅是申请人的争辩，申请人没有提供反驳显而易见性的实质性证据。而该申请性能仅获得 26% 的提高，不足以证明其效果获得"本质上提高的结果"，同时申请人也没有提供该提高是"超出目前预期"的相关证据。因此，法院没有认可其获得了预料不到的技术效果，仍然维持驳回。

宣誓书或声明中关于预料不到的性质的数据必须满足某些要求：首先，宣誓书或声明中所提出的数据必须与专利申请权利要求范围相称。其次，在做对比试验时，所进行的已有技术的代表性试样必须同已有技术所公开的内容实质上相同，如果有偏差，必须说明造成这种偏差的原因。最后，宣誓书或声明中所提到预料不到的性能改进，必须同原专利说明书中已披露的某些发明内容相关。一般地说，提出一种假想或者理论去试图解释达到所改进的结果的机制是不可取的。假想和理论不是事实，因此不应被包括在宣誓书或声明中。

（三）法律保障[8][9]

美国采取有效的法律措施防止和抑制在所有与专利有关的程序中出现不正当行为，以确保专利公开的义务被良好地履行及在后提交的证据（如宣誓书或声明）的真实性和完整性。

美国法律规定当事人具有诚信义务，包括向USTPO进行披露的义务。美国37 CFR 1.56规定：每个和专利申请程序有关的人对专利商标局负有诚信与善意义务，包括向USTPO披露如本节所述的其所知晓的对于可专利性而言重要的所有信息……但是，与对USTPO的已经实施或者试图实施的欺骗有关的或者通过恶意方式或故意过失行为违反披露义务的专利申请不应当被授予专利权。

若涉案专利被认定为通过不正当行为取得，则专利所有者将承担灾难性后果。与专利权无效不同，不正当行为直指申请人获得的整个专利权，不需要对权利要求进行分析以确定该行为的影响程度。而且，无论对错，美国现行法律不允许专利授权之后再对不正当行为进行"净化"，也就是说，法院不允许通过申请重新签发专利的方式净化此前的不正当行为。

此外，对于在美国的专利行政和司法程序中经常出现的声明和誓词，37 CFR 1.68中规定："故意虚假的陈述等会被处以或并处罚金或监禁，并且可以危及申请或任何基于该申请被授予的专利权的有效性。"

可见，美国的专利行政和司法程序对违背诚信与善意义务的既遂甚至未遂行为设定了严重的甚至是司法方面后果，当事人轻易不敢触碰。这既保证了申请人在提交专利申请时充分履行充分公开的义务，也为在后程序中大量接受补充实验证据、宣誓书等提供了法律保障。

四、小 结

在审查标准方面，对于说明书是否公开充分，USTPO要求本领域普通技术人员根据专利的公开内容以及本领域的已知信息，在无需过度试验的情况下制造或使用该发明，即符合公开充分的要求，主要用"八因素"法来进行判断，并不要求必须记载实验数据。对于补充实验数据，USTPO允许在专利审查程序规定的时间内补交实验数据，一般认为，使用公开不充分的条款，则认为发明是一项申请日之前未完成的发明，那么不允许申请人以后补交资料的方式来弥补公开不充分的缺陷。使用实用性的条款，只是对发明的有用性提出质疑，将举证责任转移至申请人，由申请人来证明其实用性的可信性，这种证明当然可以通过后补交资料的方式来达到。对于说明发明具有预料不到的技术效果的补充实验数据，一般要求用于证明预料不到的证据必须实际已经获得，证据必须包括与最接近的现有技术的对比，证据必须与权利要求的范围相称，但是仅需与权利要求中显而易见的主题相称。不被事实证据所支持是不够的，如果优势或差异没有显示出预料不到也是不够的。

从司法实践中可以看出，由于不同的技术领域现有技术状况以及可预见性并不相同，即使是化学、医药生物领域的不同分支，其可预见程度也存在不同程度的差别，因此在审查实践中需要结合该领域技术的已知信息、发展状况对发明作出客观的评价。

参考文献

[1] 朱雪忠，漆苏. 美国专利改革法案内容及其影响评析 [J]. 知识产权，2011（9）：79-89.

[2] 刘桂明，等. 药物化合物充分公开审查问题研究 [R]. 国家知识产权局学术委员会2012年度自主研究项目（课题编号A120514）.

[3] 张清奎，等. 药物领域实验证据与说明书充分公开关系的研究 [R]. 国家知识产权局学术委员会2012年度自主研究项目（课题编号ZX201213.5），2012：9-11.

[4] 李人久. 医药领域发明专利说明书公开充分的审查标准探讨 [J]. 审查业务通讯，2007，20（3）：22-27.

[5] Harris A. Pitlick, Some Thoughts about Unexpected Results Jurisprudence [J]. Journal of the Tatent and Trademark Office Society, 2004, 169-182.

[6] 周胜生，等. 申请日后证据在专利审查中的应用研究 [R]. 国家知识产权局学术委员会2009年度自主课题（课题编号A090106）.

[7] 黎戎·麦克利兰，李悦. 在美国专利申请程序中如何按照联邦规则法典1.131和1.132的规定利用宣誓和声明克服权利要求被驳回 [J]. 中国专利与商标，1995（1）：69-81.

[8] 李越. 与充分公开有关的实验证据问题的探讨 [M] //国家知识产权局条法司. 专利法研究2010. 北京：知识产权出版社，2011：306-310.

[9] 海冰. 美国专利法中的不正当行为问题 [J]. 电子知识产权，2009（4）：79-81.

创造性评判中技术领域对技术启示的影响

王晓东　王艳妮　刘　莹　扈　燕[*]

摘　要：本文针对创造性评判中如何考虑技术领域对技术启示的影响这一问题，通过分析国家知识产权局以及 EPO 和 USPTO 的相关规定并结合案例对该问题进行了讨论。经分析讨论得出："三步法"第（3）步判断是否存在技术启示时，在考虑区别技术特征是否被"另一份对比文件"公开且其作用是否相同的同时，还应从发明实际解决的技术问题出发，考虑"另一份对比文件"的技术领域与发明所要解决的技术问题是否"合理相关"。

关键词：创造性　三步法　技术启示　技术领域

引　言

创造性评判是专利审查的难点之一，"三步法"作为创造性评判的通用方法被广泛使用，其中，在判断"另一份对比文件"与最接近的现有技术之间是否存在结合启示时，是否考虑"另一份对比文件"的技术领域以及如何考虑该技术领域对技术启示的影响是审查过程中容易与申请人产生争议的问题。以下我们通过梳理国家知识产权局的相关规定，并与 EPO、USPTO 的相关规定进行比较，对这一问题进行讨论和澄清，以加深对创造性"三步法"的认识，利于审查标准的执行一致。

---

[*] 作者单位：王晓东，王艳妮，刘莹，国家知识产权局专利局专利审查协作北京中心光电技术发明审查部；扈燕，国家知识产权局专利复审委员会。

一、国家知识产权局的相关规定

《专利审查指南 2010》第二部分第四章规定了"三步法"判断的三个步骤:"(1)确定最接近的现有技术;(2)确定发明的区别特征和发明实际解决的技术问题;(3)判断要求保护的发明对本领域的技术人员来说是否显而易见。"在第(3)步中还规定:当"所述区别技术特征为另一份对比文件中披露的相关技术手段,该技术手段在该对比文件中所起的作用与该区别特征在要求保护的发明中为解决该重新确定的技术问题所起的作用相同"时,认为存在技术启示。同时,在创造性的整体审查原则中谈及了创造性评判中对"技术领域"的考量:"在评价发明是否具备创造性时,审查员不仅要考虑发明的技术方案本身,而且还要考虑发明所属技术领域、所解决的技术问题和所产生的技术效果,将发明作为一个整体看待。"《专利审查指南 2010》第四部分第六章在比较无效宣告程序中实用新型与发明的创造性评判标准时规定:在判断现有技术中是否存在技术启示时,"对于发明专利而言,不仅要考虑该发明专利所属的技术领域,还要考虑其相近或者相关的技术领域,以及该发明所要解决的技术问题能够促使本领域的技术人员到其中去寻找技术手段的其他技术领域。"此外,在"本领域技术人员"的定义中指出:"如果所要解决的技术问题能够促使本领域的技术人员在其他技术领域寻找技术手段,他也应具有从该其他技术领域中获知该申请日或优先权日之前的相关现有技术、普通技术知识和常规实验手段的能力。"

从以上相关规定可以看出,第一,创造性的整体审查原则要求在创造性评判过程中考虑发明所属的技术领域;第二,复审无效部分明确规定,在判断现有技术中是否存在技术启示时,要考虑与发明所属技术领域相同、相近和相关的技术领域,以及该发明所要解决的技术问题能够促使本领域的技术人员到其中去寻找技术手段的其他技术领域;第三,本领域技术人员也具备在上述领域中寻找技术启示的能力。可见,只有当对比文件来源于与发明所属技术领域相同、相近或相关的技术领域,以及该发明所要解决的技术问题能够促使本领域的技术人员到其中去寻找技术手段的其他技术领域,该对比文件才可能存在技术启示。

进一步分析可以看出,《专利审查指南 2010》规定了在判断现有技术中是否存在技术启示时所应考虑的技术领域的几种情形,即"相同""相近""相关"和"其他技术领域"。在实际审查工作中,判断技术领域是否"相同"相对较为客观。但在判断发明与"另一份对比文件"的技术领域是否"相近"和"相关"时,由于"相近""相关"的判断受主观因素的影响较大,往往容易在审查员与申请人之间产生争议。此外，当区别技术特征已经被"另一份对比文件"公开且作用相同时，往往会忽视考察本领域技术人员是否有动机到"另一份对比文件"的技术领域寻找解决方法，从而使判断结果出现偏差。

二、EPO 和 USPTO 的相关规定及启示

（一）EPO 的规定

EPO 审查指南在第 G 部分第 VII 章第 6 节"现有技术的结合"中规定："在判断两个或多个现有技术的结合是否显而易见时，审查员应特别考虑以下几点：……公开的内容，例如对比文件，是否来自相似、相近或较远的技术领域。"

为了进一步解释何为与本发明所属技术领域相似、相近或较远的技术领域，EPO 在判例法（Case Law）中给出了"相近技术领域"的判例。依照 EPO 给出的决定"T 176/84"，当审查创造性时，如果相近技术领域以及更广泛的通用技术领域中有相同或相似的技术问题产生，并且本领域技术人员能够知道这些领域，他会在考虑本发明所属技术领域的现有技术的同时，在相近技术领域和更广泛的通用技术领域寻找启示。决定"T 195/84"进一步指出，现有技术还必须包括非特定领域（通用领域）的现有技术，其涉及本申请在特定领域中所解决的通用技术问题的解决方案。

（二）USPTO 的规定

USPTO 的审查程序手册在"显而易见性的审查准则"（2141）中规定了如下内容："为了在依据美国专利法 35 U.S.C. 103 因显而易见性驳回时正确使用参考文献，参考文献必须是与本发明申请类似的技术。"为了分析技术方案的显而易见性，审查员必须确定何为"类似的现有技术"。根据正确的分析，在该发明申请作出时所属领域中已知的，以及该发明申请所提到的任何需求或问题都可以提供以权利要求所述方式组合各元素的理由。这并不要求参考文献来自与该发明申请相同的技术领域，根据美国联邦最高法院的意见：当某一技术在某一领域中可用时，设计激励或其他市场力量可以促使其在相同或不相同领域产生变形。

"具体来讲，以下两种情况可认为参考文献是本发明申请的类似技术：（1）参考文献来自与本发明申请相同的技术领域（即使其提到的技术问题有所差别）；或（2）参考文献与发明者面对的问题合理相关（reasonably pertinent）（即使其与本发明申请的技术领域不同）。""作为与问题合理相关的参考文献，必须是当发明人考虑要解决的问题时，使其自身合逻辑地引起发明人注意的参考文献。""在决定一个参考文献是否合理相关时，审查员应当考虑说明书中直

接或间接反映出的发明人所面对的技术问题。""为了支持某参考文献是合理相关的决定,审查员应当阐明其对技术问题的理解。寻求解决被认定的技术问题的发明人在试图找到解决技术问题的方法时为何会寻找该参考文献,该问题是审查员有必要进行解释的。"此外,USPTO的审查程序手册中还分别针对化学、机械、电学等领域给出了"合理相关"的判例。

(三) 思考与启示

从 EPO 和 USPTO 的上述规定可以看出,在考虑对比文件的结合启示时,需要紧扣"本发明所要解决的技术问题"来判断"另一份对比文件"的技术领域是否与本发明"相近"或"相关",进而判断是否存在结合的技术启示。

比较而言,USPTO 明确指出审查员应当去寻找"类似的现有技术",并将所谓"类似的现有技术"划分为两类:一类属于与本发明相同的技术领域,另一类属于与技术问题"合理相关"的技术领域。该规定避开了在判断技术启示时直接考虑对比文件与本发明所属领域是否"相近"或"相关"的问题,而是从对比文件的技术领域是否与发明所要解决的技术问题合逻辑地相关联入手,来分析对比文件是否存在技术启示。

实质上,USPTO 的审查程序手册中规定的与技术问题"合理相关"的技术领域,与国家知识产权局的《专利审查指南 2010》中规定的"该发明所要解决的技术问题能够促使本领域的技术人员到其中去寻找技术手段的其他技术领域"只是文字表述不同,其实质含义完全一致,都是要求从"本发明所要解决的技术问题"出发,判断技术领域相关的合理性。

结合国家知识产权局的《专利审查指南 2010》中"三步法"第(3)步中规定的"要从最接近的现有技术和发明实际解决的技术问题出发,判断要求保护的发明对本领域的技术人员来说是否显而易见"可以看出,国家知识产权局的《专利审查指南 2010》明确规定了在判断显而易见性时应"从发明实际解决的技术问题出发"。可以认为,在判断结合启示时,从发明实际解决的技术问题出发,判断本领域技术人员是否有动机到"另一份对比文件"所属技术领域去寻找该技术问题的解决手段,即判断"另一份对比文件"的技术领域是否与发明所要解决的技术问题"合理相关"已经隐含在"三步法"的上述判断步骤之中。

因此,在"三步法"第(3)步判断是否存在技术启示时,在考虑区别技术特征是否被"另一份对比文件"公开且其作用是否相同的同时,还应从发明实际解决的技术问题出发,考虑"另一份对比文件"的技术领域与发明所要解决的技术问题是否"合理相关"。特别是当直接判断"另一份对比文件"的技术领域是否与本发明相近或相关存在困难时,采用"合理相关"判断法进行分析说理，更具说服力。以下通过案例加以说明。

三、案例分析

（一）案例一：与看似不同的技术领域的"合理相关"

权利要求 1：一种竹制切菜板，其特征在于该菜板由长条竹片通过胶黏合形成竹排，横向排列的竹排和纵向排列的竹排交错叠在一起，经胶黏压合形成多层竹板构成。

对比文件 1 公开了一种竹切菜板，用竹条混合排列制成，采用外箍钢带的方式克服竹切菜板的拱曲变形缺陷。权利要求 1 与对比文件 1 的区别特征为：横向排列的竹排和纵向排列的竹排交错叠在一起，经胶黏压合形成多层竹板。该申请实际要解决的技术问题是：如何提供另一种解决竹菜板拱曲变形的手段。该申请相对于现有技术的贡献在于通过竹排的交错排列和堆叠胶合克服竹菜板变形的缺陷。

对比文件 2 公开了一种竹制地板，具体公开了上述区别技术特征，并且所起作用也是解决多层竹制板的拱曲变形。

在判断对比文件 2 能否给出将其结合于对比文件 1 的技术启示时，如果直接从分析技术领域是否相近或相关的角度出发，一种观点认为："竹地板"属于装潢材料中的"地板"领域，"竹切菜板"属于烹饪用具中的"切菜板"领域，两者分属不同领域，因此对比文件 2 不能给出结合的技术启示；另一种观点认为："竹地板"和"竹切菜板"均为竹材料制品，属于相近技术领域，因此可以给出技术启示；甚至还有观点认为："竹地板"和"竹切菜板"均是竹制品，属于相同的竹制品领域。可见，从分析技术领域是否与该申请相近或相关的角度出发，可能会得出有争议性的结论。

然而，若从对比文件是否与技术问题"合理相关"的角度进行分析则可以看出，相对于对比文件 1，该申请要解决的技术问题是：如何提供另一种解决竹菜板拱曲变形的手段。而竹材料容易拱曲变形是很多竹材料制品所共有的缺陷，本领域技术人员在面对如何解决竹菜板拱曲变形的技术问题时，自然会想到去其他竹制品领域中寻找解决该问题的方法，即到竹地板的制造方法中寻找技术启示是顺理成章的。上述推理过程符合逻辑，客观分析出本领域技术人员具有到"竹地板"领域寻找技术启示的动机以及"竹地板"领域与要解决的技术问题的合理相关性，因此可得出较为确定的结论。

（二）案例二：与通用技术领域的"合理相关"

申请号为 201010301301.X、发明名称为"旋转台灯及其定位结构"的发明专利申请，其权利要求 1 为：一种旋转台灯，包括灯座、灯头及用于连接灯座与灯头的定位结构，其特征在于：所述定位结构还包括螺钉、第一螺母和第二螺母，第二螺母位于螺钉头部和第一螺母之间，所述螺钉杆部具有靠近螺钉头部的第二螺纹和位于第二螺纹后方、与第二螺纹相连的第一螺纹，第一螺纹的直径和螺距均小于第二螺纹，第二螺母螺合于第二螺纹上。

对比文件1公开了一种台灯，包括灯座、灯头以及用于连接灯座与灯头的具有螺钉和螺母的定位结构。权利要求1与对比文件1的区别特征为：定位结构还包括第二螺母，所述螺钉具有靠近螺钉头部的第二螺纹和位于第二螺纹后方、与第二螺纹相连的第一螺纹，第一螺纹的直径和螺距均小于第二螺纹，第二螺母螺合于第二螺纹上。该申请实际要解决的技术问题是：如何防止螺母松动。该申请相对于现有技术的贡献在于通过螺钉螺母的特殊设计克服螺母松动的缺陷。

对比文件2公开了一种耐振性螺钉，具体公开了螺钉、第一螺母和第二螺母以及上述区别技术特征，并且所起作用也是防止螺母松动。

在判断对比文件2能否给出将其结合于对比文件1的技术启示时，如果直接从分析技术领域是否相近或相关的角度出发，一种观点认为："台灯"属于"家用照明灯具"领域，"螺钉"属于"通用紧固件"领域，两者分属不同领域，因此对比文件2不能给出结合的技术启示；另一种观点认为："台灯"中使用了"螺钉"，因此"螺钉"属于"台灯"的相关技术领域，可以给出技术启示。

若从对比文件是否与技术问题"合理相关"的角度进行分析，则可以清晰地看出：相对于对比文件1，该申请要解决的技术问题是防止螺母松动，而当本领域技术人员在台灯设计中面对这一技术问题时，自然会想到在螺钉、螺母所属的通用紧固件领域中也可能存在同样的技术问题，因此，有动机到通用紧固件领域中寻找解决方案，即对比文件2所属的通用紧固件领域是与该申请所要解决的技术问题"合理相关"的领域，从而具有技术启示。

（三）案例三：技术领域难以"合理相关"

申请号为99806912.4、发明名称为"光电倍增管"的发明专利申请，其权利要求1为：一种光电倍增管，具有密封容器的主体，其特征在于，密封容器包括固定电子倍增部及阳极的底座，底座固定在金属侧管的下端开口处，侧管上端开口处固定有受光面板；侧管的下端侧壁内面接触底座的边缘侧面，并将侧管和底座焊接起来。

对比文件1公开了一种光电倍增管，公开了上述大部分技术特征，权利要求1与对比文件1的区别特征为：侧管的下端侧壁内面接触底座的边缘侧面。该申请实际要解决的技术问题是：如何使光电倍增管封装小型化。该申请相对于现有技术的贡献在于使金属侧管和底座不再具有凸缘的焊接接触方式，使光电倍增管封装更加紧凑。

对比文件2公开了一种雷管点火元件，具体公开了上述区别技术特征，并且客观上能起到使雷管点火元件封装小型化的作用。

在判断对比文件2能否给出将其结合于对比文件1的技术启示时，如果直接从分析技术领域是否相近或相关的角度出发，一种观点认为："光电倍增管"属于"电子元器件"领域，"雷管点火元件"是雷管装置的组成部件，属于"雷管装置"领域，两者分属不同领域，因此对比文件2不能给出结合的技术启示；另一种观点认为：对比文件2公开了所述区别特征，该区别特征在对比文件2中所起的作用在客观上与其在该申请中所起的作用相同，且对比文件2与该申请都属于"元器件封装技术"领域，可以给出技术启示。

从对比文件是否与技术问题"合理相关"的角度进行分析则可以看出，相对于对比文件1，该申请要解决的技术问题是：如何使光电倍增管封装小型化。在面对这一技术问题时，本领域技术人员会自然想到去其他可能存在相同技术问题的类似电子元器件中寻找解决方法。但是，对比文件2中的雷管点火元件属于雷管装置的组成部件，"雷管装置"并不是"光电倍增管"技术领域的技术人员容易接触或想到的技术领域，且本领域技术人员也难以知晓雷管点火元件是否存在封装结构小型化的技术需求，因此，本领域技术人员难以有动机去雷管装置领域寻找该技术问题的解决手段，即对比文件2不能给出将其结合于对比文件1的技术启示。上述推理过程合乎发明创造作出的一般逻辑，客观分析出本领域技术人员不具有到"雷管装置"领域寻找技术启示的动机，即"雷管装置"领域与所要解决的技术问题不能合理地相关联，生硬地结合对比文件2是不合逻辑的。

四、小　结

本文对创造性技术启示的判断中如何考虑技术领域进行探讨，从国家知识产权局及EPO和USPTO的相关规定出发，结合案例分析得出，在"三步法"第（3）步判断是否存在技术启示时，在考虑区别技术特征是否被"另一份对比文件"公开且其作用是否相同的同时，还应从发明实际解决的技术问题出发，考虑"另一份对比文件"的技术领域与发明所要解决的技术问题是否"合理相关"。在判断中，不能孤立地考虑"另一份对比文件"所属的技术领域是否与本发明所属技术领域"相近"或"相关"，而应当基于发明所要解决的"技术问题"，判断本领域技术人员是否有动机到"另一份对比文件"所属技术领域去寻找该技术问题的解决手段。

参考文献

［1］中华人民共和国国家知识产权局. 专利审查指南 2010［M］. 北京：知识产权出版社，2010.
［2］Guidelines for Examination in the European Patent Office［M］. EPO, 2013.
［3］Case Law of the Boards of Appeal of the European Patent Office (7th edition)［M］. EPO, 2013.
［4］Manual of Patent Examining Procedure (9th Edition)［M］. USPTO, 2014.

从一般案例看如何精简通知书撰写

仇 颖 张 旭 于丽娜

摘 要： 在实质审查中，审查员由于各种原因可能会造成撰写的审查意见通知书繁琐或者冗长，甚至给申请人/专利代理人带来理解上的困惑。本文将分两种情况对审查意见通知书冗长的原因进行分析，并给出相应建议。

关键词： 通知书撰写　审查阶段　不同的申请人

在发明实质审查中，审查意见通知书的撰写对于审查程序而言至关重要，是审查员和申请人/专利代理人之间沟通的桥梁，清晰、简洁的通知书会使申请人对审查意见一目了然，如果过于冗长反而会事倍功半。针对不同的情况如何既能完整表达审查员的审查意见又能做到清晰、简洁，是审查员一直关注并注重提高的环节。

本文着重从不同的审查阶段和不同的申请人群体进行分析，对于审查意见通知书的撰写提出了具有可操作性的建议。

一、根据不同审查阶段的特点

通知书的撰写贯穿了整个审查过程，并且审查意见通知书的质量关系到审查程序的顺利与否。因此，根据不同审查阶段的特点，要有不同的审查意见通知书撰写方式。

1. 第一次审查意见通知书

关于第一次审查意见通知书，《专利审查指南2010》第二部分第八章第4.10.1节中规定："在审查意见通知书正文中，审查员必须根据专利法及其实施细则具体阐述审查的意见。审查的意见应当明确、具体，使申请人能够清楚地了解其申请存在的问题。""在任何情况下,审查的意见都应当说明理由,明确结论",为了加快审查程序,应当尽可能减少审查意见通知书的次数。因此,除该申请因存在严重实质性缺陷而无授权前景或者审查员因申请缺乏单一性而暂缓继续审查之外,第一次审查意见通知书应当写明审查员对申请的实质方面和形式方面的全部意见。

由此可以看出,审查意见明确、具体亦即我们通常所说的说理充分应当是撰写审查意见通知书的基本要求,或者用"言简意赅"来表述也未尝不可。但说理充分是否代表要将通知书写得过长?下面结合案例,具体分析审查过程中通知书撰写问题。

【案例1】

某案权利要求1如下:

一种空调装置,其特征在于包括:

内置有热交换器并设有进风口的机体;

打开/关闭所述进风口的面板;

......

在制冷操作模式时,所述风向变更叶片中位于所述机体侧的一端与所述排风口的下游侧端部的下端顶紧,同时进行使所述风向变更叶片运转的操作,使所述排风口的下游侧端部的下端与所述风向变更叶片的另一端相联接的直线与通过所述排风口的下游侧端部的下端的水平线处于同一位置或处于其上方的位置,抑制空气从所述面板的下部流入所述进风口。

审查员的第一次审查意见通知书评述内容摘录如下:

1. 权利要求1不具备创造性

权利要求1请求保护一种空调装置,对比文件1(JP2003-106555A)公开了......

权利要求1与对比文件1的区别技术特征为:包括打开/关闭所述进风口的面板。......

对比文件2(JP特开2003-74962A)公开了一种空气调节装置,其具体披露了(说明书第0006段至第0009段,附图4、6)该装置包括一能够打开/关闭的装饰面板20,当其位于位置A和B时,吸入口23打开,当其位于位置C时,吸入口23关闭。由此可见,权利要求1的区别技术特征已被对比文件2所公开,......在对比文件1与对比文件2结合的基础上得到权利要求1所要保护的技术方案对于本领域技术人员来说是显而易见的,故权利要求1不具备《专利法》第22条第3款规定的创造性。【备注:严格的"三步法"撰写】

对于权利要求1的并列技术方案:使所述排风口的下游侧端部的下端与所

述风向变更叶片的另一端相联接的直线与通过所述排风口的下游侧的下端的水平线处于同一位置。该并列技术方案也不具备《专利法》第22条第3款规定的创造性,具体评述如下……【备注:通知书中此处重复了关于并列技术方案一的评述内容,与评述前一并列技术方案时一样完整】

……

因此,……故权利要求1不具备《专利法》第22条第3款规定的创造性。

2. 权利要求2~6不具备创造性

…………

【无前景的结尾语段】

【案例分析】

如上记载,该申请只有6个权利要求,但其第一次审查意见通知书评述将近3000字,结构虽然严谨,但却不免有些罗嗦,不但让申请人/专利代理人阅读困难,自己在撰写时,尤其是撰写权利要求1的审查意见时容易造成混乱;观察不难发现,该独立权利要求1具有两个并列技术方案,审查员在撰写第一次审查意见通知书时对于两个并列技术方案使用同样的对比文件分别进行了完整的评述,从而造成通知书过长。

【案例启示】

事实上,在说理充分的情况下,上述审查意见通知书完全可以简化评述,对于并列技术方案没有必要重复评述相同的技术特征,在点明并列技术方案的特征差异后,只需要将该差异特征着重评述即可省去不少篇幅,同时也可以让申请人/专利代理人阅读起来比较清楚容易,以便很快抓住重点。总之,第一次审查意见通知书应当明确、具体、全面,同时结构应当简洁明了,而不能为了说理充分使通知书过长导致行文和内容都复杂。

2. 第N次审查意见通知书

关于中间通知书,《专利审查指南2010》第二部分第八章第4.11.3.2节关于"再次审查意见通知书的内容及要求"的规定:"第一次审查意见通知书的撰写方式及要求同样适合于再次审查意见通知书。""审查员在再次审查意见通知书中,应当对申请人提交的意见陈述书中的争辩意见进行必要的评述。"可见,实质上"中通"与"一通"中的撰写要求是相同的,此时撰写"中通",应当着重注意申请文件的修改。

仍旧以上面的【案例1】为例,在答复第一次审查意见通知书中,由于权利要求1~6都被认为不具备创造性,申请人将权利要求1修改为:

一种空调装置,其特征在于包括:

……;

保持所述风向变更叶片的支臂；

用于使所述支臂转动的支臂驱动电机；和

用于使所述风向变更叶片转动的叶片驱动电机，

<u>在所述排风口的两侧部分别设置有所述支臂，在所述支臂的任一个配置有所述支臂驱动电机，并且所述各个支臂由连接杆联接，所述支臂驱动电机的转动力不仅传递到一侧的所述支臂，还通过连接杆传递到另一侧的所述支臂上，由此控制上下方向的风向。</u>

……（原权利要求1最后一段）。

权利要求1中增加了新的技术特征（下划线部分），该新增特征是将原来的从属权利要求5~6适当调整并加入部分说明书中的内容，同时从属权利要求2~4内容不变，并删除了原来的权利要求5~6。审查员在此基础上进行继续审查，未增加新的对比文件，认为新权利要求1~4相对于原来的对比文件和公知常识的结合仍然不具备创造性。第二次审查意见通知书评述内容摘抄如下：

权利要求1请求保护一种空调装置，对比文件1（JP2003-106555A）公开了一种空调装置，其具体披露了……

权利要求1与对比文件1的区别技术特征为：（1）……；（2）……；（3）……

基于上述区别技术特征，……

对于区别技术特征（1），……【备注：将评述原权利要求5的内容加入】

对于区别技术特征（2），……【备注：将评述原权利要求6的内容加入】

对于区别技术特征（3），对比文件2还公开了……【备注：评述从说明书中加入的特征】

对于权利要求1的并列技术方案：使所述排风口的下游侧端部的下端与所述风向变更叶片的另一端相联接的直线与通过所述排风口的下游侧的下端的水平线处于同一位置。该并列技术方案也不具备《专利法》第22条第3款规定的创造性，具体评述如下：【备注：以下内容参照第一次审查审查意见通知书的方式，重复评述了并列技术方案】

……

【备注：无前景的结尾语段】

【案例分析】

显然第二次审查意见通知书关于权利要求1的评述篇幅要长于第一次审查意见通知书，而且从内容看，在未增加对比文件的情况下大部分内容重复评述，造成通知书撰写过长，同时会让申请人/专利代理人阅读困难，找不到重点。

【案例启示】

针对这种情况,笔者认为没有必要进行无意义的重复评述,这里的重复评述,一是指未修改的从属权利要求的评述,二是指除新增加的特征之外的权利要求1的其余未修改特征。关于未修改的从属权利要求的评述,可以用参见的方式简化;关于增加了新特征的权利要求1,对于其未修改部分也可以用参见的方式简化,而对于新增特征则要清楚明了的进行必要的详细评述。经过前面的精简,该申请的中通不仅节省了大量篇幅,同时又突出了重点。

当然,还有的情况是,申请人/专利代理人修改了特征,依据上述精简方法,在撰写"中通"时本着说理明确、具体的基本要求,均可以采用"参见+说理"的方式来精简"中通"。

通知书的精简,能够让申请人更快的抓住重点,领会审查意见,给出针对性答复,反馈到审查员的意见陈述也更有利于后续的审查顺利进行。

二、根据不同申请人的特点

实质审查过程也是审查员与申请人/代理人沟通的过程,沟通的顺利与否直接关系到审查过程的顺利与否,也就是说申请人/专利代理人对于专利审查知识、所属技术领域知识的掌握程度对审查过程有着至关重要的影响。明确了上述观点,我们在撰写审查意见通知书的过程中,也可以"因人而异""因地制宜"。

下面结合【案例2】来分析根据不同申请人的特点如何撰写审查意见通知书:

【案例2】

某案权利要求1如下:

一种适用于连接到配合连接器的连接器,……【备注:约200字,撰写了包含的各个部件】

审查员撰写的第一次审查意见通知书中关于权利要求1的正文摘抄如下:

权利要求1不具备《专利法》第二十二条第二款规定的新颖性。

权利要求1要求保护一种用于连接到配合连接器的连接器,其包括壳体和连接到壳体的接触件,对比文件1(US5167528A)公开了一种电连接器,是最接近的现有技术。对比文件1公开了如下技术特征(说明书附图1、2、3、4、7,说明书第3栏第20~30行、第37~38行、第44~57行,说明书第4栏第23~28行、第42~50行、第61~65行,第5栏第2段):

在对比文件1中的连接器由两个连接器组成,这两个连接器互补而存在:

第一连接器——壳体11、接触器13、接触器17;

第二连接器——壳体 12、接触器 14、接触器 18。

也就是说对比文件 1 公开了一种连接到第二连接器（即：配合连接器）的第一连接器（即：连接器）。

（1）关于保持部分

……

（2）关于接触承受部分

……

（3）关于弹性部分

……

（4）关于接触部分

【备注：给出了详细的特征对比，同时拷贝了对比文件的附图，采用图文并茂的形式】

（5）关于容纳部分

……

（6）关于引导部分

【备注：给出了详细的特征对比，同时拷贝了对比文件的附图，采用图文并茂的形式】

……

【案例分析】

该案的申请人为一日本公司，并委托了专利代理公司。但审查员忽略了此特点，对于一个不足 200 字的权利要求 1 作新颖性评价，像写报告一样评述文字多达 1200 字并结合了 2 幅图。

不可否认，该通知书完全实现了说理充分，但其评述过于详细，致使篇幅过长，对于具有涉外代理资格的代理公司来说，其专利知识和所属技术领域的技术知识都已达到一定水平，采用上述过于详细的评述方式，不但不利于与专利代理人沟通，反而容易造成专利代理人在向申请人转述通知书的过程中增加出错几率，还容易导致专利代理人/申请人因篇幅过长产生阅读烦躁，不利于审查过程的顺利进行。

【案例启示】

上述案例，针对委托了专利代理机构的申请人而言，审查意见通知书写的精简透彻反而更容易让专利代理人与申请人沟通，因此，上述案例如果保留必要的"相当于"的应用，同时不用为对比文件作过多的解释，更不用将对比文件中的相关附图在审查意见通知书中对照给出，在简单表述技术内容的同时准确运用法条，则可能会取得更好的与专利代理人/申请人的沟通效果。对于类似委托了专利代理机构的国外专利申请,则可发出相对简短的通知书,意在能够准确表达出审查意见,由此做到"因地制宜"。

关于国内个人申请,请参见如下案例:

【案例3】

权利要求1整体表述如下:

1. 本数字化太阳能冷处理控制系统是在太阳能筒内设置的一套冷水分流管路,彻底把传感器从太阳能热水中分离开的一套装置,本装置能让传感器长期置于15~35℃的低温状态,在测控仪长期通电状态下,太阳能水位降至20%水位自动上水,上至100%水位自动停止。本装置外型上为直径8公分,长度为34公分元型不锈钢管,下面直径为5.8公分,直径为7公分,并另外加上1.1公分乘1公分高的扩径部位组成,上设筒盖,里面的结构由传感器冷水筒(11),太阳能上下水管(2),冷水筒储水罐(4),D8毫米硬塑连接管(5),硅胶塞(6),园型拉环(7),水温电极点(8),水温电极线(9),内筒与外壁支架(10),页面图(4)的绝缘胶垫(12),硬塑支架(13),传感器(14)和空隙发泡的聚氨脂组成。

【案例分析】

不难看出,该案权利要求形式错误较多,同时权利要求中只罗列了多个部件,没有整体结构关系也不能让本领域技术人员实现"冷处理控制",因此,审查员在"一通"中除了指出不支持外,还指出了形式问题。

【案例启示】

针对类似的个人申请,如果申请文件撰写较不规范,审查员很容易从中了解到申请人在所述技术领域的技术知识水平不高,而关于《专利法》及其实施细则的了解更是少之又少。那么,在撰写此类审查意见通知书时,就要"因人而异",如果要指出新颖性创造性问题,则应该尽可能写的详细,但语言又要通俗,特征对比要清晰,对比文件出处要指明,法条使用得当,以便申请人能够较容易地读懂,节约审查程序;如果要指出形式问题,则应当尽可能详细地指出不妥之处,必要时给出建议修改方式,有利于申请人进行修改,减少通知书往来次数。

通过以上分析可知,审查员是能够通过阅读申请文件对申请人/专利代理人的专利知识和所属技术领域技术知识水平有大致了解的,则在撰写审查意见通知书时,做到"因人而异""因地制宜",即针对不同的申请人/专利代理人,有不同的通知书详略撰写方式,这样就可以节约审查程序。

三、结　论

本文根据不同的审查阶段以及不同申请人的特点,分析了造成审查意见通知书冗长的原因,给出了适当的精简方式的建议,对于实质审查具有一定的借鉴意义。审查意见通知书是专利审查员与专利申请人之间重要的交流手段,不依靠篇幅长短而将重点放在审查意见本身才会提高审查意见的质量和审查效率。而对审查意见通知书的撰写精简,也会让申请人/专利代理人更好地获知审查意见,抓住重点,配合审查员将审查程序进行下去。

参考文献

[1] 中华人民共和国国家知识产权局. 专利审查指南2010[M]. 北京:知识产权出版社,2010.

检索理论与应用研究

外观设计检索策略研究

雷 怡　路 莉　蔺乙超　杜 娜　张 璞

摘　要： 目前我国外观设计检索处于初步试行阶段，涉及外观设计检索的操作流程和检索策略不明确、不完善，缺少系统性。本文从外观设计现有的检索资源入手，结合实际案例深入剖析，旨在探讨实用、高效的外观设计专利检索策略，为审查员提升外观设计检索效率和水平提供参考。

关键词： 外观设计　专利　检索资源　检索策略

引　言

国家知识产权战略实施以来，我国专利申请数量持续快速增长，外观设计申请量在一段时期内也同步大幅提升，其中也出现了一些创新水平不高的外观设计申请，对外观设计专利的持续健康发展造成了不良影响。为有效解决这一问题，2013年国家知识产权局在规范外观设计初步审查时，提出原来无须进行检索的外观设计专利申请可以进行检索；特别是针对目前正在讨论修订的专利法，也有不少意见都是建议把外观设计专利申请检索写入新专利法，实现外观设计检索法制化。因此，外观设计检索工作正在逐步成为专利审查的重要内容和关键环节。同时，在创新驱动发展的过程中，企业对基于外观设计检索的外观设计专利分析的需求也越来越大。但是，当前在我国外观设计检索仍处于初步试行阶段，涉及外观设计检索的工作流程、具体操作等策略不明确、缺乏系统性，影响了外观设计检索工作的有效有序开展。本文以加快推进外观设计检索工作为出发点，在现有资源条件的基础上，通过分析外观设计检索的特点、难点，结合外观设计检索的实际案例，对外观设计专利检索策略进行探讨。

一、外观设计检索的特点和难点

由于发明专利实行的是实质审查,检索体系建设起步时间早,检索资源较为完备丰富,相关研究也非常系统深入。《专利审查指南2010》中就有专门章节对发明专利的检索工作进行规范,实用新型专利检索参照该规范执行。[1] 与发明/实用新型相比,目前外观设计检索没有明确的定义和规定。因此,深入分析三者之间的区别及外观设计检索难点,可为制定高效、实用的外观设计检索策略提供依据。

(一)外观设计与发明、实用新型专利检索的比较

从检索载体看:外观设计专利权的保护范围以表示在图片或者照片中的该产品的外观设计为准,简要说明可以用于解释图片或者照片所表示的该产品的外观设计。《专利审查指南2010》的专利权评价报告部分也明确指出,检索应当针对外观设计专利的图片或照片表示的所有产品外观设计进行,并考虑简要说明的内容。[1] 由此可知,外观设计检索依据就是外观设计图片或照片。而发明/实用新型检索的依据是记载权利要求的文字。从检索模式看:发明/实用新型通过文字检索,得到的检索结果是文字描述的技术方案,属于"文字检文字"模式。外观设计通过文字检索,得到的检索结果为图片表示的设计方案,属于"文字检图片"模式。从检索途径看:发明/实用新型专利采用的国际专利分类法,即IPC分类法,而外观设计采用的是国际外观设计专利分类法,即洛迦诺分类法。上述区别决定了的外观设计作为被检对象时和发明/实用新型的巨大差异。

(二)外观设计检索的难点

1. 外观设计实行全领域审查,不利于深入了解具体产品的现有设计

外观设计采用初步审查制度,审查时不分领域直接进行全领域审查,因此一个审查员会接触到小到家具日用品,大到航空器的外观设计,导致审查员对某一类具体产品的现有设计情况难以深入了解,特别是对日常生活不曾接触或所学专业不曾涉及的领域,更是知之甚少,这无形中增加了外观设计检索的难度。

2. 外观设计检索资源不完善,不利于树立检索工作的公信力

《专利审查指南2010》中对发明/实用新型审查的检索资料作了规定,检索资料应包括专利文献和非专利文献。[1] 参考发明/实用新型的上述规定,笔者认为外观设计检索的资料也应当包括专利文献和非专利文献。此外,目前我国缺少专门针对外观设计非专利文献检索的数据库,现有非专利文献数据库不适用于外观设计专利的检索,也影响了外观设计检索的科学性和精准度。因此,现有外观设计专利文献有待完善,零散的非专利文献需要系统整合。[2]

3. 外观设计提取关键词难度大，不利于检索到符合要求的内容

外观设计检索主要是从外观设计图片或照片中提取关键词，即根据图片表达的内容，审查员通过主观判断提取与图片内容相关的关键词进行检索。因此，在检索过程中审查员的主观认识对关键词提取的影响非常大，如果审查员对被检索领域产品的行业术语或业内习惯用语不了解，则很难提取准确的关键词，也就检索不出符合要求的图片或照片。

4. 外观设计分类号结构简单，不利于筛选出准确的检索结果

我国外观设计采用国际洛迦诺分类法，该分类体系的结构分为"大类-小类"两个层级，例如 02-02 服装类。由于该分类体系未考虑我国外观设计专利申请结构，导致部分分类号下的产品申请量偏大，各类产品数量不均衡，对于一些申请量偏大的申请类别，检索结果不易筛选，一定程度上影响了检索的精准度。

二、外观设计检索的主要资源

外观设计检索可用的检索资源主要包括：中国外观设计智能检索系统、S 系统、Orbit 专利数据库，互联网检索资源、国外官网外观设计专利检索系统以及部门内部建立供审查员使用的数据库（参见表1）。其中，S 系统作为发明（实用新型）检索的主要检索系统，该系统也收录了外观设计专利数据，但是由于其检索入口和检索结果显示更适用于发明（实用新型），可在外观设计专利检索时适当选择。

表 1 外观设计检索主要资源

检索资源	简 介
中国外观设计智能检索系统	目前外观设计专利检索使用的主要是"中国外观设计专利智能检索系统"（即"外观设计专利检索系统 II 期"，下文简称 D 系统）。检索的范围包括中国的外观设计专利文献数据以及日本、美国、韩国和 WIPO 四个国家或者组织 2000 年后的外观设计专利或注册数据
Orbit 专利数据库	Orbit.com 系统，是 Questel 公司开发为全球用户提供专利检索及在线知识产权服务的平台，该系统可检索 14 个国家及组织的外观设计专利数据，并可以下载检索数据，便于数据统计分析。目前 Orbit 数据库可通过国家知识产权局购入的用户名和密码登录，在线使用人数有限

续表

检索资源	简介
互联网检索资源	主要包括如下几类：综合搜索引擎（例如百度等）、电子商务网站（淘宝等）、设计素材库（昵图等）、以图搜图资源（百度图片等）、专利数据库（soopat 等）、政府及其他公共组织类网站、视频网站资源、行业门户网站、企业官方网站、互联网档案馆、论坛等
国外官网外观设计专利检索系统	国外授予外观设计专利权的数据，虽然在 D 系统、Orbit 数据库等专利数据库中都有部分收录，但是上述数据库的数据更新时间，都有 5~6 个月的滞后，对于生命周期短、更新换代快的外观设计专利申请来说，有针对性地选择国外官网的专利检索系统进行检索是对我国专利数据库的有效补充。同时，带有优先权申请的检索可选定相应国家专利数据库，是有针对性的检索资源选择

三、外观设计检索策略

（一）检索前的准备

1. 现有设计群的构建

外观设计产品涉及的领域广泛，在初次接触到某一领域的产品时，不能准确地把握其设计特点及风格，也不具备《专利审查指南 2010》所称一般消费者的能力，这就需要审查员在检索之前应当了解被检索对象所属领域的设计现状和流行趋势，即在检索前需要构建现有设计群，以便审查员能够进行有效的检索。针对不同的产品领域，可以有不同的构建方法：

如果某产品的功能和技术较为固定，只是在造型上进行不断地改变，这类产品可按照时间轴来构建现有设计群，如图 1 汽车类产品。如果某产品在技术上有很大的突破，那势必会使得产品的设计特征会发生明显变化，如图 2 电视机，像这类产品，我们可以按照产品的造型来构建现有设计群。在选定现有设计群构建方法后，我们可以将该类产品的图片按一定顺序排列，这样更能直观分析现有设计。

图 1　汽车外观设计随时间的演变

图 2　电视机外观设计随技术更新的演变

2. 分析申请文件

外观设计专利申请文件，主要包括请求书、外观设计图片或照片以及简要说明，检索之前应当将上述文件进行全面的分析，以便确定全面、准确的检索要素。

(二) 确定和完善检索要素

1. 分类号

审查员应当在准确理解该产品的基础上核对分类部门所给出的分类号。当发现分类号不准确时，应当与该案件的分类员进行沟通，确定出正确的分类号。对于给出多个分类号的外观设计专利申请，确定检索分类号的时候应当首选与其形状最接近的那个分类号。

2. 关键词

（1）产品名称：首先应当针对申请人给出产品名称的正确性予以判断。其次名称概括较为上位的，则需要通过对产品领域或类似产品现状的了解，在申请人给出名称的基础上确定更加精准的产品名称作为检索要素，如表2中的案例1。此外产品名称括号中的内容也是关键词的重要来源，如商标、型号等。

（2）产品的用途：从产品用途中提取关键词时，首先需要核对产品用途，排除对用途描述不正确的情况，再进一步提取有效的关键词，如表2中的案例2。

（3）设计要素及要点

设计要素：从外观设计图片或照片中提炼出的形状、图案和色彩要素，结合对现有设计和该行业、领域习惯的了解，关键词的描述应当恰当、准确、形象。以形状要素的提取为例，对于较规则的形状，一般用"球形、长方体、椎形"等常见几何形状或几何体表述；对于较为特殊的形状，尽量选用行业内的习惯用语或专业术语进行描述，如表2中的案例3。

表2 关键词提取案例

案例1	案例2	案例3

续表

	案例1		案例2		案例3
精准的产品名称	玩具泡泡枪	产品名称	鸭子玩具	产品名称	茶壶
精准的产品名称	泡泡枪	产品的用途	一种玩具鸭子形象产品,手拍鸭子背部就会产生动感音响效果	常规形状	提梁壶
关键词	泡泡枪,玩具枪,手动泡泡枪,电动泡泡枪,吹泡泡枪	关键词	玩具鸭子、手拍、音响	业内习惯用语/习惯用语	曲壶

设计要点:设计要点是外观设计专利创新的重点、核心,是基于对现有设计群的建立之后,对外观设计创新的客观认识和判断。从设计者或者销售者的角度出发,也是设计推广、销售宣传的重中之中。

(4) 申请人、设计人和联系人:请求书中填写的申请人和设计人信息,可以提供申请人重复申请,或者了解该申请人的申请的外观设计的整体情况,或者追溯该申请人是否有重复申请或实质相同申请的情形。

(5) 关键词库的建立:关键词库的建立如同检索的过程,是一个不断学习、反复试验的过程,从确立最初的关键词,到通过反复检索试验,确立最终的关键词库,对提高检索效率有很重要的作用。

3. 图形特征

(1) 图形检索原理:图形检索原理主要基于"图形要素"检索技术进行检索,如图像的颜色、纹理、布局等进行分析和检索的图像检索技术,即基于内容的图像检索(Content-based Image Retrieval,CBIR)技术。基于内容的图像检索指的是查询条件本身就是一个图像,或者是对于图像内容的描述,它建立索引的方式是通过提取底层特征,然后通过计算比较这些特征和查询条件之间的距离,来决定两个图片的相似程度。

(2) 被检索视图的正确选取:在中国外观设计专利智能检索系统中,在检索时应选取一幅最能表达其设计要点的视图作为被检索视图,正确恰当的选取可以提高检索效率。

平面产品:包括平面和薄型产品,如服装等,一般包括主、后视图,由于主视图是最能表达设计要点的视图,因此一般情况会以主视图作为被检视图。遇到特殊产品,也可适当选择后视图作为被检索视图,如图3背面作了特殊设计能更好贴身、散热的运动衫。

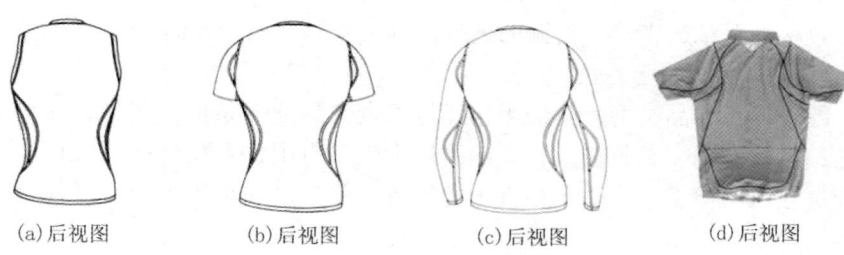

(a)后视图　　(b)后视图　　(c)后视图　　(d)后视图

图3　运动衫背部设计特点

立体产品：立体产品种类繁多，不同领域的产品会选择不同的被检索视图。对于立体产品来说，选择什么视图作为被检索视图应综合考虑产品图形特征，被检视图应当是该产品特征最显著或是最能够区分出同领域产品的差别的一幅视图。例如，汽车的侧面更能体现整体造型设计；冰箱正面则更能够体现功能分区和设计质感。

（三）选择适当的检索范围

1. 产品领域的选择

（1）相同及实质相同检索时领域的选择：外观设计实质相同的判断仅限于相同或者相近种类的产品外观设计。对于产品种类不相同也不相近的外观设计，不进行涉案专利与对比设计是否实质相同的比较和判断，即可认定涉案专利与对比设计不构成实质相同，例如，毛巾和地毯的外观设计。

（2）特征组合检索时领域的选择：《专利审查指南2010》规定，作为某种类外观设计产品的一般消费者应当具备对涉案专利申请日之前相同种类或相近种类产品的外观设计及其常用设计手法具有常识性的了解。同时，在《专利审查指南2010》第四部分第五章第6.2.3节规定的明显存在组合手法的启示的情形（3）"将产品现有的形状设计与现有的图案、色彩或者其结合通过直接拼合得到该产品的外观设计；或者将现有这几中的图案、色彩或者其结合替换成其他现有设计的图案、色彩或者其结合得到的外观设计"。因此，在具体的审查检索实践中，考虑组合启示通常只在相同或相近种类的产品中进行，但并不排除突破产品种类限制的可能性。[3]

2. 检索时间的选择

一般来说，不同的年代往往会流行不同的设计，因此，理论上在先专利的申请日与该专利的申请日一般不会相差太久。因此，可以先从最有可能的年份入手，有时可能会节约时间。

（四）检索资源的选择

实施检索前应当对检索资源有个整体的预估判断，才能避免走弯路，提高检索效率。总结起来检索资源的选择原则主要涉及三个方面：

1. 以产品类型为基础

综合分析产品类型，是恰当选择检索资源的前提条件。例如，面料类平面产品，由于专利文献数量大，关键词检索效率有限，互联网中关键词丰富，应当优选互联网检索；小轿车在汽车类的行业门户网站种类齐全，可优选汽车门户网站检索。

2. 以可信网站为依托

互联网可检索资源相关网站建设形式差别大，管理水平参差不齐。为了尽量避免日后数据篡改，证据难以查证的情况发生，在选择互联网资源时应当选择可信网站进行检索。

3. 以专利文献为优选

专利文献是经过各国专利局严格审查，并定期及时公布的文献类型。具有内容新颖、出版迅速，内容可靠，并且内容详细，格式规范化等特点。因此，无论是证据的清楚、准确性，还是证据的可靠性上，都是外观设计专利检索的最优对比文件。

四、检索实践

（一）分类号检索

我国采用的洛迦诺分类法，如果遇到申请数量大的小类，仅使用洛加诺分类号检索效果不佳。美国、日本、韩国和欧盟均有自己的分类体系，和洛迦诺分类体系相比，上述国家的分类体系详细，能够很大程度提高检索效率。如产品名称为"手持灯具"的案例，用洛迦诺分类号 26-02 检索 D 系统中含有 17000 多，那么，先利用洛迦诺分类号 26-02 检索 D 系统日本数据库的该分类号申请现状，查询得到手持灯具类产品相应的日本本国分类号是 D3-500。用 D3-500 在日本库中检索时，数量含有 400 多，并在检索结果扉页获得了完全相同的对比文件（申请号 JPD2011-447，公开日期早于该申请日）大幅提高了检索效率。

（二）关键词检索

关键词搜索是最主要方法之一，但是往往需要对关键词进行准确的提取。在一些网站检索时，可能会用到布尔运算符，例如：逻辑"与"为空格，"或"为"｜"，"非"为"-"，并且"-"前必须输入一个空格等。如产品名称为"睡袋（大间条双面布背心式圆摆）"的案例，采用关键词：睡袋、条纹、背心式，在淘宝中检索，即获得了最早的销售评价是在 2013 年 9 月 30 日，早于该申请的申请日的对比文件（http://detail.tmall.com/item.htm?spm=a230r.1.0.0.PK1TC4&id=35072201835）。

（三）复合检索

外观设计检索时往往需要依据多个检索要素，分步骤利用多个检索资源进行检索，必要时需要对被检索对象进行一些处理再进行检索，如产品名称为"LED 贝壳小夜灯"的案例（见表 3）。

表 3　检索实践中的复合检索

产品名称	LED 贝壳小夜灯（JZ-YD006）		申请日	2014-03-31
外观设计图片			简要说明	1. 本外观产品名称：LED 贝壳小夜灯（JZ-YD006）。 2. 本外观产品用于一种 LED 照明灯具，用于夜晚照明。 3. 本外观产品的设计要点在于形状。 4. 本外观产品最能体现设计要点的视图为主视图。 5. 本外观产品的后视图无设计要点，省略后视图
检索要素	分类号为 26-05，LED 照明，贝壳，小夜灯，图形特征			
检索资源	D 系统			
检索过程		第一步：初步检索		以主视图作为被检视图，分类号为 26-05，产品名称"灯"未检索到相关对比文件
		第二步：图形处理		去除背景　　　镜像视图方向
		第三步：再次检索		在外部输入中上传上述处理后的视图，最终以上述右侧视图检索出对比文件

续表

产品名称	LED贝壳小夜灯（JZ-YD006）	申请日	2014-03-31
检索要点	图形特征		
检索结果		对比文件	授权公告号：CN302562025S 申请日：2013-03-29 授权公告日：2013-09-04 主分类号：26-05

五、结　语

通过深入了解外观设计检索的特点和难点，全面梳理现有外观设计检索资源，本文初步明确了外观设计检索资源的范围，并在现有检索资源的基础上，按照检索前准备、确定和完善检索要素、选择适当检索范围以及如何选择检索资源三个步骤，深入剖析外观设计的检索策略，最后通过检索实践对得出的检索策略加以验证，为检索人员提高外观设计专利检索效率提供了参考和依据。

参考文献

[1] 中华人民共和国国家知识产权局. 专利审查指南2010 [M]. 北京：知识产权出版社，2010.
[2] 何陈棋. 外观设计信息资源整合与检索 [J]. 审查业务通讯，2006，12增刊.
[3] 吴大章. 外观设计专利实质审查标准新讲 [M]. 北京：知识产权出版社，2013.

浅谈国外主要专利局在检索上对国家知识产权局的借鉴意义

段文婷　武文琛

摘　要：本文介绍了现有检索指标数据反映的国家知识产权局与其他专利局间的差异，并分别从检索策略、检索工具以及专业知识三个方面比较分析了其他专利局相对于国家知识产权局的优势，进而总结得出上述优势对于提高国家知识产权局检索质量的借鉴意义。

关键词：检索工具　检索策略　技术更新

一、五局检索指标的对比

2012年4~11月，由国家知识产权局（SIPO）专利局审查业务管理部组织开展了课题"ZX201207-五局PCT检索质量指标及中欧检索与审查对比研究"，课题组基于EPO牵头开展的"五局PCT检索质量指标联合研究"提供的数据，对PCT全领域检索结果指标进行了定义和对比分析。其数据的统计样本来自于PCT申请，是对同一案件的审查过程的比较，相对来说更加客观，对于非PCT检索的国内实审检索来说，也同样具有借鉴意义。从其给出的数据来看，SIPO的XY率与EPO和USPTO均存在一定差距，尽管检索能力不能完全依据XY率的数值判断，但其代表了文献与申请的相关程度，很大程度上反映了检索的充分性和有效性，特别是SIPO在新颖性和创造性的评判标准方面与EPO类似，说明SIPO在检索方面尤其是XY类文献检索方面仍存在提高的必要和空间。

检索过程中影响结果的因素非常多，例如，审查员个体的技术背景、发明的理解、思路和策略等主观因素，数据库、审查的标准和制度等客观因素，并且这些因素之间相互影响，相互制约。在EPO为SIPO国际检索报告补充检索到的XY文献中，有22%是因为SIPO审查员在检索策略和技能方面的不足而未能检索到，有接近40%是因为检索工具不便使用或者文献资源不足而未能检索到的。❶ 下面就基于现有的数据从几个方面分析国外几个主要专利局与我国国家知识产权局在检索方面的差异，并探讨如何提升国家知识产权局的检索质量。

二、国外主要专利局与国家知识产权局的差异

（一）检索策略❷

1. 检索思路

在与其他各专利局进行案例检索交流的过程中，KIPO 和 EPO 的审查标准相似，其检索策略都更加关注对比文件公开的发明申请的发明思想和技术方案构思，而不仅仅局限于权利要求技术方案中技术特征的文字表述。例如，韩国审查员在对权利要求进行分析、与对比文件进行对比过程中，非常注重分析权利要求有几个特征，特别是有哪些是基本特征，涉及发明点的特征，检索和选中的对比文件即使并未具体公开认定的一般特征，但只要其已经公开了权利要求的发明点，就不影响对权利要求"三性"的判断。类似地，EPO 认为，对于本领域的技术人员来说，只要对比文件给出了关键技术信息，就认为对比文件公开了权利要求技术方案的技术特征，进而影响权利要求的"三性"。

SIPO 的审查标准也考虑对比文件公开的发明申请的发明思想和技术方案构思，但是，在认定对比文件时，更加注重对比文件公开的具体技术特征是否——对应，在检索策略上，则是通过充分阅读申请文件以及在检索过程中不断地调整思路，获得合适的关键词，进而选取与发明主旨相近，技术方案重合度高的对比文件，这与德国专利商标局（DPMA）的审查标准一致。

审查标准的不同，往往会导致审查策略及对比文件选择和评述的不同，例如，在一些案例的审查过程中，SIPO 审查员会认为 EPO 给出的 Y 类文献未公开权利要求技术特征，因此不采用 EPO 出具的检索报告中的 Y 类文献，而是重新进行检索。相比之下，EPO 和 KIPO 审查员更关注发明点本身，由于检索的目标更加明确，有助于提高检索效率，但可能会导致审查结论过于武断；而 SIPO 和 DPMA 审查员更注重特征全部公开，这样做尽管可能获取最优的对比文件，更加利于后续审查，但有时可能会偏离发明构思，降低效率，稍显机械。

---

❶ 相关数据事实出自课题"中欧两局 PCT 申请检索报告比较研究"，课题编号：ZX201001。

❷ 该部分内容的分析基于的数据事实源于课题"五局 PCT 检索质量指标及中欧检索与审查对比研究（编号：ZX201207）"报告：《2013年中韩联合检索与审查项目交流报告》和《2013年中德审查员互派交流项目总结报告》。

2. 英文文献的检索及非专利文献（NPL）的检索

SIPO 所用外文专利数据库的数据来源与 EPO 相同，但由于对数据库功能的了解程度以及数据库本身授权程度的不同。EPO 的审查员非常注重在英文全文数据库中的检索，几乎所有案子都在其中进行检索，而且有不少案子都获得了很好的检索结果。SIPO 的审查员对于外文数据库的检索主要还是集中在 WPI 和 EPODOC 两个数据库中，而对于英文全文数据库很少涉及，而摘要数据库中的信息含量有限，这在一定程度上会导致漏检。全文检索与摘要检索相比较，在检索策略和手段方面都有不同，例如，采用相同的关键词在全文数据库中进行检索，检索结果会远远多于在摘要数据库中获得的结果，即会引入非常大的噪声，这就为精确检索造成了困难。通过研究 EPO 的检索过程和检索策略可以看出，EPO 基本都是采用 d 和 w 算符来进行去噪，其中多是采用 "Nd" 的方式来进行限定（N 从 2~9 不等），从而减小噪声，增强检索结果的准确性，提升检索效率。上述差距可以通过审查员提高检索技能逐渐缩小，因此，可以进一步研究英文专利摘要和全文数据库的检索技巧，以加强对英文专利数据库的全面检索。

此外，EPO 在 NPL 检索方面，无论是 NPL 引用数量、引用比例，还是 XY NPL 比例等各个 NPL 相关指标，都明显高于其他四国专利局，SIPO 在 NPL 的检索方面则与 EPO 存在较大差距。专利文献偏重于技术，而 NPL 多偏重于理论，具有专利文献不具备的一些特点，例如，研究论文的专深、会议资料的新颖、图书的全面系统、标准资料的规范等，因此 NPL 是专利文献的有益补充。并且在《专利合作条约实施细则》第 34 条规定的最低文献量中，也包含非专利文献。以上都说明，NPL 是检索的重要部分，是专利文献不可完全替代的。因此，NPL 指标能够在一定程度上反映检索能力和检索水平。

（二）检索工具❶

上一部分涉及的检索策略大部分属于主观因素，但同时也可以看到，审查标准对审查策略也产生了一定程度的影响，即客观的环境条件会对检索模式产生作用，进一步影响检索结果和质量。接下来就基于客观因素对比分析各局与 SIPO 的差异。

1. 分类号

JPO 审查员检索时，经常考虑发明要解决的技术问题，并根据相应的技术

---

❶ 该部分内容的分析基于的数据事实源于课题"五局 PCT 检索质量指标及中欧检索与审查对比研究（编号：ZX201207）"报告：《2013 年中日审查员互派项目成果汇编 2013 年 10 月-1》《2013 年中韩联合检索与审查项目交流报告》《2013 年中德审查员互派交流项目总结报告》和《SIPO 参加第五届审查员研讨会总结报告》。

方向来确定相应的检索策略,这与 F-term 分类规则有关,可见,不同的分类体系对于检索策略的确定有着重要作用。

除去熟知的 IPC 国际专利分类体系,EPO、USPTO、JPO 和 DPMA 均有自己的分类体系,各国专利局特有分类号如下:EPO 过去使用 EC/ICO,现在已开始使用与 USPTO 共同合作建立的 CPC 分类体系(联合专利分类体系 Cooperative Patent Classification);USPTO 为 UC;JPO 为 FI/FT;DPMA 为 DCLA。其中,DCLA 每个分类号下的文献数量与 EC 差不多,但有些领域的分类比 EC 还要细,由计算机将新案划分到小类(如 H01L)之后,案件被分发到各个相对应的审查部,然后由审查部中的审查员对案件进行细分类,细分类过后的案件被给予最准确的分类位置。

由于存在自有的分类体系,且分类较为准确,例如,EPO 非常注重分类号的使用,过去几乎所有的案子都是首先使用 EC、ICO 或 IPC 分类号进行检索,现在与 USPTO 均采用的 CPC 分类则继承了已有分类体系的优点,JPO 审查员一般先用 FI 检索,再用 F-term,最后才考虑用关键词,因为使用关键词后浏览量太大,而 SIPO 的审查员在审查过程中,许多领域由于分类号往往无法体现发明构思或检索要素,同时存在大量分类号不准确的案件,基本上只采用关键词进行检索,很少结合分类号来进行检索,而且在采用分类号进行检索时,主要还是使用 IPC 分类号。

专利文献检索的具体过程中,关键词和分类号的选取是最主要的两部分。由于同一技术特征在不同的文献中表述方式可能多种多样,有时还可能是不规范、不专业的表达,这就导致审查员在构建检索式时难以准确表达,或者无法穷尽所有扩展形式,或者检索结果数量太大,无法进行浏览。因此,在分类号准确的条件下,与关键词检索相比采用分类号检索会更加准确有效,耗时更短,有利于提高检索效率。由于上述多个分类体系的存在引起了对专利文献的分类标准的不统一,只有熟悉各个分类体系,才能进行有效的检索,也就增加了检索的成本,因此,未来五国专利局(IP5)十项基础工程之一就是建立全球共享的通用混合分类(Common Hybrid Classification,CHC)。欧美两局联合建立 CPC 分类体系可以说是专利分类体系标准统一的一个开始,SIPO 也已经开展了 CPC 分类的培训和翻译工作,而由于 CPC 分类具有内容更加详细、字段更加丰富、检索更加方便,其应用相信会对 SIPO 的检索质量有所助益,也将推动世界各局建立更加统一的分类体系。

2. 检索系统和数据库

根据 SIPO 参加的第五届审查员研讨会总结报告的内容,各局在检索前所做的准备工作基本相同,但各局的检索系统和数据库是各不相同的。

在 SIPO 与 KIPO 进行案例检索交流的过程中，KIPO 审查员仅使用关键词进行检索，而未使用分类号，这是由于 KIPO 的检索系统的运算速度、跨语言检索功能和机器翻译功能都很强大，尽管输入的是韩文检索词，但检索是在韩国文献库和日本文献库中同时进行，检索结果既包括韩国文献也包括日本文献。同时，系统有将日文文献机器在线翻译成韩文的功能，速度快且准确率高，浏览时，日本文献直接转换成韩文显示，审查员可以直接浏览阅读。

EPO 审查员则相对于 SIPO 审查员可使用的检索资源较为丰富。除了专利全文数据库之外，还有诸多非专利全文数据库可以使用，并有专门的非专利检索数据库，检索入口简单。在语言上，除了英文数据库之外，EPO 审查员也可获得其他语言的全文文献。例如，在检索传统药物相关发明时可使用 Journal of Ethnopharmacology、Journal of Chinese Medicine、Journal of Natural Products、Fitoterapia、Acta Pharmaceutica 等数据库。同样为医药领域的 SIPO 审查员使用的非专利检索工具则相对落后，其中，几乎是所有领域的 SIPO 审查员最常用的中文非专利检索工具 CNKI 也可通过外网在线检索（数据每日更新），也可通过内网检索（内网数据库数据每月更新），但内外网的检索速度都比较慢；STN 尽管功能强大，检索全面精确，但审查员使用时受到检索技能和费用上的限制；而 SpringerLink、ISI Web of Knowledge 和 Elsevier Science Direct 的检索功能较弱，目前大部分审查员仅将其用于提取全文文献。相比较而言，SIPO 的非专利数据库资源相对较少，并且，尽管已经在内网 S 系统中集成了许多外网非专利数据库的接口，但其包括的非专利数据库接口比较有限（例如，虽然提供了"通信标准服务网（1531）（79226）"，但通常涉及已成熟的标准或协议，在实际检索过程中，许多通信行业专利申请时效性较强，如想获得有效的对比文献基本还是需要通过外网访问国际标准组织协议网站（如 3GPP 网站）检索，系统反应速度比较慢，运行也并不稳定，导致影响检索效率，还需尝试通过外网检索，并且审查员针对每一个数据库的检索需根据各个数据库的特点制订各自不同的检索策略，分别进行检索，这些因素都会降低效率，增加耗时。此外，有些非专利文献，在现有的检索资源下无法获取。

从上述对比分析来看，KIPO 的检索系统关键词检索功能和日文专利资源检索翻译的功能强大，检索时相当于实现了多线程工作，提高了检索效率；EPO 则是擅长使用专利全文数据库和检索非专利文献，并且 EPO 的专利和非专利数据库资源都更为丰富，非专利数据库尤为突出，并且后期加工处理和集成程度更高，从而使得审查员可以对基本固定的非专利数据库进行检索，检索策略也相对固定，检索流程基本标准化，而这有可能是保证检索结果个体差异最小化的一种有效手段。总的来看，SIPO 的检索系统对关键词的检索能力相对一般，需要审查员自行根据不同的情况选择数据库，并结合分类号或调整检索策略以得到期望的结果，同时语言转换功能也基本没有，主要依靠审查员个人的语言能力，以及国外网站的机器翻译结果；而与 EPO 相比，无论是在英文专利全文和非专利检索的检索技能方面，还是非专利文献的检索系统和数据库资源方面，SIPO 都存在较大差距。

（三）专业技术知识

审查员的专业技能是其检索能力的基石，提高各个方面的专业技能可能是提升检索能力的最直接有效的方式。

1. 审查领域配置

众所周知，针对不同的技术领域，其适用的检索策略和思路各不相同，不能完全复制。这也意味着，对于所检索的技术领域越熟悉，检索的效率就越高。SIPO 的审查员大部分为应届毕业生，缺少实际技术研发或工程建设的经验，并且每个人负责十几个 IPC 分类号下面的申请，需要熟悉和了解的专业领域比较宽，由此使得 SIPO 的审查员很难熟悉和精通某一技术领域。EPO 的审查员在入局之前都有很长一段时间在企业工作的经历，且在审查工作中每人负责一个相对较小和较固定的技术领域；DPMA 每个审查员的分类领域也比较窄，大约每个人负责 5 个 IPC 区段（小组以下），对于申请量较大的区段，可以几个人共享。审查员所属技术领域的细分使得审查员对该领域的技术发展更为熟悉，所以能够比较准确和及时判断出是否需要检索非专利数据库以及需要到哪些非专利数据库中进行检索，从而检索也更加有效。

2. 专业技术知识更新

审查员的检索能力可以说是一种综合能力，其中专业技术知识是基础，但个人的知识结构总会有短板，同时各个行业的技术也在不断发展变化，这就需要审查员不断补充更新自己的技术知识。当检索领域不熟悉时，各局通常采用的方法有借助网络资源补充背景知识、提出合议请求、询问相关领域专家等方式。其中 EPO 查找相关领域专家的方式最便捷，在其检索系统上可通过 CPC 分类找到该领域审查员的姓名和电话，以便与该审查员联系。另外，EPO 还通过查看 CPC 定义表了解该不熟悉的 CPC 分类的详细内容。JPO 则建立有检索策略门户网站，该网站上有一系列相互联系的与检索相关的有用信息，例如，检索策略备忘录（wiki）、审查系统的使用技巧、检索工具同义词词典和检索技巧文件。其中检索策略备忘录由每组的审查员进行更新，内容包括难解的技术术语的解释，同义词介绍，针对不同发明点的检索式，各组除负责主题外审查中会涉及的其他主题和 IPC 分类号，关联的标准、论文、产品说明书，本领域与他局的交流报告、本领域技术动向报告等。并且检索策略备忘录信息还用于提供给注册检索机构以帮助其工作。除此之外，JPO每年每个部门会有2~4人派往国外大学进修专业技术，例如，美国的波士顿大学和斯坦福大学等，每位审查员每年有至少一次参加外界的技术研讨会的机会。

三、总结和建议

第二部分分别从检索策略、检索工具以及专业技术知识三方面对世界其他专利局相对于SIPO的优势进行了对比分析，从而得出可借鉴用以提高检索能力和质量的以下几方面：首先，审查标准方面进一步加强对发明构思的把握，正确理解发明点，避免对技术特征的机械比对，以求达到更好的检索效果；其次，建议为审查员技术知识的更新、学习和拓展提供平台，强化审查员对英文文献和非专利文献的检索技能，提升检索能力；最后，完善数据库资源，改进检索系统，特别是非专利文献数据库和检索系统，进一步提高检索系统的稳定性、反应速度和人机界面的友好程度，提升硬件实力，以提高检索效率。通过以上分析与总结，可以看到SIPO在检索的思路、工具以及技巧等方面都可借鉴他局进一步改进，从而提升SIPO的检索质量。

参考文献

[1] 国家知识产权局专利局审查业务管理部. 五局PCT检索质量指标及中欧检索与审查对比研究（课题编号：ZX 201207）[R]. 2012.
[2] 国家知识产权局专利局审查业务管理部质量控制处. 中欧两局PCT申请检索报告比较研究（课题编号：ZX201001）[R]. 2012.

基于检索过程指令代码规范的检索能力评估及提升

刘 彤　陈玉华　李 俊　冯婷霆　杜婧子
武文琛　王 迅　王 宁　郭明华　高民芳

摘　要：检索能力的持续提升是改善检索质量的一个重要环节。通过检索能力的评估有助于审查员了解自身的能力短板，进行针对性的学习和提升。由于检索能力是一项涵盖外语、对现有技术的掌握、文献阅读/筛选、多种检索工具的使用等多种基础能力的综合性应用能力。因此对审查员的检索能力进行全面性评估是一项难以开展并且繁琐的工作。为解决这个问题，本文提出了以检索实践中的过程代码为基础，建立检索过程代码规范的思路，通过代码规范突出检索过程中的基本手段和思路。使得"检索过程代码"这个唯一能够在检索实践中全面反映检索能力的书面资料成为易于评估检索能力的基础，并进一步完善了现有的检索检查机制，并与审查员学习和提升相结合，提出一种检索能力评估、学习和提升方法——比对法，以更加有效地帮助审查员进行针对性学习，实现检索能力的自我提升。

关键词：专利检索　检索代码规范　检索能力　评估　提升

引　言

根据《专利审查工作"十二五"规划（2011—2015年）》[1]的要求，提高审查员的审查能力是国家知识产权局实现两大历史任务的重点工作之一。《国家知识产权局2011年工作要点》也指出，"以提高检索质量为核心，持续改进实体质量"。可见，检索质量直接影响着审查工作的质量和效率。为了更好地贯彻基于"三性"评判为主线的全面审查理念，研究如何有效提升检索水平对于审查能力的提升具有十分重要意义。[2]

鉴于我国专利审查工作采取独立审查制度，审查员的个体检索质量直接影响着其专利审查工作的质量。因此，持续提升个体检索质量是非常必要的。因此，如何有针对性地确定个体审查员检索能力不足的具体细节，是实现审查员检索能力自我提升的关键问题。

一、检索能力特点与检索能力评估

检索是发明专利申请实质审查程序中判断发明是否具备新颖性和创造性的一个关键步骤，[3]检索能力的高低影响着检索过程所获取的对比文献的质量，并进一步影响专利审查的质量。在我国的专利审查实践中，作为现有技术的对比文献不仅包括专利文献，还包括各种类型的非专利文献，并且不同国家的专利文献的语言、内容结构、分类体系特点也存在差异，而非专利文献的形式、内容则更加多样化。与上述多样化的文献相适应，也存在多样化的、缺乏统一标准的专利和非专利检索系统。因此，审查员为了检索到合适的专利或者非专利对比文献，必须熟悉这些文献和检索系统的特点。

可见，专利检索能力是一项综合性的能力，其包括多个方面的基础能力，如：外语、对现有技术的掌握、文献阅读/筛选、多种检索工具的使用，等等，[4,5]还包括这些能力的组合应用能力。因此，通过测试对这些基础能力都一一进行评估是不现实的。首先，难以明确所评估的基础能力的数量和指标，其次，如何综合性地考量这些基础能力是一件很困难的事情。因此，如何全面评估审查员检索能力，并进行针对性提升是我们持续关注的课题。

二、基于检索过程代码的检索能力评估

（一）检索能力、检索过程和检索代码

专利审查过程中的检索，就是文献检索中运用编制好的检索工具或检索系统，通过检索命令或者命令的组合查找出满足用户要求的特定信息。因此，审查员在检索过程都不可避免地要通过在相应检索系统中输入检索指令以完成检索。在检索过程的每个步骤中，都要涉及在相应的检索系统中输入有关的检索指令，而这些指令代码是审查员根据自身对检索系统的掌握程度自行选择和组合的，其直接反映了审查员的基础检索能力，表1对检索过程所涉及的基础检索能力进行了总结。

表 1 检索过程、检索能力和检索代码

检索过程	基础检索能力	是否存在检索代码	示例说明
分析技术方案，提取检索要素	文献分析	是	检索词汇
基于检索要素，构建检索词	文献分析、词汇扩展	是	词汇扩展
使用检索词构建检索表达式，输入到检索系统中	系统使用、检索手段/技巧、外语应用	是	检索库
对比文献的选择	外语、文献阅读/筛选	是	文献代码

可见，检索过程中的检索代码是反映检索过程各阶段相关基础检索能力的最为直接的书面性材料。因此，通过检索代码分析审查员的检索能力是一个可行的渠道。

（二）基于检索代码评估所存在的问题

检索代码以书面的形式记录了检索的全部过程，这为从检索代码入手分析审查员的检索过程，评估检索能力提供了可能。但是，通过在审查员的检索代码中进行抽样统计和分析，我们发现，使用过程代码对检索能力进行分析却存在一定的障碍，表 2 对这些障碍进行了汇总。

表 2 检索代码存在的问题

检索主要步骤	所反映的基础检索能力	分析中的障碍
分析技术方案，提取检索要素	文献分析	代码不确定
基于检索要素，构建检索词	文献分析、词汇扩展	代码无序，难以理解
使用检索词构建检索表达式，输入到检索系统中	检索系统使用、检索手段、检索技巧、外语应用	代码无序，难以理解
对比文献的选择	外语、文献阅读/筛选	代码不确定

由此可见，由于大多数审查员在检索过程中所采取"随想随得"的撰写风格，使得大部分检索代码杂乱、无序，另外，对部分关键检索代码也缺少必要的说明，因此对其进行分析、理解的难度非常大，使得能反映检索能力的第一手书面材料不易于作为分析审查员检索能力的基础。

（三）检索过程与规范化

1. 计算机程序的代码规范化

在计算机程序设计中，为了保证程序设计的质量，常通过代码规范来对程序员的编程行为进行约束。在程序设计实践中，这种规范化的约束为程序开发人员带来了很多好处，例如：统一了软件代码的全局标准，促进团队协作；有助于知识传递，加快工作交接；降低缺陷引入机会。这些规范有助于程序员快速发现问题，提高自身能力。

2. 检索过程代码的规范化

在检索实践中，首先分析案情，针对案情的特点，形成检索思路，然后构造检索手段，并编写相应的检索过程代码，当不能够获得合适的对比文献时，则通常需要调整检索思路。而程序员在编写计算机程序时，也是先根据设计需求形成设计思路，然后基于这个思路设计计算法和编写程序，当不能满足需求时，则需要调整设计思路。可见，审查员的检索过程与程序员的程序设计过程是非常类似的。两者的类似性启发我们通过形成适应于检索过程代码的规范来解决上述评估检索能力的问题。

参照计算机代码语句的基本功能，将检索过程的代码所具有的基本功能与其进行了对比，对比结果如表3所示。

表3 计算机程序语句与检索语句的比较

计算机程序语句的基本功能	检索语句（以 S 系统为例）
赋值	字段关键词，如：计算机/TI、CN123456/PN、检索/clms
基本运算	布尔运算、上下文运算、数值检索运算、关系运算等
选择-分支	无类似语句，由审查员根据前次检索结果主动调整
循环	无类似语句，由审查员根据前次检索结果主动调整
函数调用	批处理

可见，检索语句与计算机语句相比，除了缺少"选择-分支"和"循环"这两个流程控制的语句外，基本上具有与计算机程序语句功能相类似的语句。事实上，在检索过程中，"选择-分支"和"循环"这两个流程控制功能是由审查员根据前次的检索结果来主动调整的。由此可见，检索语句与计算机程序语句在执行功能方面，是非常相似的。

计算机程序代码规范建立的基本原则是"易读性"，这个原则促进了计算机程序代码成为程序员之间交流的程序设计能力的最佳媒介，他们通过阅读可读性的程序代码，评估程序代码的优劣，提供更佳的改进方式。在这个原则下，检索过程代码的规范首先是一个满足检索过程代码易读性的规范。

针对 S 系统的检索命令行语法的特点和审查员对易读性的要求，建立如表 4 所示的易读性规范。

表 4 易读性规范

规范名称			内容	作用
基于计算机程序代码规范	空行分隔		空行分隔相对独立的检索指令	区分无关联的检索指令
	空格分隔		空格分隔表达式中不同单元	区分表达式中具有不同含义的单元
基于检索代码特点	控制引用距离		避免引用距离过长	提高易读性
	设置节点代码		对其前续的一定范围的检索代码进行代码整理	提高易读性
注释	普通注释		对检索命令进行必要、清楚的说明	提高易读性
	反映检索特点的注释	来源注释	对检索要素的提取来源进行注释	记录检索要素的来源
		浏览注释	对浏览的方式和结果进行注释	记录浏览检索结果的途径
		外网检索注释	对外网工具的方式、检索要素来源、浏览结果进行注释	记录外网检索记录

由于 S 系统不直接提供给检索命令加注释方式，因此可通过一条无意义的检索命令行对前面的代码进行注释，或者对保存的检索代码文本进行注释化处理，如下述代码所示：

编号	检索代码	
1	存储器 and 阵列	//注释：基于权利要求的主题尝试检索
2	存储器 and 闪存	//注释：基于权利要求的主题尝试检索
3	固态存储器 and 闪存	//注释：基于权利要求的主题尝试检索
4	随机存储器 and 非易失性存储器	//注释：基于权利要求的主题尝试检索
5	2 or 4	
6	5 or 1	
7	（存储器 and 闪存）or（随机存储器 and 非易失性存储器）or（存储器 and 阵列）	//节点代码，整合基础是代码1-6中的5和6的并集

对每条检索命令进行了注释，并且通过其中的节点代码对若干检索命令进行汇总（如代码7），这对于提高审查员阅读、理解和分析代码的效率具有非常大的帮助。

3. 规范化检索过程代码的评估

为了进一步分析过程代码规范对代码的易读性的影响，我们将100个不规范的检索过程代码，重新按照代码规范编写，形成规范化代码，并由新的一组审查员阅读，进行易读性分析。为了便于分析，将10分钟内能够完全理解的代码定义为易读的代码，否则为不可读。通过分析发现，不按照易读性规范编写的原始代码仅有不到20%是易读的，而按照代码规范编写的规范化代码，则超过90%的代码都具有了良好的易读性。这反映了：如果检索过程的代码按照规范编写，能够显著提高代码的易读性。

此外，规范化编写的检索过程代码也为评估发现检索代码中的问题带来了便利。将上述100个不规范代码中通过删减或者插入的方式构造成问题代码，分为原始形式和规范化形式，分别由审查员进行确定其中问题的评估，为了便于分析，将在5分钟内能够准确确定问题的代码，认为是具有"易评估性"，分析结果表面表明：规范化代码的"易评估性"达到了90%以上，而没有规范的代码则不到20%。这表明，对检索过程代码进行规范，能够显著提高检索代码的评估性，提高分析审查员检索能力的效率。

三、基于检索过程代码规范的检索能力提升

（一）检索中的检查机制

为了保障"独立审查"方式的质量，通常要求审查员在完成审查后，交由

其他审查员对整个审查过程进行互检，以提前发现可能存在的问题。但是，由于大多数审查员在检索时采用"随想随得"的检索习惯，并且对检索过程也缺少必要的说明，因而互检审查员在检查检索过程时，由于时间和效率的原因，难以深入理解其检索过程，因而很难及时发现其中潜在的检索问题。此外，互检审查员即使发现了检索问题，也通常是直接将检索的结果告知审查员，缺少与审查员之间的交流，不利于审查员及时地弥补其检索能力的不足。可见，上述问题的根源来自检索过程代码易读性不好，使得互检审查员很难通过其检索过程分析审查员的检索能力。因此，有必要对检索过程代码进行规范化，提高代码易读性，完善和加强检索过程的检查机制，使得检索过程的检查成为评估检索能力的手段。

对检索过程代码规范化后，提高了检索过程代码的易读性和易评估性，审查员可以采用与标准过程比对的方式来评估检索中问题，并及时发现问题。根据比对法中作为标准检索过程的不同，可形成多种不同模式的比对方式：如自检模式、互检模式和室内互助模式。

在自检模式中，是审查员自己将检索过程与由检索手册、优秀/亮点检索案例提供的标准检索过程进行比对，以评估发现自身能力的短板，并通过及时学习，来达到自我评估、自我学习和自我提升的目的。过程如图1所示。

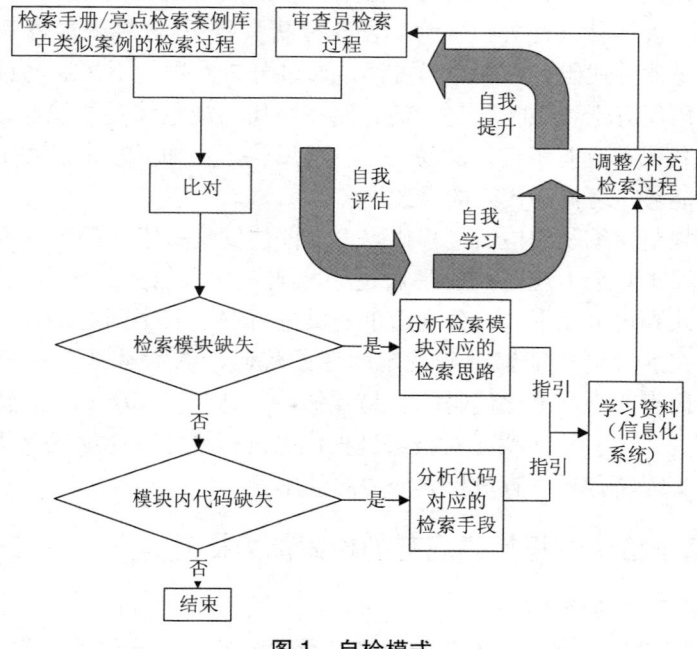

图1　自检模式

互检是为了突破审查员个体能力的限制所采取一种检查形式，通过将不同的审查员组合成一个互检组（通常是2人），相互检查对方的检索过程，来发现问题。根据互检审查员所扮演的角色不同，又细分为检索经验方式和共同检索方式。检索经验方式是互检审查员只需对审查员的检索过程代码进行评估，并告知审查员所分析出的检索问题的方式。而共同检索方式，则需要互检审查员与审查员同步检索，然后通过互相交换检索过程代码进行交流，以通过相互学习，达到检索能力自我提升的目的。其过程分别如图2和图3所示。

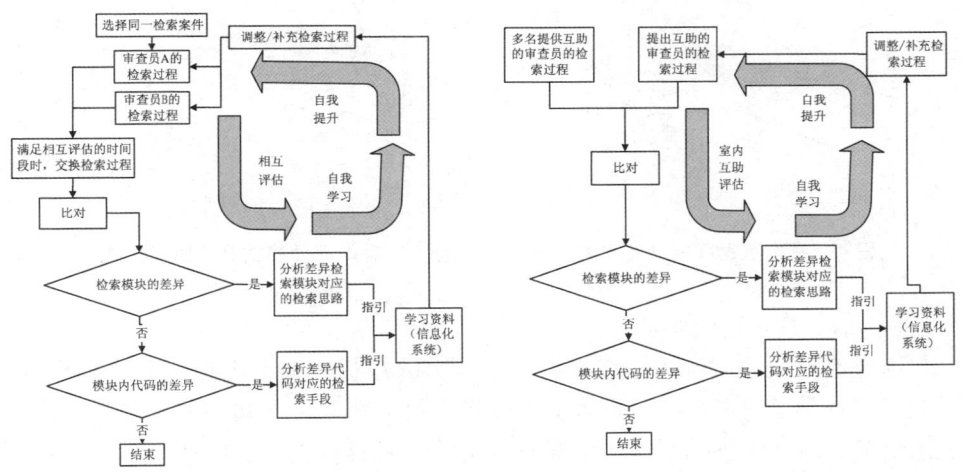

图2　互检模式1（检索经验方式）　　图3　互检模式2（共同检索方式）

对于室内成员遇到的互检组无法解决的疑难检索案件时，可通过室内互助检索的方式。此外，也可从室内成员的案件中选择出典型案件，由室内成员共同检索。因而也可形成两种不同的方式：求解方式和协同方式。其中，求解方式是由室内挑选的多名互助成员对提出互助的审查员的案件进行检索，通过将互助成员的检索过程与审查员的检索过程进行比对，确定他们之间的差异，以获得相关的学习资料，帮助审查员在自我学习的基础上，提升检索能力。协同方式是选择一个由多名室内审查员共同检索的案件，并在多名室内审查员之间周期性传递检索过程的方式，接收前一审查员检索过程的审查员在分析前面审查员检索过程的基础上，进行接续式的检索，当获得检索结果时，将检索过程反馈给参与互助的所有审查员，这些审查员可根据自身与最终检索过程进行比对，确定检索差异，明确学习资料和提升相关的能力。其过程分别如图4和图5所示。

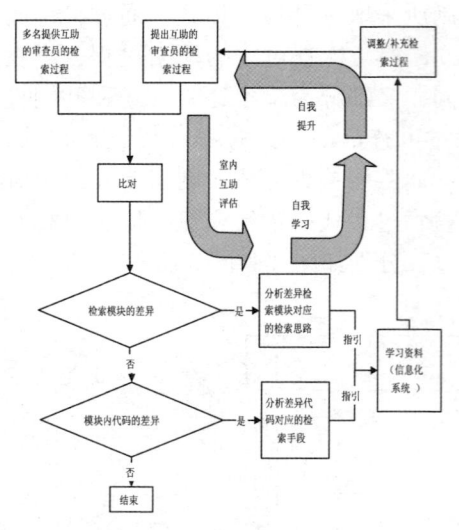

图 4 室内互助模式 1（求解方式）　　图 5 室内互助模式 2（协同方式）

（二）自我学习的联动

通过比对法评估后，能够确定检索能力的短板，并给出相应的学习资料，以便于审查员学习和提高。审查员可以将资料的获取情况和学习后的效果向培训组反馈，培训组根据反馈的情况及时调整学习资料库，从而使得学习资料库的内容更适用于审查员检索能力的提升需求，从而使审查员的学习需求与培训组的工作形成了联动，实现审查员自我学习、自我提升的目的。

四、结　论

检索过程的规范化不仅能够准确地、完整地记录审查员的全部检索过程，而且能够使这些过程易读和易评估，从而使得全面反映审查员检索能力的检索过程变得可分析和可控，并使规范化的检索过程代码能够成为审查员之间深入交流检索业务的桥梁。

规范化的检索过程代码使得检索的检查机制与培训体系能够形成有效的互动，形成"评估—自我学习—自我提升"的自我检索能力提升环，提高培训工作的针对性，使得审查员能够随时根据检索实践发现检索问题，采取必要的学习方式，及时自我提升检索能力。

参考文献

[1] 关于印发《专利审查工作"十二五"规划（2011—2015年）》的通知［EB/OL］．(2011-06-01). http://www.sipo.gov.cn/gk/gzyd/201106/t20110601_606008.html.

[2] 杨铁军．准确理解立法宗旨，培育专利审查文化［EB/OL］．(2012-07-11). http://www.sipo.gov.cn/yw/2012/201207/t20120711_723196.html.

[3] 中华人民共和国国家知识产权局．专利审查指南2010［M］．北京：知识产权出版社，2010．

[4] 周胜生．专利文献的特点与关键词检索［J］．PATENT EXAMINATION REVIEW，2010（2）：59-63．

[5] 郭春玲．有效利用国外官方专利网站检索专利［J］．新世纪图书馆，2012（1）：60-62．

生物领域容易忽略的检索技巧

李子东　苗　荻

摘　要：生物技术领域是当前发展最快的高新技术领域之一，其分支领域分布广泛，且与其他领域常存在交叉，技术发展迅速的同时伴随着创新活跃，也使得生物领域数据量在快速增长，该领域的检索工作既与其他领域存在一定的共性，也有其特别之处。本文将检索实践中的一些容易忽略的检索技巧进行了总结。

关键词：生物技术　检索　数据

引　言

　　生物技术领域是当今全球发展最快的高新技术领域之一，是国际科技竞争的关键领域，以生物技术产业为核心的生物经济在世界经济的增长中占据重要地位。伴随着生物技术发展迅速和创新活跃，生物领域文献数据的增长速度之快远远超过了其他学科领域，由此也使得生物技术领域的文献检索面临诸多问题与挑战，由于技术方案的表现形式较为特殊和复杂，如经常出现序列、保藏号、分子标记、化学结构、植物品种以及不同的生物学方法等，在实际检索时时常遇到一些障碍和难点，这也影响了专利审查的质量和效率。本文对生物领域实际审查工作中的一些容易忽略的检索技巧进行总结，希望对检索工作有一些帮助。

一、检索策略的制定

　　进行文献检索是为了寻找合适的对比文件对技术方案的新颖性和创造性进行评价，所以在检索之前应结合新颖性和创造性的判断尺度对期望得到的检索结果作出预期。检索并不是自由的,不同的技术方案新颖性和创造性的判断标准不同采取的检索策略也可能是不一样的,如果没有检索目标而漫无目的地检索或采用一成不变的检索方式经常是无效的,从而影响检索效率。最常见的例子就是对机械结构检索时,根据各组成部分采用全要素检索或部分要素组合检索来寻找可以进行新颖性或创造性评述的对比文件,而生物领域技术方案的表现形式和机械领域明显不同,在检索策略上有一些特殊之处,例如:

(1)权利要求1:一种枯草芽孢杆菌(*Bacillus subtilis*)菌株HMB19198,已于2011年12月20日保藏于中国微生物菌种保藏管理委员会普通微生物中心,保藏编号为CGMCC No. 5613。

用保藏信息来限定菌株是微生物领域经常采用的撰写形式,但保藏信息是用于专利程序的,很少会在该申请外的其他文献中出现,用保藏号检索往往难以找到相应的对比文件,此时若寻找影响新颖性的文件,则可以考虑通过寻找相同或类似的生产方法或通过难于区分的性能参数等角度来评述新颖性或推定新颖性,那么就应该从该菌株的制备方法和已知的性能参数等方面着手进行检索,如先检索申请人/发明人自己公开的文献,未果再根据制备方法和已知的性能参数选取关键词检索是否存在他人发表的相关文献。

(2)权利要求1:用于在蝴蝶兰属或朵丽蝴蝶兰属的典型兰花中增加花序数量的方法,所述方法是在将所述兰花暴露于用于诱导开花的低温期之前或在所述低温期中,向所述兰花施加细胞分裂素,所述细胞分裂素为6-BA,用量为2~30mg/株。

该权利要求包含了几个方面的信息:i)所用材料为兰花,来自蝴蝶兰属或朵丽蝴蝶兰属;ii)目的是增加花序数量;iii)所用激素为6-BA及其用量;iv)处理时机。从评价新颖性方面来看,因目标比较明确,从以上四方面采用关键词检索即可;但若检索不到新颖性文献,检索能够破坏创造性的文献时,由于采用部分检索要素进行检索时存在多种组合,从而可能得到不同对比文件,这些不同的对比文件和权利要求的区别不同就产生不同的说理方式,实际解决的技术问题和所需要的技术启示也就发生了变化,此时虽然可以从多个角度去分别评述创造性,但并不是说对比文件的选择是随意的,不同的对比文件的选择会决定技术启示的走向,从而影响对创造性说理的合理性,此时检索应确定一个能够找到更为合理地进行创造性评述的角度来确定检索目标。在该案中,如果对比文件中兰花的种类不同,由于植物的生长条件主要取决于基因型,不同的植物基因型不同,其采用的激素种类和用量也会不同,所以检索时兰花的具体种类和激素的种类是首先需要重点检索的对象。

二、摘要库和全文库同等重要

【案例1】权利要求1：一种多潜能细胞筛选培养基，其特征在于：所述培养基含有式（Ⅰ）所示的PD0325901和式（Ⅱ）所示的CHIR99021（PD0325901和CHIR99021的化学结构略）。

权利要求2：如权利要求1所述的培养基，其特征在于：所述培养基中还含有式（Ⅲ）所示的PD173074或式（Ⅵ）所示的A83-01（PD173074和A83-01的化学结构略）。

<检索思路>：权利要求1和2的培养基的主成分就是（Ⅰ）~（Ⅵ）四种化学成分，以四种化学成分作为培养基成分是其发明点。此时，由于关键词提取非常明确，可直接用四种化学成分作为关键词进行检索。

<数据库选择>：这里需要特别注意的是选择常用的非专利文献数据库时，由于上述化学成分只是培养基的一部分，其是否能够出现在摘要内容中不好预测，因此，在摘要库中检索不到对比文件的基础上应进一步考虑使用全文检索数据库，以防止漏检。

<检索过程>：使用常用的摘要检索数据库Pubmed和ISI Web of Knowledge，未发现合适的对比文件，最可能的原因是权利要求1和2的成分未出现在摘要中，因此，采用全文检索数据库Google Scholar和Scirus，在Scirus数据库中检索到了对比文件1：Plos Biology, 6 (10): 2237-2247；对比文件2：Cell Stem Cell, 2008, 3: 568-574；对比文件3：Cancer Science, 96 (11): 791-800。

<检索技巧>：①根据权利要求的主体结构，确定其发明点，根据发明点提取主要的检索关键词；②权利要求中的主要发明内容未必是对比文件中的关键或核心内容，因此，根据权利要求提取的关键词可能不会出现在对比文件的摘要中，在检索时，尤其是非专利文献检索过程中，不能仅依靠常用的摘要数据库Pubmed和ISI Web of Knowledge，在检索未果的情况下，需要同时考虑使用全文检索数据库，可能会检索到合适的对比文件，以防止漏检。

三、注意T类文献，重视追踪检索

【案例2】权利要求1：采用SRAP分子标记对再生植株进行鉴定，得到对黑腐病具有抗性的花椰菜杂种；SRAP分子标记的扩增引物为如下至少一对引物：

第一对：正向序列TGAGTCCAAACCGGAAT，反向引物序列GACTGCG-TACGAATTAAC；

第二对：正向序列 TGAGTCCAAACCGGAAG，反向引物序列 GACTGCG-TACGAATTAAC；

第三对：正向序列 TGAGTCCAAACCGGTTG，反向引物序列 GACTGCG-TACGAATTAGC；

第四对：正向序列 TGAGTCCAAACCGGTTG，反向引物序列 GACTGCG-TACGAATTAAC；

第五对：正向序列 TGAGTCCAAACCGGAAT，反向引物序列 GACTGCG-TACGAATTAGC。

<检索过程>：审查员针对上述引物序列信息检索甘蓝型油菜 SRAP 分子标记的引物设计原理，在 CNKI 上检索到一篇申请日之后的参考文件：

分子细胞生物学报，41（4）：265-274；

追踪其引用文献发现一篇甘蓝型油菜 SRAP 分子标记的引物设计原理的对比文件：Theoretical and Applied Genetics，103（2-3）：456；可用于评述权利要求 1 的引物序列。

<检索技巧>：检索时不能忽略与发明相关的申请日后公开的文献，应对该类文献进行追踪，可能会找到合适的对比文件。

四、概括性、普适性的技术方案的检索

【案例 3】权利要求 1：一种处理细胞的生物学样品的方法，包括：
（i）使所述细胞的样品沉积在一个容器中；（ii）将上清液从所述容器转移到另一个容器中；以及（iii）从所述上清液中分离细胞，其在所述样品中具有相对较低的密度。

权利要求 1 的从属权利要求进一步对所述细胞的不同分化过程和分化成的细胞的种类进行了限定。

<检索思路和过程>：与生物材料相关的专利申请的权利要求书通常会保护其分离方法，尤其是 PCT 申请中，该方法经常是概括性、普适性的技术方案，很难简单地提取关键词或关键词串来忠实地表达审查员所真正需要检索的内容，此时可以考虑结合实施例中的内容将这种概括性、普适性的技术方案具体化后再提炼关键词进行检索。该申请说明书实施例中记载了骨髓细胞集落的分离纯化和分化过程，因此初步设置检索词为：bone marrow cell、isolated、isolation、purified、purification、differentiat+，再根据说明书描述的该细胞系的分化功能的实验，该细胞系能够分化成软骨细胞、骨细胞、脂肪细胞、肝细胞和神经细胞，其英文分别为：chondrocyte、osteocyte、adipocyte、hepatocyte、neurons，进一步检索专利文献和非专利文献库，得到了 3 篇对比文件，对比文件 1：

US6082364A，对比文件 2：US5690926A，对比文件 3：Journal of Neuroscience Research，61：364-370。

<检索技巧>：对于概括性、普适性的技术方案，可尝试将该技术方案下位到说明书实施例中具体支持的技术方案中，并在此基础上进行关键词的提取，以实现有针对性的检索。

五、关注同行业信息披露

【案例 4】一种科河 13 号玉米杂交种的制种方法。申请的权利要求书中请求保护科河 13 号的育种过程。

<检索思路和过程>：对于植物育种方法，其获得的优质品种的保护渠道是农业部植物新品种保护办公室，进入农业部品种权公告查询网址：http://www.cnpvp.cn/Gazette/GazetteQuery.aspx。以科河 13 号为例：选择植物种类，检索入口可以是"植物种类""品种名称""申请/品种权人"等，输入任一信息，点击"查询"，就会得到其品种权公告信息，点击"申请公告"，会显示出该品种的申请相关信息，其中在"品种来源"部分会记载该品种的选育方法，其与权利要求中所述方法一致。

<检索技巧>：①在植物育种领域经常会涉及植物品种的选育方法的专利申请，此时除常规的检索方式外，还可以考虑农业部植物新品种保护办公室的新品种保护查询网站，对特定品种可能会检索到申请日之前公开的育种过程。②同行信息披露的渠道依据领域的不同会各不相同，另外对于 PCT 申请还应在检索过程中和授权前关注他局的检索报告，也可能会得到有用的信息。

六、基因或蛋白名称的追踪检索

专利审查中非专利文献的使用从一个方面反映了专利审查质量的综合水平，在化学领域，有超过 50% 的检索报告中包含非专利对比文献，特别像生物领域检索基因或蛋白序列时，通常都需要用到外网 GenBank 数据库。对于序列检索，GenBank 数据库往往是审查员的首选，但是，在很多情况下，如果某条序列在数据库中没有高度相似的同源序列，审查员可能就会终止检索从而肯定基因或蛋白产品的新颖性和创造性。然而，虽然序列的结构/组成代表了基因或蛋白产品的全部技术特征，但是，有时候审查员会忽视基因或蛋白的名称。在审查实践中，追踪检索通常是以申请人或发明人作为追踪要素，而本文就以一个实际案例为基础，提出一个新思路，以基因或蛋白的名称进行追踪也可以有预料不到的收获。

【案例 5】权利要求 1 请求保护一种用序列号限定的蛋白，之后的权利要求则要求保护通过抑制该蛋白的表达水平得到转基因植物的方法。根据说明书的记载，申请人将该蛋白命名为 OsKinesin-13A。

<检索思路和过程>：通过 GenBank 数据库进行 Blast，很容易得到一条登录号为 AB531488 的水稻 SRS3 蛋白的序列及其编码 mRNA，该蛋白的氨基酸序列与权利要求 1 限定的氨基酸序列完全相同。但是，该条记录除了可以获得序列信息以外，既不能获知该基因的功能，也不能通过 PUBMED 链接到披露该基因的相关非专利文献，其他的比对结果也与该序列相去甚远。如此一来，根据 GenBank 的检索结果，也只能评述蛋白或基因产品的新颖性，对于基于蛋白功能而衍生的转基因植物的方法就似乎具备授权前景了。

然而，如果检索就到此为止了，则是十分不全面的。因为，基因或蛋白的名称实际上也是其身份的重要表征，可以说，基因或蛋白的名称是序列检索中最重要的关键词。如果忽略了用名称进行检索，可能会漏检很多 GenBank 未收录在内的序列，而 Google 或 Google scholar 此时就成为最优选的搜索工具。在 Google 中首选输入该申请说明书给出的 OsKinesin-13A，未能获得有用的对比文件。进一步地，键入"RICE SRS3"却发现来源于《Plant and Cell Physiology》上的一篇文章公开了对水稻中的 SRS3 基因进行基因功能研究的技术内容，其中所研究的 SRS3 基因正是 GenBank 上登录号为 AB531488 的序列，所得到的结论也与该申请完全相同。但是，该文章只有 PUBLISH ON LINE 的时间，还没有正式出版，因此，PUBMED 上没有相关链接，但是通过 Google 却可以轻松获得。

<检索技巧>：一是要重视基因或蛋白名称作为关键词的检索，二是要注意针对同一序列的不同名称都要进行追踪检索。

结　语

随着网络信息的快速发展，网络上拥有丰富的信息资源，如何快速准确地获取有效的信息，提高检索效率是在日常的检索实践工作中需要体会和总结的。在培养自身检索能力的同时，从实践中多摸索和总结一些检索技巧，深入地研究带有领域特色的检索策略，将对提高检索效率和效果有很好的帮助。以上是笔者的一些心得，期望能对检索者有所启发。

基于知识管理的审查员检索能力提升研究
——从审查员自身检索实践出发

董 妍　蒋碧珠　陈敏泽　孙 敏　黄 蕾　谢百韬

摘　要：针对当前审查员检索现状和开展检索能力提升工作中的困难，本文在借鉴企业管理学的基础上，提出了检索知识管理系统的概念。通过该系统，可以将现有的分散在审查员个体以及各种检索文章、检索手册中的隐性检索经验，转化为全体审查员都能够方便使用的显性检索知识，从而使得审查员的检索能力能够得到提升。此外，本文还提出了将检索知识管理系统嵌入到 S 系统的设想方案，该方案将有利于更好地发挥检索知识管理系统的优势。

关键词：检索能力提升　知识管理　隐性知识　S 系统

引　言

检索是发明专利实质审查程序中的一个关键步骤，检索结果的好坏直接影响到专利审查质量的高低。因此，持续地提升检索能力是审查工作的现实需要。为此，国家知识产权局（SIPO）开展了相关检索课题研究[1-5]，并举办检索相关的讲座和培训，有力地提升了 SIPO 的综合检索能力。同时我们也应该看到，检索能力的提升还有很大的空间，目前讲座和培训的效果还存在一些不足，究其原因主要有以下两点：首先，大部分人在参与过程中是被动地接受信息，主动学习意愿较弱；其次，审查员虽然接受了相关的检索培训，但很难通过若干次培训改变审查员的检索习惯，部分审查员接受新的检索知识的意愿较低。因此，有必要降低检索能力学习的门槛，建立更有效的转化途径，使得检索能力的学习尽可能低地依赖于个人意愿、培训时间等因素。

2011 年起，SIPO 组织各发明审查部门编制了多部特定技术领域的专利检索指导手册，通过汇集多年来审查员不断积累的、好的检索实践经验，为广大审查员提供检索指导。然而，随着检索资源的扩充和 S 系统的不断完善，以及检索标准化及智能化的需求，检索指导手册中的内容无法实时地根据新形势发展而更新，并且其中积累的有效信息也未能被提炼出来。就目前的检索现状而言，缺少个别检索经验和整体检索经验的系统转化途径。个别检索经验指审查员个人在单一领域的检索经验，特点是个体化和缺乏交流。整体检索经验指全体审查员所能有效共享的检索经验的集合，特点是集中性和互动性。如果不能建立有效的系统转化机制，个别检索经验只能长期局限于审查员个体，而无法转化为可被全体审查员共同使用的经验。因此，存在这样的需求：建立系统化地将审查员个人在单一领域的检索经验转变为整体检索经验的机制，寻找降低检索能力学习门槛的最佳途径，从而更有效地实现审查员自我检索能力的提升。

一、概述

（一）知识管理的概念

知识管理最初起源于企业管理学，其以核心知识资源为中心，科学构建知识库，以支撑知识的有序存储、查询和获取，促进知识的共享交流，进而推动知识的创新发展。[6-8]知识管理的概念可以归纳为企业进行创造、转化、组装、整合和利用知识资产的过程。[9]知识管理的重要原则是隐性知识显性化。显性知识指的是可以被正式的系统化的语言所表达并且可以用数据的形式保存下来，比如科学公式、说明书、手册等。而隐性知识则属于相反的概念，其存在于人类个体的思想中，每个个体拥有并利用它，却不能完全地把它表达出来，是高度个人的、难以公式化的知识，比如主观领悟、灵感等。隐性知识深藏于实践当中，难以交流。而通过知识管理，可以实现隐性知识的显性化。如图 1 所示，根据 Nonaka 的 SECI 模型，显性知识和隐性知识可以通过转化并获得提升。[10]通过将企业中的各种知识资源，包括显性知识和隐性知识，整合为动态的知识体系，以促进知识创新，通过知识创新能力的不断提高带动劳动生产率的提高，从而最终提高企业的核心竞争力。

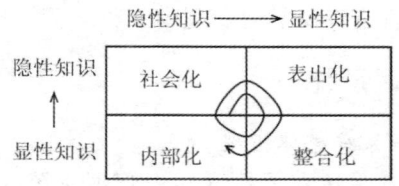

图 1 Nonaka 的 SECI 模型的隐性知识和显性知识之间的相互转化过程

（二）各国专利局应用知识管理的尝试

欧洲专利局（EPO）自20世纪80年代末期开始建立全面的专利数据库。在最新的CPC分类体系中，EPO在Definition这一级别的CPC文档中，已经尝试将存于审查员个人经验中的分类号扩展经验记载于CPC文档中，从而即使是不熟悉的领域，审查员也可以通过Definition文档快速获取分类号扩展的检索经验。这可以看作将知识管理应用于提升检索能力的初探，在该过程中，隐性知识为审查员个人分类号扩展经验，显性知识为CPC文档中的分类号扩展表格，通过将审查员个人分类号扩展经验整合到CPC文档中，在内部进行经验共享，实现了隐性知识显性化的目的。

美国专利商标局（USPTO）一直致力于与各国专利局合作建立更加稳定有效的知识产权系统，并通过世界知识产权组织等媒介推动各国专利局间的工作成果共享和多边合作。其大力推进的Global Dossier服务是在五大专利局合作的基础之上建立的，该服务使用了一项经五大专利局协同一致的标准，共享专利同族的官方档案文件，便于各专利局之间审查知识的相互利用和协同管理，这是USPTO将知识管理应用于专利审查工作的实践体现。

韩国知识产权局（KIPO）通过其建立和维护的KIPRIS检索系统面向社会提供免费检索服务。KIPRIS系统中的数据库提供检索辅助功能，包括检索式保存、查看其他检索式、构建同义词库、提供统计信息、使用频率较高的关键词等。该辅助功能实现了基于目标用户的对历史检索数据的二次处理，实现了检索知识的在线存储和共享，也是对用户检索知识的管理和利用。

为了促进各专利审查机构间审查能力的共享，提升专利审查质量及效率，SIPO建设并推出了云专利审查系统（CPES），其中汇聚了世界多个审查机构的审查案卷信息、著录项目信息及公开公告文本信息，同时也为系统用户提供主题讨论、即时沟通等多种形式的社区交流功能。CPES系统目前已覆盖SIPO、EPO、JPO、KIPO、USTPO、UKPO、IPA、DPMA等16个机构的专利审查信息。系统采用全新的界面设计和时间轴展现形式，设立了多种形式的反馈信息收集渠道，为用户提供中文、英文、西班牙文、葡萄牙文、阿拉伯文等9种语言版本，系统内的多语言翻译工具可实现中、英、韩、日等12种语言的互译。

二、检索知识管理系统

（一）检索知识管理系统整体框架

基于知识管理的概念，建立了检索知识管理系统（Knowledge of Searching Management System）（以下称为"KSMS系统"），该系统以检索知识网络平台为核心桥梁，能在多个部门里进行检索知识交流，该系统包括一个检索知识数据库，其中存储了收集到的全部检索知识条目，还包括了检索知识收集模块、检索知识查询模块和检索知识评价模块。其中检索知识收集模块用于上传审查员的检索经验；检索查询模块用于检索经验的查询；检索知识评价模块用于在使用后对该检索经验进行评价。通过各个模块的共同作用，可以使得各个部门实现检索经验的有效共享（见图2）。

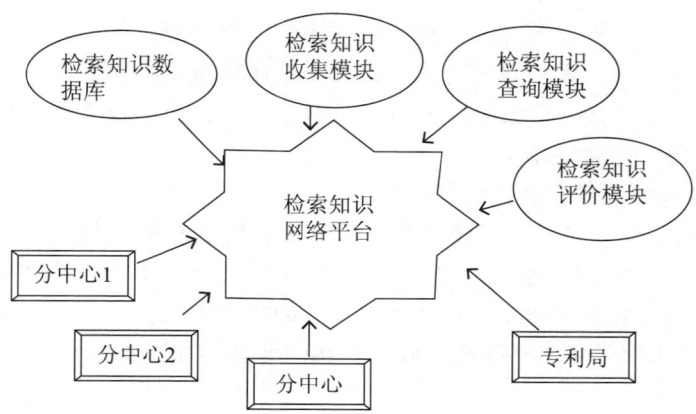

图2 基于网络平台的各分中心检索交流模式

（二）检索知识管理系统各模块的设计

1. 检索知识数据库的设计

KSMS系统采用多层级的数据库结构对知识元进行整理和归纳。数据库结构分为三个层级，如图3所示。

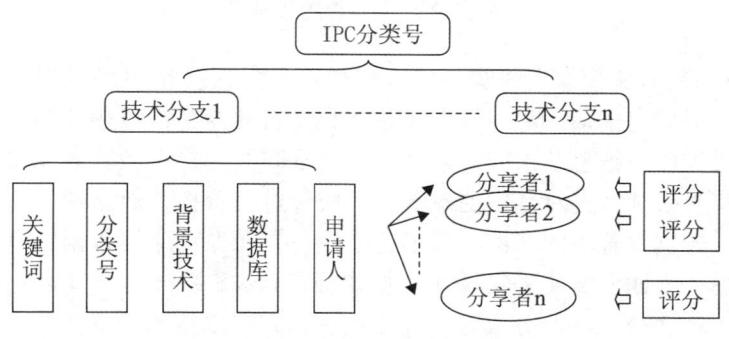

图3 KSMS数据库结构

数据库最上层为 IPC 分类号。采用分类号为最高级别，是因为 IPC 分类号能够全面地涵盖所有的技术类别，使得专利文献可以得到完整的表达。然而 IPC 分类号不足以满足审查员对于技术细分的检索需求，为了总结归纳审查员对于该分类号下所包含的技术内容的理解，并且从中抽象出有利于检索的经验，在数据库的第二层设计为该分类号下的多个技术分支。技术分支之下的底层是不同的知识元。在数据库结构中，通过关键词扩展、分类号扩展、背景技术、检索数据库、重要申请人对每个技术分支进行表达，在此体现了提供经验分享的审查员对于该技术分支在检索过程中的完整理解。同时，每一个涉及的知识元又被赋予分享者和评分的两个属性，从而体现上传该条检索经验的审查员姓名，以及使用该条检索经验的审查员对于它的评价，便于后期对于所需要的知识元进行筛选和排序。

2. 检索知识收集模块的设计

KSMS 系统检索知识收集模块作为 KSMS 系统的核心模块之一，其作用在于提供统一、方便、快捷的接口平台，实时采集和记录审查员个体检索经验的原始数据，进行数据处理，并将其按照预定的规则上传，进而完成系统检索知识数据库的实时更新。KSMS 系统收集模块的原理图如图 4 所示。

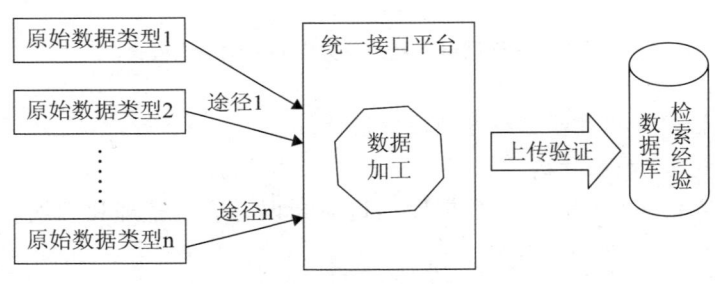

图 4　KSMS 收集模块原理

KSMS 系统收集模块所采集的检索经验，通过区分来源可以划分为多种类型，包括课题研究成果、部内报告或在期刊发表的专利检索相关的文章、审查员在审查过程中归纳总结出的检索经验等。不同类型检索经验的原始数据结构各异，采集时必须首先对其中的检索有效成分进行分析，而后针对不同类型的检索经验，分别设置不同结构的采集途径，一方面保证原始数据的有效部分的完整性，另一方面尽量使采集操作方便快捷。KSMS 系统可设计成支持多种不同的数据上传途径，以"分类号"作为统一入口，以技术分支、检索式、关键词、背景知识等作为后级入口。

此外，还需设置可选的数据加工功能，为检索经验的"一键上传"提供一种快捷途径，其加工结果应保证后续查询操作的命中准确度。针对检索经验的不同类型，采用相应的有差异的处理方式，例如，对于特定技术点的背景技术期刊文件，可基于分类号的选择，对文件标题执行关键词匹配，进而提取相关的关键词作为标识信息。对于审查员个案的检索知识采集，可结合S系统导出数据进行加工，例如，在原有的检索知识条上进行补充，以及创建新的检索知识条等。各种检索知识经数据加工后，以特定的类型存入检索知识数据库中，包括数据库选择、分类号扩展、关键词扩展、背景技术等多个方面，以便审查员需要的时候可以从该检索知识数据库中获取相关的检索经验。

各种待采集的检索知识经过加工处理后，在存入数据库之前，都需要进行数据格式的验证，并提供相应的误操作提醒功能，以保证数据库数据在后续操作中的可用性。针对不同类型的经验数据，基于其有效成分的不同，其验证对象也存在差异，例如，针对上传文件类的经验数据，主要验证分类号的合法和准确性，而针对检索式类的检索经验，则需验证检索式中的相关运算符的合法性，其他验证对象还包括：数据库的可用性以及上传文件格式等。

KSMS系统的收集模块可以实时化、条理化地采集检索经验，是及时收集并固化检索经验的有效手段。通过及时采集检索经验，可以防止检索经验的遗忘、流失，有效保存并推广检索相关的课题研究成果、部内报告或检索类文章的检索经验，是实现检索经验隐性知识显性化的重要步骤之一。

3. 检索知识查询模块的设计

基于用户对知识获取方式的进一步需求，KSMS系统中配置了检索知识查询模块，以期为用户提供统一便捷的快速查询入口和查询体系，从而将检索经验的知识管理架构完美地映射出来。查询模块是KSMS系统的核心子模块，其实现了KSMS系统最重要的功能——检索经验的浏览、搜索和提取。用户通过在查询模块中的相关操作，提交自己的知识查询需求，就能够快速寻找到自己所需的相关检索经验并加以运用。通过这种方式，原本隐性化的检索经验被按序展现在每一级浏览条目中供所有用户选择，从而最终为检索实践提供重要的参考。KSMS系统查询模块的功能架构如图5所示。

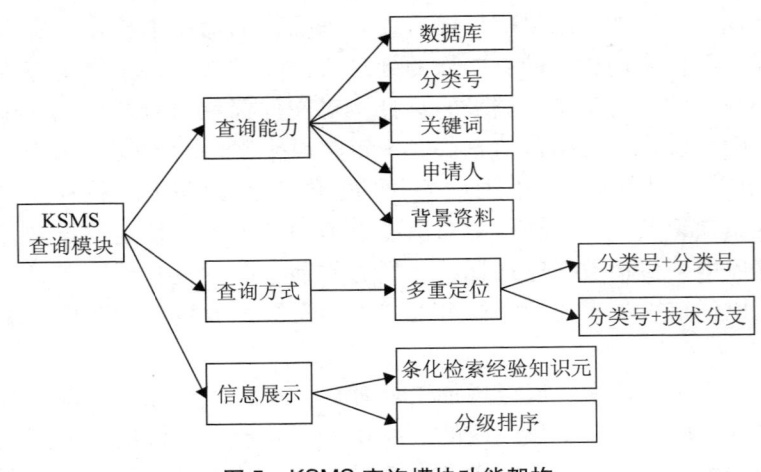

图 5　KSMS 查询模块功能架构

4. 检索知识评价模块的设计

检索知识评价模块设置目的在于通过对收集的检索知识条目进行评价，从而帮助审查员快速查找对自己最有效的检索经验。KSMS 系统的评价包括了对系统的使用方面的主观评价以及数据库中提供检索经验条目的客观评价。系统使用方面的主观评价包括：响应速度、界面编排、检索入口、结果显示等方面。检索经验条目的客观评价包括了：权威性、适用性、准确性、技巧性、独特性等方面，其进一步具体分为对各检索经验条目的直接评价和各检索经验条目之间的横向评价。该检索经验条目的直接评价是使用者根据系统评价模块的预设项目进行各项评分，例如，在展开评价窗口的各评价项目设定相应的评价指标，可采用 5 分制或 10 分制等，为该条目的检索经验进行评分，该评分结果也为后续的检索经验条目之间的横向评价提供数据依据。检索经验条目之间的横向评价是指各检索经验条目之间的比较，其比较结果为使用者提供指导。

（三）检索知识管理系统嵌入 S 系统的方案设计

根据 KSMS 系统的整体框架和功能要求，其具备检索知识数据库、检索知识收集模块、检索知识查询模块和检索知识评价模块共四个模块。在嵌入 S 系统时，主要考虑两方面因素：一是结合 S 系统现有功能模块，利用 S 系统自身的优势，达到功能实现的自动化；二是实现 KSMS 系统整体融入，便于 KSMS 系统的维护。下面结合图 6 详细描述实现方案。

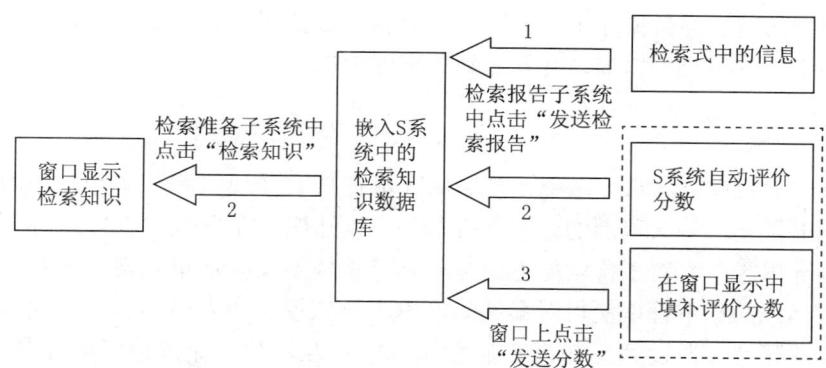

图 6　嵌入 S 系统的 KSMS 系统功能示意

S 系统对自动提取的检索式进行分析，将检索数据库、关键词和分类号提取出来。当审查员结束检索，在检索报告子系统中点击发送检索报告时，触发系统执行操作，将上述信息分别存至和案件主分类号链接的检索知识数据库中。此外，审查员在结束某个待审案件的检索工作后，可以主动将检索知识通过相应入口发送到检索知识数据库中形成一条记录，同时也可以将检索准备子系统中提供的语义检索推荐关键词作为关键词信息补充到该条记录中。

将 KSMS 系统嵌入到检索准备子系统中，将"检索知识"作为一个与上述本领域重要申请人信息、同族信息并列的模块，通过设置一个"检索知识"链接与检索知识查询模块相对应。当审查员对某案件进行检索之前，审查员进入检索准备子系统，可以点击该链接，通过弹出窗口来从嵌入 S 系统的检索知识数据库中获得与所审查案件直接相关的检索知识，获取的依据在于与审查案件具有相同的 IPC 主分类号。获得的检索知识可以为该案件的分类号、推荐关键词等，通过窗口显示的检索知识，为审查员在后续检索工作中的如何选择检索数据库、关键词及分类号提供帮助，从而能够将检索知识有效推广，并应用到实际审查工作中。

KSMS 系统嵌入 S 系统后，检索知识评价可以分为主动评价和被动评价。主动评价与 KSMS 系统的检索知识评价模块类似，当审查员结束检索后，发送检索报告时，弹出窗口显示检索知识，其中每条检索知识条目都具有对应的评价分数，如果审查员欲对某条检索知识评分，只需要选中该条目，并在输入框中输入评价分数，点击"发送分数"，即可将该评价分数发送到检索知识数据库中，系统依据新的评价分数及已有的分数重新计算分数并更新显示到显示窗口中。被动评价为 S 系统自动评价，在检索结束后，点击发送检索报告时，触发系统执行操作，将 XY 文献对应的检索式中的检索信息提取出来，并将上述提取出来的信息与数据库中的检索知识条目逐条比对，如果比对成功，则该条检索知识的分值自动增加，并发送到数据库中进行更新。

三、总　结

本文通过建立 KSMS 系统，能够从真正意义上实现深藏于实践中的隐性检索知识显性化，最大范围的共享审查员的检索知识。在当前"三性"评判为主线的指导思想下，对于检索能力的提升具有重要意义。从审查案件的角度，这种检索知识的集中管理使得对案件的检索不再依赖于个人检索水平，而是能体现集体的智慧，通过隐性知识和显性知识的相互转化，保证检索的充分准确；从审查员检索能力的角度，能够方便及时地获得各种各样的检索知识为我所用，有利于其检索能力的持续提升。

将 KSMS 系统嵌入到 S 系统后，审查员能够在 S 系统中对某个具体案件进行检索之前方便地获取到与案件相关的检索知识，并且在检索之后方便地对在该案件中所采用的检索知识进行分享，利于 KSMS 系统的推广使用和数据库丰富。未来预期能够将 KSMS 发展成一个国家知识产权局范围内使用的可互动、更新及时的检索知识交流平台，不仅仅能共享检索知识，也将成为审查员自我培训和提高的一种重要形式。

此外，KSMS 系统因为集合了大量的检索知识，对某一特定审查领域检索策略的课题研究具有重要意义，能够为课题研究提供现成的检索素材。通过 KSMS 系统的评价机制，不仅能够调动审查员的积极性贡献检索知识，也能侧面了解审查员的检索水平，作为检索能力考核的重要依据。

参考文献

[1] 葛树, 蒋彤, 侯海薏, 等. 改进实体审查质量的政策研究以及局级检索质量管理模式研究 [R]. 国家知识产权局学术委员会 2010 年度专项课题研究项目（ZX201003），2010-2011.

[2] 郑直, 成笛, 李晴, 等. 面向青年审查员的检索能力学习地图研究 [R]. 国家知识产权局学术委员会 2013 年度"青春求索"课题研究项目（QN201309），2013.

[3] 黄翀, 杨媛媛, 周正, 等. 检含妙理, 总堪求索 [R]. 国家知识产权局学术委员会 2013 年度"青春求索"课题研究项目（QN201301），2013.

[4] 张鹏, 高可, 孙迪, 等. 检索策略改进研究——以提高专利授权稳定性为视角 [R]. 国家知识产权局学术委员会 2011 年度"青春求索"课题研究项目（QN2011001），2011-2012.

[5] 孟俊娥, 韩树刚, 王艳艳, 等. 检索技能的细化分析与提升方法研究 [R]. 国家知识产权局学术委员会 2013 年度一般课题研究项目（Y130501），2013.

[6] GRANT G M. Toward a knowledge-based theory of the firm [J]. Strategic Management Journal, 1996, 17: 109-122.

[7] INKPEN, ANDREW C. Creating knowledge through collaboration [J]. California Management Review, 1996, 39 (1): 123-140.

[8] MATTHIAS MEIER. Knowledge management in strategic alliance: a review of empirical evidence [J]. International Journal of Management Reviews, 2011, 13 (1): 1-23.

[9] INKPEN, ANDREW C. Learning through joint ventures: a framework of knowledge acquisition [J]. Journal of Management Studies, 2000, 37 (7): 1019-1044.

[10] IKUJIRO NONAKA. A dynamic theory of organizational knowledge creation [J]. The Institute of Management Sciences, 1994, 5 (1): 14-37.

基于多层面需求的专利分析体系探讨

聂春艳 艾变开 蒋 涛

摘 要：本文首先对现有专利分析指标、由现有专利分析指标引申的分析指标以及结合笔者经验创立的新指标的含义和用途进行了梳理，然后通过引入统计学、经济学和情报学的部分思想和手段对现有专利分析方法进行了补充，在此基础上，基于政府、产业和企业三个层面的具体需求，针对性地给出了构建专利分析体系时需要考虑的角度、因素以及专利分析指标。以期扩展政府、产业以及企业各级层面对于专利分析需求的认识范围，以及为专利分析机构进行专利分析时提供方法上的借鉴。

关键词：专利分析 需求 政府 产业 企业

引 言

专利信息是以专利文献作为主要内容或以专利文献为依据，经分解、加工、标引、统计、分析、整合和转化等信息化手段处理，并通过各种信息化方式传播而形成的与专利有关的各种信息的总称，其内容包括技术信息、法律信息和经济信息。[1]专利分析是通过对专利信息进行科学的加工、整理与分析，经过深度挖掘与缜密剖析，转化为具有较高技术与商业价值的可利用信息。[2]

对专利信息的深度分析可以在宏观、中观和微观层面上反映一个国家和地区、产业和行业以及企业的发明活动、技术水平及其在科学技术与经济竞争活动中的地位和贡献。国内各机构在专利信息处理、专利分析指标、专利多维分析、数据挖掘以及面向主题分析等方面积累了一定的经验，但是，一方面，针对于某一具体需求模块，专利分析指标和分析方法的个性化解读、引申和组合使用方式需要进一步梳理和创新，另一方面，针对政府、产业以及企业等不同层面需求主体,尚缺乏模块化的系统分析方法。

本文拟在对现有专利分析指标和方法进行了梳理和创新性引申的基础上,基于政府、产业和企业三个层面的具体需求,针对性地构建专利分析指标模块,形成一套基于应用的专利分析方法。

一、专利分析指标概述

专利分析指标是专利分析的基础,为了获取所需信息,需要选取合适的指标进行分析和解读。专利分析指标的分类方式很多,例如,根据指标产生的途径可以将其分为基础指标和引申指标等,根据指标呈现内容可以将专利分析指标分为数量类、技术类、研发主体类、其他类等,出于后续专利分析指标体系构建的需要,本文采用后一种分类方式,并以列表的形式对每一类别所涉及的具体指标、指标含义和应用进行介绍,其中所述具体指标既包括现有指标类型,也包括笔者在现有指标类型基础上引申的指标类型以及基于经验自定义的新指标类型,如表1所示。

表1 专利分析指标的类别介绍

指标类别	指标名称	指标含义	指标应用
数量类	申请量	申请文件的公开数量,可以是不同申请人、不同领域、不同地区或国家同一时期申请量的比较	体现研发能力
	授权量/授权率	授权的专利数量/授权数量与申请数量的比值	体现研发能力和质量
	技术生命周期	基于某技术领域专利数量和专利权人数量的变化,来反映该技术的兴衰特点,判断技术发展的趋势,属于数量类指标的引申指标,常用的具体形式有技术生长率、技术成熟系数、技术衰老系数和新技术特征系数等[3]	协助探索发明技术的成长动力、可持续发展性和技术应用的可能前景等
	专利成长率	本年度所获得的专利数量/前一年所获得的专利数量	判断研发活动的变化趋势

续表

指标类别	指标名称	指标含义	指标应用
数量类	相对成长率	特定期间某个技术领域的平均专利申请成长率/特定期间所有技术领域的平均专利申请成长率	判断某一技术领域的研发活动的相对变化趋势
	相对成长潜力率	特定期间内某个技术领域的专利申请成长率/所有技术领域的专利申请成长率	判断某公司或某地区的某技术领域的成长潜力
	专利技术增长率	某一技术领域内最近三年的专利授权量与过去十年的授权量之比	判断某一技术领域的研发活跃度
	专利效率	某一预定时间内一企业每百万元研发费用支出所创造的专利数量	判断研发资金的运用效果和成本效率
	专利年龄	某一专利从专利公告至某一年度所经历的时间	用于判断某一专利的价值
	有效专利件数	特定期间内（如近5年），每十万人拥有专利授权的数量	可以评价某一国家在科技创新上的能力
	专利生产力	在某一公司内，特定期间内的专利授权量/企业科研人员数量	可以用于判断该公司的科研产出效率。
	专利布局时间差	从专利的时间维度上显现出技术领先者与技术追赶者、先发展国家和后发展国家、跨国公司与中小企业在同一专利技术布局上的时间先后	反映不同主体之间技术的先进性、跟进速度等
	专利平均存续期	专利授权后的存续期，是专利在时间维度上的一项重要指标	反映申请人对所申请专利技术含量和商业价值的综合考量

续表

指标类别	指标名称	指标含义	指标应用
技术类	分类号分布	各个分类号对应技术领域专利数量的多少	反映国家、地区、某一申请主体的技术领域涉及范围以及发展程度
	分类号发展趋势	统计各个专利分类号对应技术领域专利数量年度分布情况	反映技术发展趋势
	分类号技术关联	对专利分类号之间相互关系的分析	摸清不同技术间依存度的强弱，寻找技术空白点
	主题词分布	各主题词对应技术领域专利数量的多少	确定新技术和重点技术
	主题词发展趋势	统计各个主题词对应技术领域专利数量年度分布情况	反映技术发展趋势
	技术功效矩阵	将技术领域的技术手段与对应实现的技术功效种类构成矩阵[4]	直观揭示出技术密集区、空白区
	技术关联性	是否选择发明，是否能够独立实施	防止诉讼风险
研发主体类	申请人	对申请人的所属类别作出归纳	技术应用前景等
	申请人国家分布	对申请人的专利申请所涉及的国家进行统计	技术归属
	研发团队	分析企业的发明人数量、构成等	研发实力和团队稳定性
	共同申请人	从专利申请文件的角度分析申请人之间的关联性	分析专利权人之间关系
	重点发明人	从被引用以及申请和授权数量的角度，确定行业或者领域重点研究人员	合作与人才引进

续表

指标类别	指标名称	指标含义	指标应用
其他	专利权稳定性	从专利无效的角度对专利权作出评价	一般用于企业间的合作与竞争
	剩余有效期	受法律保护的有效期限	用于专利的许可、转让、质押
	应用历史	企业内部的应用、企业外部的转让和许可的总称	判断专利技术的可实施性
	政策适应性	政策鼓励、扶持或者禁止等	判断市场化和预期收益

二、专利分析方法概述

专利分析方法，从数据加工、整理和分析的角度，通常分为定量分析和定性分析，而从专利信息挖掘由浅入深的角度，也可以分为"点""线""面""立体"等四个层次的分析，这两种分类方法的含义以及应用已经被广泛使用，本文不再赘述。本文所要着重提出的是：①在利用专利分析指标对国家、某个产业或者某个企业的技术水平、技术保有量进行评价时，往往主要借助于专利数量方面的指标，而这种数量方面的指标所反映出的情况有时与真实情况存在较大偏差，故提出借助于统计学中引文分析，例如 h 指数[5]来对单纯的数量指标进行修正；②在对专利的价值进行评估时，单纯的技术分析并不一定能够反映专利真实的市场价值，故提出了将传统基于专利分析指标的价值分析方法与基于经济学的实物期权法和收益法结合的观点；③考虑到通过分类号和主题词类指标进行技术的深层次分析时，在维度和深入程度方面的限制，提出了结合情报学中的聚类分析方法的思想。

三、基于多层面需求的专利分析体系构建

（一）基于政府层面需求

政府的重要职能之一就是正确引导和促进经济发展。实现这一职能要通过政府制定科学有效的宏观经济政策，引导人力、物力、财力等社会资源流动，形成一定的产业结构、区域经济结构等经济结构，优化资源配置结构，提高资

源使用效率。从国家层面，专利分析可以对政府掌握国家宏观技术水平、关注关系国计民生的重点或异常技术动向、引导各地区以及产业链各个环节技术协调发展、进行国家级层面的技术外交提供有用的信息参考。

基于政府职能的宏观性，针对政府需求的专利分析，主要关注宏观指标，例如，可以是某一领域或某一时间段的申请或授权总量、某一领域或某一时间段的申请或授权增长率、某一领域的专利平均存续期、某几个国家或者某几个地区的专利申请与授权数量、基于分类号和主题词的技术领域分布、某一领域国内申请与国外申请量的比较等宏观指标，或者也可以是针对国家级层面技术外交进行的具体技术和研发团队等信息分析。

（二）基于产业层面需求

通常所说的产业发展是指产业的产生、生长过程，既包括单个产业的进化过程，又包括产业总体的进化进程，它是一个从低级向高级不断演进、具有内在逻辑、不以人们意志为转移的客观历史过程。产业发展依赖于创新，约瑟夫·熊彼特在1912年出版的《经济发展理论》中提出了创新理论，按照该创新理论，创新包括产品创新、技术创新、市场创新、资源配置创新和组织创新。尽管专利文献本身属于纯技术文献，但是，基于产业需求的专利分析却能在产品、技术创新和组织、制度创新中发挥重要作用。

在基于产业需求进行专利分析时，通常需要从产业竞争环境、产业竞争者和产业技术三个角度对影响产业发展的主要竞争要素进行全方位的分析。涉及产业竞争环境分析的主要指标包括专利申请总量、专利授权量/授权率、技术生命周期等数量类指标；涉及产业竞争者分析的主要指标有国家/地域分布情况、申请人/发明人、专利类型等；而产业技术分析则通常借助于分类号、主题词、功效矩阵和聚类分析等指标。

（三）基于企业层面需求

专利信息是企业情报的重要资源，能从微观和宏观的角度对企业发展给出有价值的参考信息，下文重点从研发方向的选取和路径的规划、企业间合作、企业间竞争、人才引进以及企业专利战略的制定这五个方面进行具体说明。

1. 研发方向的选取和路径的规划

出于寻找热点研究领域或技术空白领域，避免重复研究等目的，企业在进行研发方向的选取和研发路径的规划过程中都有必要进行专利信息的分析。其中，可以通过分类号、主题词等技术类指标，结合功效矩阵、聚类分析等方法寻找合适的研发方向；根据技术成熟度、技术生命周期、政策适应性等指标判断是否有研发投入的必要性；结合下文的企业间研发合作的考虑因素确定独立研发或者合作研发的形式；结合技术生命周期以及基于数量的领域内专利申请量、授权量变化趋势规划研发进度等；结合前述的技术类指标确定研发的难点和进行难点的突破。

2. 企业间合作

企业间的合作又可以细分为研发合作、技术买卖、融资并购和专利联盟等具体的方面，针对这些具体合作形式进行的专利分析，其指标的选取和解读方式也有所差异。

针对研发合作，从目标合作企业的选定，目标合作企业的合作能力、合作成本、预期收益等方面考虑，需要分析的指标包括目标企业的专利申请数量、专利授权量、专利申请增长率、专利成长率、相对成长率、功效矩阵、研发团队、重点发明人、专利保护技术与目标合作企业经营范围的契合度以及目标合作企业专利技术的转让、许可历史状况等。

针对技术买卖，以技术买入为例，从目标买入技术的法律稳定性、可实施性、技术价值、法律寿命、预期收益等方面考虑，需要分析的指标包括专利权稳定性、剩余有效期、技术可替代性、基于引文分析的技术价值评估、技术含量和技术范围、技术关联性、技术生命周期、应用历史、基于经济学的价值评估、政策适应性等。

针对融资并购，其部分考虑的因素与技术买卖同理，专利技术的买卖过程中针对的是某一或某几项技术，较为注重微观层面的指标，而在融资和并购过程中针对的是整个企业或者企业的某一独立部分，更加注重宏观指标，因此，融资并购过程中除了要考虑技术买卖过程中所考虑的指标，还需要考虑企业整体的有效专利件数、发明人数量、专利生产力、能够表明企业技术地位的专利策略矩阵，结合分类号、主题词、功效矩阵和聚类分析确定的重点技术、优势技术，结合时间维度确定的企业近期关注技术领域，结合区域维度确定的重点布局或者目标进入的市场区域等。

针对技术联盟，其主要目的在于促进企业间技术上强强联合、优势互补或者突破专利禁用，出于这些目的，并考虑联盟内部成员间责任和权利的分配，笔者认为，有必要考虑的专利分析指标至少可以包括结合分类号、主题词、功效矩阵和聚类分析的重点技术、必要技术、优势技术、技术关联性方面的分析，以及基于专利应用历史、经济学、引文等指标和方法的价值评估方面的分析。

3. 企业间竞争

专利信息能够一定程度上反映出行业内有竞争力的企业，这些企业的技术关注方向，甚至对一些行业新进入者或未来可能的进入者也能够及早发现，专利分析对于企业间的竞争同样具有重要意义。

专利分析指标在企业间竞争方面的运用主要包括：通过专利申请量、授权量以及由其引申的专利成长率、技术成熟度等数量类指标，通过分类号、主题词、功效矩阵等技术主题类指标，并结合引文和聚类分析等情报学和统计学的方法识别竞争对手；通过专利申请量、授权量以及由其引申的专利成长率、技术成熟度、研发产出能力、专利生产力、专利申请增长比例等数量类指标，通过研发团队、重点发明人等申请主体类指标分析竞争对手技术实力；通过分类号、主题词、功效矩阵和聚类分析等确定竞争对手的重点技术领域；通过对主要竞争对手涉及的技术主题的专利数量或专利申请数量随时间的变化趋势判断竞争对手的技术动向；通过对竞争对手专利涉及的国家或地区、竞争对手的同族专利涉及的国家数量进行统计和时序分析判断竞争对手的区域布局；通过竞争对手的共同申请人指标判断竞争对手的合作伙伴。

4. 人才引进

如同人才对于一个国家、一个地区或产业园区具有重要作用一样，人才对于一个企业的发展也同样至关重要，合适人才的引进可以促进企业技术升级、研发能力提高、业内影响力增强。企业相对于国家和地区以及产业园区具有相对具体、相对微观的特点，因而，其对于人才的需求也更加具体。从企业人才引进的角度来说，所要考虑的专利分析指标主要包括：（1）与研发产出能力相关的指标，例如申请量/授权量，该指标能够帮助企业较为快速地找到所属技术领域中研发产出能力比较强的发明人/申请人，为企业人才的引进选定初步的目标；（2）与技术专题相关的指标，例如按照专利分类号或技术主题词进行统计和排序，相对快速地锁定符合企业发展需求的发明人目标，根据功效矩阵筛选与本企业技术问题相关度高的发明人，而根据聚类分析将企业所需类型的发明人聚集起来，以便更好地进行筛选；（3）与研发潜力和研发趋势相关的指标，关注与发明人的研发产出总量、企业需求技术上的匹配程度、目标引进人员近几年研发产出量等相关的发明人的专利申请量或授权量随年份的变化趋势、发明人的近年专利成长率，以及基于引文的 h 指数；（4）与技术产业化/经济预期相关的指标，例如目标引进人才的历史专利技术的转让、许可信息以及历史专利技术的价值评估数据等。

5. 专利战略的制定

在当今经济全球化背景下，科学技术迅猛发展、市场竞争日益激烈，企业要在这样一种环境下求得生存和发展，就必然要把专利制度放到企业整体经营发展的战略高度来考虑。所谓企业专利战略，是指企业为取得专利竞争优势，研究分析竞争对手状况，推进专利技术开发，控制独占市场；在获得专利后充分运用专利使其转化为经济利益或用于防御；并且利用专利制度提供的法律保护及其种种方便条件有效地保护自己,并充分利用专利情报信息,为求得长期生存和不断发展而进行总体性谋划。

在制定企业专利战略时,需系统地考虑内部因素和外部因素的影响,从专利分析的角度,既要对能够反映企业自身的关键技术、技术结构、技术空白、技术需求、人才结构的分类号、主题词、功效矩阵、聚类分析、研发团队等技术类和研发主体类指标进行分析,也要对反映企业外部状况的指标,例如竞争对手的技术领域、技术动向、研发团队等指标,以及对预期经济效益和政策适应性等其他指标进行分析。

四、结　语

本文首先对现有专利分析指标、由现有专利分析指标引申的分析指标,以及笔者基于经验创立的新指标的含义和用途进行了梳理,然后通过引入统计学、经济学和情报学的部分思想和手段对于现有专利分析方法进行了补充,在此基础上,基于政府、产业和企业三个层面的具体需求,针对性地给出了构建专利分析体系时需要考虑的角度以及专利分析指标。以期扩展政府、产业以及企业各级层面对于专利分析需求的认识范围,以及为专利分析机构进行专利分析时提供方法上的借鉴。

参考文献

[1] 尹爽. 面向政府专利分析服务需求的专利分析方法体系构建 [D]. 长春:吉林大学硕士学位论文,2012.

[2] 杨铁军. 专利分析实务手册 [M]. 北京:知识产权出版社,2012:3.

[3] 高利丹. 基于专利文献的技术生命周期分析模式研究 [D]. 西安:西南交通大学产业经济学硕士学位论文,2011.

[4] 翟东升,等. 基于 MapReduce 构建专利技术功效图的研究 [J]. 情报杂志,2013,32 (6):29-33.

[5] Hirsch J E. An Index to Quantify an Individual's Scientific Research Output [A] //Proceedings of the National Academy of Sciences,2005,102 (46):16569-16572.

丰田汽车公司燃料电池专利技术布局分析

邹卫兵　张　攀　魏巧莲

摘　要：本文针对丰田汽车公司在全球燃料电池技术领域的专利，进行了专利申请年代分布、区域分布、技术分布等角度的研究和分析，总结了丰田关于燃料电池汽车的技术研发特点。希望本文的分析结果能为我国汽车企业在燃料电池领域的研发方面提供参考。

关键词：燃料电池　丰田　专利

引　言

燃料电池（Fuel Cell）是一种将燃料与氧化剂中具有的化学能直接、高效（50%～70%）地转化为电能的发电装置。近年来，随着能源短缺和环境恶化日益严重，燃料电池作为一种高效洁净的发电装置，其技术的发展引起了各国政府、企业、科研机构及高等院校的高度重视。燃料电池被看作是继火力发电、水力发电与核电之后的第四种发电方式，燃料电池技术被认为是21世纪首选的洁净高效的发电技术。燃料电池技术的研发近年来取得了长足进步，小到几瓦，大到兆瓦级的燃料电池系统相继研发成功，并应用于发电站、交通运输工具和便携式电子设备等领域。[1]

丰田汽车公司（Toyota Jidosha Kabushiki Kaisha，以下简称"丰田"）是一家产量和销量均位居全球之首的汽车生产公司，于20世纪90年代初期（1992年）便已着手研发氢燃料电池车，并于1996年在日本上路测试。

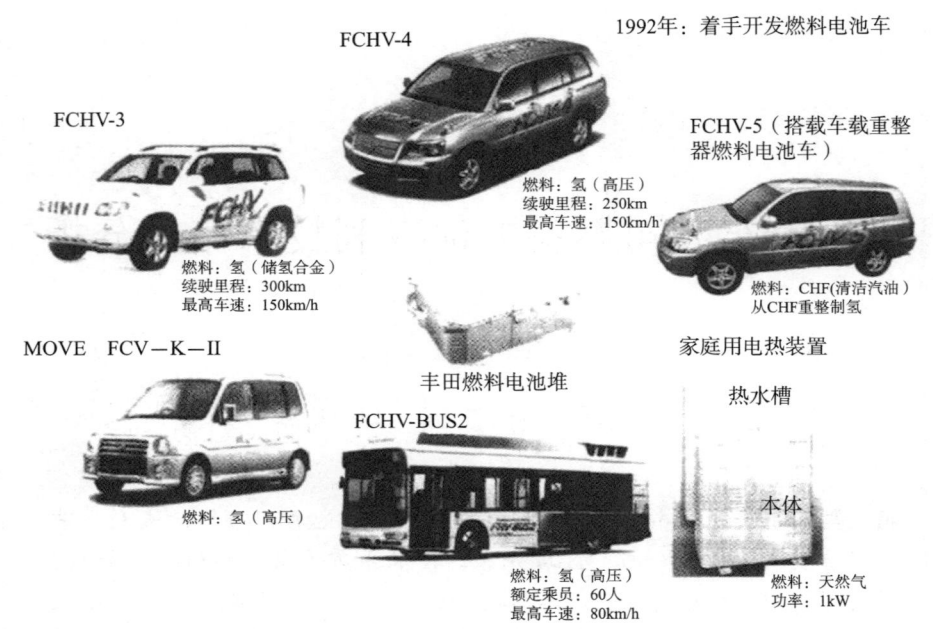

图 1 丰田公司开发的燃料电池发展历程

图 1 表示了丰田开发的燃料电池发展历程[2]。自 1996 年开发出氢燃料电池车 FCEV 之后，丰田于 1997~1998 年开发出甲醇燃料电池车 FCEV，接着于 2000~2001 年相继开发出 FCHV-3、FCHV-4，于 2002~2003 年开发出 FCHV-5。同时，丰田也注重与其他汽车公司进行合作研发，1999 年宣布与通用汽车共同开发燃料电池车。2002 年，与日野汽车公司联合推出日本首辆燃料电池客车 FCHV-BUS，还与大发汽车公司合作开发甲醇重整燃料电池车 MOVE-FCV-K-Ⅱ。

2013 年，丰田在东京车展上展出 FCV 概念车，并宣布 2015 年正式量产发售，跟 2002 年提供租赁服务的第一代产品相比，第二代氢燃料电池动力 FCV 制造成本已经降低了 95%。跟普通加油的时间差不多，FCV 加满氢燃料大约需要 3 分钟，加满氢燃料后的续航里程约为 500 公里，在经济模式下可以持续 700 公里。另外该车百公里加速约为 10 秒。[3]

在氢燃料电池汽车普遍不被业内看好的形势下，丰田力排众议，投入大量财力、人力和物力进行研发，并计划于 2015 年量产 FCV 氢燃料电池车，让其又一次走在新能源汽车领域的前列，这与丰田一贯以来注重科技研发不无关系。而专利申请状况往往能够体现出该公司的技术研发重点和思路。丰田也非常重视知识产权，在燃料电池领域已申请了 9250 件专利/专利族（WPI，截至 2014 年 3 月 1 日统计）。本文从技术角度出发，分析了丰田在世界范围内的专利分布，尝试总结出丰田的专利申请战略和技术分布，也希望能给国内相关企业在确定研发方向以及制定专利战略方向提供参考意见。

本文以丰田在燃料电池技术领域的专利申请数据为分析样本，从专利申请的年代分布、区域分布、技术分布等方面对丰田燃料电池专利布局进行分析，分析的数据均来源于德温特专利摘要数据库。

一、专利申请的年代分布

图2为丰田有关燃料电池的专利申请从1980年至2013年的年申请量分布。从图2可知，丰田燃料电池专利在全球的申请量，从1980~2013年分为三个发展阶段：第一阶段为1980~1998年，属于技术引入期，其间专利数量较少，年申请量变化不大，维持在50件以下，1992年正是丰田着手研发燃料电池车的时间，表明丰田从一开始就进行了燃料电池技术专利布局，牢牢掌握该领域的技术主导权；第二阶段为1999~2007年，属于技术发展期，年申请量急剧增加，从1999年的71件快速增加到2007年的1824件，正是在此期间，丰田乃至全球燃料电池技术突飞猛进，处于研发的活跃阶段，丰田相继开发出FCHV-3、FCHV-4和FCHV-5；第三阶段为2008~2013年，属于技术成熟期，专利申请数量逐年减少，这可能与2008年的金融危机和业内对氢燃料电池商业化的质疑有关。虽然近几年专利申请减少，但丰田并没有停止研发燃料电池技术的步伐，在其他汽车生产厂商致力于纯电动汽车等其他新能源汽车研发的时候，丰田不断攻克燃料电池车面临的技术难题，使其一直走在该领域的前列。

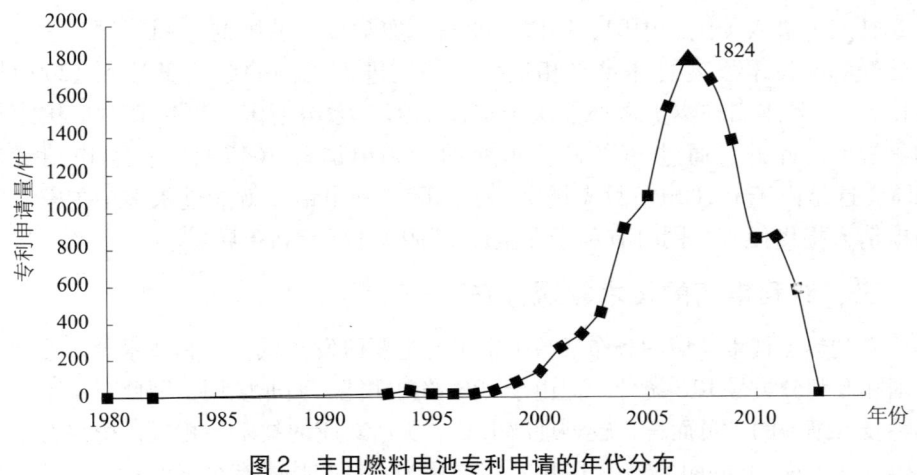

图2 丰田燃料电池专利申请的年代分布

二、专利申请的区域分布

图 3 为丰田燃料电池专利申请的区域分布,其中仅列出申请量在 300 件以上的国别,申请量小于 300 件的国家合并为其他。

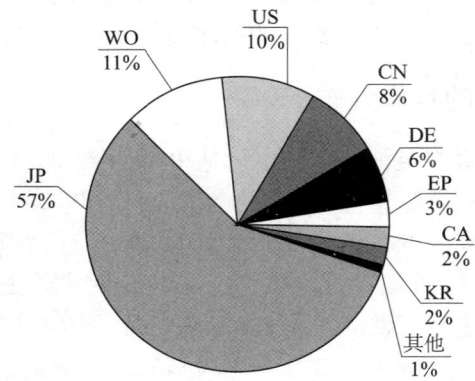

图 3　丰田燃料电池专利申请的区域分布

从图 3 可以看出,丰田在本国的专利申请最多,这主要有两方面的原因,一是日本政府积极倡导氢能源和燃料电池的发展,建设日本氢能源高速路,计划在 2015 年之前在日本高速路周边铺设 100 个加氢站,到 2025 年则多达 1000 座加氢站[4],这为技术研发和商业化运作提供了便利的基础设施;二是由于燃料电池研发实力强的企业大都集中在日本,为了在众多强大的竞争对手中处于领先地位,丰田必须在本土构建严密的专利布局。

其次为进入美国、中国、德国、欧洲、加拿大、韩国的专利数量,这与当地的经济和技术发展总体水平相适应。特别进入中国的申请量达到 1200 件,占比 8%,是丰田在本土之外仅次于美国的第二大申请国,可见其对中国市场的重视度。此外,通过 PCT 途径提交的专利申请共 1646 件,占总申请量的 11%,这是由于 PCT 申请只需提交一份国际专利申请,就能进入多个国家,能为申请人提供便利,同时有利于在全球范围内进行专利布局。

三、专利申请的技术领域分布

专利热点技术领域的分布反映了丰田的主要研发领域。专利技术分析通常使用国际专利分类号 IPC 统计。但由于 IPC 偏向功能,而非应用,因此对于不十分熟悉技术细节的人员而言,较难理解 IPC 分类所对应的技术。相反,德温特手工代码(Derwent Manual Code,DMC)以应用为主,与技术有很好的对应,其含义容易理解,且分类明确、详细、复分较多。[5]本文利用德温特手工代码来分析燃料电池专利的技术分布特点，更能体现丰田燃料电池相关技术发展的趋势。

笔者选择专利数量排序前25的德温特手工代码，过滤掉一些不需要分析的手工代码（如L03-E04、X16-C这些燃料电池的大类代码），然后将技术相近代码合并[6]，具体技术领域对应的手工代码如表1所示。然后对技术领域排序，最终形成主要技术领域专利地图，如图4所示。

表1 丰田燃料电池技术领域合并分析

MC 代码	MC 表达的技术领域
X21-A01J、X21-B01A、X21-A01F、X21-A01D、L03-H05	汽车应用
X16-C15A、X16-C15C、X16-C15、X16-C17A、X16-C17A1	燃料制备与储存
X16-C16、L03-E04G	双极板
X16-C09	控制
X16-C18	外壳与密封
X16-E06A5A、L03-E04B1	电极催化剂
T01-J07D1	微处理器系统
X16-E06A5C	膜电极组件
X16-E06A、X16-E06、L03-E04B、L03-E04B2	电极
X16-C01、X16-C01C、L03-E04A2、A12-E06B、A12-E06、A12-M02、A12-M01	PEMFC

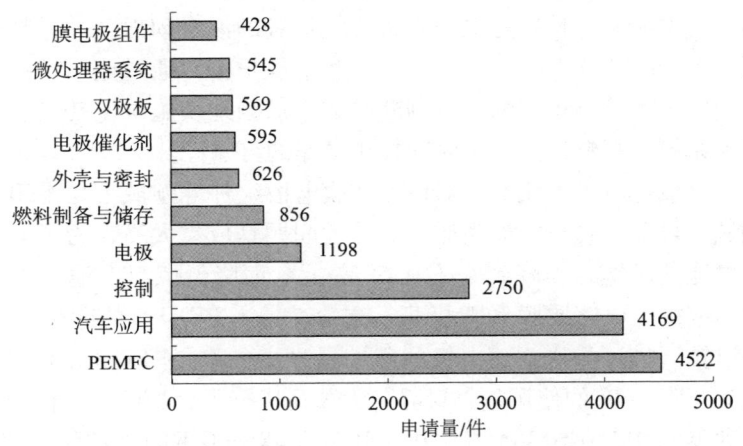

图4 丰田燃料电池专利的技术领域分布

由图4可知，丰田专利技术研发的最热点技术领域分布在质子交换膜燃料电池PEMFC、汽车应用、控制、电极、燃料制备与储存、外壳与密封、电极催化剂、双极板、微处理器系统和膜电极组件等领域，这些领域的专利数量都超过了400件。其中PEMFC技术是丰田申请专利的重中之重，这与丰田努力削减燃料电池车成本有很大关系。PEMFC是广泛应用于电动汽车的燃料电池，能量转换效率高，是普通内燃机热效率的2~3倍，同时，还具有噪声低、无污染、寿命长、启动迅速、比功率大、输出功率可随时调整等特性。[7] 如果要降低燃料电池车的制造成本，提高PEMFC的性能是关键的一步。例如，如果单位体积的输出功率密度提高到两倍以上，则使用的燃料电池的体积就可以减至一半以下，从而削减材料费。丰田通过对燃料电池的大量研究，已经开发出输出功率密度高达3kW/L的燃料电池组，特别是使用无需冷凝即可涂覆数μm粒径的Pt类催化剂的电极形成技术，对提高输出功率密度作出了巨大贡献。[8] 丰田在降低燃料电池系统的成本上下了很大功夫，其氢燃料电池系统单价将从当前原型的百万美元级别削减至约5万美元，削减比例达95%。[9]

技术领域中专利申请量排第二的是汽车应用。由于燃料电池汽车续驶里程明显优于纯电动汽车，且可实现零排放，加氢时间接近传统汽车加油，丰田作为全球最大的汽车公司，加快发展燃料电池汽车是丰田一贯坚持的战略。正是由于丰田对燃料电池汽车的重点关注，才将燃料电池在汽车应用领域的专利申请放在首位。

稳定可靠的燃料电池控制系统可以提高燃料电池的性能、可靠性和使用寿命，从而保证发动机能够安全稳定可靠的工作，延长其使用寿命。丰田同样致力于控制系统的研发，特别是在其具备传统优势的混合动力型的燃料电池系统控制方面。专利JP2009159689A公开了一种能够根据对通过电压转换装置的电力进行检测的电力检测单元的异常判断结果，适当地实施电压转换装置的控制的燃料电池系统，能够提高死区时间校正动作的可靠性。

另外，电极、电极催化剂、双极板和膜电极组件等领域也是丰田重点研究的技术领域。目前，燃料电池商业化的最大问题是成本太高，为了与内燃机竞争，燃料电池的成本必须降到每千瓦50美元，而降低燃料电池成本的三个关键部件包括电极、电解质膜和双极板。迄今为止，PEMFC的阴极和阳极有效催化剂仍以铂（Pt）为主，而电极的载铂量过高一直是阻碍PEMFC发展的重要因素。为了降低Pt的使用量，世界各大公司进行了大量研究工作，丰田也不例外。专利WO2012/046138A在壳中使用铂而芯使用不同于铂的金属的芯-壳结构催化剂的基础上，提出将在颗粒表面具有氧缺陷的氧化物用作内部颗粒，含有键合于氧缺陷上的铂层与常规铂颗粒催化剂相比具有高活性和耐久性。同时，由于催化剂颗粒内部由氧化物组成，所用铂的量与使用铂颗粒的常规催化剂相比降低很多，能够显著降低成本。专利 JP2007287414A 提供了一种燃料电池膜电极组件，燃料电极和氧化剂电极中的至少一个具有含非负载型催化剂的催化剂层，该催化剂层包含未负载在载体上的一次粒径 0.3~100nm 的金属催化剂纳米颗粒，该金属催化剂纳米颗粒的电化学活性表面积是 10~150 m^2/g，该含非负载型催化剂的催化剂层的层厚度小于或等于 10μm。因为该方面的燃料电池膜电极组件包含小至 0.3~100nm 的金属催化剂纳米颗粒，该金属催化剂纳米颗粒的状态为金属催化剂纳米颗粒未负载在载体例如碳颗粒等上但是高度分散的，其电化学活性表面积大至 10~150 m^2/g。此外，因为金属催化剂纳米颗粒未负载在载体上，所以可以使催化剂层非常薄，并因此可以在特别易于进行电极反应的电解质膜和催化剂层之间的界面处高密度布置催化活性成分，因此，金属催化剂的利用率很高，从而提升燃料电池的效能。

随着燃料电池汽车技术日趋接近于大规模商业化应用，燃料的制备与储存技术显得十分重要，尤其是氢的储存，从某种意义上讲，大规模、经济、高效和安全储氢技术的发展直接影响到燃料电池技术的推广应用。丰田于 1996 年首次将金属氢化物储氢装置规模化应用到燃料电池车中，使用 TiMn 系 BCC 储氢合金 100kg，储氢量 2kg。2001 年初，丰田宣布所开发的燃料电池样车 FCHV3 也是采用储氢合金供氢方式，该车最高时速为 150 公里，续航里程在 300 公里以上。[10]

四、结论与建议

专利分析的结果表明，丰田长期以来，坚持开发燃料电池汽车，坚信燃料电池汽车是新能源汽车的终极发展目标，因此在燃料电池系统的专利上有较大的投入，从而使得其在 PEMFC、控制、电极、燃料制备与存储、外壳与密封、双极板等技术领域占据领先优势，为后续的商业化道路扫清技术上的障碍。

燃料电池汽车要走向商业化，必定是一场需要厚积薄发的长跑。我国关于燃料电池车研究的竞争也非常激烈。长期从事氢源燃料电池研究的中科院大连化物所，早在 20 世纪 90 年代初期，就开始对氢源质子交换膜燃料电池的研究。1996 年底，这一研究得到国家科技部、中国科学院、国家自然基金委的经费支持，并在国家"九五"计划中立项。2000 年，中国科学院大连化学物理研究所研发出第一台质子交换膜燃料电池发动机，并与中科院电工所、二汽集团合作，组装出了一台燃料电池中巴车，于 2001 年进行了试运行。随后不久，又组装了一台 30 千瓦功率的燃料电池中巴车。[11]但相比于国外企业，我国车企在燃料电池车研发的力度和广度上都远远不够，离实际应用还有很长的一段路要走。通过上文对丰田燃料电池专利技术的分析，针对我国燃料电池车技术的发展，笔者提出如下几点建议：

（1）加强在燃料电池系统上的研发投入，不断降低燃料电池汽车的成本。阻碍燃料电池汽车向前发展的绊脚石，首当其冲的就是燃料电池的成本。与电动汽车相比，燃料电池汽车成本仍然很高，仅燃料电池系统成本就相当于一辆纯电动汽车，而市场因素和加氢网络建设实际上与国家能源战略相关，不仅仅是企业和市场层面问题。因此，有基础、有条件的企业要把燃料电池汽车作为长期战略，要加大投入，要有专业团队，加快工程化开发进程。

（2）对国外先进汽车企业的专利申请进行相关研究，掌握技术发展趋势，找准技术研发重点，为国内企业战略决策的制定提供可靠的依据，促进企业自主创新。可以在丰田等企业尚未全面进行专利布局的薄弱技术领域进行研发，加强在这些技术领域的专利布局力度，以求在燃料电池领域拥有一席之地。

（3）国内企业应该积极开展与国外先进汽车企业的合作，丰田与本田、通用、宝马都有共同研发燃料电池的合作关系，学习国外先进技术的同时，借鉴国外企业的营销策略，力求技术突破的同时，也提高自己的商业化运作能力。

参考文献

[1] 衣宝廉. 燃料电池——原理·技术·应用［M］. 北京：化学工业出版社，2003.

[2] 杨妙梁. 世界燃料电池车发展动向（三）［J］. 汽车与配件，2005（5）：34-37.

[3] ［EB/OL］. http：//cehua. xincheping. com/62151-7. html.

[4] 毛宗强. 世界各国加快氢能源市场化步伐［J］. 中外能源，2010，15（7）：29-34.

[5] ［EB/OL］. http：//www. istis. sh. cn/list/list. aspx？id=5229.

[6] ［EB/OL］. http：//www. istis. sh. cn/list/list. aspx？id=5230.

[7] 律翠萍，叶芳，郭航，马重芳. 质子交换膜燃料电池的水热管理［J］. 节能，2005（8）：6-10.

[8] 崔东树. 丰田放弃"纯电动"思路值得借鉴［EB/OL］. www.china-nengyuan.com/news/39241.html.

[9] ［EB/OL］. http：//auto. huanqiu. com/globalnews/2013-10/4449737. html.

[10] Mitsugi C, Harumi A, Kenzo F. Japanese hydrogen program［J］. Int JHydrogen Energy，1998，23（3）：159-165.

[11] 贾林，邵震宇. 燃料电池的应用与发展［J］. 煤气与热力，2005，25（4）：73-76.

检索云分享平台

高　峰　傅晓亮　孙瑞丰　王良猷　冯　吉

摘　要：针对现有电子化的检索资源数量多、种类丰富及分布离散等特点，为了能更好地利用这些资源，并应用于实际检索，建立了检索云分享平台，本文的主要目的在于介绍检索云分享平台的架构及设计，让读者对"云"在专利检索中的辅助应用有一个更深刻的认识。

关键词：检索　云　分享　平台

引　言

随着检索资源电子化的逐步推进，积累而得的电子化的检索资源数量越来越多，种类也越来越丰富，分布情况也越来越分散。为了能将这些资源整合利用从而给实际案例检索提供帮助，并能高效、智能地利用上述检索资源，需要一个统一的检索云分享平台对这些检索资源进行汇集存储，并根据实际的检索需要，对相关检索资源进行分析处理，并将处理后的结果反馈给审查员，通过这样的方式来辅助检索。本文主要介绍了自主开发的涵盖上述辅助检索功能的检索云分享平台。

一、检索云分享平台的架构

构建一个检索云分享平台，通过云方式整合与检索相关的资源，并根据可动态更新的规则反馈给实际检索。随着该平台的数据及规则的逐步完善，在拥有了大数据的情况下，其反馈出的结果将会变得更为准确。

检索云分享平台的主要目标在于辅助实际检索，提供检索思路。为了保证平台提供的检索思路的准确性，支撑检索思路的底层数据来源显得尤为重要。

一方面,根据检索实际,设计了本领域普通技术知识库、公知常识库、亮点案例库、互助检索案例库,它们共同组成了检索云数据库,通过上述检索云数据库,基于云的方式可以对它们进行不断更新完善,从而为辅助检索提供坚实的数据支撑。

另一方面,在实际审查过程中,审查员日常积累的检索经验也极具启发性,能辅助实际检索。通过开放式的云分享平台,审查员可以便捷地发布自己的检索经验,以供他人学习参考,同时还能查询他人的检索经验,获取具有启示性的检索思路。基于云的方式,能让每一个审查员都能为检索"云"进行贡献,同时又都能从检索"云"中获益。

基于上述功能目标,设计开发的检索云分享平台的主界面见图1。

图1 检索云分享平台主界面

在主界面的"功能按钮"上方的主体部分展示的是审查员检索经验发布及查询平台;点击主界面"功能按钮"区域里的"案例库"按钮,可进入到亮点案例库及互助检索案例库;点击"云端知识库"按钮,可进入到本领域普通技术知识库、公知常识库；点击"检索思路"按钮，可进入到辅助检索功能。

二、检索云分享平台的功能

以下将首先介绍作为辅助检索的数据支撑的检索云数据库及检索经验分享，然后将详细介绍辅助检索功能。

（一）检索云数据库

检索云数据库具有云知识库及云案例库。

云知识库包括云公知常识库及云普通技术知识库。云公知常识库：基于汇总的资源，帮助审查员更贴近地理解现有技术，提高检索效率，见图2。云普通技术知识库：给出不同领域审查员需掌握的普通技术知识，帮助理解发明，同时在其中还加入了该领域常见的书籍，这些书籍还可以加入超链接，在需要时可点击链接直接访问该书籍，通过这种方式可以较为迅捷地获取到本领域的普通技术知识，见图3。

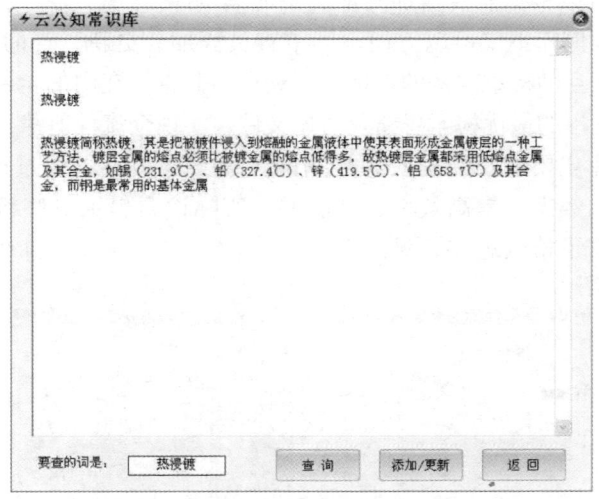

图2　云公知常识库

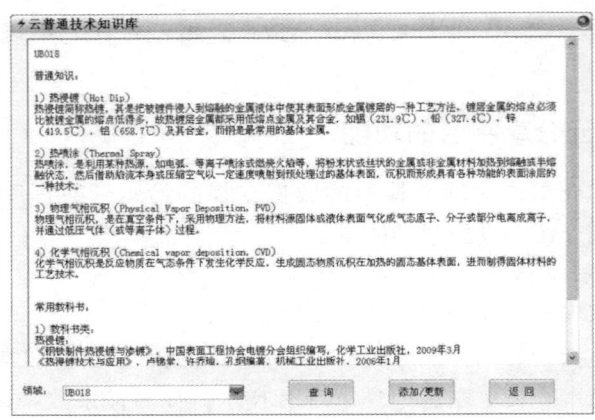

图 3 云普通技术知识库

云案例库目前已搜集和汇总 2013~2014 年的材料领域的检索互助横向交流的全部案例及与检索相关的部分部级亮点案例，形成了互助检索案例库及亮点案例库，未来可以根据需要增加其他类别的案例库。

互助检索案例库不仅可以方便不同审查员添加、更新、查询互助检索案例，其还可以追踪该互助检索案例的包括"一通""中通"在内的全部审查过程及实际操作过程中选择的最优检索思路及对比文件，实现全流程追踪，见图 4。

亮点案例库主要涉及的是检索类别的亮点案例，可以通过读取 Excel 文件的方式批量导入数据，提高效率，其能够给实际检索提供一些检索思路上的参考，极大地丰富了检索思路，见图 5。

图 4 互助检索案例库

检索理论与应用研究

图 5 亮点案例库

(二) 检索经验分享

依托云分享平台，审查员可以发布检索经验或心得，大家都可以从中学习并获益。云分享平台提供了查询入口，审查员可以快速定位和找到自己期望的检索经验，以辅助提高检索能力。随着平台积累的检索经验的丰富和完善，其反馈给大家的信息也会越来越多，检索经验分享详细查询界面见图 6。

图 6 检索经验分享详细查询界面

295

对于每一条检索经验，其他审查员还可以通过评论的方式与经验分享者进行互动，相互交流，共同学习并提高。

（三）辅助检索

依托归纳总结的通用领域及分领域各自的基本检索策略以及汇聚形成的检索云数据库，辅助检索功能能够半自动地推送推荐的检索思路。随着检索策略的不断更新和完善，以及检索云数据库的不断丰富，辅助检索功能可更加准确地为审查员提供具有启示性的检索思路。

通用领域基本检索策略涵盖了诸如申请人/发明人、国际检索报告、母案、同族专利、系列申请的相关追踪，以防止因忽视上述追踪而导致可能发生的漏检。

分领域基本检索策略涵盖了不同领域的常见检索策略，并对这些策略进行了分类，审查员可以根据实际情况，手动选择不同的分类，以查看更为详细的检索思路。

亮点案例库及互助检索案例库提供了具有启示性的检索思路，对其进行了归纳并总结，并将结果存入到专门定制的亮点案例库及互助检索案例库中，最后通过平台反馈给审查员。

在图7界面的最左上方的空白框中粘贴从E系统案件基本信息中复制的著录项目信息，平台会自动获取该案卷诸如所属领域等信息，并显示在图7界面的最右上方中，基于这些信息，平台结合相应的规则从数据库中获取与本案相关的检索思路，包括：通用领域基本检索策略、案卷所属领域（图7示例的是UB018领域）的基本检索策略、案卷所属领域的亮点案例和互助检索案例的检索启示。

通用领域基本检索策略显示在图7界面的中部左边区域，其不仅提供追踪申请人/发明人的具体检索式，还能对所有的追踪结果进行记录和保存，并且其还具有策略维护入口，方便调整通用领域基本检索策略。

案卷所属领域的基本检索策略显示在图7界面的中部右边区域，其显示了该领域下的默认类别（图7示例的是"申请人为公司"类别）的检索策略，审查员也可以手动选择其他类别，并进行查看检索思路。点击"详细检索式"按钮后，可以利用输入的权利要求书，依托平台附带的关键词数据库，结合检索数据库的特点，构造成详细的检索式。同时还提供领域基本检索策略维护入口，便于更新分领域基本检索策略。

亮点案例和互助检索案例的检索启示显示在图7界面的下部左边区域，其显示了案卷所属领域下的相关亮点案例或互助检索案例的概要，双击不同的条目可进入相应的亮点案例库或互助检索案例库，进行详览并获得启发。同时还可将相关的亮点案例或互助检索案例全部推送到相应的亮点案例库或互助检索案例库进行浏览，更利于发现同领域下的案例在检索上的共性。除了根据领域来查询相关案例，还能通过搜索关键词的方式来获得检索启示。

图7界面的下部右边区域是普通技术知识库、公知常识库的进入入口，通过它们来帮助审查员理解申请文件或现有技术，以此来辅助检索。

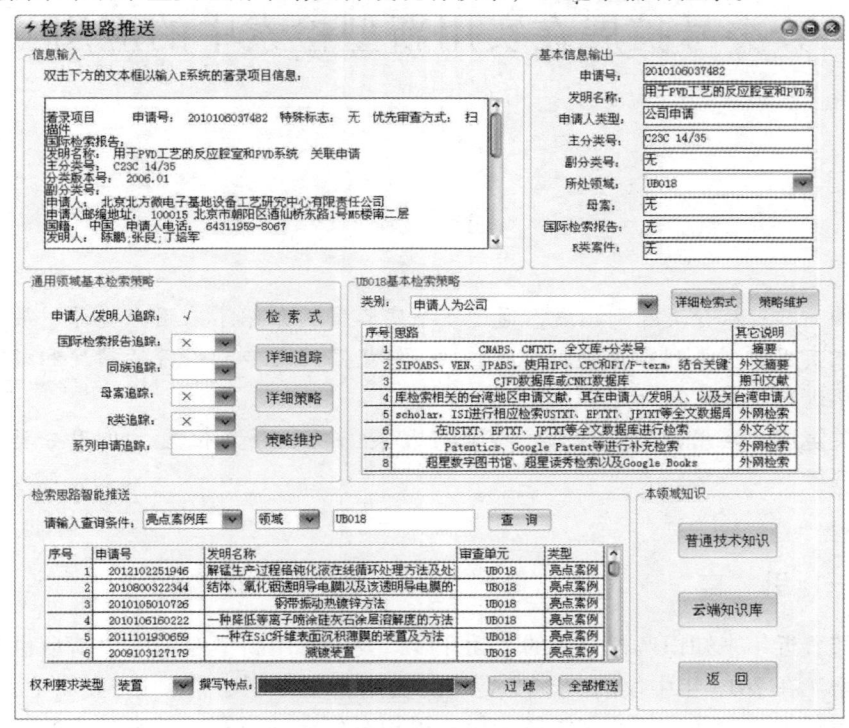

图7 辅助检索功能

三、结　论

通过检索云分享平台的建立，汇聚整合了现有的检索资源，并通过计算机自动化手段将上述检索资源反馈于审查员的实际检索，有助于规范通用基本检索策略及分领域基本检索策略，同时能依托互助检索案例库及亮点案例库来拓宽检索思路。云分享平台的数据更新维护是由每个审查员来实现的，可以不断更新完善检索资源、判定规则，从而更准确地进行反馈，保证平台反馈信息的实用性。

分类号扩展在实用新型检索中的应用

李 翔

摘 要：从分类原则出发，通过多个实际案例介绍了采用分类号扩展在实用新型专利检索中的应用，对如何提高此类专利检索的精度和效率进行了探讨。

关键词：实用新型 检索 分类号扩展 功能分类位置 应用分类位置

一、引 言

随着近年来知识产权事业的蓬勃开展，我国实用新型专利的申请量也在逐年递增。在2013年中仅前三季度受理的实用新型专利申请就达到62.1万件，同比增长了22.5%。而为了能够确保获得相对稳定的权利，越来越多的实用新型专利权人选择了在授权后通过实用新型检索报告来了解其专利权是否稳定。实用新型是对于各类装置的结构、形状或者连接关系进行的改进，其权利要求技术方案的改进点往往在于装置内部的构造，这种改进点用关键词难以准确表达，如果仅采用关键词或其扩展的方式进行检索，往往会使得检索结果噪声过多，需要使用分类号扩展，以便进行有效的检索，因此，在对实用新型的检索中，合适的分类号扩展是一个有力的工具。按照分类的原则，发明的技术主题可以按照功能分类位置和应用分类位置进行分类，[1]充分利用分类原则对分类号进行扩展，在实用新型检索时能起到事半功倍的效果。本文结合实用新型检索过程中的实例，对如何合理地扩展分类号进行探讨。

二、分类号扩展在实用新型检索中应用案例分析

（一）由功能分类位置向应用分类位置扩展

【案例1】

1. 背景回顾

专利号：ZL201020289918.X。

发明名称：建筑用压型钢板夹装结构。

该实用新型专利给出的分类号为：E04D 3/36，其含义为：采用平板，曲面板或刚性薄板的屋面覆盖层的连接；紧固。从该分类号的含义结合该专利的技术方案可以看出，该分类位置是适用了功能分类原则。

2. 检索思路

首先根据该分类号并结合密封件所能达到的技术效果在 CNABS 和 WPI 中构建了如下的检索式，但是并未获得合适的对比文件。

CNABS：

245　E04D3/36/IC and（紧固 or 密封 or 垫片 or 防水）

WPI：

3.248　E04D3/36/IC

626.919　FASTEN + OR GASKET OR WATERPROOF OR（WATER W PROOF）

956 1 AND 2

此时，考虑对分类号进行扩展。该专利中并未特别申明其夹装结构是用于在屋顶上固定何种装置，但是该专利的专利权人为：杭州帷盛太阳能科技有限公司，通过查阅同一专利权人的其他申请，发现该公司主要的产品是太阳能集热器，这种产品主要是安装在屋顶上为室内供热或取暖使用，因此，该专利中的这种夹装构件有很大可能也是用于固定太阳能装置的，因此可以考虑从功能分类位置向应用分类位置扩展。通过查阅分类表可知，涉及太阳能集热器的分类位置在 F 部，其中 F24J 2/52 最为相关，其含义为：太阳能集热器的底座或支架的配置。进一步地，考虑到相对于 IPC，EC 分类体系的细分更多更准确，审查员查询了 EC 中关于 F24J 2/52 的进一步细分，并获得了更加准确的分类位置：F24J 2/52A20B6，该分类位置的含义是：for anchoring to protrusions of buildings, e.g. to corrugations or to standing seams（用于将太阳能装置固定在屋顶的装置）。因此，在 EPODOC 中采用该分类号进行检索，仅通过浏览附图就获得了可评价该专利创造性的对比文件。

3. 分析

在未写明特别的应用场合时，通常会根据实用新型所能实现的功能来选取现有的分类位置，而仅在该分类位置下进行检索就会遗漏那些具有基本相同结构，但按照应用分类原则进行分类的对比文件。因此，适当的将分类号由功能分类位置向应用分类位置扩展，可以提高检索的精度和效率。而通过专利权人的系列申请进行合理分析就能得出该装置的应用场合，并由此获得相应的应用分类位置。

（二）由应用分类位置向功能分类位置扩展

【案例2】

1. 背景回顾

专利号：ZL201020112154.7

发明名称：泡沫发生装置。

该实用新型专利给出的分类号为：B08B 3/00 和 B08B 13/00，其含义分别为：使用液体或蒸汽的清洁方法；一般用于清洁机器或设备的附件或零件。从该分类号的含义结合该专利的技术方案可以看出，该分类位置是适用了应用分类原则。

2. 检索思路

首先根据该分类号并结合技术效果在 CNABS 和 WPI 中构建了如下的检索式，但是并未获得合适的对比文件。

CNABS：

12440	b08b3/ic or b01b13/ic
4095	多孔 and 泡沫
630243	均风 or 均匀 or 布气
2	1 and 2 and 3

WPI：

40.765	B08B3/IC OR B08B13/IC
243.553	FOAM
218.116	POROUS
388.817	AVERAG+
4	1 AND 2 AND 3 AND 4

该专利的说明书中写明了其用于清洁，但是现有技术中利用泡沫的场合显然并不仅限于清洁，因此，必须要对分类号进行必要的扩展才能涵盖那些用于其他场合但是构思与本专利相同的现有技术。而这些现有技术虽然根据应用场合不同会分类在不同的位置，但是其产生泡沫的原理是相同的，如果能够将分

类号扩展到合适的功能分类位置，就能涵盖那些其他应用场合的泡沫发生装置。为了获得合适的功能分类位置，对泡沫发生装置的分类号进行统计分析，发现其中大多数申请的分类号均涉及 B01F 3/04，经查询，该分类号的含义是：气体或蒸汽与液体的混合，而这也正是泡沫发生的基本原理。基于上述扩展，在 CNABS 中构建了新的检索式并获得了可评价该申请创造性的对比文件。

CNABS：

  107   b01f3/04/ic and 泡沫 and 孔

3. 分析

如果分类号是按照应用分类位置给出，而在该分类号下无法获得合适的对比文件，而实用新型实现的功能是利用了普遍的原理，可以考虑将分类号由应用分类位置向功能分类位置扩展，这样就能涵盖所有实现相应功能的对比文件，再辅以相应的关键词，可以有效地防止遗漏对比文件。对于功能分类位置的分类号，则可以通过对分类号进行统计分析获得。

（三）由应用分类位置向其他应用分类位置扩展

【案例3】

1. 背景回顾

专利号：ZL 201120041573.0。

发明名称：散热器改良结构。

2. 检索思路

在该专利中并没有说明散热器用于何种场合，而该专利所给出的分类号为：H01L 23/367，其在分类表中的含义为：半导体或其他固态器件中的为了便于冷却的器件。在现有技术中，在计算机中经常使用带有散热鳍的散热片为 CPU 或显卡等发热单元进行散热，可见，是依据该散热片可能的应用场合确定了分类号。而依据该分类号并结合关键词分别在 CNABS 和 WPI 中构建了下面的检索式，但是通过浏览却没有发现合适的对比文件。

CNABS：

CNABS	3759	H01L23/367/IC
CNABS	33590	鳍 or fins
CNABS	344129	（横向 or transverse+）or（对流 or convec+）
CNABS	191	1 and 2 and 3

WPI：

5.734	H01L23/367/IC
46.853	FINS
370.241	TRANSVERSE+ OR CONVEC+

84   1 AND 2 AND 3

由于无法在已给出的分类号下获得合适的文献，而该专利中对于结构的改进又难于用关键词进行表达，应考虑对分类号进行扩展。该专利中的鳍片式散热片虽然在半导体领域有较多的应用，但是，作为一种具有通用散热领域的装置，其应用场合显然并不局限于半导体，其他需要散热或冷却的场合也会用到散热装置。因此，其他应用场合就是下一步检索的重点。而为了获得合适的应用场合分类号，必须对带有鳍片的起到冷却或散热的装置进行分类号的统计分析。其中，排在第二位的分类位置是 F21V 29/00。该分类号在分类表中的含义是：用于照明装置的冷却或加热装置。显然，对于照明灯具而言，其由于通入电流会不可避免的发热，因此，其也需要进行散热和冷却，而且通过分类号的统计结果显示，带有鳍片的散热片也是该技术领域中常用的一种散热装置。因此，确定了将分类号由目前的应用分类位置扩展至新的应用分类位置，并构建了新的检索式，并获得了可以评价该专利创造性的对比文件。

CNABS：

1	CNABS	25956	F21V29/IC
2	CNABS	33590	鳍 or fins
3	CNABS	314063	（横向 or transverse+）
4	CNABS	1907838	对流 or convec+ or 孔 or hole+
5	CNABS	238	1 and 2 and 3 and 4

3. 分析

对于已经按照应用分类给出分类号的实用新型专利申请，如果在现有的分类位置下无法获得合适的对比文件，则应考虑该装置的通用性，即其是否可以应用在其他场合，如果可以，则应将分类号扩展到其他的应用分类位置，这样就可以有效地提高检索效率。合适的其他应用分类位置可以通过对相关装置的分类号进行统计分析获得。

三、小　结

对于实用新型专利而言，由于其基本全部涉及对产品形状、结构和连接关系的改进，因而在检索过程中，采用分类号相较于关键词及其扩展会提高检索效率。因此，对于实用新型专利的检索而言，合理地使用分类号并对其进行扩展是获得合适检索结果的一项重要的手段。

在实用新型专利的检索过程中，首先应当确定待检索专利的分类位置是采用何种分类原则确定，即该分类位置是按照功能分类原则或是按照应用原则确定得到的。之后，如果该分类位置不存在较大的偏差的前提下，首先在该分类位置下结合适当的关键词进行检索，并通过附图进行浏览。在无法获得合适的结果时，将分类号由一个分类原则确定的位置向其他原则能够确定的位置进行扩展。例如，由功能分类位置向应用分类位置扩展，或者由应用分类位置向功能分类位置扩展，获得该分类位置的方法包括通过对同一申请人的系列申请的分析，或者通过分类号的统计来实现。而对于已经采用了应用分类位置的专利，如果检索结果不够理想，则可以通过向其他应用分类位置扩展的方式来扩展检索领域，而通过对相近装置的分类号进行统计，就能获得其他的应用分类位置。

通过上述案例及分析，本文对实用新型检索时如何进行分类号扩展以有效提高检索精度和效率提供了一些思路，还对如何获得合适的扩展后的分类号给出了建议，希望对从事实用新型检索报告的同行起到一定的参考作用。

参考文献

[1] 世界知识产权组织. 国际专利分类表（第8版）使用指南［M］. 国家知识产权局专利局，译. 北京：知识产权出版社，2008：21.

浅谈暖通领域中细节特征的检索

王 迪　王扬平　樊云飞

摘　要： 在暖通领域中，发明点为细节特征的申请占了很大的比例。由于检索要素难以表达、检索噪声大等原因，这些细节特征给检索带来了一定的困难。本文通过案例说明应当以正确理解技术方案和申请人真实意图为基础，对细节特征进行合理的归纳总结并提炼出该特征的真正含义，确定恰当准确的关键词、灵活合理地利用多种分类体系和分类号，从而提高检索的准确性和效率。

关键词： 细节特征　检索　关键词　FI/F-Term

引　言

在暖通领域中，发明点涉及结构形状和连接关系等细节特征的申请占了很大的比例。由于结构形状及连接关系的检索要素难以表达、检索噪声多等原因，这些细节特征给检索带来了一定的困难。因此如何快速、准确地检索到这些细节特征，就成为检索过程的关键环节。

检索细节特征时，通常会遇到在全文库检索噪声大而在摘要库中检索又容易漏检的两难困境，因此如何权衡两者的平衡点，实现快速准确的检索就成为检索过程中的难点。通常做法是首先考虑在摘要库检索以求快速查准，若未检索到有效对比文件，则转移至全文库检索以求查全。而不论在哪一类数据库内检索，准确地提取关键词、分类号进行检索要素的表达均是快速准确地检索到对比文件的关键。对于结构形状及连接关系难以表达的情况，如何提取有效的检索信息，更是一个值得思考和研究的问题。

一、涉及细节特征的专利申请

发明点涉及结构形状和连接关系等细节特征的申请包括不同的类型，对于不同类型的申请，检索时注意的要点也有所不同：

（1）申请人熟知本领域技术和专利申请状况，申请文件撰写清楚、明确，权利要求特征描述准确、划界清晰。对于这样的申请，通常可以权利要求书或者说明书中出现的关键词为基础，考虑该申请所给出的分类号，对其作相应的扩展而后进行检索。

（2）由于申请人撰写习惯和水平等因素，权利要求书的内容与申请人想表达的技术方案存在一定的偏差。在这类申请文件中，就包括权利要求撰写繁琐，特征描述细节化的申请。而对于这样的申请，若直接以权利要求或者说明书中的关键词进行检索，会使得检索失去重点，也难以检索到合适的对比文件。对此，检索信息的提取显得尤为重要。此处所说的检索信息是指在正确地理解技术方案和申请人的发明意图的基础上，提取出代表技术方案的本质内容和申请人发明本意的关键信息。本文将就这一类申请的检索信息提取从归纳关键词和确定分类号两个方面进行介绍。

二、正确理解技术方案归纳提取关键词

有些申请在权利要求或说明书中对结构特征的描述较为繁琐，而申请人的真实意图也许并不像其权利要求中描述的那样复杂。这时就应当注意提炼技术方案的本质内容和申请人的真实意图，重新认定提取恰当的关键词进行检索。

【案例1】

案情介绍：

为克服创造性缺陷，申请人在独立权利要求1中增加了如下特征："上述冷气聚集通道的外周部以从上述箱内风扇的旋转中心至外周部的距离从最小的位置沿箱内风扇旋转方向从上游向下游逐渐扩大的方式成为扩大风道，该扩大风道从上述箱内风扇旋转中心至风道外周壁的距离从最小的位置沿旋转方向有180度以上。"参考图1所示具体结构。

检索过程：

1	3408890	HELIX+ OR SPIRE+ OR SCREW+ OR ROTAT+
2	11232	/EC/FI/IC F25D17/08
3	554	1 AND 2
4	25247	（AIR OR WIND）W DUCT
5	71	3 AND 4

305

浏览检索式 5 命中的 71 篇文献即可得到对比文件：JP 特开 2001-66039A（参见图 2），该对比文件公开了上述特征并给出相应的技术启示。

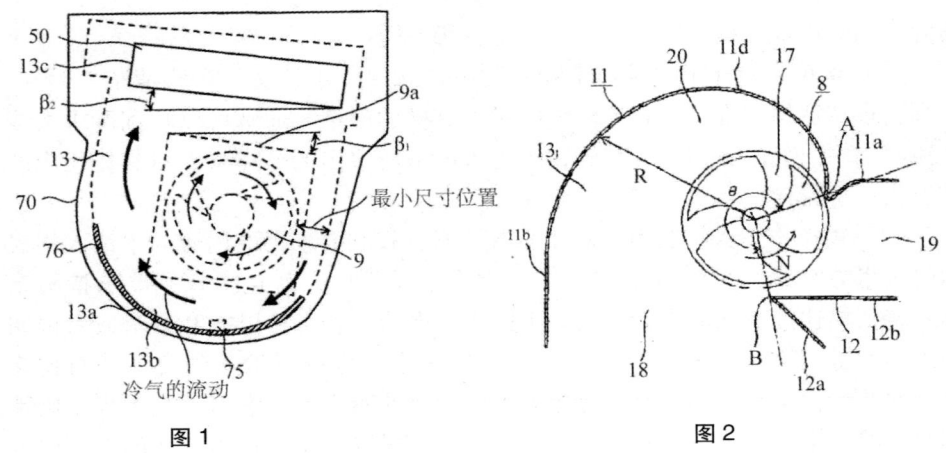

图 1　　　　　　　　　　　　　图 2

检索思路分析：

申请人增加的特征用大量细节特征描述了风道，但本质是通过设置"逐渐增大的螺旋形风道"以改善气流流动性能，因此提取表达"螺旋"这个关键词：HELIX+、SPIRE+、SCREW+和 ROTAT+。

将上述关键词与表达"利用导管进行强制循环"的分类号 F25D 17/08 相与之后命中的文献数量仍然较多，因此进一步利用表示风道、空气管道的关键词作进一步限定。考虑到该申请管道的结构是一种通道而非管体，因此排除了 pipe 和 tube 等表示管体的关键词，选择了 duct 这一更接近其结构本质的关键词作进一步限定，最终命中 71 篇文献，最终快速得到公开了该区别特征并给出技术启示的对比文件。

由此可见，在理解技术方案内容的基础上，对利用大量细节特征描述的特征进行合理的归纳和提炼，用一个更贴切的关键词来表示，再进行扩展检索，选择更贴近其结构的关键词进一步缩小检索范围，这样的检索过程目的性强，准确度高。

这种检索思路的优点在于：化繁为简，准确地把握技术特征的实质，检索有重点、有针对性，避免了由于人为地将技术特征撰写繁琐而导致的盲目检索和复杂检索，有效地提高了检索效率和准确性。

三、准确选择分类体系和分类号

面对难以表达或者难以提取关键词的特征时，根据领域特点选择 EC、UC、FI/F-Term 以及 CPC 分类体系，并探索到更贴近该申请技术方案的细分分类号进行检索，也是有效地提高检索效率的重要手段。具体到暖通领域，由于日本在该领域技术成熟，日文专利文献量大，并且日本特有的 FI/F-Term 分类体系对日文文献进行了精确细致的分类，因此通过选用 FI/F-Term 分类号检索较为快捷、准确。

日本特许厅的 FI/F-Term 分类体系包括细致全面的分类。特别是 F-Term，其利用 5 位字符主题码（技术领域）+2 位字符视点符（发明的材料、方法、结构等）+2 位数字位符（对视点符表征的技术特征的进一步细化），从目的、结构、效果等多方面对技术主题进行更细化的分类。[1] 因此利用 FI/F-Term 分类号可以进行有针对性的检索，有效缩小检索范围减少噪声，从而提高检索准确性和检索效率。FI/F-Term 分类号通常可以通过以下方式得到：①根据申请给出的 IPC 分类号或者根据对申请技术内容的理解认定的更恰当的 IPC 分类号，在 FI/F-Term 分类表中或者通过 S 系统中的多功能查询器进行关联查询；②通过申请的同族申请或者在已有的检索结果中寻找 FI/F-Term 分类信息。需要注意的是，考虑到检索数据库中的早期日本文献没有英文摘要，因此在采用 FI/F-Term 进行检索时，不建议采用过多关键词作限定，以防止漏检。

【案例 2】

案情介绍：

权利要求 1：一种热管壁温可控的分体式热管换热器，其上、下设置的冷、热介质箱体侧面分别设有冷、热介质的进、出口，内部设有管排单元，上述热介质箱体内的管排单元的上集箱均通过上升管与冷介质箱体内的管排单元的上集箱相连，而热介质箱体内的管排单元的下集箱均通过回流管与冷介质箱体内的管排单元的下集箱相连，构成工质循环回路，其特征在于：在上述热介质箱体内靠近热介质出口侧的一个或多个管排与对应的冷介质入口侧一个或多个管排构成的循环回路的上升管上设有与变送器相连的压力或温度传感器，压力或温度传感器采集的信号经变送器送至设在上述与回流管相连的自控阀上，另与上升管相连通的压力平衡管另一端与缓冲罐上部相连通，该缓冲罐下部通过导管与总回流管相连通。

具体结构参见图 3 所示。

检索过程：

| 1 | 55 | F28F27/00&511E/FI |

浏览命中的 55 篇文献可以发现其中第 8 篇即为对比文件 1：JP 昭 60-240996 A（参见图 4）。该对比文件 1 公开了绝大部分结构部件和连接关系，结合公知常识可评述该权利要求的创造性。

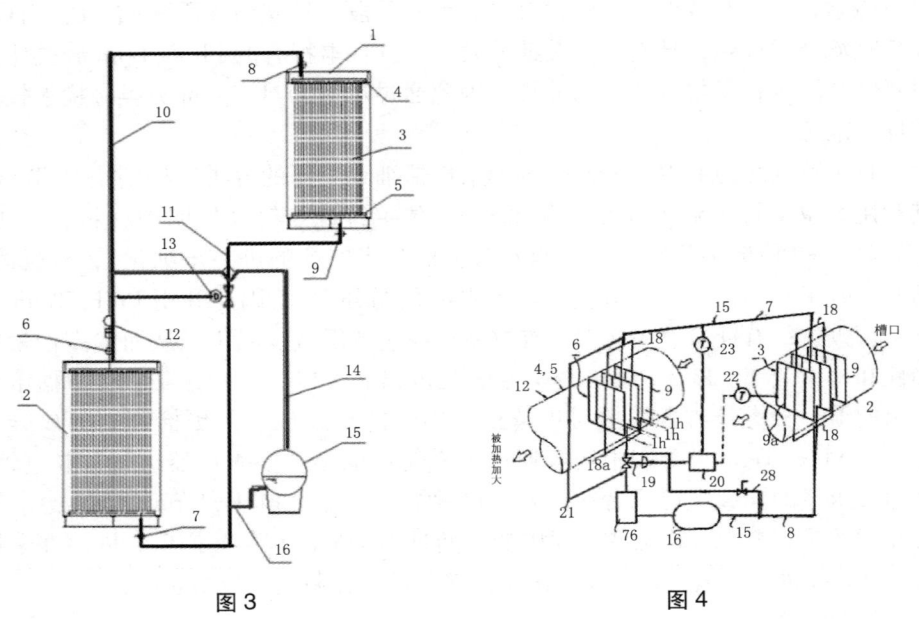

图 3　　　　　　　　　图 4

检索思路分析：

该申请权利要求 1 较长，且特征多为热管换热器的连接关系及各种传感器、控制阀门的设置，难以提取有效的检索关键词。通过阅读说明书，可以了解到该分体式热管换热器在操作负荷变化或环境温度变化时可控制热管管壁温度恒定且略高于烟气酸露点，归纳而言就是该技术方案的内容实质上是对分离型热管装置的控制。

考虑到该领域在日本技术相对发展得更早更发达并且日文文献量较大，因此选取 FI 分类体系。利用 S 系统的多功能查询器通过分类号关联查询 FI 分类号，得到一个较为贴切的 FI 分类号：F28F 27/00，511E（适用于热交换或热传递装置的控制装置，其他控制，热管），利用该分类号在 EPODOC 中进行检索命中文献 55 篇，快速地获得了对比文件。

如果不选用此 FI 分类号，仅采用表示"热管"的 IPC 分类号和关键词及表示"热交换器控制"的 IPC 分类号相与来检索：

2　6.929　　F28F27/00/IC/EC/FI

3　48.448　（HEAT W TUBE?）OR（HEAT W PIPE?）OR F28D15/IC/EC/FI

4　568　　　2 AND 3

参见上述检索式2~4，表达了"对热管进行控制"的文献为568篇，与用上述FI分类号检索得到的结果相比，文献量大了一个数量级。其中检索式3命中的文献中除该申请这种分离型热管外，还涵盖了诸如整体型热管等其他类型的热管，因此最终获得的文献中还包括对其他类型热管的控制，而这与该申请的技术方案明显不同，也就是说采用上面检索式2~4进行检索，噪声也是极大的。而若想进一步检索到具体连接关系和阀门设置方式，还需要进一步利用关键词缩小范围。这样的检索过程复杂性高、效率低、噪声多、易漏检。

由此可见，在充分理解该申请技术方案的情况下，选取恰当的FI分类号，有针对性地进行检索，可以有效缩小命中数量，提高检索效率和准确性。

【案例3】

案情介绍：

权利要求1：一种空气调节装置的室外单元，其具备：配置在框体的底板上的压缩机；沿着所述框体的背面侧及两侧面侧这三面配置在所述底板上的截面大致コ字型的热交换器；配置在该热交换器的上部的鼓风机，所述空气调节装置的室外单元的特征在于，所述热交换器形成为位于所述框体的两侧面侧的进深方向的长度比位于所述框体的背面侧的宽度方向的长度长，设置有将所述框体内沿前后划分成具有所述热交换器的热交换室和具有所述压缩机的机械室的分隔板，并且该分隔板的两端分别固定于所述热交换器的管板。

权利要求3：根据权利要求1或2所述的空气调节装置的室外单元，其特征在于，所述分隔板具备固定于所述管板且沿截面大致コ字型的所述热交换器的内侧延伸的左右两侧板，至少一方的侧板以随着从所述管板朝向所述热交换器的内侧而离开该热交换器的内表面的方式倾斜形成。

具体结构参见图5、图6。

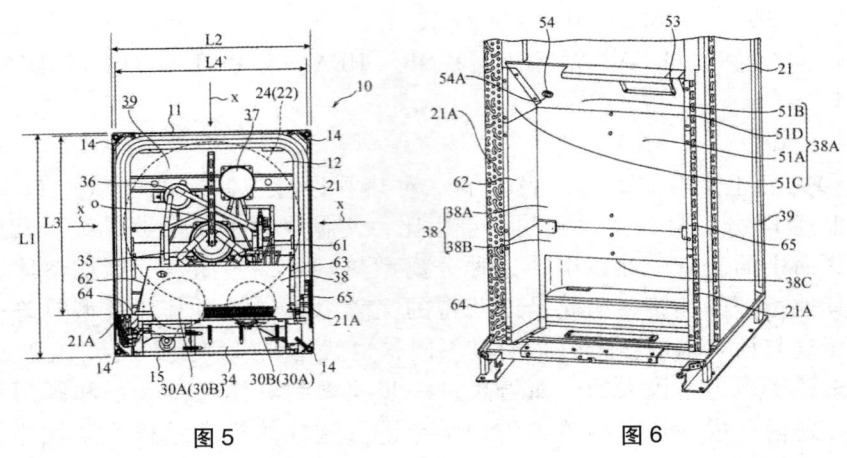

图5　　　　　　　　　　图6

检索过程：

1　　362　　　/FT 3L054/BA01 AND 3L054/BA05 AND 3L054/BB03

浏览过程中发现其中包括多篇可用于单独或者结合评价该权利要求1创造性的对比文件，如：JPS5124032U公开了隔板与侧边的固定关系（参见图7）；JPS55143467U公开了隔板与侧边的固定关系，并公开了权利要求3的附加技术特征（参见图8）；JPS5120347U公开了热交换器长度和宽度的尺寸关系（参见图9）等。

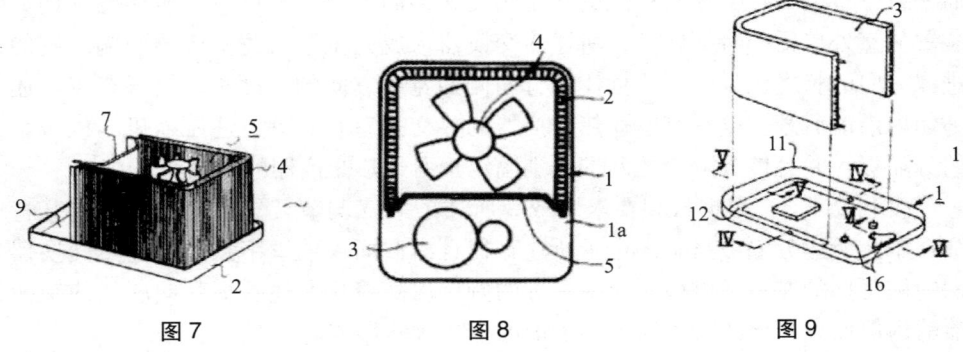

图7　　　　　　　图8　　　　　　　图9

检索思路分析：

申请人在权利要求1中用大篇幅强调了热交换装置的结构形状，但热交换装置的结构特征是本领域常规且常见的形状，而将分隔板与换热装置安装形成一个既保证传热面积和通风空间又减少占地面积的结构才是该技术方案的核心内容，是申请人的本意。因此在检索该技术方案时，不应该单纯地注重换热器结构，而更应当关注分隔板的安装。因此应当将检索要点放在室外机内分隔板与换热器之间的安装，也就是上文中划线部分的特征。

然而关于分隔板安装的特征不容易通过关键词表达，并且此类信息通常不常出现在摘要中，而是出现在专利文献的说明书或者附图中。因此采用这一类关键词进行检索，往往不易检索并且容易漏检。在遇到这种情况时，可以选择信息内容丰富、分类准确的 FT 分类号进行检索。

在 EPOQUE 中对申请人进行追踪，发现同族申请给出了多个 FT 分类号。通过 FT 分类表查询其含义后确定了如下三个：

3L054/BA01：其他空调系统的组成．室外壳体和分隔体；

3L054/BA05：其他空调系统的组成．热交换装置；

3L054/BB03：构造、安装和结构．结构和形状。

上述 FT 分类号全面地概括了该申请的发明点，因此将上述 FT 分类号相与，得到 362 篇对比文件。虽然命中数量较多，但考虑到日本早期文献缺乏摘要并且关于分隔板安装的内容很可能不出现在摘要中，为避免漏检，未采用关键词进一步限定，而是对上述文件进行浏览。

由此可见，在充分理解技术方案的基础上，从多角度选择表达发明内容的 FT 分类号并将其相与，这是实现准确检索的另一有效的方法。

因此，在暖通领域中面对结构复杂、特征难以表达的技术方案时，通过 FI/F-term 分类号进行检索，能充分利用其分类精细、准确度高的优势，快速、直接地命中检索目标，提高检索效率。

四、总　结

在实际的审查工作中，细节特征的检索确实存在一定的困难，但这种困难并非难以克服。应当以正确理解技术方案和申请人真实意图为基础，检索时应当从细节出发而不拘于细节，对其本意进行合理的归纳总结并提炼出该特征的真正含义，而后确定出恰当准确的关键词进行检索。对于形状或连接关系这种难以确定关键词的特征，则应当借助 FI/F-term 分类号这一重要的分类信息进行检索，并且在检索过程中积极地调整思路，从而提高检索效率和准确性。

参考文献

[1] 李伟华，等．一种通用的 F-Term 检索流程及其案例分析［M］//曾志华．专利文献研究（2013）．北京：知识产权出版社，2013．

[2] 王建，等．利用预期模型提高检索效率［J］．审查实践与研究，2013（3）．

CPC 在真空镀膜领域检索的应用

王 姗　吴良策　傅晓亮

摘　要：通过 CPC 与 IPC 的比较，结合实际案例分析了 CPC 在真空镀膜领域检索的优势所在。准确、合理地使用 CPC 相对于 IPC 的细分分类号，可以使审查员检索更有针对性、降低噪声，大大提高检索效率。

关键词：CPC　IPC　真空镀膜　检索

引　言

CPC 分类体系，全称"联合专利分类体系"（Cooperative Patent Classification），为欧洲专利局（EPO）和美国专利商标局（USPTO）联合开发的新的分类体系，于 2013 年 1 月 1 日正式启用，以替代原有的 ECLA 和 UC 分类体系。CPC 分类体系按照 WIPO 分类标准和 IPC 结构进行开发，以欧洲分类体系（ECLA）为基础，融入美国分类体系（UC）的成功实践，其在编码时保留了原 ECLA 的层次结构，并将 IPC、ECLA 和 USCPC 的三种架构汇总，且为日本特许厅的 FI 分类预留了空间。CPC 相比原有的 ECLA 和 UC 分类体系更为详细和准确，并会定期进行修订，以期更快适应技术发展趋势和新兴技术发展的需要。

真空镀膜技术作为一种耗能少、污染小、膜厚可控、附着性优良的表面改性手段，目前广泛用于制备各种高硬度、耐腐蚀、润滑性、装饰性、高反射/投射、隔热、传感、储存等特性的功能性薄膜，并随着对产品性能需求的不断提高而获得越来越快的发展。如 2011 年，我国涉及真空镀膜的专利申请量为 3174 件，占据同期镀覆（IPC 分类表 C23 大类）申请总量（6546 件）的一半左右。因此，如何提高真空镀膜领域的检索效率和准确性以保证实质审查的准确性，成为 C23 领域审查员面临的挑战。

本文主要分析了 CPC 分类号在真空镀覆领域相对于 IPC 分类号的改进，并结合几个实际案例探讨了 CPC 分类号在真空镀覆案例审查过程的应用，总结了采用 CPC 分类号进行检索相对于 IPC 分类号检索的优越性和局限性，希望能够为相关领域的审查员采用 CPC 分类体系进行审查提供参考和帮助。

一、真空镀膜领域申请特点及 IPC 分类现状

真空镀膜技术是以真空技术为基础，利用物理或化学的方法，吸收电子束、分子束、离子束、等离子束、射频、磁控等一系列的新技术，为基底提供装饰性或功能性膜层的新技术，可广泛用于多种基底镀覆各种不同功能的功能性薄膜。其主要包括物理气相沉积、化学气相沉积等使表面厚度增加的成膜技术，和离子注入、离子束混合改性等不改变表面尺寸只改变表面性能的改性技术，每个技术分类下又各有其技术分支，如物理气相沉积又包括真空蒸镀、离子镀、溅射沉积等大类，而化学气相沉积又包含原子层沉积、金属有机物化学气相沉积、微波等离子辅助化学气相沉积等大类，技术领域种类丰富，技术难度较高。

真空镀膜领域的专利申请在 IPC 分类表中主要分入 C23C 14 和 C23C 16 大组下，其具有以下特点：（1）以方法权利要求为主，使用关键词限定噪声大，且技术领域丰富，而 IPC 分类粗略，一般仅为概括性描述，较少涉及具体技术分支；（2）主要涉及对方法的改进及相关的装置等，但是针对步骤、参数等限定没有统一规范的表述方式，而对装置也缺少准确的分类号表述，难以提取准确、有限的关键词；（3）对于涂覆方法制备的膜层产品，技术术语表达方式多样，经常使用描述性表达，使用具体物质名称或术语作为关键词容易造成漏检。

因此有必要通过关键词和 IPC 分类号之外的其他检索手段来对真空镀膜领域的专利申请进行检索。

二、具体案例分析

CPC 分类体系在很大程度上克服了上述 IPC 分类体系细分不足的问题，CPC 分类条目超过 25 万个。具体到真空镀膜领域，CPC 分类号将原 C23C 14 和 C23C 16 大组的 76 个分类条目扩展到 308 个，并从具体技术领域、技术特征、镀层组成等方面进行了更为细致的划分，有利于审查员更为准确的检索。

下面通过具体案例进一步说明在真空镀膜领域 CPC 分类相对于 IPC 分类的优势所在。

（一）CPC 对 IPC 涉及的技术领域进行了进一步细分

真空镀膜工艺作为适用于多种产品的通用加工/改性方法，随着对产品性能要求的不断提高而产生新技术，并在原有工艺各个步骤进行针对性改进，进而产生多个研究热点，而相应技术领域的区分在 IPC 分类号中并未得到体现，通常仅隶属"以镀覆工艺为特征的"的条目下，以二点组概括表述。以反应气流的产生为例，其作为化学气相沉积各技术分支的通用基础步骤，一直是用户关注的焦点。反应气体的基本产生方法多种多样，例如，通过将惰性气体通入源材料内载运母体材料蒸气，或者通过在原料容器中压入加压气体来供给原料，或者通过原位产生提供反应性气体等方式，然而 IPC 仅有分类号 C23C 16/448（产生反应气流的方法，例如通过母体材料的蒸发或升华），CPC 则对其进行了进一步细分，提高了检索领域的针对性，进而提高了检索的准确性和有效性。

【案例1】一种反向连接提高固态源使用效率的方法，其特征在于：包括以下步骤：步骤1：当源瓶（1）内的固态源剩余量小于 50% 时，将源瓶（1）放入温度为 20~35℃ 的水浴槽中，当源瓶（1）内压力为 750~850torr、源蒸汽流量为 300~400sccm 的情况下，将源瓶（1）的载气进口（2）、出口（3）上手阀关掉；步骤2：将源瓶（1）的载气进口（2）、出口（3）反向对接，即将源瓶（1）的出口（3）与载气出口（4）相连通，将源瓶（1）的载气进口（2）作为出口与管道（5）相连通，即将正常的低进高出换成高进低出，如图1所示。

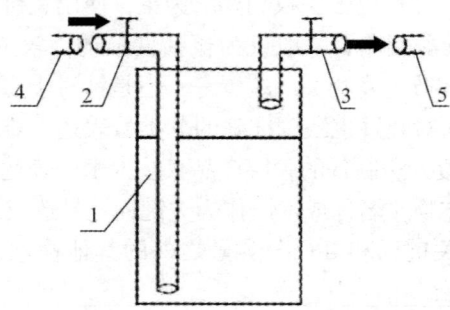

图1 案例1的摘要附图

发明目的：传统 TMIn 源内当源量较少时，难以保证顶部和底部的饱和蒸汽压相同，此时顶部气体中源的饱和蒸汽压不稳定，使源的使用效率低下。本发明通过将传统的载气进出口反向对接，将正常的低进高出换成高进低出，以利用底部载气管所在的局部范围稳定的饱和蒸汽压来提高固态源瓶的使用效率。

检索过程：该申请的发明点在于一种现有装置现有部件连接关系的改变，连接关系多为描述性表达，表达方式多样，关键词难以充分扩展。考虑到在描述该连接关系时必然要涉及对相关部件如气体进出口的表述，因此采用其作为关键词进行限定；然而在采用"进气口""出气口"做关键词时，噪声大，因此需要将检索领域限定在特定的领域范围内。然而分类员给出的IPC分类号C23C 16/448（··产生反应气流的方法，例如通过母体材料的蒸发或升华时）将其与关键词结合文献量依旧比较大；然而查阅CPC分类号发现在CPC分类体系中对该二点组划分了6个下位三点组，其中C23C 16/4481（··利用与源材料接触的载气进行蒸发）更为具体的表达了载气与原材料的接触，更好地限定了本申请的技术领域，结合关键词检索，在96篇文献中通过浏览附图获得X文献GB2223509。

1. 利用IPC进行检索

EPODOC数据库：

（1） 5820   /IC C23C16/448
（2） 3857689   INPUT? OR OUTPUT? OR PORT?
（3） 1845090   GAS??
（4） 246   1 and 2 and 3

检索结果较多，浏览量过大。

2. 利用CPC进行检索

EPODOC数据库：

（1） 1654   /CC C23C16/4481
（2） 3857689   INPUT? OR OUTPUT? OR PORT?
（3） 1845090   GAS??
（4） 96   1 and 2 and 3

浏览上述结果得到X类文献，如图2所示。

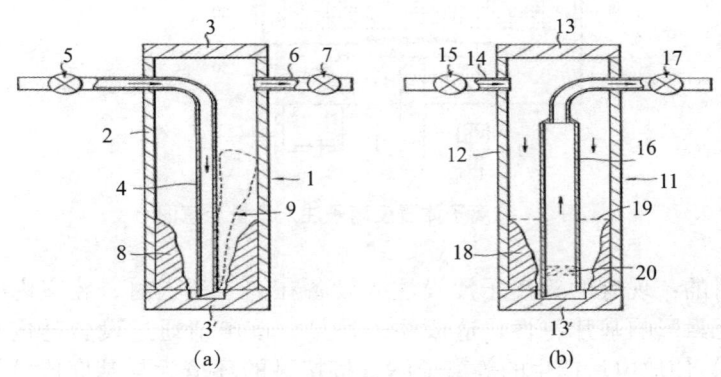

图2　X类文献附图

3. 小结

比较发现 IPC 分类号 C23C 16/448 下有 5820 篇文献，而 CPC 在 C23C 16/448 下增设了 8 条新的分类，具体到 C23C 16/4481 下则只有 1654 篇文献，主题更加明确，使得检索更具有针对性；在使用相同关键词进行结合的情况下，使检索结果由 246 篇缩小到 96 篇，大大缩小了浏览量，提高了检索效率。

（二）CPC 增加了新的、独立的技术领域

在真空镀膜领域，各种镀膜都需要一个特定的真空环境，以保证制膜材料的分子运动不受其他游离分子的阻挡和干扰，并消除杂质的不良影响。因此气体的导入、腔室中的气流变化、腔室的清洁均为提高膜均匀性与成膜质量的热点问题，并围绕其进行了各个角度和方式的改进。在 IPC 分类表中，仅存在概括性的小组，如 C23C 14/56··连续镀覆的专用设备；C23C 16/455··向反应室输入气体或在反应室中改性气流的方法等，均无下位细分小组，每个分类号下均含一万多篇文献，文献量大，且不能准确地反映技术改进点；如 C23C 16/455 内包含原子层沉积等另一大类的技术领域；而 CPC 中增设了新的条目，独立限定了技术发展中的常见关注点，提高了检索的准确性与高效性。

【案例2】一种等离子体浸没离子注入设备，包括离子注入腔室、电源部分、注入电极部分和真空部分，其特征在于，所述离子注入腔室内四壁设有内衬，所述内衬由包含硅成分的整块材料制成，如图3所示。

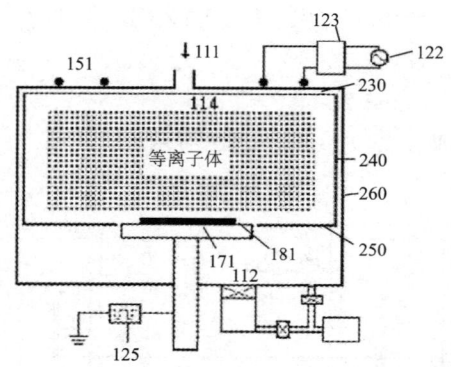

图3　等离子体浸没离子注入设备示意图

发明目的：现有的等离子浸没注入设备在离子注入时，腔室内壁会溅出铁、铝等元素影响基片特性，造成注入污染。该申请通过设置硅内衬（230、240、250），使放电后产生的等离子体直接接触的环境为与基底成分类似的硅环境，减小等离子体浸没离子注入时腔室内壁的污染。

检索过程：分类员给该申请确定的分类号是 C23C 14/48：以离子注入的镀覆工艺为特征。其限定了该申请的技术领域，但并未公开该申请的发明点。尝试用该分类号进行检索，并结合"污染""硅"等关键词，并没有检索到合适对比文件。但是在中间文件中发现技术内容更为相关的 CPC 分类号 C23C 14/564：用于使镀覆室中的杂质比如灰尘、湿气、残余气体最少的装置。结合本申请的技术领域，以及该装置的成分硅，在 EPODOC 中只有 9 篇文献，其中即包括 X 文献 US6120660A。

具体检索过程：

1. 利用 IPC 进行检索

EPODOC 数据库：

1	6064	C23C14/48/IC
2	39558	ION W IMPLANT+
3	629590	SI OR SILICON
4	166895	POLLUTI+
5	1	1 AND 3 AND 4
6	18	2 AND 3 AND 4
7	149256	C23C14/IC
8	257	2 AND 3 AND 7

未得到合适文献。

2. 利用 CPC 进行检索

EPODOC 数据库：

1	3096	C23C14/564/CC
2	39558	ION W IMPLANT+
3	629590	SI OR SILICON
4	9	1 AND 2 AND 3

浏览得到 X 类文献。

3. 小结

分析通过 IPC 未检索到该对比文件的原因发现：US6120660A 给出的 IPC 分类号为 C23C 16/00、C23C 16/458、C23C 14/50、C23C 14/34。虽然其技术领域同样为等离子浸没注入设备，但其并未分入该 IPC 分类号中。究其原因很大程度在于：美国专利文献通常是首先根据 UC 对文献进行分类，然后通过 UC-IPC 对照表得出 IPC，通过这种机械转换难以准确表达每个文件的技术领域，进而造成 IPC 不能很好地反映该文献的技术内容，而 CPC 为按照统一分类标准进行的分类，确保了分类数据的准确性。

（三）CPC 增加了镀层组成的分类条目

膜层结构作为真空镀膜的产品，具备优异的性能，其通常以产品权利要求，通过组分进行限定。IPC 分类号中对其组分只限定了常规的二氧化硅、金属材料等，对很多常用的具体组分难以用分类号表达；而使用关键词时又包含多种表达方式（如钛铝氮涂层可以表达为：钛/铝的氮化物，氮化钛铝层，MaNb，M=Ti、Al 等，Titanium-Aluminnum-nitrogen or Ti-Al-N or TiAlN，(Ti, Al) N，(Al, Ti) N，$Ti_xAl_{1-x}N$ 等），使用同在/邻近算符又容易带来较多噪声（如含有所述元素的钢），因此增加了检索难度，降低了检索效率。CPC 分类在 IPC 分类的基础上对常见的涂层组成进行了进一步细分。

权利要求 1：

一种切割金属的切割工具，其包括：硬金属主体；以及在至少一个表面区域中，沉积到所述硬金属主体上的硬质涂层，其特征在于，在从所述硬金属主体到所述切割工具的表面的方向上，交替形成金属氮化物或氧化物的叠层，$(M_{e1})_xN_{1-x} + (M_{e2})_yO_{1-y} + (M_{e1})_xN_{1-x} + (M_{e2})_yO_{1-y} + (M_{e1})_xN_{1-x}……$，金属原子 M_{e1} 和 M_{e2} 选自 Ti、V、Mo、Al 中的一种或多种，优选 Ti 和/或 Al，如图 4 所示。

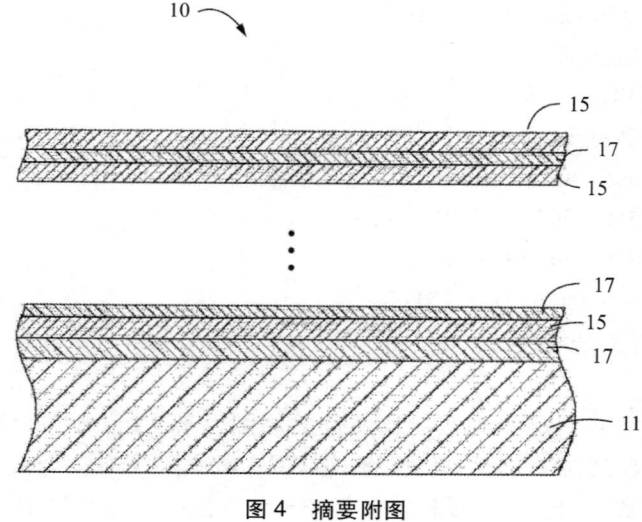

图 4　摘要附图

发明目的：通过氮化钛铝层和氧化铝层的交替涂层结构来进一步提高涂覆切割工具的切割性能，并提高耐用性。

检索过程：分类员为该申请给出的分类号为 C23C 14/06（·以镀层材料为

特征的）和 C23C 14/08（‥氧化物），检索发现其下的文献量较大，浏览不便。于是通过 S 系统的多功能查询器（材料部翻译的材料领域 CPC 分类号也可提供 CPC 分类号查询）来查看 C23C 14/06 对应的 CPC 分类号，发现更为符合的分类号：C23C 14/0641‥以氮化物为特征的；C23C 14/081‥以铝、镁或铍的氧化物为特征的，其限定了该申请的多层涂层中的两种主要元素。将该分类号与技术领域切割刀具结合检索，在 EPODOC 中即获得本申请的 X 文献 US2007/0059559A。

1. 利用 IPC 进行检索

EPODOC 数据库：

1　　25719　　C23C14/06/IC
2　　16216　　C23C14/08/IC
3　　62196　　CUT+ 3W TOOL?
4　　2230　　（1 OR 2）AND 3

结果数据量过大。

2. 利用 CPC 进行检索

EPODOC 数据库：

1　　3726　　C23C14/0641/C
2　　1332　　C23C14/081/C
3　　62196　　CUT+3W TOOL?
4　　13　　　1 AND 2 AND 3

浏览得到 X 类文献。

3. 小结

该申请采用了本领域经常使用的涂层成分的表达方式，即涉及了相应金属的"氮化物"和"氧化物"，并且金属采用的"选自 Ti、V、Mo、Al 中的一种或多种"的表达，相应可扩展的关键词多种多样，工作量较大，容易造成漏检。CPC 在上述 IPC 的基础上针对涂层成分进行了细分，除原始 IPC 包括的"氧化物"特征外，还包括了"氮化物"以及"铝的氧化物"的特征，即单独使用 CPC 分类号就基本表达了该申请关于涂层成分的限定。另外，CPC 还增加了涂层成分包括碳、金刚石、硫化物、碳氮化物等方面的分类，由 IPC 涉及涂层成分的 8 条分类增加至了 34 条。

四、总　结

通过以上分析可以发现，在真空镀膜领域，相对于 IPC 使用 CPC 进行检索可以在很大程度上增强检索的针对性、提高检索效率，避免过多使用关键词概括而造成的漏检。

另外，使用 CPC 检索也是大势所趋。全球已经有 45 个国家或地区的知识产权局使用该分类系统。并且，EPO 从 2013 年 1 月起停止使用 ECLA，自 2013 年 4 月 1 日起仅按照 CPC 进行修订，在被修订领域，采用 EC 分类号进行检索将不再可靠；而 USPTO 目前同时使用 UC 和 CPC 分类体系，其具有两年过渡期，到 2015 年时也将只使用 CPC，而不再使用 UC 分类体系。可以预见随着 CPC 分类体系的推广，使用 CPC 分类号检索将覆盖越来越多国别的文献，将大幅提高检索的全面性和准确性。

基于360°评估的检索能力评估模型[*]

赵 楠 孙瑞丰 傅晓亮 李 真 武利媛

摘 要：基于360°评估体系，建立了检索能力评估体系，通过对体系指标的分析进行合理近似，从而建立了评估检索能力的量化模型，该模型客观、全面，能够为审查员评估自身检索能力提供帮助；也能够为管理者提供客观的分析数据，指导检索能力提升工作。

关键词：360°评估体系 检索 评估模型

一、概 述

《全国专利事业发展战略（2011—2020年）》和《专利审查工作"十二五"规划（2011—2015年）》均明确提出"不断提高审查效率，改进审查质量"。审查能力水平是保障专利审查质量的根本，而检索能力在专利审查中占有非常重要的地位，检索能力的高低直接决定着专利审查质量的好坏。审查员个人检索能力是影响审查质量的重要因素，国家知识产权局各部门和单位都对检索能力的相关问题作了大量研究。然而，如何建立一套客观、公正并且准确的检索能力评估模型，则是一直以来的难题之一。

二、基于360°评估的检索能力评估体系

评估体系需要符合两个标准：第一，能够全面、客观的反映实际情况；第二，评估是一种手段，但并不是目的，其目的应致力于促进组织能力发展，因

---

[*] 来源：2014年北京中心课题，课题编号BJZX1414；课题组成员：孙瑞丰、傅晓亮、赵楠、李真、武利媛、李翔、王良猷、高峰、王敏、杨雅平、冯吉。

此适当的评估体系应关切组织发展以及愿景的实现。

360°评估体系是一套经典管理学模型，是对一个组织的成员进行自上而下、自下而上、个人内部、同事以及来自组织外部客户的全方位评估方法，故也称为全视角评估。该体系是以被评估者的上级、下级、同级、客户以及被评估者本人担任评估者，其核心理念在于从多个维度对被评估者进行360°的全方位评估，再通过相关程序向被评估者提供反馈信息，从而帮助被评估者改变行为、提高绩效，并将个人发展与组织愿景相结合的评估方法[1]。

国家知识产权局专利局专利审查协作北京中心（以下简称"北京中心"）的付佳等[2]根据360°评估体系的常用维度设计和检索业务的特点，设计出五个维度、共14个评估指标。与其他检索能力评价体系相比，该评估体系几乎包括了所有直接、间接体现审查员检索能力的因素，因此其结果更加客观、全面。

但付佳等构建的检索能力评价体系中的多个指标仍然需要进一步修正以更加客观体现出审查员的检索能力，例如驳回率、XY率等，这些指标虽然与检索能力存在一定的联系，但这些指标不够准确，包含了检索能力之外的影响因素。为了得到更加准确的评价体系，需要对付佳等构建的检索能力评价体系中各个维度的指标进行研究和修正。修正的原则主要有：（1）剔除与检索能力无关的指标；（2）将体现检索能力的指标中有关检索的因素放大。鉴于篇幅所限，下面仅以视撤率为例介绍如何进行指标的修正。

视撤率的修正：导致视撤的原因很多，公开不充分、不清楚等原因都可能导致视撤，因此视撤率包含了检索能力之外的因素。相对来说，基于证据的视撤率由于在审查过程中评述了新颖性和/或创造性，其与检索能力更加相关，所以是比视撤率更好的指标。虽然基于证据的视撤率也包含对比文件无效，但申请人由于经济、知识产权策略等原因导致视撤的情况，但此类视撤案件较少，对于检索能力评价的影响较小。因此，用基于证据的视撤率代替视撤率作为评价指标。类似地，将各个指标修正后，得到表1。

表1　360°评估体系——修正后检索能力评价体系的维度和指标

评估维度	评估指标（付佳等）	评估指标（修正后）
客户考评	视撤率	基于证据的视撤率
	客户投诉	基于证据的客户投诉

续表

评估维度	评估指标（付佳等）	评估指标（修正后）
自我评估	审查案件数量以及涉及审查单元数量	【剔除】
	XY率	有效XY率
	基于证据驳回率	基于证据正确的驳回率
同级考评	亮点案例数量	检索类亮点案例数量
	检索竞赛获奖情况	检索竞赛获奖情况
	PCT改点数量	PCT改点数量
	共同检索成绩	共同检索成绩
上级考评	文章发表情况	检索类文章发表情况
	课题参与情况	检索类课题参与情况
下级考评	授课情况	检索相关课程授课情况
	研讨会发言情况	检索相关研讨会发言情况
	导师带教数量	检索相关的导师带教数量

相比于付佳等设计的检索能力评估体系，该体系进一步剔除了原指标中的非检索能力因素，因此能更加准确地评估检索能力。

三、检索能力评估模型

（一）建立评估模型的假设

根据检索能力评价体系，可以抽象得出函数：

检索能力得分 = f(有效XY率，基于证据的视撤率，基于证据正确的驳回率……)　　　　(1)

在涉及多变量函数时，一般使用线性关系简化拟合过程，因此可将式（1）近似为下式：

检索能力得分 $= \beta_0 + \beta_1 x_1 + \beta_2 x_2 + \beta_3 x_3 + \beta_4 x_4 + \cdots\cdots$ 　　(2)

其中 x_i 是模型中多个自变量，比如检索类亮点案例数量等，β_0 为截距。可见此时只需要确定各项系数 β_i 和截距 β_0，就可建立整个模型。显然，为了达到这一目的需要获得各项 x_i 值，以及对应的函数值用于拟合。该检索能力评估体系中的某些指标存在样本数量较少的情况，例如检索类研讨会发言情况等，这些指标不适宜进行拟合，否则将带来极大的误差，而将它们完全忽略又影响模型的全面性，因此此类指标不纳入拟合，而是单独作为其他项处理。故式（2）变换为：

$$检索能力得分 = \sum_i 其他项_i \times \beta_{其他项_i} + \beta_0 + \beta_1 x_1 + \beta_2 x_2 + \beta_3 x_3 + \beta_4 x_4 + \cdots \cdots \quad (3)$$

（二）参数变量的分析讨论

为了进行有效的拟合，要求各指标的数据具有统计学意义，因为如果样本太小则拟合的误差太大，同时为了保证评价的客观性，必须考虑指标的客观性。因此，依据上述两个原则对检索能力评价体系的各指标进行进一步分析。以基于证据的视撤率和检索文章发表数量为例进行分析。基于证据的视撤率可以较好地体现审查员的检索能力，而且每个审查员都具有该指标，因此基于证据的视撤率满足客观性和样本的充足性，可以作为拟合的指标。对于检索文章发表数量，由于该指标的样本数较少，因此不作为拟合的指标，归入其他项。但是学术论文是体现检索能力的一项重要指标，因此考虑用其他方式确定其系数。

通过上述方法，对各指标一一进行客观性和样本数量的考察，再次对各样本进行分类，最终的拟合参变量见表2。

表2 检索能力评估体系指标分析结果汇总

检索能力评估体系指标	筛选后角色
基于证据的视撤率	用于拟合
有效 XY 率	用于拟合
基于证据正确的驳回率	用于拟合
检索类亮点案例数量	用于拟合
PCT 改点数量	用于拟合
检索类文章发表数量	归入其他项，用其他方法确定系数
基于证据的客户投诉	归入其他项
检索竞赛获奖情况	归入其他项
共同检索成绩	归入其他项
检索类课题参与情况	归入其他项
检索相关课程授课情况	归入其他项
检索相关研讨会发言情况	归入其他项
检索相关的导师带教数量	归入其他项

（三）模型的建立

由上节的分析可知，参与到式（3）拟合的指标共有 5 项，然而这些指标的量纲不同，其中一些重要的指标（如有效 XY 率、基于证据的视撤率等）还存在获取比较困难的问题，因此还有必要进一步对这些指标进行讨论分析。

1. 自变量的分析

（1）有效 XY 率、基于证据视撤率、基于证据正确驳回率

有效 XY 率，基于证据视撤率和基于证据正确驳回率是非常理想的评价指标，但显然这三个指标并不独立，因为有效 XY 率包含了基于证据视撤率和基于证据正确驳回率，在拟合时仅采用有效 XY 率这个指标即可。

虽然理论上有效 XY 率可以获得，然而事实上，该指标的获得需要极高的成本。若期望统计该指标，只能通过人工的方式进行，成本很高，且在有限的资源和时间下难以做到。相比于该指标，XY 率、视撤率和驳回率容易获得，可以考虑用 XY 率、视撤率和驳回率对有效 XY 率进行近似。显然，有效 XY 率与视撤率与驳回率的和正相关，因此可以重新定义修正 XY 率对有效 XY 率进行近似，如式（4）：

$$\text{修正 XY 率} = (\text{修正驳回率} + \text{修正视撤率}) \times \text{XY 率} \quad (4)$$

与驳回相比，视撤不由审查员主动做出，故视撤率的客观性明显要强于驳回率，而对视撤率进行修正需要很高的成本，故修正视撤率直接用视撤率近似。对于驳回率，其具有较多的主观因素，应当进一步对其修正。由于审查员的主观因素一般会导致驳回率偏高，因此可以采用小于等于 1 的系数对驳回率进行修正，此时可以近似得到修正 XY 率：

$$\text{修正 XY 率} = (\text{驳回率} \times \alpha + \text{视撤率}) \times \text{XY 率} \quad (5)$$

对部门驳回率数据分析发现其具有五个特点：

①部门平均驳回率是相对客观的驳回率；

②整体上，驳回率较高的审查员基于证据正确的驳回率较高；

③低于部门平均驳回率的审查员的非基于证据正确的驳回率较低；

④高于部门平均驳回率的审查员的非基于证据正确的驳回率较高；

⑤驳回率越高，非基于证据正确的驳回率越高。

基于数据的上述特点，需要用系数 α 对驳回率进行修正，以减少非基于证据正确的驳回率。笔者通过分析，发现通用的数学方法中，几何平均值更符合上述要求，因此可以定义系数 α 为：

$$\begin{cases} \alpha = (\dfrac{\bar{x}}{x_i})^n, \ n = \dfrac{1}{2}, \ x_i > \bar{x} \\ \alpha = 1, \ x_i \leq \bar{x} \end{cases} \quad (6)$$

其中，$\bar{x}$ 为部门平均驳回率，x_i 为驳回率；

如果通过数据分析发现，高驳回率的审查员非基于证据正确的驳回率更高，需要通过系数α消除更多非基于证据正确的驳回率，可对式（6）中的 n 进行调整，例如此时可以取 n 值为大于 1/2 的数值。相反的情况下，若高驳回率的审查员非基于证据正确的驳回率更低，此时需提高系数α取值，可以取 n 为小于 1/2 的数。

（2）检索类亮点案例数量和 PCT 改点数量

检索类亮点案例数量和 PCT 改点数量的单位是"件"，修正 XY 率的单位为百分比，它们量纲不同，无法同时拟合，需要无量纲化。通常采用如下方法进行无量纲化：

$$指标得分值 = \dfrac{x_i - x_{\min}}{x_{\max} - x_{\min}} \quad (7)$$

$x_{\max}$ 和 $x_{\min}$ 分别为样本中某指标最高值和最低值，x_i 是样本中该指标值，由此得出无量纲的数值用于拟合。同样，修正 XY 率也需要使用式（7）无量纲化。

2. 模型的拟合

（1）待拟合的模型

从上节分析可知：

$$检索能力得分 = \sum_i 其他项_i \times \beta_{其他项_i} + \beta_0 + \beta_1 A + \beta_2 B + \beta_3 C + \beta_4 D \quad (8)$$

其中 A 为修正 XY 率；B 为检索类亮点案例数量；C 为 PCT 改点数量；D 为检索类文章数量；β_0 为截距，$\beta_{其他项_i}$ 为其他项系数。其他项对检索能力的影响可进一步研究，在此为了便于模型的构建选择将其进行近似处理，令 $\beta_{其他项_i} = 0$。检索类文章数量（D）不参与拟合，以其他方式确定其系数，其他的变量通过拟合求得其系数。经过无量纲化后，可得出 A、B、C 三项的全部得分，目前仍然需要检索能力得分才能进行拟合得出模型。

（2）检索能力得分的赋值和模型的建立

对检索能力得分的赋值是必不可少的步骤，这种赋值可以视为迭代的初值，通过拟合后公式计算迭代值，通过迭代最终得到一个满意值。由于此赋值仅仅是迭代的初值,因此只需考虑:合理性、客观性、具有区分度。

考虑到区分度,显然只有修正 XY 率、修正视撤率、修正驳回率以及它们的组合适合用于赋值。相比单独的修正视撤率和修正驳回率,修正 XY 率和修正视撤率+修正驳回率更能合理地体现检索能力。但由于修正 XY 率与修正视撤率+修正驳回率相比,多了一项 XY 率,所以主观性更强。综合考虑以上三个因素,采用修正视撤率+修正驳回率进行总得分赋值。

在赋值时,精确赋值和分段赋值是最常见的两种赋值方式,对两种赋值方式分别进行研究并比较,最终发现前者更客观、准确。

精确赋值方法的构成采用如下方法。首先选定某部门人员群体的平均驳回率和视撤率,计算该人员群体的平均驳回率+平均视撤率(0.441),将其赋值为 0.6,并计算样本中(驳回率×α + 视撤率)的最高值(0.68),每个审查员的各自得分按下式确定:

$$得分 = 0.6 + (驳回率 \times \alpha + 视撤率 - 0.441) \times \frac{1 - 0.6}{0.68 - 0.441} \quad (9)$$

此时(驳回率×α+视撤率)低于 0.441 的样本其得分将低于 0.6,若计算结果小于零则该结果以零计。

其次,需要确定参加拟合的样本。一般来说样本需要有一定的结案量,驳回率、视撤率、XY 率指标才有统计学意义;通过筛选,最终采用了某部门的 56 人作为通用样本进行拟合。使用线性拟合方法进行拟合结果如下:

$$检索能力得分 = 0.165 + 0.757A - 0.015B + 0.048C \quad (10)$$

其中检索类亮点案例数量(B)的系数为负值,与检索能力得分呈负相关,这种相关性明显不合理,故不采用拟合方式求得检索亮点案例数量的系数,通过其他方法计算。

接着,根据修正 XY 率与 PCT 改点数量这两项再进行拟合得到如下结果:

$$检索能力得分 = 0.163 + 0.753A + 0.047C \quad (R^2 = 0.914) \quad (11)$$

A 为修正 XY 率、C 为 PCT 改点数量,R^2 为决定系数。

此时还需要确定检索类亮点案例数量(B)和检索类文章数量(D)这两项的系数。由于学术论文经过审核且其内容质量高于亮点案例,其系数也应当高于亮点得分,故将检索类文章数量的系数定为检索类亮点案例数量系数的 3 倍,并且规定检索类亮点案例数量的系数和检索类文章数量的系数之和等于 PCT 改点数量系数。由于检索类亮点案例数量和检索类文章数量的系数不经拟合而是人为设定得出,将这两者系数之和定为 PCT 改点数量的系数可以使人为引入系数的误差不大于拟合的误差,降低模型建立产生的主观性。由此确定 B、D 的系数分别为 0.01175 与 0.03525,最终模型为:

检索能力得分 = 0.163+0.753A+0.01175B+0.047C+0.03525D　　（12）

四、模型验证

应用该模型，笔者选取了某部门的审查员进行了模型的验证。按照上述公式，将该部门结案数量80件以上的审查员数据带入计算可以得出得分的分布图（见图1）。

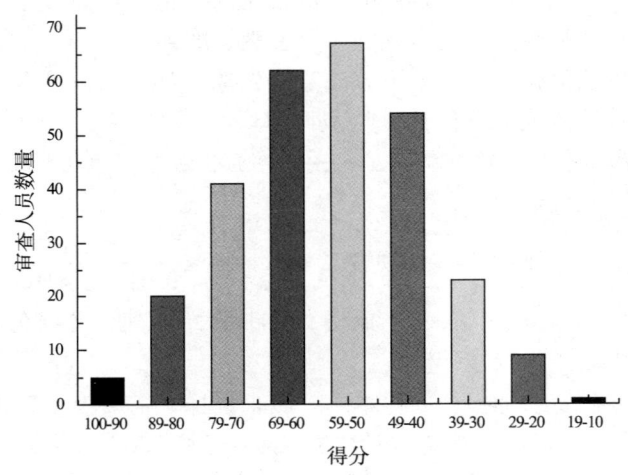

图1　某部分审查员的得分分布图

图中横坐标为10分一档的得分，纵坐标是每一档的审查员人数。可见该得分情况基本符合正态分布，而且描述模型与函数拟合误差的决定系数 R^2 大于0.9，其具有一定的可靠性。

通过对于不同人群的分析，发现不同检索能力、不同审龄、不同审查领域的审查员，均在检索能力得分上有明显的区分，并且可以较为客观地反映出一些共性问题。

五、结　语

本文基于360°评估体系，建立起一套检索能力评估量化模型。根据与检索能力关系的密切度，按照样本数量充足、指标客观的原则选定用于拟合的指标。通过对拟合指标的数据分析，采用自定义的修正XY率等自变量进行线性拟合，最终得到定量的检索能力评估模型。经验证，该模型适用于不同审查员人群，数据可靠性高。依据该模型，一方面，可以为审查员检索能力的自我提升奠定基础，切实调动审查员提升检索能力的主观能动性；另一方面，可以为不同层面的管理人员提供审查员检索能力的大数据分析，得到不同人员群体的优势与短板，从而可以有的放矢地进行检索能力提升工作。

参考文献

［1］付亚和，许玉林．绩效管理［M］．上海：复旦大学出版社，2003：39-45．
［2］付佳，王丹，艾变开．基于"360°评估"的检索能力评估体系［J］．审查实践与研究，2013（3）：117-123．

CPC 分类研究

数据处理领域 CPC 分类体系应用研究

魏 峰 王 伟 武文琛

摘 要：联合专利分类体系（CPC）在每一个特定的技术领域，其分类体系和分类思想都有其独有的特点，本文分析了数据处理（G06F 17）领域 CPC 分类体系特点，基于该领域的技术架构总结了 CPC 在这一特定领域的分类思想。在此基础上，获得对该领域 CPC 体系的深入把握，并将其系统、灵活地应用于分类和检索实践中。

关键词：CPC 分类体系　CPC 分类思想　数据处理领域　分类应用　检索应用

引 言

数据处理（G06F 17）领域的专利文献具有 IPC 分类不准确，检索关键词难以准确确定的特点，很难在一个或几个具体的 IPC 分类号范围内将对比文件检全，近年来该领域的专利申请量快速增长，也常常没有合适的 IPC 分类号与之对应，对专利分类、审查、管理与利用等方面提出了更高的要求和挑战。CPC 以其简单易记的标示形式和更加细致的分类细分，成为解决该领域上述检索难题的一种手段。同时根据中欧两局达成的分类合作指导原则，国家知识产权局将分阶段引入 CPC，使之与 IPC 一起成为局内部分类体系。[1]鉴于此，本文对 G06F 17 领域的 CPC 分类号进行了研究，介绍了该领域 CPC 分类和检索的特点。

一、G06F 17 领域分类体系特点

（一）G06F 17 涉及的技术主题

G06F 17 大组涉及特别适用于特定功能的数字计算设备、数据处理设备或方法，其分类表设置了处理复杂数学运算、自然语言数据、信息检索及数据库

结构、获取和记录数据以及计算机辅助设计（CAD）等涉及对数据进行检索和处理的多个分类类目，其主体一点组的设置与 IPC 相同，但是细分条目相对于 IPC 而言明显增加，其中 IPC G06F 17 大组仅包括 22 个类目，而 CPC 分类中该大组则包括 463 个类目，这将有助于大幅提高采用分类号进行检索的有效性。此外，CPC 还针对 CAD 组提供了 2000 系列的标引，为 CAD 增设了更多方面可供标引的属性。

因此，CPC 为 G06F 17 提供的是一个多维度的复杂分类表，其在涉及信息检索及数据库结构（G06F 17/30）的分类架构上更具特色，主要依据在信息检索中检索何种数据类型进行细分，如 G06F 17/300017 用于多媒体数据检索，G06F 17/3074 用于音频数据检索，G06F 17/30781 用于视频数据检索，G06F 17/30241 使用地理信息数据库，G06F 17/30286 使用结构化数据库，G06F 17/30908 使用半结构化数据库等。以下整理了与信息检索及数据库结构相关（G06F 17/30）的分类位置的主要技术架构分布图，具体如图 1 所示。

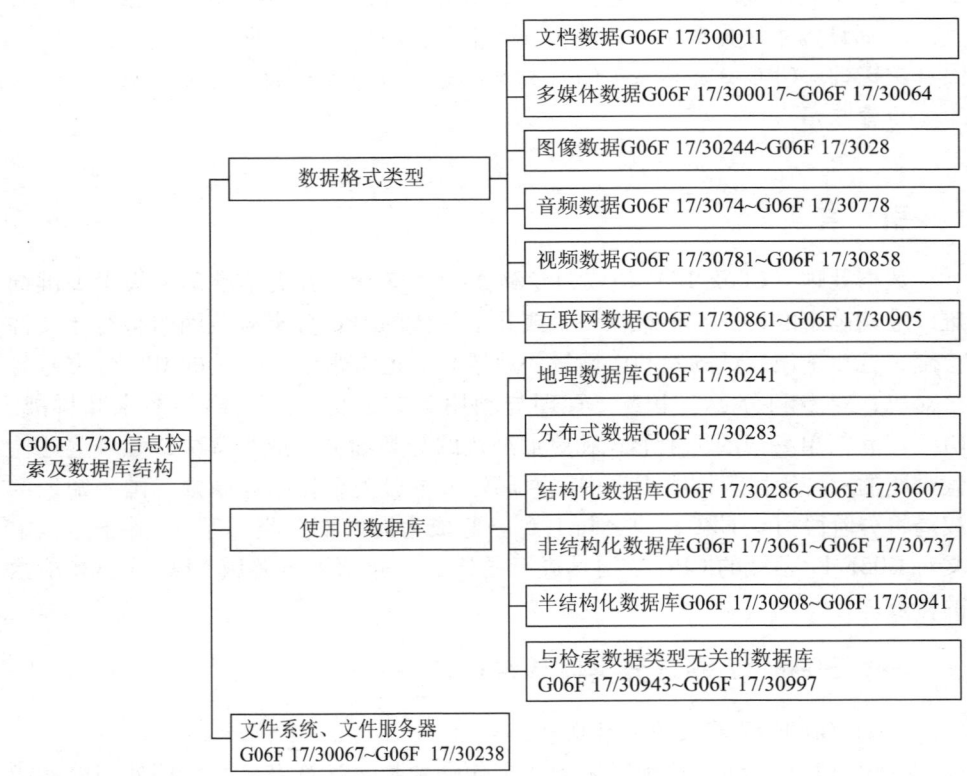

图 1　与信息检索及数据库结构相关的主要技术架构分布图

（二）G06F 17 大组范围的界定

为了保证文献分类的准确性，从而提供高效检索的基础，这里需要对 G06F 17 大组所包括的技术领域范围进行清晰的界定。

G06F 17/30 覆盖了 G06F 17 大组下大部分分类类目，该组别基于文献是否涉及信息检索而被界定，数据处理设备或方法几乎与所有数据文件都相关，因此分类时应该首先考虑该数据文件是否属于信息检索类别，其主要范围是信息的存储和对所存储信息的检索，而非从存储信息得出的语义信息，后者应当属于通常意义上的数据挖掘范畴。

对于 G06F 17 大组下的其他一点组，G06F 17/10 一点组关于具体的数据处理应用领域并且具有技术性，但涉及比较抽象的算法或运算，例如方程式、域变换、函数计算、矩阵向量、近似法换算的相关数学运算等；G06F 17/20 则涉及对于自然语言数据的文本处理或自动分析及转换；G06F 17/50 涉及计算机辅助设计，包括如何利用计算机实现方法的编程介质执行不同实体的设计。但是，该组别并不包括对于人工种植体（如假牙）和修复设备，这些是制造之前的设计，如果是在生产后对于物理实体的测试，可以包括在 G06F 17/50 的技术范畴内。

（三）G06F 17 各分类位置的区分

1. 主分类位置的区分

G06F 17/10 作为数字计算或数据处理，首先想到的即数学运算，用于特定功能的复杂数学运算首先应被分类于 G06F 17/10，并根据不同的数学运算方式进行具体细分；数学运算一般会涉及多种方程式、函数或者各种变换，涉及联立或微分方程式的计算，应归入 G06F 17/12 或 G06F 17/13；如果是各种傅里叶变换或者正交变换，应归入 G06F 17/141、G06F 17/145 或者 G06F 17/147，而 G06F 17/156 涉及使用与变换相关的函数计算，并非单纯的傅里叶变换。

自然语言数据是一类比较典型的数据分类，主要分类于 G06F 17/20，该类涉及内容较少，分类相对单一，主要涉及 G06F 17/21 文本处理、G06F 17/27 自动分析（如语法分析、词法分析等）和 G06F 17/28 自然语言的处理或转换（多涉及翻译）。

G06F 17/30 是 G06F 17/下面的核心分组，二点组主要根据检索信息类型以及数据库类型不同进行划分，需要进一步指出的是，对于超过一种视听媒体类型的检索，则不应入多媒体数据检索 G06F 17/30017，而是应入各自所指定的数据检索位置，如图像数据的检索入 G06F 17/30244，视频数据入 G06F 17/30781 等。对于文件系统的分类 G06F 17/30067，如果涉及了更具体的非结构化文本数据检索、多媒体数据检索、图像数据检索、音频数据检索或者视频数据检索，则应分入相应的其他二点组。

G06F 17/50 关于计算机辅助设计，用于计算机实现的方法的编程介质如何执行不同实体的设计。其二点组涉及不同应用领域的辅助设计，例如 G06F 17/5004 涉及建筑设计领域；G07F 17/5009 适于逻辑电路的仿真操作。注意，本分类只涉及电路仿真，对于错误仿真、测试图案的生成、电路测试、测试仿真等不包含在其中。

2. G06F 17 领域 2000 系列特点

在 IPC 中，引得码属于非强制分类，但在 CPC 中，与其对应的 2000 系列虽然用于标引附加信息，但如果其体现了对检索而言十分重要的技术方面也会进行强制分类[2]。G06F 17 领域涉及 31 个 2000 系列，从形式上来看，具体体现为对 G06F 17/50 计算机辅助设计进行附加标注的 2217 系列，均为并列一点组，属于非插入主干分类的正交部分，从具体应用而言可以分为四类：涉及实体结构的应用、涉及运算的应用、涉及具体应用对象的数据处理、以特定优化为目的的 CAD 设计。

二、G06F 17 领域的分类思想

（一）利于检索规则和多重分类规则

CPC 强调对"发明核心"内容给予分类[3]，其比 IPC 中"发明信息"的含义更广，IPC 中的一部分"附加信息"也可以成为发明核心的一部分，只要这些信息对检索有帮助，可以简化检索者的工作。此外，CPC 更侧重对实施例和具体公开的信息进行分类，细节的技术信息更应当被分类。

对于 G06F 17 大组而言，文献的"发明核心"既可以作为发明信息，也可以作为附加信息，即文献中利于检索的"附加信息"也可以成为发明核心的一部分。具体到 G06F 17/30，同一篇文献可能同时具备多种数据类型或功能，例如一种用于检索操作，另一种涉及检索结果，对于上述情况，在分类时需要考虑两种数据类型，即只要有适于分类的相关方面就应始终考虑双重甚至多重数据分类，这有助于提供完备的检索信息。

（二）特殊分类规则

1. 优先规则

类似于 IPC 的分类思想，一般在无相反指示的情况下，CPC 分类通常遵循"最后位置规则"，但 CPC 分类表中的某些分类位置有时会给出明确指示，要求在相应分类位置遵循"优先位置规则"，如 G06F 17/30067、G06F 17/30306、G06F 17/30808、G06F 17/3084 等。例如，G06F 17/30067 的分类类目如下：

- G06F 17/30067 · · ｛文件系统；文件服务器（G06F 17/3061，G06F 17/30017，G06F 17/30244，G06F 17/3074，G06F 17/30781 优先；存储系统的专用接口 G06F 3/0601，错误检测，校正或监控 G06F 11/00)｝

根据上述分类类目的指示，当文献内容涉及文件系统或文件服务器中的数据处理时，如果其还具体限定了数据的类型为非结构化文本数据（G06F 17/3061）、多媒体数据（G06F 17/30017）、图像数据（G06F 17/30244）、音频数据（G06F 17/3074）或视频数据（G06F 17/30781）时，则优先考虑分入体现具体数据类型的分类位置。

然而，当文献公开的技术核心不能被这些优先被分入的组所完全代表时，还将考虑给予多重分类。

2. 特殊标引规则

该规则不同于通用规则，一旦出现则需要格外注意，否则会导致错误分类。由于篇幅所限，这里仅举几例。

（1）关于 G06F 17/10

G06F 17/10 是在数据计算和数据处理领域下对复杂数学运算进行的分类，其涉及运算多为抽象的数学变换或函数运算，强调计算或运算过程。如果是将函数生成与表查找等查询算法相结合，或者通过函数计算得到的结果最终用于评估或具体应用领域，则需要考虑分类表的其他领域是否存在更合适的分类位置，如通过表查找的函数生成 G06F 1/03、通过计算初等函数的评估 G06F 7/544 等。

（2）关于 G06F 17/30

G06F 17/30 的主要范围是信息的存储和对所存储信息的检索，而非从存储信息得出的语义信息，后者应当属于通常意义上的数据挖掘范畴。基于挖掘出的内容或语义是什么，可以考虑分类到 G06N 5 和 G06Q 组别，其中 G06N 5 包括从数据中提取出来的通常语义信息的分类位置，而 G06Q 则包括将数据应用到行政管理、商业、经营、监督或预测等领域的分类位置。

（3）关于 G06F 17/30067~G06F 17/30238

如果一篇文献仅涉及数据被转换，并未涉及信息检索，那么不应当分类到该信息检索组别 G06F 17/30 下。而相反情况下则可以考虑在该信息检索组别下确定关于数据类型转换的多个分类位置。如果在上述内容基础之上，该文献还涉及复制功能，那么其复制功能也可以被分类。然而，如果一篇文献虽然涉及复制功能，但其应用场景涉及错误检测或校正（G06F 11/14），例如备份系统中用于错误校正的复制，那么分类位置应当确认在 G06F 11/14 有关复制的下位点组中。

(4) 关于 G06F 2217 系列

G06F 17 的 2000 系列引得码与其下位点组 G06F 17/50 主体分类位置的配合，这部分引得码对计算机辅助设计进行了附加标注，其与 G06F 17/50 的主体分类位置之间并不存在严格的配对使用关系，而是更倾向于从功能、应用和部件角度对计算机辅助设计所涉及的技术内容进行二次细分，从而在主体分类位置基础之上，提供更多维度的附加信息分类支持，以帮助体现技术实质，提高检索效率。

(三) 如何进行分类

在对涉及数字计算或数据处理的装置或方法进行分类时，首先应该阅读整个权利要求书和说明书，确定待分类的技术主题以及本发明相比现有技术所做出的贡献，此外还需明确是否存在涉及附加信息的技术主题，以保证文献的完整分类。其中，准确找出哪些技术内容对于构成发明核心来说是重要的，并需要对这些重要的技术内容一一给出分类。此外，对于权利要求书和说明书中相同技术内容的不同层级的表达，应判断出哪个层级是重要的并给予相应分类，而对于那些过于宽泛的、对于分类和检索而言没有实际意义的层级则不予标引，否则反而会引入过多的噪声而不利于检索。在实际进行分类时，应当首先遵循利于检索原则和多重分类原则。当然，在确定分类位置时，还应当对分类表或分类定义中给出的特殊规则指示予以重视，同时关注上位点组对下位点组的解释作用和限制作用，避免遗漏指示信息而导致的错误分类。下面以一个实际案例为例，说明该领域如何进行分类：

文献 EP0820026A1 涉及一种促进对计算机用户进行信息显示的方法和系统，权利要求涉及的技术方案如下：

1. 一种在网络计算机系统中执行的用于促进在客户端计算机的显示设备上显示信息的方法，该网络计算机系统包含一台服务器计算机，显示具有至少一个替换链接的网页的显示装置，该方法包括以下步骤：检索与所述网页上的弹出链接相关联的数据；接收一个用于对显示设备上显示的一个弹出链接进行激活的指示；和响应于所述激活在弹出窗口显示检索到的数据。

在实施例中，当用于处理弹出链接的浏览器遇到带有弹出属性的 HTML 标签时，浏览器将执行以下步骤：①浏览器从服务器 "foo.com" 检索 "bar.html" 文件；②浏览器在显示设备上显示 bar.html；③浏览器通过检索得到的文件，检索与一个或多个弹出链接相关的数据，如第二个文件和被所述第二文件中引用的任何嵌入对象。当浏览器接收到对弹出链接的激活时，在显示设备的弹出窗口中显示检索到的数据。优选的，弹出链接由弹出式 HTML 扩展语言标识。

对该申请进行分类时，首先考虑整体方案的主题，涉及一种通过浏览器进行信息检索并显示的方案，明确属于 G06F 17/30，涉及信息检索及数据库结构，其二点组的分类主要根据检索信息类型以及数据库类型不同进行，本申请的方案不涉及数据库的内容，而仅仅涉及信息检索，其所检索的类型是通用数据，并未限定具体的数据类型，但是从网络进行检索，故定位到 G06F 17/30861，涉及在网络上检索，例如通过浏览器，再进行具体细分，考虑到实施例中通过弹出式 HTML 扩展语言标识弹出链接，故细分到 G06F 17/30896。

三、G06F 17 领域 CPC 检索实践

CPC 分类是在 CPC 分类思想的指引下进行的，同理，在检索中选择相关分类位置进行检索时也要遵从分类思想的指引来进行。CPC 分类思想强调对"发明核心"进行分类，并优先选择技术契合度最为相关的分类位置进行分类。在使用 CPC 进行检索时，也应基于这一分类思想进行，首先，确定出需检索技术主题的"发明核心"，对体现发明核心方面的相关分类位置在检索时优先考虑；其次，在选择具体相关分类位置时一定要从利于检索的角度考虑，优先选择技术契合度最为相关的分类位置进行检索。

具体对 G06F 17 领域而言，CPC 和 IPC 分类体系进行对比可知，CPC 对该领域进行了非常细致的划分，通过多级细分，极大缩小了检索范围。下面以一个具体案例来说明该领域 CPC 分类的检索应用。

（一）案情介绍

【发明名称】搜索录制的视频

【背景技术】搜索录制的视频是极为消耗时间和人力密集的过程。视频监控系统通常包括录像机，用于录制由监控摄像机所捕获的视频。数字视频录像机的形成借助使用算法来搜索特定项目，例如，借助算法来搜索一个项目何时从视频摄像机所观看的区域中消失，由此改进搜索过程。然而，快速且方便地找到特定视频片段的能力并没有得到很大改进，与需要查看 VCR 磁带一样，搜索过程仍然需要人来查看视频。视频分析在视频安全工业中正在开始部署使用相当先进的技术来从数字视频流提取高级信息的系统和部件，一般会在系统中具有大量处理能力的设备处进行提取。因此如何实现通过快速进行视频搜索是一个需要解决的问题。

【权利要求】一种产生与视频帧关联的元数据的方法，所述方法包括：接收视频帧；形成所述视频帧的背景模型；通过使用所述背景模型来从所述视频帧分离前景对象；将所述前景对象按类别分类，其中所述类别基于所述对象的颜色、长宽比和位置来表征所述前景对象；以及在元数据中记录所述前景对象

的类别。

(二) 所属CPC相对IPC的异同

权利要求所请求保护的解决方案实质上涉及从视频帧分离并产生元数据，以用于视频数据的检索，IPC中分类位置于：

G06F 17/00 特别适用于特定功能的数字计算设备或数据处理设备或数据处理方法〔6〕

G06F 17/30 · 信息检索；及其数据库结构〔6〕

其中G06F 17/30是G06F 17大组下的核心分组，CPC分类体系中对该一点组进行了细分，该小组涉及信息检索及数据库结构，二点组的分类主要根据检索信息类型以及数据库类型不同进行，其中二点组G06F 17/30781涉及视频数据检索，如表1所示。

表1 G06F 17/30组的信息类型（部分）

分类号	点级	内容
G06F 17/30781	..	{视频数据（图像识别G06K 9/00；图像分析G06T 7/00；编辑或索引在记录载体上的信息信号，信息被记录或读取是基于存储载体和换能器之间的相对运动G11B27/00，数字视频信号的信源编码或解码H04N 7/26；可选择分配内容，例如交互式电视，视频点播H04N 21/00）}
G06F 17/30784	...	{使用自动采自视频内容的特征，例如描述符，指纹，签名，流派（视频内容识别G06K 9/00711，提取图像特性或特征的图像识别G06K 9/46）}
G06F 17/3079	....	{使用对象在视频内容中检测或识别（用于识别图案的图像探测涉及目标探测的G06K 9/3241）}
G06F 17/30799	....	{使用低可视特征的视频内容（对图像进行预处理为了提取图像的特征进行识别G06K 9/46；一般图像处理涉及图像特征读取G06T）}
G06F 17/30802	.....	{使用颜色或发光（图像数据的颜色分析G06T 7/408）}
G06F 17/30805	.....	{使用形状（G06F 17/3079优先，图像数据的分割或边缘检测G06T 7/0079；对图像数据的几何属性分析G06T 7/60）}

可见该领域IPC分类较为宽泛，涉及信息检索的位置仅有一个，并且各种信息类型的检索都归在此分类下，该分组下的文献量有423208篇，非常不利于检索。

CPC分类对G06F 17/30下的二点组进行了细分，其具体划分根据检索数据类型不同进行，明确了视频检索入G06F 17/30781。更具体的，视频的检索依据元数据进行,元数据的生成是通过背景模型在视频帧中分离前景对象,并基于颜色、长宽比等进行对象分类,最终产生元数据。具体在 G06F 17/30781 的下位点组中,涉及 G06F 17/30784(使用自动来自视频内容的特征)、G06F 17/3079(使用视频内容中检测或识别的对象)、G06F 17/30799(使用视频内容的低级别的视觉特征),G06F 17/30799 下有更贴近的下位分组,即 G06F 17/30802(利用颜色或发光)、G06F 17/30805(利用形状)。

(三)CPC 与 IPC 检索对比(见表2)

表2 CPC 与 IPC 检索对比表

基本检索要素	视频检索,元数据	视频帧	前景对象,颜色,长宽,位置	模型
IPC	G06F 17/30	—	—	—
CPC	G06F 17/30781	G06F 17/3079,G06F 17/30784	G06F 17/30799,G06F 17/30802,G06F 17/30805	—
中文关键词	视频、检索	帧、画面、片段、图像、图片	对象、颜色、形状、位置、长、宽	模型、建模、背景模型、高斯
英文关键词	Video、search、retrieval、metadata	Frame、segment、image	Foreground、object、color、size、length、wide	Model、gauss、background

(1) IPC 检索以 CNABS 为例:

1　CNABS　2326　视频 and(检索 or 搜索)and(颜色 or 模型 or 前景 or 对象)
2　CNABS　642　G06F 17/30/ic and 1　//文献量过大,不利于浏览
3　CNABS　57734　G06F 17/30/ic　//中文文献量庞大
4　CNABS　523　视频帧 and 颜色
5　CNABS　53　3 and 4　//限定过于下位,无合适文件
6　CNABS　86　2 and 帧 and(模型 or 建模)//多重限定,浏览量合理,无合适对比文件,容易漏检

使用多个检索元素的中文关键词限定导致文献数量变少,无合适对比文件;使用英文关键词进行检索,由于相关领域关键词涉及比较广泛,导致文献

量偏大，并且 IPC 分类体系 G06F 17/30 下文献量较大，加入分类号限定并未明显降低浏览量，难以检索并得到合适的对比文件。

（2）CPC 分类比较细致，从需检索方案本身来分析，虽然视频检索和视频帧是方案的核心所在，但是 G06F 17/30781 和 G06F 17/30784 较为上位，分别涉及所有的视频数据检索，以及使用自动来自视频内容的特征进行检索，其下位点组 G06F 17/3079（使用视频内容中检测或识别的对象）代表"从视频帧分离前景对象用于视频检索"更具体贴近本申请的发明点，因此属于更为贴切的分类位置。

另外，方案中明确公开"基于所述对象的颜色、长宽比和位置来表征所述前景对象；以及在元数据中记录所述前景对象的类别"，即视频内容中对象的颜色、长宽比和位置被记录在元数据中以用于最终的检索，即视觉特征用于检索，其下位点组 G06F 17/30802（使用颜色或发光）为较为贴切的分类位置，虽然并列点组还涉及 G06F 17/30805（利用形状），与对象的长宽比相关，但是长宽比和形状并非精确对应，只是涉及会有技术上的交叉，如果采用容易造成漏检。

虽然权利要求涉及建立模型，但是模型的使用较为广泛，应用到各种数据的计算和分析，在此分类下无相关分类位置，也不必要扩展到其他领域的模型建立。

综上所述，G06F 17/3079 涉及使用视频内容中检测或识别的对象用于视频数据的检索，G06F 17/30802 涉及使用视频内容的低级别的视觉特征，具体为颜色进行视频数据的检索，而本申请涉及使用视频帧的前景对象的颜色作为检索使用的分类，根据多重分类原则，应对该方案所涉及的多个主题进行同时分类。

上述两个分类位置的使用，已经涵盖了申请所涉及的主题，使用关键词反而容易造成近义词或同义词未考虑而导致的漏检，因此检索尝试仅使用分类号进行，检索得到合适的对比文件 D1。

20	SIPOABS	590	G06F 17/3079/cpc
21	SIPOABS	1297	G06F 17/30802/cpc
22	SIPOABS	83	20 and 21
23	SIPOABS	66	pd＜2010－12－30 and 22 // D1：US2009192990A1

CPC 的分类条目更加细致、精准，利于检索是最基本的原则，即检索中体现技术主题，根据权利要求的重要信息都给出分类，涉及视频信息的检索，CPC 中有明确的分类号存在，并细分多个多点组以体现不同的技术细节，即在

这些下位点组的分类中已经体现了技术主题所涉及的技术细节。因此，上述应用 CPC 的检索过程中，仅使用分类号即可快速定位对比文件，有效避免了关键词筛选和扩展的问题。

参考文献

[1] 钱红缨，等. 我局专利分类工作未来发展方向及工作方案研究［R］. 2012 年度国家知识产权局专项课题（ZX201214），2012-2013.

[2] CPC 分类体系和分类定义（2014 年 7 月版本）［EB/OL］.http://www.cooperativepatent-classification. org/cpc/scheme/G/scheme-G06F. pdf.

[3] ［EB/OL］. https：//epoxy. epo. org/Default. asp？d=cpcvideo&p=2324，106，2296.

CPC 分类思想和分类规则初探
——从数字信息的传输领域典型案例看 CPC 分类

刘 静

摘 要：从欧洲专利局 CPC 分类培训教学视频中数字信息的传输（H04L）领域列出的典型分类案例出发，探讨 CPC 分类体系的分类思想和分类规则，并将其与 IPC 分类进行比较，分析两者的异同，指出从 IPC 过渡到 CPC 对国家知识产权局审查员的影响。

关键词：CPC IPC 技术主题 分类思想

引 言

笔者最近学习了数字信息的传输（H04L）领域中 CPC 分类培训的视频课程，通过对 H04L 分类位置下各具体细化领域典型分类案例 CPC 分类方法的解析，初步理解了关于 CPC 分类的一些分类思想和规则。本文即着意于提出笔者总结的这些思想和规则，以供同行探讨。

一、关于发明技术主题的分类

IPC 分类表使用指南中列举了几种技术主题类别的分类方式，其中包括的类别分别是：化合物；化学混合物或组合物；化合物的制备或处理；设备或方法；制造的物品；多步骤方法、工厂设备；零件、结构部件；一般化学式；组合库[1]。上述类别中有很多在 H04L（数字信息的传输）领域并不涉及，该领域主要涉及的技术主题类别是设备或方法。

对于设备或方法的技术主题，使用指南中记载了以下分类方式："当发明主题涉及设备时，如果存在该设备的分类位置，归入在该设备的分类位置。如果不存在这样的分类位置,将该设备归入该设备所执行方法的分类位置。当发明主题涉及产品制作或处理方法时,归入所执行方法的分类位置。当不存在这样位置时,归入执行该方法的设备的分类位置。如果不存在产品制造的分类位置,则制造设备或方法分类在该产品的分类位置。"[1]

从上文可以看出,一般来说,在分类时认清技术主题的类别是很重要的,只有认清了类别,才能够根据使用指南指出的对应分类方式正确地找出合适的分类位置。然而在数字信息的传输或者网络通信领域,情况却并非如此。以下将对通信领域分类位置的特殊状况加以说明。

在通信领域,技术主题的类别不像在其他领域中那样具有重要意义。这里主要存在两个原因:

其一,该领域中设备和方法的技术主题往往成对出现,绝大部分专利申请涉及以下所述的技术主题,即一种通信方法及实现该方法的系统,抑或是一种通信系统及其中运行的通信方法。即使技术主题仅仅涉及一种通信设备,真实的发明点也往往不关注于设备硬件的改进,而是关注于对该设备相关于其所要执行的方法而作出的改进。众所周知,当今这种改进往往不是通过硬件改变来完成的,而是通过软件程序的设置来完成的。

申请人如此声明请求保护的技术主题,这正是由通信本身的特性决定的。所谓通信,是指设备之间的交互,例如基站与移动终端之间的交互,或者网络管理者与网络被管理者之间的交互,或者数据发送方与数据接收方之间的交互。以上的例子中,通信双方要达成正确的通信联系,必须协同完成某些设置和动作,这就会涉及双方的设备配置以及它们之间交互的方法流程。

其二,基于这样的技术主题特性,通信领域的分类表设置也具有其特性,即绝大部分分类号并不单独涉及设备或方法的技术主题,而是涉及通信概念、通信原理等类似内容,这是在通信领域技术主题的类别不具重要意义的第二个原因。例如 H04L 1/003 这个分类位置,其涉及自适应调制的技术主题,那么分入该位置的文献将既包括涉及自适应调制设备的文献,又包括涉及自适应调制方法的文献。

以上所陈述的网络通信领域关于发明技术主题分类的特殊性,不仅体现在 IPC 分类中,也同样体现在 CPC 分类中。在表 1 中,笔者列出所学习的部分 CPC 分类培训课程课件中列明的一些典型案例及其分类号,用以作为案例支撑对上文的内容作进一步阐述。

由表 1 的内容可以看出,即使声明权利要求保护的技术主题在于设备,但是发明的真正所在更有可能是该设备执行的方法。H04L 领域中的 CPC 分类位置的类名并不专门针对于设备或者方法技术主题类别进行明确区分,绝大部分涉及通信原理、技术概念。即使在其类名中出现 arrangements 这样的用词，其含义也更倾向于理解为"方案、配置"而非"装置"，例如下例：H04L 12/1818，CPC 中的四点小组，其英文类名为 ｛Conference organisation arrangements, e. g. handling schedules, setting up parameters needed by nodes to attend a conference, booking network resources, notifying involved parties｝[2]，中文含义为"计算机会议，例如聊天室的组织方案，如处理调度，建立加入会议的节点需要的参数，登记网络资源，通知参与各方"。此处英文类名中的 arrangements 显然不指装置，因为从其类名中的例示即可知本位置包括一些涉及动作（handling 处理、setting up 建立、booking 登记、notifying 通知）的技术主题。

表 1　典型专利文献分类号一览表

序号	文献号	涉及的技术主题	发明信息 CPC 分类号	附加信息 CPC 分类号	分类号是否专门涉及请求保护的技术主题类别
1	EP0903883A2	具有自适应信道编码器和调制器、信道解调器和解调器、无线链路协议帧和信道确定单元的系统和方法	H04L 1/0003 自适应调制；H04L 1/0007 自适应帧长度；H04L 1/0009 自适应信道编码；H04L 1/20 信号质量估计	H04L 1/0025 模式改变指示的传输	否
2	US2003/0072286A1	包重传的发送/接收设备和方法，根据同样数据重传的次数是奇数还是偶数确定编解码	H04L 1/0066 并联码进行前向纠错；H04L 1/0068 通过打孔进行速率匹配来前向纠错；H04L 1/0071 使用交织进行前向纠错；H04L 1/1816, 1819 混合自动重复请求（HARQ）	H04L 1/1845 专用于接收端的码合并技术	否

续表

序号	文献号	涉及的技术主题	发明信息 CPC 分类号	附加信息 CPC 分类号	分类号是否专门涉及请求保护的技术主题类别
3	US2012190325A1	向事先未被配置过的特定物理位置的终端发送报警广播消息的方法和系统	H04L 12/1845 在特殊位置的广播或多播；H04L 12/1895 短实时消息的广播，例如闹钟、通知、报警、更新	H04L 12/189 与无线系统组合的广播或会议	否
4	WO2006/075043A1	在呼叫中心环境中从移动站方建立会议呼叫的方法和装置	H04L 12/1818 计算机会议，例如聊天室的组织方案，如处理调度，建立加入会议的节点需要的参数，登记网络资源，通知参与各方	H04L 12/1831 为之后检索而设置的跟踪方案，例如记录内容、参与者、网络状况	否
5	US2008181225A1	向终端用户设备多播目标广告数据的方法和系统	H04L 12/1859 适于提供推送业务的广播或会议	—	否
6	US2005259656A1	在异构网络中消息的交换的系统和方法	H04L 51/04 数据交换网络中实时或近似实时的用户到用户消息的配置；H04L 51/066 基于网络或终端特性的消息格式适配	—	否

续表

序号	文献号	涉及的技术主题	发明信息 CPC 分类号	附加信息 CPC 分类号	分类号是否专门涉及请求保护的技术主题类别
7	US2010077045A1	涉及使不同社交网络中的用户之间或者社交网络用户和非社交网络用户之间能够进行消息传输的方法和设备	H04L 51/32 社交网络中的消息；H04L 51/36 统一消息，例如即时消息，电子邮件或其他类型消息之间的交互，如聚合 IP 消息 CPM	—	否
8	US 2011282953A1	涉及在消息服务中用于提供组消息对话的方法和设备，通过激活的对话标识符标识与接收的消息相关的对话	H04L 51/18 包括指令或代码的消息，在中间节点或接收方执行指令或代码以执行消息相关的动作	—	否

二、关于 CPC 和 IPC 分类思想的差别

我们知道，CPC 主要是从 ECLA 发展而来的，而 ECLA 的设计源于对 IPC 分类框架的进一步细分，因而 ECLA 与 IPC 相比，总体的、上层的分类原则并未改变，那么源于 ELCA 的 CPC 也未改变 IPC 的基本分类原则。这些原则包括面向发明的原则、发明信息和附加信息原则、整体分类原则、功能分类位置和应用分类位置共存原则、多重分类原则等。在具体的功能分类和应用分类方面，CPC 也适用了 IPC 的原则，即以本质特性或功能为特征的"一般"的物表征功能分类位置，以"专门适用于"某一特定用途或目的的物、某物的特定用途和应用以及把某物合并到一个更大的系统中表征应用分类位置。需要注意的是，功能分类位置和应用分类位置是一个相对的概念。在具体的分类操作时，如果提到某种特定应用，但没有明确披露和完全确定，或者宽泛地讲述了若干种应用的时候，倾向于分入功能位置。而既与某物的本质属性或功能有关，又与其特定应用或合并到某较大系统有关，倾向于同时分入功能位置和应用

位置。[1]

然而，由于CPC分类比IPC分类在技术上的区分更为细致，因此两者的分类思想还是存在些许不同。这种不同体现在相较于IPC来说，CPC更加注重技术本质。举个例子，例如超级计算机中存在这样的技术，在它们高度组织的网络中存在内部路由。按照IPC的分类原理，G06F 13和H04L 12这两个大组是这样区分的：G06F 13涉及信息或其他信号在存储器、输入/输出设备或者中央处理机之间的互连或传送，H04L 12涉及数字信息的传输网络，那么当遇到信息传输这样的技术主题时，就需要首先区分这样的传输发送的场所如何，若为中央处理器之间的，即分入G06F 13；若为网络终端之间的，即分入H04L 12，这是对IPC分类位置界限的严守。在这样的原则下，超级计算机中的网络更倾向于分入中央处理器之间的交互的位置，即G06F 13。但是显然，当技术着重于如何在多个中央处理器之间交互时规划和设计路由，G06F 13中并不存在相应的细分位置去表现这样的技术主题，因此在CPC分类时，即使是处理器之间的通信，也更倾向于将这样的主题分入H04L 12下涉及路由的细分位置中，因为该领域中的分类人员和审查人员更懂得路由技术。可以看出，虽然处理器之间并不是一个开放的网络，它们位于同一个机箱内，然而由于它们之间的路由技术是与开放网络中的路由技术属于相同的技术，因此相关联的文档也应并且会被放置于相同的分类位置。

然而，以上情况的发生仅仅是因为G06F 13的分类位置并不着重于路由技术，因而没有相应的细分类号来支撑。当分类体系的情况发生变化时，分类位置的选择相应地也发生变化。例如仍然是与路由相关的技术，若为特别适用于无线网络的路由技术，总是优先被分到H04W 40的分类位置，这是因为在那里，分类体系关注了该技术——无线领域路由技术的特殊性，因而设计了相应的分类表。但是这并不意味着其仅仅分入H04W即可，由于CPC认为与路由相关的一般领域分类号在H04L 45处，因此类似于IPC多重分类思想的运用，对于即使已经给出特殊应用的分类位置H04W 40的路由主题，仍然还会给出相关的一般领域的分类H04L 45。对于能够同时在无线和有线网络中使用的通用的路由概念，如果不特别关注针对不同网络类型的适用性，也将被分入H04L 45大组下。

三、关于CPC和IPC分类依据的差别

IPC分类表使用指南中明确指出："发明信息是在现有技术背景下，利用专利文献的权利要求所提供的指引并充分关注说明书和附图来确定的。"[1]该解释暗含了这样的含义：对IPC分类来说，相对重要的依据是权利要求。然而在

CPC分类中，大家会存在这样的共识，即权利要求对于分类仅仅只是个指引而已，除此之外，说明书和附图的内容也应置于比较重要的地位而得到考虑。有时候，保护范围最宽的独立权利要求也许根本不涉及任何发明信息。权利要求、说明书、说明书附图，三者的整体才构成了CPC分类主题提炼的依据。利用CPC分类时，最重要的事情是需要考虑申请人所认为的其对现有技术作出的贡献。因为申请人对现有技术的发展水平、其中存在的技术问题以及其所提出的解决该技术问题的技术手段，都会有非常明晰的认识和表达。即使权利要求仅仅要求保护一种产品，如果说明书中还涉及制造该产品的特殊方法，且分类表中存在与该方法对应的分类位置，那么CPC会对方法也给予分类号。也许该关于方法的分类号会作为附加信息给出，但是由于CPC检索的便利特性，该方法主题依然可被有效地检索。

四、关于CPC的应用分类和功能分类思想

业界普遍认为CPC分类更注重于应用分类，实际上还不如说它更注重技术的实质，因为技术的实质是与其应用的环境紧密相关的，所以往往看起来分类总是根据其应用场景来变化。当关于某一技术存在多个分类位置时，可以考虑引入该技术的目的而确定合适的分类位置。例如关于拓扑技术，若其应用于网络规划或尺度丈量目的，则该主题应归入网络管理H04L 24中；若其应用于路由目的，则归入路由H04L 45中。

另外，CPC分类表的设置也会体现出功能分类的思想。例如H04L 1这个大组，在CPC分类表中就处于功能分类位置而不是应用分类位置的地位。之所以这样说，是因为其虽然设置于H04L数字信息的传输这个小类下，但是当涉及DVD播放器和无线通信中的纠错编码的技术主题时，也非常有可能出现在H04L 1这个大组的分类位置下。有关分集的内容，虽然与H04B7无线发射接收相关，但是也非常有可能出现于H04L 1大组下。

五、关于CPC分类的细度

由于CPC分类表比IPC分类表在技术划分上细致得多，因而在使用CPC分类时，其给出的分类号个数也会略多于IPC分类号的个数。在使用IPC分类时，绝大部分申请给出1~2个分类号；而使用CPC分类时，更多地出现3~5个分类号，这体现了IPC和CPC分类表结构设置上粗放对细致的两种天然属性。相对而言，IPC是一个非常干巴巴的骨架，没有血肉，虽然存在对分类的指引，但是当谈到具体的检索时，会需要更多的细节内容。显然相较于IPC来说，CPC细致的分类结构会对检索更加有利，因为依靠某一个CPC分类号关联

的文献在技术层面上会非常接近。

CPC 分类号被更多地给出的另一重要原因在于分类员在阅览专利文献时，会对自己的兴趣点赋予分类号，例如作为附加信息给出。附加信息作为对发明信息的补充出现，它不是发明的核心理念，而仅仅是补充性的信息，往往出现在非主要的实施例中或者从属权利要求中。但这并不意味着它不重要，相反地，它对检索过程存在相当的益处。附加信息会随着时间而变化，在一定时间段和一定的技术发展阶段，某些信息可能被认为是对检索有意义的信息。但是随着时间和技术的发展，它们可能会变得不那么重要，而是成为本技术领域中的一种标准，这样对检索便没有意义了。分类员往往会认为这样的信息肯定不会出现在摘要中，如果不给出分类则对它们的检索就非常困难，因而结合自己的判断赋予它们相应的分类号。

虽然 CPC 给出更多的分类号，但是分类号数量和检索的准确性之间往往存在一定的矛盾，因此 CPC 分类号也并非无限制地越多越好，3~5 个是其比较适用的标准。

六、从 IPC 过渡到 CPC 对我国国家知识产权局审查员的影响

笔者认为，从我国国家知识产权局现有审查实践来看，从 IPC 过渡到 CPC 对实审员的影响要远远大过于对分类员的影响。这是因为：IPC 分类表对技术的划分过于粗放，分类位置的类名用语较为上位，因而当面对待分类的技术主题时，与其相关的多个分类位置之间的界限以及该主题与多个分类位置的关联度情况都不明确；对于只专注和完成某个分领域的专利申请的分类员来说，如何将涉及该技术主题的案件正确地分配给相应领域的分类员也是比较困难的。因而在我国国家知识产权局，分类员间早已引入 ECLA 分类作为其分类标准，利用 ECLA 细分类来辅助理解 IPC 各分类位置涵盖的技术主题范围，只不过在形式上对于每个申请给出的仍然是已经确定的 ECLA 分类号所对应的 IPC 分类号。笔者比较了数字交换网络（H04L）领域中各大组的 CPC 分类表和 ECLA 分类表，发现绝大部分大组的 CPC 分类表中分类位置的设定与 ECLA 分类表中对应领域的 ICO 码的设定是完全重合的。[3] 因此对于已经适应通过 ECLA 确定分类位置的分类员来说，过渡到 CPC 是非常简单的事情。

由于 IPC 分类表设置的粗放性造成其在检索上的劣势，实审员们有时并不重视 IPC 分类在检索中的应用。当过渡到 CPC 后，其细致的分类体系实际上对于检索非常有效。然而能够充分利用 CPC 分类的检索优势，需要首先进行好基础工作，也就是给予每一篇专利文献准确的 CPC 分类。由于 CPC 分类的类号更长更复杂，交叉关联的分类位置更多，因而对于实审员来说，学习并熟练运

用 CPC 分类存在相当大的难度，想要达到熟练掌握和运用 CPC 进行检索的目标，道路还很漫长。

参考文献

［1］ 世界知识产权组织. 国际专利分类表使用指南［M］. 8 版. 国家知识产权局专利局, 译. 北京：知识产权出版社，2006：16-21.
［2］ CPC 分类表［EB/OL］. http：//www.cooperativepatentclassification.org/cpc/scheme/H/scheme-H04L.pdf.
［3］ EPOQUENET version 3.70.14.

C07K 领域 CPC 分类体系特点

朱 宁　王 璟

摘　要：作为"五局"共同提议和倡导的 CPC 分类体系，以 IPC 分类体系作为基础并有较大改进，其在日益影响专利分类的格局。该体系采用更加科学和细化的分类方法，涵盖了更多的分类条目和分类定义，更方便聚焦准确的分类范围，更有益于检全、检快、检准。本文以多维度的复杂的 C07K 生物领域为研究对象，对其分类体系和分类思想进行了介绍，期冀提高该领域的检索效率。

关键词：C07K　CPC　分类规则　技术主题

引　言

检索是专利实质审查中永恒的核心，开发出更加科学和细化的分类号，从而更好、更快、事半功倍地检全、检快、检准，是分类领域不断发展的动力。作为"五局"共同提议和倡导的 CPC 分类体系，相比作为基础的 IPC 分类体系更加科学，也更有利于检索。CPC 的改进之处不仅在于分类号的细分，更重要的在于分类原则的改变。C07K 作为生物领域一个多维度的复杂的分类结构，其主体分类表、2000 系列都各有特点。因此，在此通过对 C07K 领域 CPC 分类体系进行总结和归纳，期冀能够管窥 CPC 分类体系的一些特点。

一、C07K 领域 CPC 分类体系的整体特点

（一）C07K 涉及的技术主题

C07K 小类涉及肽。C07K 分类表设置了如下的分类类目：16 个主体大组以及 119 个类别的 2000 系列。

其主体大组的设置与 IPC 类似,只是多了一些细分,其与 IPC 最主要的区别,在于 2000 系列的增设上,给多肽的 3D 结构的匹配物、免疫球蛋白的特殊性、抗体模拟物或绞合物、融合多肽增设了更多方面可标引的属性,例如免疫球蛋白的 Fc 片段、抗体的活性剂与拮抗剂、分离或制备方法、分类学来源、结合域、稳定性等。因此,其是一个多维度的复杂的分类表,且在涉及某些具体功能的蛋白的代表,如免疫球蛋白、抗体类似物、融合多肽的分类方法上颇具特色,下面就与肽相关的主要分类位置来介绍 C07K 分类表技术主题的特点。

其中多肽的 3D 结构的匹配物、免疫球蛋白特异性、抗体模拟物或绞合物、融合多肽的分类位置虽然是由 2000 系列给出,但只要发明强调和涉及这几个方面,是必须当作发明核心被强制分类的,其作用与主题分类位置相当。可见,该小类包含抗体、融合多肽等特异性多肽的固有属性,并且在分类类目设置上多个属性交织在一起,例如,某些抗体既需要分入 C07K 2316/00 或 C07K 2317/00 的位置,也需要分入 C07K 2319/00~C07K 2319/95 的位置。因此,需要清晰地摘分和梳理,有关肽相关分类位置的主要技术方面架构分布如图 1 所示。

图 1　肽相关分类位置的主要技术分布

针对 C07K 分类，CPC 与 IPC 有以下三点显著不同：

①IPC 中 C07K 小类有 11 个大组从 C07K 1/00~C07K 19/00，但是 CPC 将 C07K 小类分为 16 个大组，新增加的 5 个大组包括 2000 系列的分类号。

②CPC 对 C07K 中的大部分大组都作了更为细致的分类，相对于 IPC 新增了 391 个条目。

③有 26 个小组消失，转入新的 26 个小组中，仅涉及 C07K 5 和 C07K 14。

（二）C07K 小类范围的界定

在分类时要区分以下内容，C07K 中不包括表 1 所示的内容。

表 1 C07K 中不包含的技术领域及其分类号

C07K 中不包含的技术领域	分类号	C07K 中不包含的技术领域	分类号
食品中的肽	A23L	获得用于食品的蛋白质组合物	A23J
为药用的制备	A61K	含有 β-内酰胺的肽	C07D
从蛋白质衍生的大分子产物	C08H 1/00	环肽型麦角生物碱	C07D 519/02
在分子中具有通解分布的氨基酸单元的大分子化合物，即在制备时，氨基酸单元没有特定的排列顺序，而是无规则的排列顺序的，从氨基酸衍生的均聚酰胺和嵌段酰胺	C08G 69/00	在分子中除了形成本身的肽环外不含有任何其他的肽键的环状二肽，如哌嗪-2,5-二酮	C07D
动物胶或明胶的制备	C09H	单细胞蛋白质、酶	C12N
获得肽的基因工程方法	C12N 15/00	用于涉及酶的测量或鉴定方法的组合物	C12Q
生物材料的研究或分析	G01N 33/00		

（三）C07K 领域 2000 系列特点

C07K 领域有 119 个类别的 2000 系列，其包含四个方面属性的标引。2000 系列技术方面架构如图 2 所示。

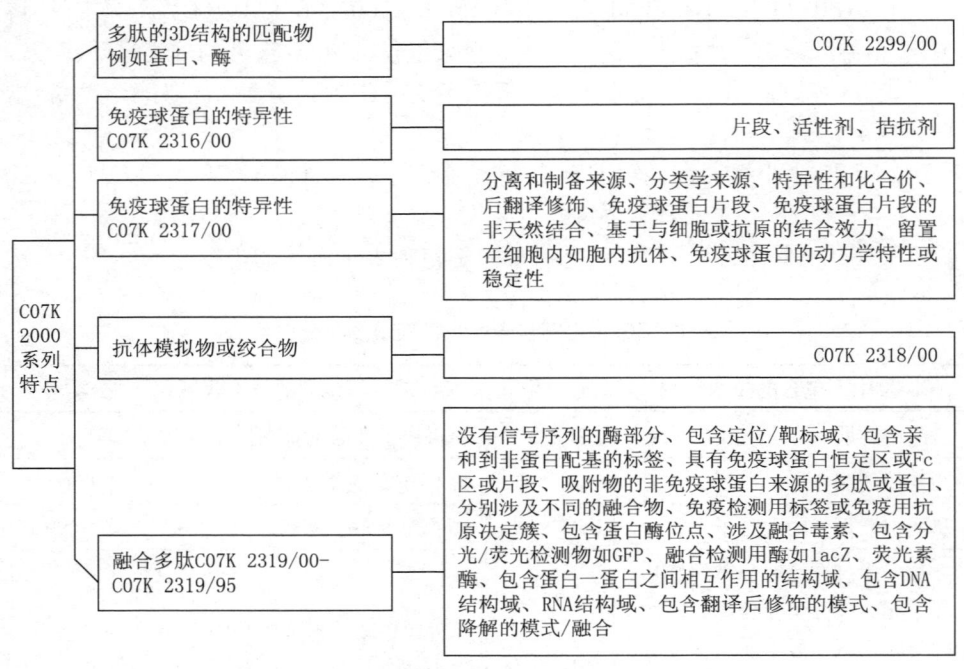

图2 2000系列技术架构分布

二、C07K 领域的分类思想

(一) 分类对象的选择

对于肽而言,"发明核心"应该被分类,然而"发明核心"比 IPC 分类定义中"发明信息"的含义更广,例如,"在专利申请文件的公开内容中代表现有技术的附加技术信息",即 IPC 分类中的"附加信息"也可以成为发明核心的一部分,在 CPC 中属于引得码,只要这些信息对检索有帮助,可以简化检索者的工作。需要关注构成肽各方面的本质固有属性和制备方法,这些属性有利于检索。发明核心的确定只能通过阅读全部文件后才能确定。需要特别关注权利要求和具体实施例中的信息,越是细节的技术信息越应当比综合信息需要被分类。

（二）C07K 小类中 CPC 的总体分类规则

1. C07K 相关但不分入 C07K 的技术领域（见表 2）

表 2　C07K 相关但不分入的分类

与 C07K 相关但不分入 C07K 的技术领域	分类号
含有 β-内酰胺的肽	C07D
在分子中除了形成本身的肽环外不含有任何其他的肽键的环状二肽，如哌嗪-2,5-二酮	C07D
环肽型麦角生物碱	C07D 519/02
酶	C12N
获得肽的基因工程方法	C12N 15/00
通过发酵或酶催化过程获得的多肽和蛋白	C12P 21/00-C12P 21/06
有机化合物的电解生产	C25B 3/00

2. 检索中需要重点关注的技术领域（见表 3）

表 3　重点关注的技术分类

检索中需要重点关注的技术领域	分类号
食品中的多肽	A23J 1/00
动物饲料中的多肽	A23K 1/1631
在分子中具有通解分布的氨基酸单元的大分子化合物，即在制备时，氨基酸单元没有特定的排列顺序，而是无规则的排列顺序的，从氨基酸衍生的均聚酰胺和嵌段酰胺	C08G 69/00
从蛋白质衍生的大分子产物	C08H 1/00
动物胶或明胶的制备	C09H
单细胞蛋白质	C12N
用于涉及酶的测量或鉴定方法的组合物	C12Q
生物材料的研究或分析	G01N 33/00
分析装置	G01N

（三）C07K 小类中 CPC 的特殊分类规则

1. 不使用的 IPC 组

下面的 IPC 在 CPC 分类表中不使用，其相关主题被以下 CPC 组覆盖，如表 4 所示。

表 4 CPC 中不使用的 IPC 分类

不使用组	被以下 CPC 组覆盖	不使用组	被以下 CPC 组覆盖
C07K 5/023	C07K 5/0202	C07K 5/027	C07K 5/0205
C07K 5/03	C07K 5/0207	C07K 5/033	C07K 5/021
C07K 5/037	C07K 5/0215	C07K 5/062	C07K 5/06017
C07K 5/065	C07K 5/06078	C07K 5/068	C07K 5/06086
C07K 5/072	C07K 5/06104	C07K 5/075	C07K 5/0613
C07K 5/078	C07K 5/06139	C07K 5/083	C07K 5/0804
C07K 5/087	C07K 5/0812	C07K 5/09	C07K 5/0815
C07K 5/093	C07K 5/0819	C07K 5/097	C07K 5/0821
C07K 5/103	C07K 5/1005	C07K 5/107	C07K 5/1016
C07K 5/11	C07K 5/1019	C07K 5/113	C07K 5/1021
C07K 5/117	C07K 5/1024	C07K 14/185	C07K 14/1816
C07K 14/725	C07K 14/705	C07K 14/73	C07K 14/70514
C07K 14/735	C07K 14/70535	C07K 14/74	C07K 14/70539

2. 优先规则

如 IPC 所示的"最先位置规则"被用于 C07K 1/003、C07K 1/006 小组中。当涉及肽的一般制备方法时，C-末端氨基酸转化成氨基化合物的制备方法分入 C07K 1/003，包含氨基酸衍生支链的多肽的制备方法分入 C07K 1/006。然而，当发明的特征不能被这些优先分入的组代表时，则可以给予多重分类，

对于小组，遵循最后位置规则（即分入分类表中最后一个适当的位置）同时结合多重分类原则，即当发明的特征不能被所分入的最后位置代表时，将给予多重分类。

3. C07K 的特殊标引规则总结

（1）如无相反指示，C07K 领域的分类适用最后位置规则。

（2）对于通过去除或增加氨基酸，通过用其他氨基酸进行氨基酸取代予以

改变，或通过这些修饰的结合予以改变的肽片段或肽，按其母体肽进行分类（但是仅当它们有相同的活性）。仅含有 4 个或更少氨基酸的肽片段仍分入 C07K 5/00 组。

（3）无论是通过化学合成，还是来源于天然多肽具有氨基酸序列的多肽都分入天然多肽。

（4）用重组 DNA 技术制备的肽不按宿主进行分类，而按所表达的原始肽进行分类。例如，在大肠杆菌中表达 HIV 肽，则按 HIV 肽进行分类。

（5）当分入本小类时，分类时也需要考虑在 B01D 15/08 通常关于色谱的范围进行。

（6）权利要求和/或实施例中的特殊多肽需要进行分类。

（7）关于 C07K 的 2000 系列：C07K 的 2000 系列引得码与主体分类位置的配合关系为：a）C07K 2299/00，其与 C07K 2/00～C07K 14/825 联合使用；b）C07K 2316/00 或 C07K 2317/00，其与 C07K 16/00～C07K 16/468 联合使用；c）C07K 2318/00～C07K 2318/20，其与 C07K 2/00～C07K 14/825 联合使用；d）C07K 2319/00～C07K 2319/95，其与 C07K 2/00～C07K 14/825 联合使用。其中，b）和 d）中提及的引得码，作为发明的核心内容时属于被强制分类的技术信息，而其作为附加信息时，可以选择性地分类；关于 a）和 c）中提到的引得码被作为附加信息进行分类，它们不是强制的，而是根据适合的情况分类。

4. C07K 1/00～C07K 5/126 技术领域的特殊分类规则——再细分分成 3 个主要部分（见表 5）

表 5 C07K 1/100～C07K 5/126 技术领域的特殊分类规则

细分后的技术领域	分类号
多肽/蛋白的通常制备方法	C07K 1/00～C07K 1/13
提取、分离和纯化蛋白和多肽的通常制备方法	C07K 1/14～C07K 1/36
本身仅含有 4 个或更少氨基酸的多肽化合物	C07K 5/00～C07K 5/126
不应再进行细分	C07K 2/00，C07K 4/00

5. C07K 16 的特殊分类规则

除了 C07K 的上述规则外，C07K 16 的特殊分类规则还包括：

C07K 16/00 免疫球蛋白［IGs］，例如，单克隆或多克隆抗体 ｛（具有酶活性的抗体，例如抗体酶 C12N 9/002）｝；

C07K 2316/00 免疫球蛋白的特殊特征；

C07K 2317/00 免疫球蛋白的特殊特征。

（1）需要同时使用 C07K 2316~C07K 2317 引得码对 C07K 16 的大组以及小组的分类进一步细化。用于检测用途则没有引得码。

（2）由于用于治疗用途，涉及抗体或抗体片段（C07K 16）与非抗体蛋白（A61K 39）的结合，包括二者的组合物较为常用，因此通常同时使用 C07K 16/00+A61K 39/395 或亚组+A61K 2300/00 引得码，或 C07K 16/00+A61K 39/40+A61K 2300/00 引得码，或 C07K 16/00+A61K 39/42+A61K 2300/00 引得码对该领域的分类进行细化。

三、C07K 领域小结

以 C07K 领域为例，CPC 与 IPC 之间存在显著区别。CPC 作为一个新的分类体系，其在 IPC 的基础上进行了改进，其改进之处并不仅仅在于分类号的细分，更重要的在于分类原则的改变，而这些原则能使得 CPC 的分类比 IPC 更加科学，也更有利于检索。

C07K 是一个多维度的复杂的分类结构，其主体分类表、2000 系列都体现了肽的组成、结构、性质、活性剂、拮抗剂和功能用途等的不同方面。因此，在对肽进行分类时，应尽可能地对各个方面赋予相应的分类位置，只要这些方面是重要的，对检索就有意义。有多个维度的技术方面需要我们考虑，并分别予以分类，所以肽的分类可能会由数个分类号组成。标引的信息越全面丰富，那么在检索时，通过分类号的组合就能较快地获得对比文件，更利于检索。

参考文献

[1] 欧洲专利局. C07K 的 definition 文档［EB/OL］.［2015-04-08］. http://worldwide.espacenet.com/classification?locale=en_EP.

C12Q 领域 CPC 分类特点简析

武雪梅　吴亚男　王　璟

摘　要：作为最接近 IPC 的分类体系，CPC 分类体系的影响和作用也将日益接近 IPC，甚至改变专利分类的原有世界格局。该体系采用了更加标准和详细的分类方法，拥有丰富的分类条目和详尽的分类定义，使得分类范围更加明晰，有助于提高专利分类的准确性和检索结果的精准性。本文以细分条目增加较多的 C12Q 生物领域为研究对象，对其分类体系和分类思想进行了介绍和分析，希望为该领域的检索和审查带来帮助。

关键词：C12Q　CPC　分类特点

一、C12Q 领域分类体系

（一）C12Q 涉及的技术主题

C12Q 涉及包含酶或微生物的测定或检验方法；其所用的组合物或试纸；这种组合物的制备方法；在微生物学方法或酶学方法中的条件反应控制。

具体来说，C12Q 包括：（1）对包含酶或微生物的材料进行直接或间接的定性/定量测定或检验的方法；使用包含酶或微生物的材料进行定性/定量测量或检验的方法，例如进行抗微生物活性检验或胆固醇检验，或地质微生物检验等。（2）涉及核酸的体内、体外或计算机测定或检验的方法，例如包括 PCR 在内的核酸杂交。（3）包含酶或微生物的组合物或试纸，能用来检测或鉴定化合物、组合物，例如检测血糖的试纸条。（4）以指示剂的使用为特征的组合物或试纸，能用来检测或鉴定微生物或酶的存在。（5）制备检测用的组合物的方法。（6）包含酶或微生物的方法，在该方法中测量反应参数，并根据测量结果对这个或其他反应参数进行改变,即条件反应控制[1]。

与 IPC 相同,CPC 也将 C12Q 小类分为 2 个主体大组 C12Q 1/00 和 C12Q 3/00,C12Q 3/00 下没有设置任何下位小组。不同的是,CPC 对 C12Q 1/00 大组进行了更为细致的分类,相对于 IPC 而言新增一点组 3 个,包括 C12Q 1/001、C12Q 1/007~C12Q 1/008。CPC 还在 IPC 的基础上对部分一点组进行了细分,其中 C12Q 1/02 下增加了 2 个分类条目,C12Q 1/48 下增加了 1 个分类条目,C12Q 1/68 下增加了 42 个分类条目,C12Q 1/70 下增加了 7 个分类条目。这些分类条目的增加使得文献量较大的分类号的结构设置更加合理,便于检索的进行。

(二) C12Q 领域 2000 系列

C12Q 领域包含 26 组 2000 系列,其中 C12Q 2500、C12Q 2520、C12Q 2560 均不使用。在使用的 23 组 2000 系列中,涉及多种属性:包括检测微生物的化学手段、检测酶的色原、核酸反应的各方面特征(酶活性、非酶蛋白、寡核苷酸/核酸/核苷酸的修饰、特殊反应条件、反应位置、定量属性、影响效率或特异性的因素、防止反应污染的手段)、核酸扩增反应、核酸序列鉴定反应、基因组比较或表达分析、核酸检测手段、寡核苷酸的用途等。因此,相对 IPC 而言,CPC 是一个多维度、更加系统完善的分类体系。

二、C12Q 领域的分类思想

(一)分类对象的选择

CPC 的总体分类原则是:利于检索。因此,在分类对象的选择上,CPC 对利于检索的信息进行分类。也即只要这些信息对检索有帮助,可以简化检索者的工作,就进行相应的分类。

(二)特殊分类规则

1. C12Q 小类的特殊分类规则

(1) 如无相反指示,C12Q 领域的分类应当分入最后适当位置。

(2) 检测介质被分到相关检测过程对应的适合位置。

(3) 病毒、未分化的人或动物或植物细胞、原生动物、组织、单细胞藻类均被视为微生物。除非特别规定,未分化的人或动物或植物细胞、原生动物、组织、单细胞藻类与微生物一起分类,亚细胞组分与完整细胞一起分类。

2. C12Q 1 大组的特殊分类规则

(1) 使用 C12Q 2304/00~C12Q 2337/52 引得码对大组 C12Q 1/00 以及小组 C12Q 1/001~C12Q 1/66 的分类进一步细化。

(2) 由于 C12Q 1/00~C12Q 1/66 与 G01N 33/50~G01N 33/98(生物材料

的化学分析)之间有很强的关联性,而且 C12Q 1/001~C12Q 1/66 小组的定义比较广泛,建议同时使用 G01N 2333/00~G01N 2800/60 的引得码对该领域的分类进行细化。

3. C12Q 1/68~C12Q 1/70 的特殊分类规则

在 C12Q 领域中,C12Q 1/68 下增加了 42 个条目,C12Q 1/70 下增加了 7 个条目,是 C12Q 增加细分最多的两组,这两组有着自己特殊的分类规则和分类方法。

(1) 分类位置的划分——产品和方法

C12Q 1/68 ~ C12Q 1/70 被分为产品分类位置和方法分类位置,如表 1 所示。

表 1　C12Q 1/68~C12Q 1/70 的分类位置划分

		C12Q 1/68
方法	一般方面	C12Q 1/6802~6811
	杂交方法	C12Q 1/6813~6841
	核酸扩增反应	C12Q 1/6844~6867
	测序方法	C12Q 1/6869~6874
	涉及与启动子相连的报告基因	C12Q 1/6897
	涉及病毒和噬菌体	C12Q 1/70
产品	探针和引物	C12Q 1/6876~6895
	涉及病毒和噬菌体	C12Q 1/701~708

(2) 特殊分类规则

C12Q 1/68 根据最相关特征进行分类,不遵循最后位置规则。且产品和方法有各自不同的分类规则。

A. 方法的分类原则:C12Q 2500 系列 (C12Q 2500/00~C12Q 2565/634)。

①为了进一步细化 CPC 分类,将 C12Q 1/68~C12Q 1/70 中方法的基础分类与 C12Q 2500/00~C12Q 2565/634 中的一个或多个相关联。

②C12Q 2500/00~C12Q 2565/634 都是技术特征代码;不能跟产品的基础分类一起使用,即只适用于方法。

③C12Q 2500 系列只对发明的本质技术特征进行分类,根据经验,多数情况下使用 3 个技术特征码已经足够。特殊情况下,可以使用超过 3 个的技术特

征码。

④在进行联合分类时，C12Q 2500/00-C12Q 2565/634 技术特征码必须以完整形式使用，并且总是与方法的基础分类一起构成联合分类形式，而不能单独使用。

B. 产品的分类原则：C12Q 2600 系列（C12Q 2600/00~C12Q 2600/178）。

①C12Q 2600 系列只适用于 C12Q 1/68~C12Q 1/70 中的产品分类。

②C12Q 2600 系列作为独立的 CPC 分类号使用，而不是在联合分类中使用。

③与产品分类强制联合使用。如果说明书及其实施例中充分支持 C12Q 2600 系列所代表的功能应用，就应当给出对应的 C12Q 2600 分类号。

（三）如何进行分类

C12Q 1/68~C12Q 1/70 的分类流程比较特殊，如图 1 所示。

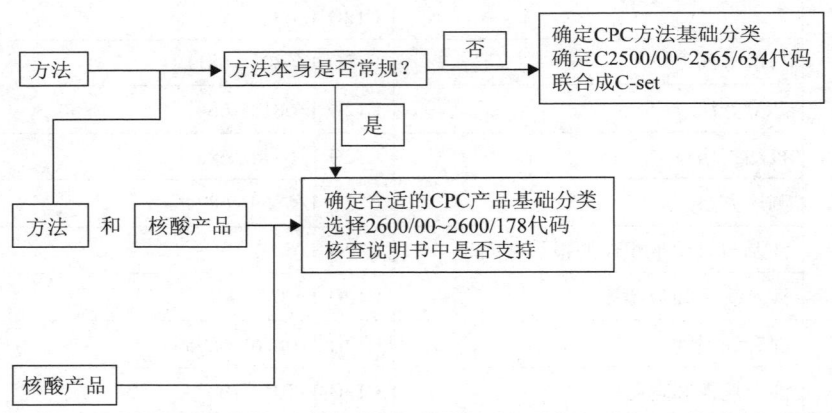

图 1　C12Q 1/68~C12Q 1/70 的分类流程

对于请求保护方法的申请，一种情况是，判断方法本身是否常规，例如诊断病人是否患有疾病 Y 的方法，如果该方法没有涉及特殊的杂交或者扩增方式，那就确定为常规。也即方法本身并不是申请的创造性所在，申请的创造性在于检测特定的 SNP 位点。因此尽管这类申请写成了方法权利要求，但是我们将其归为产品申请。此时查询 CPC 中的产品基础分类确定合适的分类位置，然后查询 C12Q 2600，确定是否是表达标记物或者多态性标记物或者两者都是，是否得到说明书支持。另外一种情况是：方法本身不是常规的，这时需要把方法分到合适的 CPC 方法位置。确定合适的 CPC 方法基础分类，同时确定发明的重要技术特征并获得相应的 C12Q 2500，然后将其在联合分类与 CPC 基础分类一起使用。

对于请求保护产品的申请，直接查找 CPC 产品分类，查询相关的 C12Q 2600 分类号，并核查是否得到说明书支持。

对于同时请求保护方法和产品的申请，依次按照上述步骤对方法和产品分别进行分类。

三、C12Q 领域小结

CPC 对 C12Q 领域进行了更为细致的分类。从分类条目的设置上来看，IPC 分类体系在该领域仅涉及 40 个分类条目，而 CPC 分类表则设置了包括主分类号和 2000 系列在内的多达 421 个条目。其中变化最大的一点组是涉及核酸的 C12Q 1/68 和涉及病毒或噬菌体的 C12Q 1/70，IPC 中这两个一点组下均没有设置细分，而 CPC 中则分别增加了 42 个分类条目和 7 个分类条目。为清楚地解释如何对特定技术领域的文档进行分类和检索，CPC 分类定义表提供了详细的分类原则，这些原则使得 CPC 的分类比 IPC 更加科学更加精准，因而更有利于检索。同时也便于世界各国专利局对 CPC 分类有更加直观准确的了解。

此外，C12Q 具有 26 组标记为 2000 系列的引得码，这部分共计 322 个分类条目，涉及核酸、微生物、酶的多种属性。在进行分类时，应当从利于检索的角度出发，尽可能对有利于检索的各个方面赋予相应的分类位置。综上，CPC 分类体系与现有其他分类体系相比，无论在分类条目的设置上还是在分类规则的设计上均具有较大的优势。

参考文献

[1] 欧洲专利局. C12Q 的 definition 文档 [EB/OL]. [2015-04-08]. http://worldwide.espacenet.com/classification?locale=en_EP.

CPC 分类体系下的 C07C 领域分类特点介绍

陈 曦 秦 雪

摘 要：本文介绍了 CPC 分类体系下 C07C 领域的分类体系特点，并介绍了 CPC 分类体系下 C07C 领域的分类思想，其包括如何选择分类对象及如何对分类对象进行分类。此外，本文对 CPC 分类体系与 IPC 分类体系在 C07C 领域中的区别进行了简要的介绍。

关键词：CPC C07C 领域特点 分类思想

引 言

为了更好地了解 CPC 分类体系与 IPC 分类体系的差异，本文以 C07C 领域为例，对该领域在 CPC 分类体系下的分类体系特点及分类思想进行了介绍，同时以引入 C07C 领域具体案例的形式对 CPC 领域下如何进行分类进行了具体的介绍。

一、C07C 领域分类体系特点

C07C 小类主要指无环或碳环化合物，其涉及无环或碳环（脂环族的）低分子量的有机化合物本身及其制备方法。对于上述化合物的制备方法还涉及纯化、分离、稳定化及添加剂的应用。

对于 C07C 涉及的技术主题，CPC 对 C07C 小类的分组与 IPC 有所不同，其包含了涉及 121 个大组的 IPC 分类号（如图 1）和 10 组 2000 系列的分类号（如图 2）。

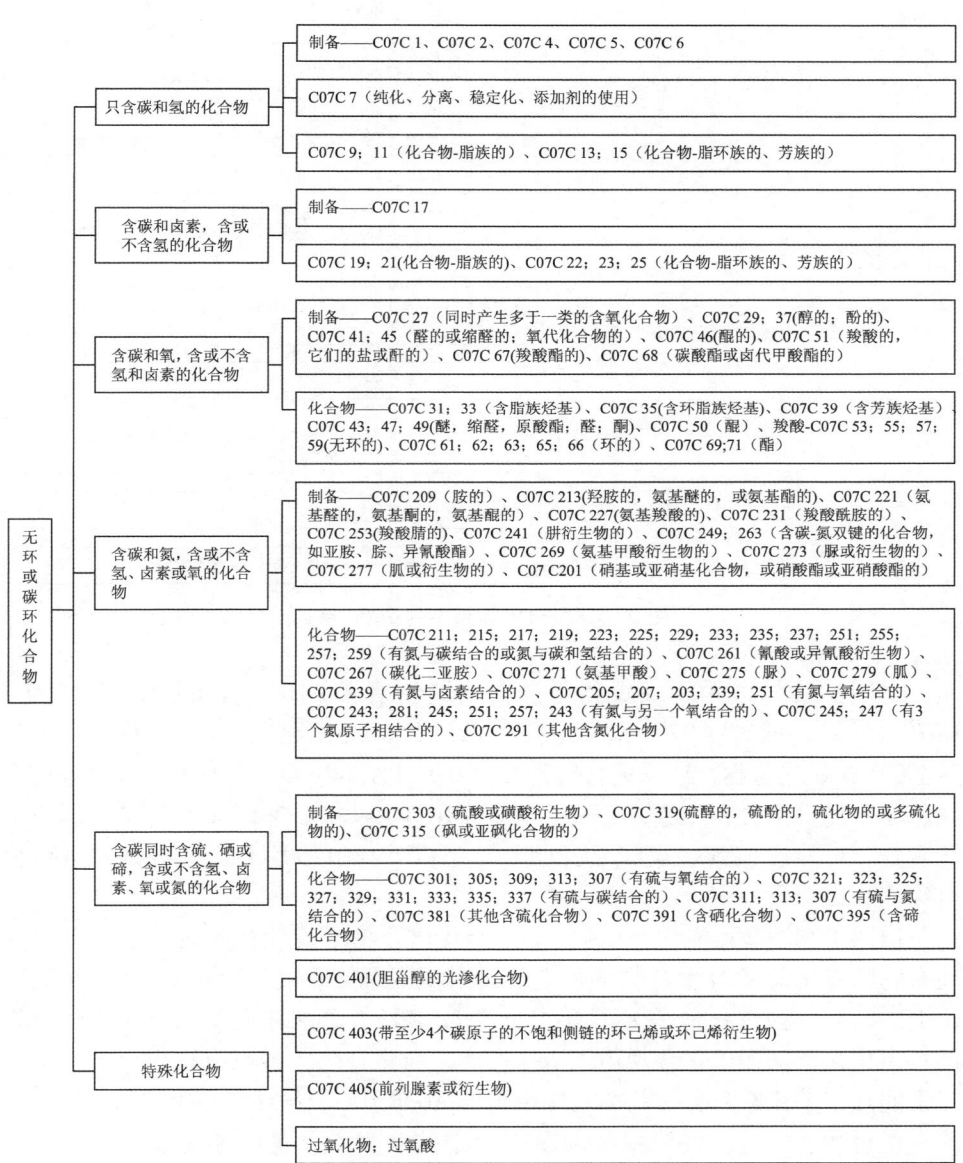

图 1　CPC 分类体系下的 C07C 小类的分组

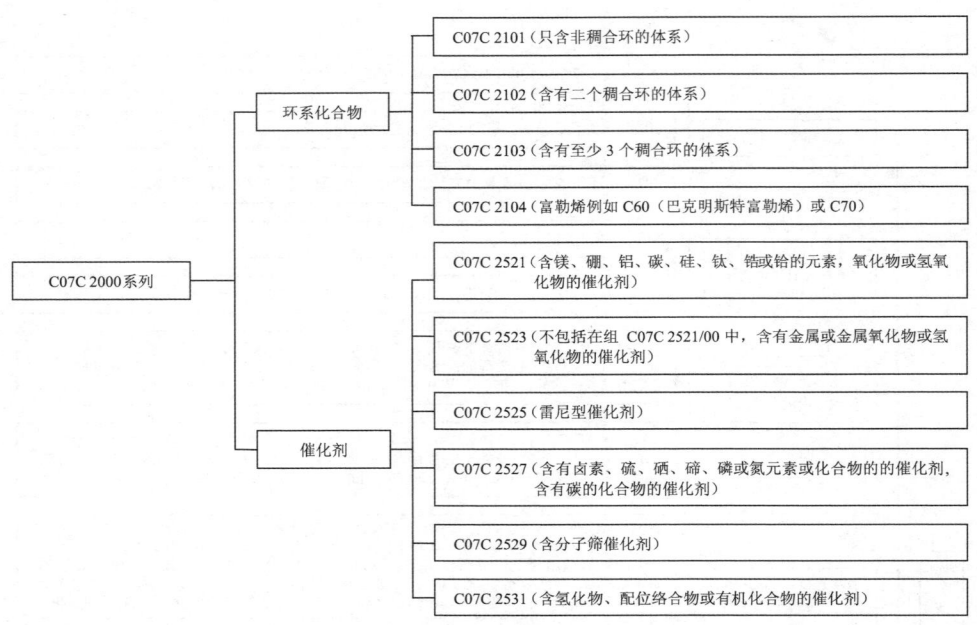

图2 CPC分类体系下的2000系列

由图1可知，无环或碳环化合物领域包括了121个大组：C07C 1/00～C07C 15/62（烃）、C07C 17/00～C07C 25/28（卤代烃）、C07C 27/00～C07C 71/00（含氧化合物，还可能含卤素）、C07C 201/00～C07C 291/14（含氮化合物，还可能含卤素和/或氧原子）、C07C 301/00～C07C 395/00（含硫、硒或碲化合物，可能含卤素、氧和/或氮原子）、C07C 401/00～C07C 409/44 特殊化合物。

由图1和图2可看出，C07C 小类涉及化合物本身和其制备方法，不包括化合物的应用及针对化合物的混合物的特定位置。与IPC不同，CPC删除了A61P小类，化合物的治疗活性不会分类入A61P，如果该发明要求保护化合物的特定用途，例如该化合物用于治疗疾病，而化合物本身没有请求保护，也不是发明点，那么它只会被归类在使用领域A61K中，不会被归入C07C。

值得注意的是，虽然图1和图2中未涉及大组的进一步细分，但是，与IPC相比，CPC对大组进行了进一步的细分，如IPC的一点组C07C 31/27 不涉及进一步细分，而CPC中对该一点组进一步细分为两个两点组C07C 31/27（含饱和单环的多元醇）、C07C 31/278（含稠合多环的多元醇）、并且两点组C07C 31/27 细分为两个三点组C07C 31/274、C07C 31/276（此处为列举，非穷举）。

此外，在 C07C 的 2000 系列的十个大组中：引得码 C07C 2101/00-C07C 2104/00 适用于整个 C07C 小类；而 C07C 2521/00~C07C 2531/38 适用于表示 C07C 1/00~C07C 6/126 大组所涉及的制备方法中的催化剂，如将产物和制备该产物的特定工艺如使用特定催化剂、特定反应物等进行关联。需要注意的是，催化剂引得码不能用于将催化剂与纯化、分离或稳定化的方法（C07C 7/00）进行关联。

对于上述涉及化合物的引得码，如果被分类的化合物或被分类的方法的产物含非苯、萘的碳环系，则分配给该环结构一个引得码（C07C 2101/00~C07C 2104/00），例如要求保护的化合物或制备得到的化合物含环己环，则分配 C07C 2101/14 分类位置；使用上述涉及催化剂的引得码时，不考虑申请文件是否已经在 B01J 小类催化剂组中给予分类。

二、C07C 领域的分类思想

（一）分类对象的选择

1. 对于化合物本身的分类

对要求保护的化合物中真正的实施例化合物进行分类，例如，制备的化合物或给出物性参数的化合物，以及权利要求中单独命名或给出结构的化合物；而对于说明书中长表格中记载的没有制备、表征，也没有被单独保护的化合物不予分类；对于制备方法限定的化合物，例如，根据权利要求 1 制备方法制备的化合物，只有当被要求保护的化合物本身是新化合物时才被分类。

2. （已知）化合物制备方法的分类

对要求保护方法的制备实施例，权利要求中单独命名或给出结构式的化合物的制备方法进行分类；当没有制备实施例，权利要求也没有限定任何具体化合物时（例如工业过程），根据说明书中详细的实施方式（经常用来解释附图）进行分类，有时，产物需要从离析物和反应中推导得出；而对于第 1 点中提到的在说明书的长表格中公开，但没有确切的制备且没被作为新制备方法单独保护的方法（例如已知的方法）不进行分类；并且对于新化合物的制备通常不分类，但如果制备方法是令人感兴趣的（例如不是已知的通用方法），审查员可以视情况而定是否对这样的制备方法分类，所采用的基本原则是避免制备新化合物的重复的通用方法填充方法分类组。

（二）如何进行分类

1. 化合物本身的分类

（1）所有的实施例单独分类，即使"完全确定"的化合物的分类导致分配大量的小组，也不对其进行上位组的归纳。

（2）有共价键键合到固体载体的化合物按照固体载体被氢替代的相应化合物进行分类，并分配一个额外的 2000 系列分类号 C07B 2200/11（化合物共价键合到固体载体）。

（3）被保护的化合物根据他们单独的结构分类（附注：四氢吡喃（THP）保护的化合物分类在 C07C，硅保护的化合物分类在 C07F）。

（4）含重氢或其他同位素标记（例如，放射标记）的化合物，无论非标记的相应化合物是否是已知化合物，该标记的化合物与非标记化合物分类在同一分类位置上，并分配额外的 2000 系列分类号 C07B 2200/05，还要分类在 C07B 59/00。

（5）已知化合物的多晶型作为新化合物以相同的方式分入适当的产品位置，并额外分配 2000 系列分类号 C07B 2200/13。

2. 制备方法的分类

（1）所有实施例被单独分类；如果存在专用的方法组，那么该方法分类在方法组。如果没有一个具体化合物的方法分类位置，该方法被分类在产品组。

（2）当方法被分类在方法组，使用联合分类表明方法的产物。联合分类包括方法组和产品组。产品从相应的产品组选择，产物组本身（不是以联合分类的形式）仅用来对被要求保护的新化合物进行分类。例如 C07C 67/08、C07C 69/54 被用来分类通过酯化制备丙烯酸酯。

（3）多步反应中，最后一步反应通常被分类；最后一步若是纯化/分离/回收步骤，如果该步骤是令人感兴趣的（例如该步骤是其发明的发明点），额外进行分类；所有的中间步骤（特别是对发明重要的中间步骤）通常也分类，除非认为是无价值的，在将来的检索中不会用到的中间步骤。

（4）化合物特定晶型的制备方法通常分类在通过结晶分离/纯化，并额外分配 C07B 2200/13。

三、C07C 领域分类示例

（一）示例 1（US2011130509A1）

权利要求 1 要求保护式（I）结构的（甲基）丙烯酸酯单体：

$$\underset{H}{\overset{R^1}{\underset{|}{C}}}=\underset{H}{\overset{|}{C}}-\underset{O}{\overset{\|}{C}}-X-R^2-Y-R^3$$

其中 R^1 是氢或甲基……R^3 是含 8 个碳原子和至少两个双键的不饱和基团。权利要求 14 要求保护聚合物，权利要求 18 要求保护涂料；实施例包括两个式（I）的具体化合物：(2-甲基丙-2-烯酸 2-〔((2-E) 辛-2，7-二烯基）-甲基氨基］乙酯和（2-甲基丙-2-烯酸2-（（2-E）辛-2，7-二烯氧基）乙酯；权利要求22要求保护式（I）化合物的制备方法。

根据上述的C07C领域的分类规则，首先需要给出实施例中具体化合物的分类位置C07C 69/54、C07C 219/08；由于要求保护单体化合物的应用，需要给出相应的应用分类号C08F 220/18、C08F 220/40、C09D 167/08，对于要求保护的制备方法，由于其是新化合物的制备方法，并且该方法本身是现有技术中通用的制备方法，因此没有对该制备方法进行分类。

（二）示例2（US20120253067A1）

该申请涉及了一种乳酸的制备方法，权利要求1要求保护一种从甘油制备乳酸的方法，包括：形成含有甘油、脱氢催化剂、碱性组分和水的反应混合物。其实际上是个氧化反应，其中由甘油氧化制备乳酸在本领域已经公开，其发明点主要在于氧化反应的条件。

在对该发明进行CPC分类时，首先考虑主题，其是一种从甘油制备乳酸的方法，由于乳酸是已知化合物，仅对该方法进行分类，分入C07C 51/16，并用联合分类将方法和产品进行关联，联合分类号为C07C 51/16（方法）、C07C 59/08（产品）。

四、C07C领域小结

C07C领域涉及化合物的结构及其制备方法，在对化合物结构的分类中，分类思想与IPC相近，多处对原IPC分类进行了进一步结构上的细分，并采用2000系列的引得码使结构中的苯环、萘环与结构中的其他环结构相关联；对于制备方法的分类，从多重角度进行进一步细分，例如设备、反应器、催化剂等，并采用联合分类将制备方法与产物、催化剂关联；CPC分类体系下的C07C分类相对于IPC分类更精准，进而帮助审查员在检索中有效地减少噪声。

参考文献

[1] CPC分类体系和分类定义（2014年7月版本）[EB/OL].http://www.cooperativepatent-classification.org/cpc/scheme/G/scheme-G06F.pdf.

基于专利审查实践的 CPC 分类体系应用研究

代玲莉 王 静 陈敏泽

摘 要：本文从系统研究 CPC 分类体系入手，深入剖析 CPC 分类体系的技术架构，提炼 CPC 的核心分类思想，结合 CPC 独有的、详细的分类定义和来自欧洲专利局分类培训视频讲解的内容，仔细解读具体技术领域的分类思想、分类方式，获得对 CPC 体系全面整体的把握，在此基础上，将其系统、灵活地应用于检索实践中。

关键词：CPC 分类体系 CPC 分类思想 分类应用 检索应用

引 言

联合专利分类体系（CPC）是欧洲专利局（EPO）和美国专利商标局（USPTO）协调各自分类系统并将 ECLA 和 USPC 有效融合的产物，是目前专利分类体系中的前沿热点。五局框架内的各国已经开始规模化、体系化地将现有文献按照 CPC 体系进行了标引。根据"中欧"两局达成的分类合作指导原则，我国国家知识产权局将分阶段引入 CPC，使之与 IPC 一起成为局内部分类体系。我国国家知识产权局自 2014 年 1 月起，开始在已接受欧洲专利局专门培训的技术领域中，有选择性地针对新公开的发明专利申请进行 CPC 分类；并争取从 2016 年 1 月开始，对所有技术领域的新发明专利申请进行 CPC 分类。因此，掌握 CPC 分类体系的特点，并将其应用到审查实践中，是我国国家知识产权局审查员面临的重要任务。[1]

本文系统梳理 CPC 分类表的特点，提炼 CPC 核心分类思想，以具体领域（B32B）为例，展示如何深入剖析其体系特点和具体分类思想，并基于 CPC 体系架构特点和分类思想研究给出了 CPC 在检索实践中的系统应用策略。

一、CPC 分类特点

（一）主要内容

CPC 分类体系建立在 ECLA 的基础上，保留了 ECLA 分类体系的全部内容和结构，同时引入了部分 UC 分类号以及 IPC 2013 新增类号。CPC 所引入的 UC 和 IPC 2013 新增类号其实很少，其 99% 以上的类号来源于 EC/ICO 类号，可以认为 CPC 分类表基本是由 EC/ICO 转换而来的。

CPC 分类表分为 9 个部（A~H，Y），比 IPC 多一个 Y 部。A~H 部是分类表的主体部分，其类号由主干类号（Main trunk）和引得码（Indexing codes）组成。主干类号也可称为分类号，超过 16 万条；引得码也可称 2000 系列类号，超过 8 万条[2]。主干类号既可标引发明信息，也可标引附加信息；引得码只能用于标引附加信息。Y 部是 CPC 分类表中比较特殊的部分，具有超过 7000 个类号，主要用于标识新技术的发展，Y 部类号的使用规则与引得码相同，也只能用于标引附加信息。

（二）编排方式

1. CPC 分类号及引得码的形成

CPC 分类号中，与 IPC 相同的 ECLA 类号转为 CPC 类号时保留原有形式；与 IPC 不同的 ECLA 类号（即"/"后带有字母的类号）转为 CPC 类号时，将 ECLA 类号中"/"后"字母+数字"的混编形式改为纯数字编排形式（最多不超过 6 位数字），相比于 ECLA 和 UC 分类号，其形式上更接近 IPC 分类表。[2]

镜像 ICO 码转化为 CPC 类号时，首先按照 ECLA-ICO 首字母映射规则，将 ICO 码首字母转为 ECLA 类号首字母，再按照前述 ECLA-CPC 转换规则转为 CPC 类号；ECLA 类号及对应镜像 ICO 码都转换为相同的 CPC 类号，而这部分 CPC 类号就是 CPC 主干类号，即 CPC 分类号。

ICO 码首字母与 ECLA 类号首字母对应关系如表 1 所示。

表 1　ICO 码首字母与 ECLA 分类号首字母对应表

ECLA 分类首字母	A	B	C	D	E	F	G	H
ICO 码首字母	K	L	M	N	P	R	S	T

细分 ICO 和垂直 ICO（也有称"正交"ICO）码转为 CPC "2000 系列"引

得码。转换规则为：将 ICO 码"/"前的数字加上 2000，变成 2000 以上的数字；如果 ICO 码"/"后为纯数字则保持不变，如果"/"后存在"字母+数字"的混编形式则改为纯数字形式；最后按照 ECLA-ICO 首字母映射规则，将首字母转为 ECLA 类号首字母，最终转为 CPC"2000 系列"引得码。其中来自细分 ICO 的 2000 系列"/"前的数值均小于 2200，而来自垂直 ICO 的 2000 系列"/"前的数值均大于等于 2200。

2. 大组、小组类号的排序方式

斜线前面数字按序排列，唯一的例外是插入式的 2000 系列分类号。插入式的 2000 系列分类号均来源于细分 ICO 码，因此其"/"前的数值都小于 2200，对于这类 2000 系列分类号，将 2000 系列分类号斜线前的数字减去 2000 后进行考虑即可。斜线后面的数字也按序排列，但斜线后面的第 3 位或后继位数字应该理解为在其前面的数字的十进位细分数字，如 5/118 可在 5/11 下面和 5/12 上面找到，斜线后面的数字 118 可理解为 11.8，以此类推。

例如，对于"B32B 2037/1063"，应当在"B32B 37/10"与"B32B 37/12"之间的体系中去寻找，即将其视作"B32B 37/10.63"看待，从而来寻找其所处的分类位置。

（三）2000 系列

CPC 体系中具有超过 8 万条的 2000 系列分类号，其数量已经与 IPC 整个分类体系的条目数相当，因此，包含了相当丰富的技术内容和技术方面，为检索效率的提高和检索精准度的提高带来了很大的帮助。并且，虽然 2000 系列引得码指明只能对附加信息进行标引，一般是非强制的，但是对于一些引得码，由于其所代表技术方面的重要性，所以在 CPC 的分类定义中也给出了明确的指示，对于这些方面要进行强制分类。

此外，对于插入主干分类号的 2000 系列来说，在使用时一定要注意，由于其只能用于标引附加信息，因此，当技术主题属于 2000 系列细分小组时，应以其上位的主干类号标为发明信息，并将该 2000 系列类号标引为附加信息。

（四）分类定义

CPC 分类定义的优势在于进一步增强了分类定义的作用，扩大了分类定义的使用范围。CPC 分类定义与 IPC 分类定义的结构一致，包括 7 个组成部分：定义陈述、大范围技术主题领域之间的关系、相关分类号参见、信息性参见、分类的特殊规则、术语表、同义词和关键词。CPC 分类定义与 IPC 分类定义相比最大的不同在于 CPC 分类定义作为分类的依据影响分类的结果，而 IPC 分类定义仅仅用于详细地解释分类位置范围，明晰分类条目，但并不改变分类条目的范围，因此不作为分类的依据不影响分类的结果。

（五）注意、附注和参见

CPC 分类表中的"注意"（WARING）是其相比于 IPC 独有的部分，其作用在于：提醒分类号的变化、进行中的再分类等。

CPC 分类表中的附注和参见与 IPC 分类表中的附注和参见的作用相同，但 CPC 中新增了很多附注和参见，并且对源自 IPC 的附注和参见也做了很多修改，有删除的内容，有增加的内容，有修改的含义，所以不能直接带着来自 IPC 的附注和参见的信息来理解 CPC 体系，在使用 CPC 时要注意二者之间的差异，以避免含义理解的偏差。

二、CPC 核心分类思想

（一）分类依据

与 IPC 相比，CPC 的分类位置范围的界定除了类名、附注和参见外，更多依赖于分类定义的界定。分类定义对于 CPC 分类具有至关重要的作用，其不仅改变分类位置范围的大小，也常常改变源自 IPC 的分类规则，还会设定一些特殊的分类规则，其深切地影响着 CPC 分类表的使用。可以说忽视了 CPC 分类定义，无法正确地使用 CPC，因此，CPC 的分类依据除了类名、附注和参见外，还包括分类定义。

（二）分类对象

CPC 强调对"发明核心"内容给予分类[3]，其比 IPC 中"发明信息"的含义更广，IPC 中的一部分"附加信息"也可以成为发明核心的一部分，只要这些信息对检索有帮助，可以简化检索者的工作。此外，CPC 更侧重对实施例和具体公开的信息进行分类，越是细节的技术信息比综合的信息更应当被分类。EPO 认为，这样的分类选择更利于检索的进行，在实际的审查过程中，也更为关注检索到的对比文件的实施例等具体披露的信息，因此在分类时就应当践行这样的原则，以便为检索服务。

（三）分类原则

CPC 的分类原则与 IPC 类似，仍然包含四个原则，即：利于检索原则、整体分类原则、功能分类和应用分类原则、多重分类原则。只不过在 CPC 分类实践中，每个原则的具体把握上与 IPC 存在一定的差异。

CPC 尤其强调利于检索原则，尤其注重分类位置所代表的技术主题与分类对象之间的技术契合度[3]，即站在审查的角度去看，技术主题被分入的位置中原有的文献，如果用于评价该技术主题的新颖性和创造性，可不可行，其技术接近程度有多大，相关的分类位置中，更能代表用于评价该技术主题新颖性和创造性的文献的位置，就是技术契合度最为相关的分类位置，应该用其对技术主题进行分类。

此外，与 IPC 相比，CPC 分类更为强调应用分类位置的使用，这主要源于 CPC 分类对于"发明核心"的强调，且注重对更为具体信息的分类。因此，在提炼全文以后，如果其强调特殊方面的应用，EPO 就会带着这样的具体信息去寻找更为契合的分类位置，即应用属性的分类位置。同时，在新颖性和创造性的审查中，应用属性是相当重要的信息，因此在分类中要重点考虑。

（四）典型规则

在 IPC 中，引得码属于非强制分类，但在 CPC 中，与其对应的 2000 系列虽然用于标引附加信息，但如果其体现了对检索而言十分重要的技术方面也会进行强制分类[2]。可见，对用于标引附加信息的 2000 系列而言，代表不同技术方面的 2000 系列分类号的地位是不同的，而 2000 系列接近 8 万条的条目极大地丰富了技术主题的不同技术方面，是 CPC 不可忽视的重要组成部分，在使用过程中一定要借助分类定义仔细区分，才能用好 2000 系列，发挥其应有的功能。

CPC 对原 ECLA 体系的组合分类方式也进行了改进，形成了 C-Sets 组合分类方式，它代表不同技术主题的多个分类号联合或组合在一起，形成一个组合的组，其核心理念是将一个完整的技术主题用几个分类号组合的方式进行表达。改进后的 C-Sets 分类号以特定顺序出现的，可以表达出各物质含量的排序、方法步骤的顺序，以及组合物中同类物质的数量等更为具体的信息，这样精准含义的表达对检索非常有利。

三、B32B 分类领域剖析

下面以 B32B 具体领域为典型示例，展示如何深入剖析其体系特点和具体分类思想，以及如何基于其体系特点和具体分类思想进行具体案例的分类实际操作。

（一）B32B 分类体系特点

1. 涉及的技术主题

B32B 小类涉及层状产品，层状产品相关分类位置的技术分支和 2000 系列特点如图 1 所示。

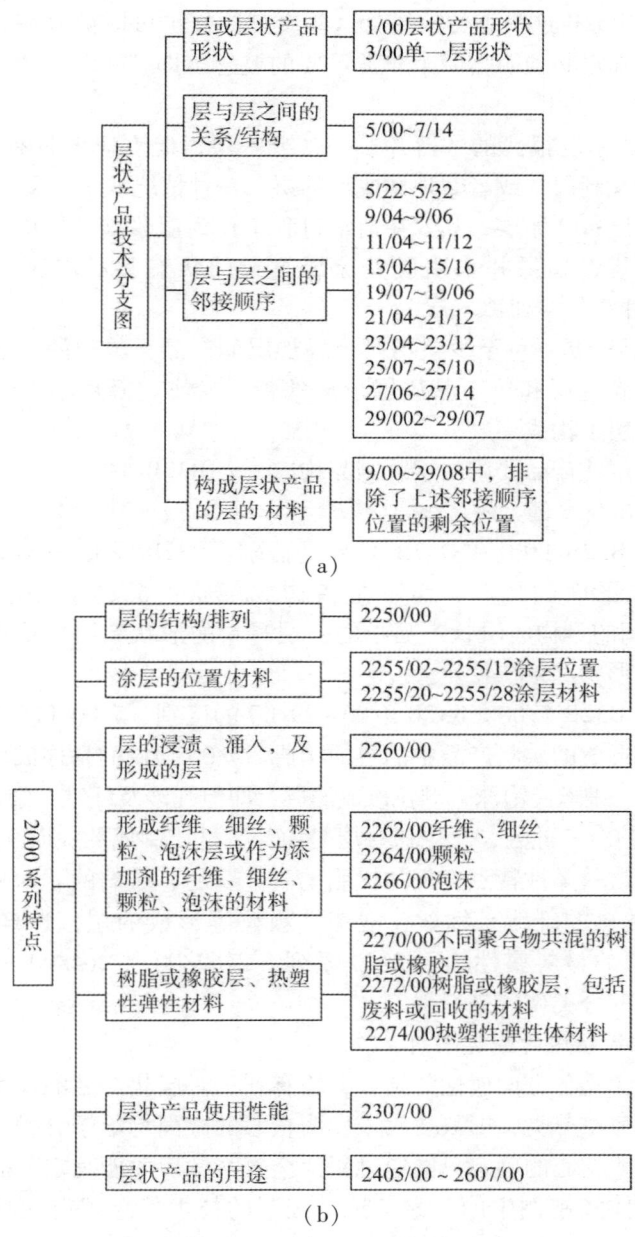

图1 层状产品技术分支和2000系列特点

2. B32B 小类范围的界定

为了使 B32B 能够为层状产品的完整搜索提供基础,只要属于层状产品的范畴都应分入 B32B 这个小类，尽管这些文献同样也可以被分在其他类中。层状产品范畴的确定必须明晰两个非常重要的概念，即"一层"和"层状产品"的概念。

"一层"是厚度很薄的一薄片、一带或一层，但它应该具有自支撑性能。它可以是：①预制层；或者②现场成型的层。三种情况从"一层"的定义中被排除：①黏合层；②涂层；和③在造纸过程中作为湿浆被放置的层。但是，被命名为涂层的层，如果并未明确其涂层材料的状态和形成涂层的方法，在 B32B 中被认可并分类到"一层"。

"层状产品"是一种至少包括两个叠加层的产品，单独的一层不构成层状产品，例如由黏合层和单一基质层形成的带、膜或者薄片不能认为是层状产品，因为黏合层不构成一层。

符合上述层状产品要求的层状制品均应分入 B32B 中。

3. B32B 各分类位置的区分

分类位置 B32B 1/00 和 B32B 3/00 的区别：B32B 1/00 强调的是整个层状产品都具有非平面的形状，而不是指构成层状产品的某一层的形状；而 B32B 3/00 强调的是构成层状产品中的一层材料的形状和结构特点，不是指整个层状产品的形状和结构特点。

分类位置 B32B 5/00、B32B 9/00~29/00 的区别：5/00 和 9/00~29/00 都涉及不同材料形成的层状产品中的层的构成。5/00 强调的是构成薄层的物理特点，例如纤维、细丝、泡沫、颗粒形成的层，即但凡涉及纤维、细丝、泡沫、颗粒形成的层都应分入此处，无论这些层是由什么材质制成的；而 9/00~29/00 强调的是薄层的材料属性特点，例如树脂的、金属的、玻璃的、木材的等，但不包含由这些材料的纤维、细丝、泡沫、颗粒等形成的层，这样的层应分入 5/00，而这些层的材料属性均由 2000 系列（2262/00、2264/00、2266/00）给出的材料属性的分类位置来标引。

（二）B32B 领域的分类思想

构成层状产品各方面属性的结合，均有利于对层状产品的检索，因此该领域强调多方面完整分类，即只要属于发明核心的方面均给予分类。但是，在任何情况下，发明核心的确定只能通过阅读全部文件后才能确定。需要特别关注权利要求和具体实施例中的信息，越是细节的技术信息越应比综合的信息被分类。

对层状产品进行分类时，需要对产品涉及的以下方面予以考虑：①层状产品或每一层的形状/形成/结构；②纤维、颗粒或泡沫的存在，以及它们如何被布置在各层中；③层的邻接顺序；④层的材料组成；⑤使用性质；⑥用途等。

即在可能的情况下,应对层状产品尽可能地进行以上各个方面的完整分类,只有这些内容属于发明核心。

(三) B32B 领域的分类规则

1. 不使用的 IPC 组

下面的 IPC 在 CPC 分类表中不使用,其相关主题被以下 CPC 组覆盖,如表 2 所示。

表 2　不使用的 IPC 组在 CPC 组中的覆盖

不使用的 IPC 组	被以下 CPC 组覆盖	不使用的 IPC 组	被以下 CPC 组覆盖
B32B 1/04	B32B 3/02~B32B 3/30	B32B 17/04	B32B 2262/101、B32B 2260/04
B32B 1/06	B32B 3/02~B32B 3/085 B32B 5/02	B32B 17/12	B32B 17/067
B32B 3/22	B32B 3/08~B32B 3/085 B32B 5/02	B32B 23/02	B32B 2262/04 B32B 5/02~B32B 5/12
B32B 3/24	B32B 3/266	B32B 27/02	B32B 2262/02~B32B 2262/0292 B32B 5/02~B32B 5/12
B32B 5/28	B32B 2260/021~B32B 2260/023		
B32B 17/02	B32B 2262/101	B32B 27/04	B32B 2260/04

2. 优先规则

IPC 所示的"最先位置规则"被用于 B32B 9/04、B32B 11/04、B32B 13/04、B32B 15/04、B32B 19/04、B32B 21/04、B32B 23/046~23/12、B32B 25/04、B32B 27/06、B32B 29/002 组中。然而,当发明的特征不能被这些优先分入的组代表时,将给予多重分类,例如:具有相邻的石制层和沥青层的层状产品将被分入 B32B 9/04 和 B32B 11/04。

在 B32B 15/01~15/018 小组,遵循最后位置规则,同时结合多重分类原则,即当发明的特征不能被所分入的最后位置代表时,将给予多重分类,例如:包含一层钢,一层 Al 合金和一层 Ni 合金的层状材料分至 B32B 15/012 和 B2B 15/015。

3. 特殊标引规则

关于 B32B 15/01~15/018:在金属层状产品中,除 B32B 15/01 中的组分之外,还有一些特别组分在 15/01 中未被或未能充分标引,则分至 C22C(C22C 5/00~C22C 45/00),并且在合金数据库中也标有索引;当层是用一种特意描述的方法（在实施例、权利要求中）制备时，则该方法也需分至 B22F、C23C、B23K、C25D、B21B 等类目中。

关于 B32B 的 2000 系列：B32B 的 2000 系列引得码与主体分类位置的配合关系为：a）B32B 2250/00~2274/00，其与 B32B 1/00~15/00（例如 B32B 15/01）、B32B 17/00 和 B32B 19/00~29/00 联合使用；b）B32B 2037/00~2041/00、B32B 2305/00 和 B32B 2309/00~2398/00，其与 B32B 17/00 和 B32B 33/0043/00 联合使用；c）B32B 2307/00（性能）和 B32B 2405/00~2607/00（应用），与 B32B 整个小类联合使用。其中，a）和 c）中提及的引得码，作为发明的核心内容时属于被强制分类的技术信息；关于 b）中提到的引得码：B32B 2305/00 和 B32B 2309/00~2398/00 被作为附加信息进行分类，不是强制的，可根据适合的情况分类。

关于涂层：对于纤维、细丝、粒子层上的涂层，纤维、细丝或粒子的浸渍和嵌入物，如果重要，可被分入相关的引得码 2255/00、2260/00。如果纤维、细丝、粒子、泡沫的性质是重要的，可被分入相关的引得码 2262/00~2266/00。其他方面的引得码也以类似的依据给出，即看其是否重要。

（四）如何进行分类

对层状产品进行分类时，首先应该阅读整个权利要求书和说明书，了解层状产品各层的形成/结构/形状/材料、它们组合在一起的方式（相邻层间的顺序和结合方式）、性能、用途等方面，并找出哪些方面对于构成发明核心来说是重要的，对这些重要的方面都要给出分类，并且对于权利要求书和说明书中同样方面的不同层级的表达，应判断出哪个层级是重要的，应该给予分类，哪个层级太宽泛了，对于分类和检索而言没有意义，不应标引，但应注意当多个层级都重要时，相应的层级信息也给予标引。

例如，由带有树脂涂层的第一树脂层与第二树脂层构成的层状产品，在具体实施例中第一树脂层为聚酰胺层，第二树脂层为聚酯层，第一树脂层的涂层也为聚酯。由于涂层不算一层，所以其实质为两层材料形成的层状产品。其中，第一树脂层、第二树脂层、树脂涂层这样的信息太宽泛，对检索不利，因此，在实际标引时，我们需要以实施例具体公开的材料为准，对发明披露出来的两层的材料属性、两层之间的邻接关系、涂层的相关方面均给予分类标引，最终的分类结果为：代表聚酯层紧邻聚酰胺层的两层层状材料邻接关系的分类号为 B32B 27/08；代表涂层设置在聚酰胺层上的分类号为 B32B 2255/10；代表聚酰胺层材料的分类号为 B32B 27/34；代表聚酯层材料的分类号为 B32B 27/36；代表涂层材料的分类号为 B32B 2255/26，由此可见，构成该层状产品的各个重要方面都被进行了分类，并且所给出的分类号均是针对分析以后发明重要方面的较为具体的信息。

四、CPC 在检索实践中的应用策略

（一）分类思想的应用

CPC 分类是在 CPC 分类思想的指引下进行的，同理，在检索中选择相关分类位置进行检索时也要遵从分类思想的指引来进行。CPC 分类思想强调对"发明核心"进行分类，并优先选择技术契合度最为相关的分类位置进行分类，同时优先应用属性的分类位置。在使用 CPC 进行检索时，也应基于这一分类思想进行，首先，确定出需检索技术主题的"发明核心"，对体现发明核心方面的相关分类位置在检索时优先考虑；其次，在选择具体相关分类位置时一定要从利于检索的角度考虑，优先选择技术契合度最为相关的分类位置进行检索；同时，当需检索的技术主题强调应用时，在既有应用位置也有功能位置的情况下，要尽可能优先从应用属性的位置着手进行检索。这是适用整个 CPC 体系检索时通用的思考方式，与 CPC 的核心分类思想相契合。

此外，对 B32B 领域的研究表明，具体领域还具有其独特的具体分类思想和具体分类方式，此时应遵从具体领域的详细规定进行具体分类位置的选择，但这些具体规定与 CPC 的核心分类思想并不矛盾，只是其更为具体化的指引，这些具体化的指引可以进一步提高分类的一致性，从而有利于检索的进行。如果某个具体分类领域并未明确更为具体的分类思想和分类方式，此时，应基于 CPC 核心分类思想来进行相关分类位置的选择，此时对 CPC 分类思想把握的程度决定了分类和检索结果的质量。

由此可见，对 CPC 核心分类思想的把握是用好 CPC 分类体系最为基本的条件。而典型领域的具体分类思想研究，可以促进对 CPC 核心分类思想和理念更为准确的把握，从而有利于检索实践。

（二）体系架构的应用

相对于 IPC，CPC 具有近 8 万个条目的 2000 系列分类号，并在 IPC 主干分类中设置了大量的细分位置，这些 2000 系列分类号和细分位置，都是 CPC 体系独有的更有利于检索的分类位置，尤其是体现了检索重要方面的 2000 系列分类号，更要重点关注，当需检索的技术主题体现在这些分类位置上时，应优先考虑用其进行高效率的检索。

CPC 体系还存在一些隐含的技术主题，通过分类号的特定组合形成，例如特定 2000 系列分类号与主干分类号配合构建形成的专有技术主题，C-Sets 组合分类方式所构建形成的技术主题，以及主干分类号的不同技术方面间进行的特定组合分类。这些通过分类号组合构建形成的技术主题，虽然没有单独的分

类条目那么直观，但其组配使用方式由分类定义进行了清楚的界定，可确保在分类和检索过程中对技术主题表达的一致性，同时，由于其技术方面表达更为全面，技术主题表达更为精准，可以实现高效率检索的目的。因此，在检索应用中，要充分考虑这些特定组合分类所构建形成的隐含的技术主题，用其实现高效率的检索。

本文的研究表明，CPC 分类体系中，即使是源于 IPC 的分类条目，用其进行精准检索的效率也要高于 IPC，究其原因在于 CPC 分类体系中比较完善的分类定义，使分类思想更为统一，分类结果一致化程度更高，因此，在使用 CPC 的体系架构进行检索时，一定不能脱离 CPC 分类定义对分类条目形成的影响和限制。

参考文献

[1] 钱红缨，等. 我局专利分类工作未来发展方向及工作方案研究 [R]. 2012 年度国家知识产权局专项课题（ZX201214），2012–2013.
[2] CPC 分类体系和分类定义（2014 年 7 月版本）[EB/OL]. http://www.cooperativepatent-classification.org/cpc/scheme/G/scheme-G06F.pdf.
[3] [EB/OL]. https：//epoxy.epo.org/Default.asp? d=cpcvideo&p=2324，106，2296.

CPC 在水泥、陶瓷领域的分类特点

师 蕙 张 伟 赵亚斌 代玲莉 王 静

摘 要：C04B 小类涉及石灰、氧化镁、矿渣、水泥及其组合物，人造石、陶瓷、耐火材料、天然石的处理。C04B 主体大组的设置与 IPC 类似，只是多了一些细分，其与 IPC 最主要区别在于 2000 系列的增设上，给 C04B 组合物增设了多方面可标引属性，是一个多维度复杂的分类表。本文以 C04B 组合物相关的主要分类位置介绍了 C04B 分类体系技术主题的特点。
关键词：CPC 分类规则 分类思想 水泥 陶瓷

一、C04B 领域的分类体系特点

（一）涉及的技术主题

有关 C04B 组合物的相关分类位置的技术架构分布图和 2000 系列特点如图 1 和图 2 所示。

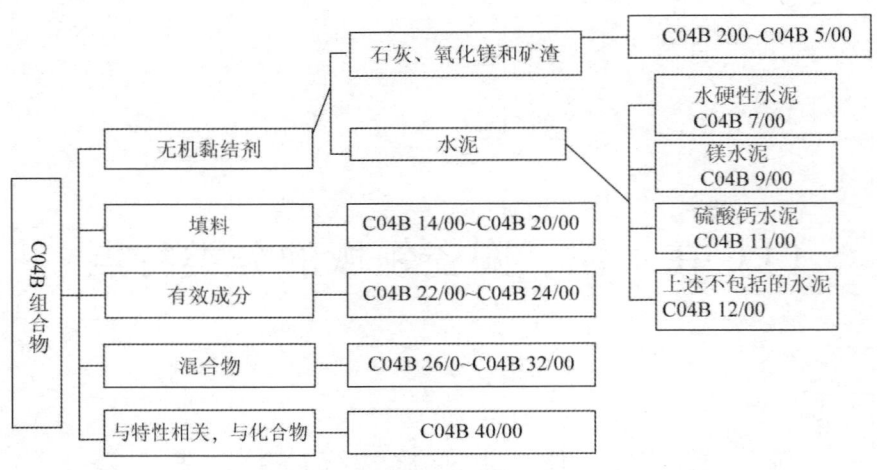

图 1　C04B 组合物的技术架构分布

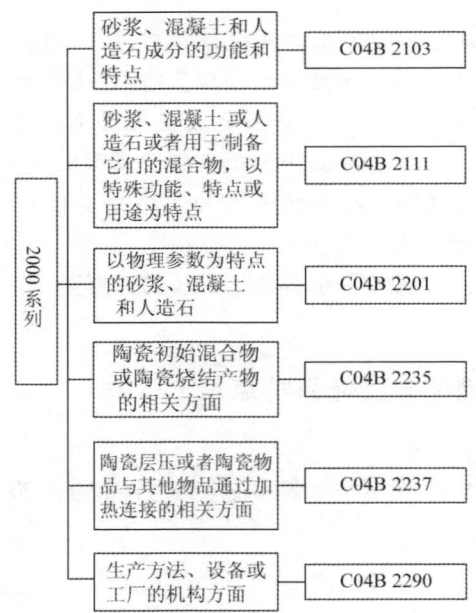

图 2　2000 系列的特点

（二）C04B 小类范围的界定

C04B 组合物涉及许多技术领域，概括而言，本小类包括：（1）化学法处理石灰、氧化镁或白云石和液态熔渣；（2）组分方面，包括无机黏结剂（例如水凝水泥）；砂浆、混凝土和人造石（例如填料的选择或有效成分）；成形水泥的生产（例如黏土制品、耐火材料、非氧化物）；（3）物理化学法获得砂浆、混凝土、人造石或陶瓷（例如延迟砂浆混合物的设置时间）；（4）处理脱纤维材料（例如填料、烧结料或废料或废物，用于强化在砂浆中的填料）；（5）多孔砂浆、混凝土、人造石或陶瓷制品，及其预处理方法；（6）燃烧或熟化石灰所使用的方法和设备，获得矿物黏结剂（例如硅酸盐水泥或半水石膏）所使用的方法和设备；扩展的矿物填料（例如黏土、珍珠岩或蛭石）所使用的方法和设备；（7）人造石、砂浆、混凝土和陶瓷的后处理（例如预定形后包覆或浸渍混凝土坯体）；（8）非机械处理天然石；（9）在制造陶瓷产品时处理无机化合物粉末；（10）使用其他制品通过加热烧成陶瓷。

另外还需注意，下述所涉及的分类号包括在以下类/组中：粒化设备分入B01J 2/00；与砂浆、混凝土、石材、黏土制品或陶瓷相关的机械特性，例如混合或者修整陶瓷化合物、天然石钻孔分入 B28；化学法准备无机化合物粉末分入 C01；微晶玻璃陶瓷分入 C03C 10/00；成分包括游离金属黏结在碳化物、金刚石、氧化物、硼化物、氮化物（例如金属陶瓷）或者金属化合物（例如氧氮化物或硫化物）分入 C22C；建筑基础或构造、在建筑上完成施工分入 E04。

此外，与该领域相近，并不包括在领域中但对检索有用的信息如下：假体材料或假体被覆材料分入 A61L 27/00；废气的化学或生物净化分入 B01D 53/34；多层产品分入 B32B。

处理无机非纤维材料用于强化涂料或填充物分入 C09C；用于地下凿洞或井的胶接或涂灰分入 C09K 8/00；黏合剂分入 C09J；金属基的难熔金属分入 C22C；一般的竖窑或立式窑分入 F27B 1/00；水硬性原料，例如用于防辐射的混凝土、陶瓷或耐火材料，即屏蔽层分入（G21F 1/001）C04B 小类的特殊分类规则。

二、C04B 领域的分类思想

对于技术主题的选取，应当同时关注权利要求书和说明书中的内容，根据"发明核心"进行分类。此外，CPC 的分类原则是利于检索，因此，在对分类对象的选择上，对于检索有用的信息均可以进行分类。

三、C04B 领域的分类规则

（一）不使用的 IPC 组

下面的 IPC 在 CPC 分类表中不使用，其相关主题被以下 CPC 组覆盖，如表 1 所示。

表1 不使用IPC的CPC分类表

不使用的 IPC 组	被以下 CPC 组覆盖	不使用的 IPC 组	被以下 CPC 组覆盖
C04B 5/02	B01J 2/00 C21B 3/06	C04B 33/132~ C04B 33/138	C04B 33/13
C04B 35/035	C04B 35/26 +s. gr.	C04B 35/599	C04B 35/597
C04B 35/582	C04B 35/581 C04B 35/806	C04B 35/81	C04B 35/78
C04B 35/5833 C04B 5/5835	C04B 35/583 C04B 35/806	C04B 35/84	C04B 35/628 C04B 35/78
C04B 35/586 C04B 35/587 C04B 35/594 C04B 35/596	C04B 35/584 C04B 35/589~ C04B 35/5935 C04B 35/806	C04B 35/567 C04B 35/569 C04B 35/576 C04B 35/577	C04B 35/565 C04B 35/571~ C04B 35/5755 C04B 35/806

（二）组合分类号 Combination Set（C-sets）

在C04B领域中，组合分类主要用在三个方面：C04B 2/00~C04B 32/00 和 C04B 40/00：水泥/混凝土的混合物，或者人造石原料的组分；C04B 38/00：多孔材料；C04B 41/00：后处理。用于当前组合分类体系选自 C04B 2/00 ~ C04B 41/00（C04B 37/00 除外）。上述分类号既可用作分类号也可用作组合分类号，而 C04B 2103/00~C04B 2201/00 和 C04B 2290/00 仅可用作附加信息或者在 C-sets 中使用。C04B 中的 C-sets 可表示混合物中单一组分的组合、可选的组合物、特定组分所起的作用以及附加特征/性质/用途。下面，主要以水泥/混凝土的混合物，或者人造石原料的组分，即 C04B 2/00~C04B 32/00 和 C04B 40/00 为例，说明其分类规则以及 C-sets 规则。

1. C04B 2/00~C04B 32/00 和 C04B 40/00 的分类规则

该部分与水泥、砂浆、混凝土和人造石组合物或它们的构成或成分相关。作为一般规则，化合物（进一步是指"混合物"）包括三种类型成分：一种或多种黏结剂（有机或无机）；填料（惰性成分）；活性组分，例如促进剂。（例外：大组 C04B 30/00 所表示的成分中不含黏结剂。）

当发明涉及单个成分，如果该单一成分是黏结剂，则分在 C04B 2/00~C04B 12/00 的位置；如果该单一成分是填料，则分在 C04B 14/00~C04B 20/00 的位置；如果单一成分是活性组分，则分在 C04B 22/00~C04B 24/00 的位置。

当发明涉及混合物，遵循最后位置规则，根据使用的黏结剂将混合物分在

C04B 26/00~C04B 32/00 中。如果混合物包括有机和无机黏结剂，考虑到有机和无机黏结剂分类位置的先后顺序，将其分入 C04B 28/00，而不分入 C04B 26/00。如果混合物使用两种无机黏结剂，根据最后位置规则，将符合最后位置规则的黏结剂分入 C04B 28/00，另外的黏结剂给出选自 C04B 7/00~C04B 12/00 的 C-sets。如果一种成分是新的或不常见的，或者对这种黏结剂有详细的描述，对这个黏结剂要进行分类。

当发明仅仅涉及混合物的制备或特性时，分入 C04B 40/00，如果混合物或其中的某种成分是新的或不常见的，对于该特征也要进行分类。

当发明涉及混合物的活性添加剂，例如包括两种特殊的聚合物和一种特殊的无机盐的混合物，分在 C04B 40/0039；如果其中一种成分是新的，对这种成分也要分类。

2. C04B 2/00~C04B 32/00 和 C04B 40/00 的 C-sets 规则

组合分类 C-sets 的首要目的是识别混合物中的单一成分，对这些成分给出组合分类号；当上述的单一成分是多种之一时，分别给出成分的组合分类号；当单一组分是活性组分，其功能或特性在某种条件下可被识别，则使用 M04B101/00 系列。

混合物的性能或用途用 C04B 2111/00 标识时，这部分分类号常用作附加信息；当给出混合物的制备或特性的信息时，这部分信息不能作为主要信息，但可以给出 C04B 40/00 大组的分类号并增加至 C-sets 中；制造工艺作为主要发明信息时给出 C04B 40/00，作为一般规则，当分入 C04B 40/00 时，C-sets 用作识别混合物的种类，不用于识别单独的组分。如果这些单独的组分是重要的，那么应当给出混合物的分类号；组分的预混合作为一个特殊的例子包括在大组 C04B 40/00 中：识别成分的分类号与 C04B 40/0039（CCI）连用，并且 C04B 26/00~C04B 32/00 作为 C-sets 从而确定预混合成分的种类。

无机黏结剂例如 C04B 2/00~C04B 12/00 同样可作为组合分类号使用，但上述分类号所代表的物质并不是很重要的特征；聚合材料（人造骨料或填料）分到 C04B 18/021 小组中，除黏结剂之外的原料可进一步进行组合分类；大组 C04B 20/00 是填料的一般位置，当分入到该组时，特殊的填料通过添加组合分类号识别。

3. C-sets 分类示例（US2008178771A）

该案例技术方案如下：

"一种纤维增强水泥组合物，包括：水硬性水泥（Portland 水泥），硅质材料（珍珠岩和/或飞灰），木质增强剂（用过的纸），和由上述原料在高压釜中制成的细分纤维增强水泥制品。其还可以包括膨胀珍珠岩（或云母）和水溶性树脂"。

本案为水泥组合物,按照最后位置规则,主要分入 C04B 28/04 (Portland 水泥)。根据前述联合分类规则 (C-sets) 的应用:"C04B 2/00 ~ C04B 32/00 和 C04B 40/00:水泥/混凝土的混合物,或者人造石原料的组分",即要通过联合分类给出各组分的信息。并且如果某组分有替代物,要分别给出联合分类号。就本案而言,膨胀珍珠岩和云母是相互替代物,因此,可以包括两组联合分类号,具体分类如下:

CCI-C04B 28/04

CLC-C04B 28/04,C04B 14/185(膨胀珍珠岩),C04B 18/08(飞尘),C04B 18/241(纸,如废纸),C04B 40/024(蒸汽硬化,例如在高压釜中),C04B 2103/0053(水溶性聚合物)

-C04B 28/04,C04B 14/20(云母),C04B 18/08,C04B 18/241,C04B 40/024,C04B 2103/0053

四、C04B 领域小结

C04B 的分类结构特点显著,尤其是 C-sets 在该领域的广泛应用,令其具有比 ECLA 的 ECL 字段更强的检索功能,并且可以通过对分类号的出现位置和出现频次进行检索。熟悉运用 C04B 领域的组合分类规则,对该领域的检索非常有帮助,在检索时要重点考虑。

参考文献

[1] CPC 分类体系和分类定义 C04B(2014 年 7 月版本)[EB/OL].http://www.cooperative-patentclassification.org/cpc/scheme/G/scheme-G06F.pdf.

[2] 2014 年国家知识产权局 CPC 骨干教师培训班课件.

F24D 领域 CPC 分类特点

靳艳梅　张　旭　宋永杰　王　丽　代玲莉　王　静

摘　要：本文从分类体系的特点、分类思想和分类规则三方面详细、完整地介绍了 F24D 供热领域的 CPC 分类特点，指出在对供热系统进行分类时，应从供热流体的种类、热源的数量及位置、是否存在贮热物质、是否使用热泵、零部件种类及其控制方法五个方面赋予相应的分类位置，同时指出 F24D 供热领域涉及 CPC 特有的分类和检索工具 C-sets，并且通常与新增 Y 部联合使用，对供热领域的审查工作具有一定指导意义。

关键词：F24D　供热　CPC 分类　C-sets

引　言

F24D 小组涉及供热系统、热水供应系统及其所用部件或构件，F24D 分类表设置了集中供热系统、其他住宅或区域供热系统、住宅热水供应、零部件等多个方面的分类类目（共计 12 个主体大组、4 个类别的 2000 系列），其主体大组的设置与 IPC 类似，只是多了一些细分。其与 IPC 最主要的区别在于 2000 系列的增设上，给供热系统的结构增设了更多方面可标引的属性，例如热源形式、除热源外的供热部件、以位置为特征等，因此，其是一个多维度的分类表。下面主要以与供热系统相关的分类位置来介绍 F24D 分类表技术主题的特点。

一、分类体系特点

（一）涉及的技术主题

有关供热领域相关分类位置的技术分支和 2000 系列特点如图 1 和图 2 所示。

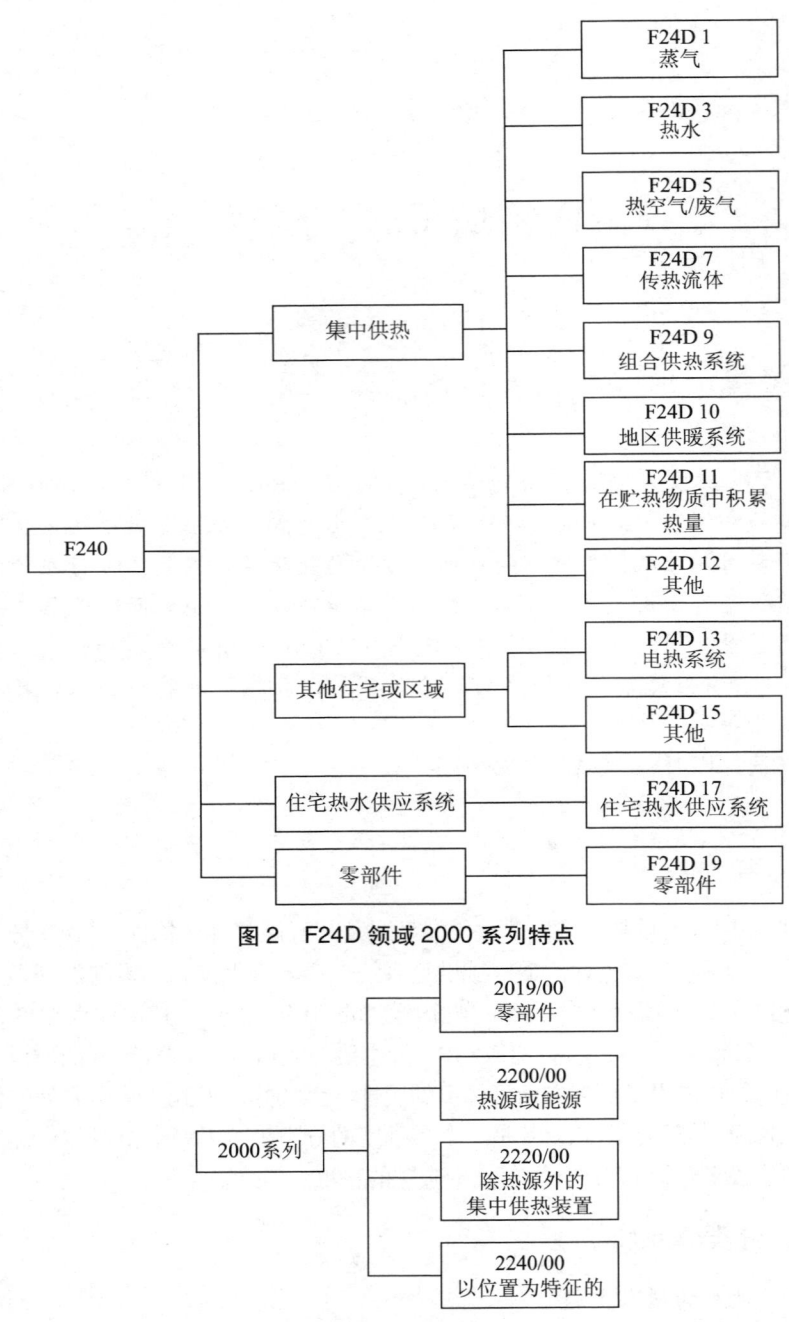

图 2　F24D 领域 2000 系列特点

图 1　F24D 领域技术分支

（二）小类范围的界定

供热系统可分为集中供热和区域供热等，那么什么样的系统分别属于集中供热和区域供热呢？在此必须明晰三个非常重要的概念，即集中供热、区域供热和住宅热水供应。集中供热系统是指在建筑物内部的集中热源产生或贮存热量，并且通过传热流体将热量分配到需要加热的建筑物空间或区域的系统，按照传热流体可以分为：蒸气、热水、热空气、其他流体以及组合式集中供热系统。区域供热系统是指通过传热流体将在建筑物外部的远距离集中场所产生的热量分配到多个建筑物或设备的系统，其包括电热的和其他的区域供热系统。住宅热水供应系统是指加热自来水的系统，该自来水用于家用供水而非用于空间加热，例如烹调、清洁、沐浴。

符合上述定义的供热系统及其零部件均应分入 F24D。但还应注意，F24D 小类不包括以下内容：在花园里产生热的植物保护装置分入 A01G 13/06；食品烤炉类装置分入 A21B；除灶具之外的厨房用具类装置分入 A47J；家用炉或灶类装置分入 F24B；能够冷却和加热的空气调节系统类装置分入 F24F；车辆空间专用加热系统类装置分入 B60H。

（三）各分类位置的区分

（1）分类位置 F24D 3/00 和 F24D 11/00 的区别：F24D 3/00 不包括用于集中传热流体的贮热介质，包含贮热介质的集中供热系统分入 F24D 11/00，但是不包含贮热介质的与住宅热水供应系统相结合的集中供热系统分入 F24D 3/08，包含贮热介质的与住宅热水供应系统相结合的集中供热系统则同时分入 F24D 3/08 和 F24D 11/00。

（2）分类位置 F24D 12/02 与 F24D 3/18、F24D 5/12、F24D 11/02 的区别：具有多个热源的集中供热系统，如果多个热源中有一个是热泵，则应当分入相关的小类 F24D 3/18、F24D 5/12 或 F24D 11/02，如果任何一个热源都不是热泵，则应当分入相关的小类 F24D 12/02，具体地，不包括贮热物质而是包括热泵和其他热源的热水集中供热系统分入 F24D 3/18；不包括贮热物质和热泵而是其他热源的热水集中供热系统分入 F24D 12/02 和 F24D 3；包括贮热物质、热泵和其他热源的热水集中供热系统分入 F24D 11/02；包括贮热物质和其他热源而不包括热泵的热水集中供热系统分入 F24D 12/02 和 F24D 11；包括热泵和其他热源的空气集中供热系统分入 F24D 5/12；不包括热泵而是包括其他热源的空气集中供热系统分入 F24D 12/02 和 F24D 5。

（3）分类位置 F24D 3/08 和 F24D 17/00 的区别：住宅热水供应装置设置在锅炉外部，与住宅热水供应系统相结合的热水集中供暖系统分入 F24D 3/08，住宅热水供应系统分入 F24D 17/00。

（4）分类位置 F24D 3/12 和 F24D 13/02 的区别：供热介质为热水的天花板、墙或楼板下面的供暖用管分入 F24D 3/12，在楼板下面采用电阻加热仅分入 F24D 13/02。

二、F24D 领域的分类思想

对于供热系统而言，"发明核心"应该被分类，然而"发明核心"比 IPC 分类定义中"发明信息"的含义更广，例如"在专利申请文件的公开内容中代表现有技术的附加技术信息"，即只要 IPC 分类中的"附加信息"对检索有帮助，可以简化检索者的工作，这些信息也可以成为发明核心的一部分，因为对于供热系统而言，我们关注构成供热系统各部件的属性的结合，这些结合的属性有利于对供热系统的检索。但是，在任何情况下，发明核心的确定只能通过阅读全部文件后才能确定。需要特别关注权利要求和具体实施例中的信息，越是细节的技术信息越应比综合的信息被分类。

在用 CPC 对供热系统进行分类时，需要对产品涉及的多个方面予以考虑，这些方面包括：①供热流体的种类；②热源的数量及位置；③是否存在贮热物质；④是否使用热泵；⑤零部件种类及其控制方法。即在可能的情况下，应对供热系统尽可能地进行以上各个方面的完整分类，只要这些内容属于发明核心。

三、F24D 领域的分类规则

（一）优先规则

对于利用在贮热物质中积累热量的集中供热系统，不论供热流体的种类如何，F24D 11/00 优先于 F24D 1/00、F24D 3/00、F24D 5/00、F24D 7/00、F24D 9/00；对于包含至少一个设置在建筑物外部的热源的集中供热系统，F24D 10/00 优先于 F24D 1/00、F24D 3/00、F24D 5/00、F24D 7/00、F24D 9/00；对于与住宅热水供应系统相结合的蒸气集中供热系统，F24D 1/005 优先于 F24D 1/02、F24D 1/04、F24D 1/06；对于具有多于一个热源的集中供热系统，如果至少有一个热源是热泵，则 F24D 3/18、F24D 5/12、F24D 11/02 优先于 F24D 12/02；对于用不同种类加热装置相结合的住宅热水供应系统，F24D 17/0036 优先于 F24D 17/0005、F24D 17/0015、F24D 17/0026。

（二）关于 F24D 的 2000 系列

组合分类方式 C-sets 是 CPC 特有的分类和检索工具，C-sets 由多个分类号组合，形成组合码，提供丰富的分类信息，能够高效、精准地命中目标。

当 F24D 的 2000 系列引得码作为发明的核心内容时，属于被强制分类的技术信息，其作为附加信息，通常考虑热源（F24D 2200/00）、除热源外的集中供热装置的部件（F24D 2220/00）和以位置为特征（F24D 2240/00）三方面的结构特征，采用组合分类方式 C-sets 进行分类。

对于具有多于一个热源的集中供热系统，如果至少有一个热源是热泵，则可以分入相关的 2000 系列：F24D 2200/32 和 F24D 2200/12。

（三）关于新增 Y 部

CPC 新增 Y 部，其中 Y02 涉及减缓或适应气候变化的技术或应用，Y02B 涉及与建筑物有关的减缓气候变化的技术，尤其是 Y02B 30 涉及高效能的供热、通风及空调系统，因此，F24D 通常与 Y02B 关联使用，其中 Y02B 仅用于附加信息。

四、小 结

F24D 的主体分类表、2000 系列都体现了供热系统的不同方面，包括：供热系统中供热流体的种类、热源的数量及位置、是否存在贮热物质、是否使用热泵、零部件种类及其控制方法等方面，因此，在对供热系统进行分类时，只要这些方面是重要的，对检索有意义的，应尽可能地对供热系统的各个方面赋予相应的分类位置。

参考文献

[1] [EB/OL]. http://www.cooperativepatentclassification.org/cpc/scheme/F/scheme-F24D.pdf.
[2] [EB/OL]. http://www.cooperativepatentclassification.org/cpc/definition/F/definition-F24D.pdf.
[3] [EB/OL]. https：/epoxy./epo.org/Default.asp？d=cpcvideo&p=2324，106，2296。